Vom Gottesteilchen
zur Weltformel

Rüdiger Vaas

Vom Gottesteilchen zur Weltformel

*Urknall, Higgs, Antimaterie und
die rätselhafte Schattenwelt*

KOSMOS

»Woher kommt mir eigentlich diese Neugierde,
die mich immer von neuem aus den Tümpeln hochjagt?
Und auf was denn richtet sie sich?«
Hans Erich Nossack: *Der Neugierige*

Impressum

Umschlaggestaltung von Büro Jorge Schmidt unter Verwendung
einer Illustration von Pasieka/Science Photo Library/Agentur Focus.

Mit 55 Schwarzweißfotos und 46 Illustrationen. Bildnachweis Seite 511.

Unser gesamtes lieferbares Programm und viele
weitere Informationen zu unseren Büchern,
Spielen, Experimentierkästen, DVDs, Autoren und
Aktivitäten finden Sie unter **kosmos.de**

Gedruckt auf chlorfrei gebleichtem Papier
© 2013, Franckh-Kosmos Verlags-GmbH & Co. KG, Stuttgart
Alle Rechte vorbehalten
ISBN 978-3-440-13855-7
Redaktion: Sven Melchert
Gestaltung und Satz: Martina Heitzmann-Schulz, Fußgönheim
Produktion: Ralf Paucke
Printed in Germany / Imprimé en Allemagne

Inhalt

»Wir haben eine Entdeckung!«

Diese freudigen Worte von Rolf-Dieter Heuer, dem Generaldirektor des Forschungszentrums CERN bei Genf, bedeuten wohl den Schlussstein eines rund fünf Jahrzehnte dauernden Kapitels einer Erfolgsgeschichte ohne Beispiel: der Entwicklung, Ausarbeitung und Vervollständigung des Standardmodells der Elementarteilchenphysik. Es beschreibt alle bekannten Teilchen und Kräfte außer der Gravitation. Und es ist zusammen mit Albert Einsteins Allgemeiner Relativitätstheorie die am besten bestätigte wissenschaftliche Theorie aller Zeiten.

Nur ein Beispiel: Mit dem Standardmodell lässt sich, wenn auch mit riesigem Aufwand, der normierte Wert des anomalen magnetischen Moments eines Elektrons sehr genau berechnen beziehungsweise voraussagen: 0,0011596521817864377 (wobei selbst die Gründe der Unsicherheiten in den letzten fünf Ziffern bekannt sind). Und Experimentalphysiker konnten ihn äußerst präzise messen: 0,00115965218076 (mit einer Unsicherheit von plus/minus 0,00000000000027). Theorie und Beobachtung passen also auf elf Stellen hinter dem Komma zueinander – und das bei einem nicht gerade selbstverständlichen Parameter eines Elementarteilchens, das kleiner als 10^{-19} Meter sein muss. Diese Übereinstimmung ist kein Zufall, sondern sie zeigt, dass Wissenschaftler hier ein sehr tiefes Verständnis von der Natur haben.

Am 4. Juli 2012 gaben Physiker am CERN die Entdeckung eines neuen Teilchens bekannt, die Heuer so freute. Es ist sehr wahrscheinlich das seit Jahrzehnten gesuchte Higgs-Boson – das Quant eines Felds, ohne das es keine Masse gäbe, keine Atome und kein Leben. Dieses Feld durchzieht alles, auch dieses Buch, und ist vielleicht der

Kathedrale für das »Gottesteilchen«: Im CMS-Detektor am Large Hadron Collider sind bereits über eine halbe Million Higgs-Bosonen entstanden – und nach jeweils einer Trilliardstel Sekunde sofort wieder zerfallen.

Schlüssel zu einer unbekannten Realität, zu verborgenen Dimensionen und einer »Weltformel«. Peter Higgs und François Englert, die die Existenz des neuartigen Felds vorausgesagt und so eine Großfahndung mit den gewaltigsten Maschinen aller Zeiten ausgelöst hatten, wurden im Dezember 2013 mit dem Nobelpreis geehrt.

Dieses Buch beschreibt die Entdeckung des Higgs-Teilchens, das Standardmodell der Materie sowie das, was Physiker heute jenseits davon vermuten, suchen, erhoffen und befürchten.

› Das erste Kapitel, *Mikrokosmos*, schlägt den weiten Bogen von den ersten Spekulationen griechischer Philosophen über Naturgesetze und Atome bis zum modernen Standardmodell der Elementarteilchenphysik. Obwohl sich die »reduktionistische« Erklärungsstrategie bis heute glänzend bewährt hat, wurden die Vorstellungen von der Materie und ihren Wechselwirkungen radikal umgewälzt. So richtig weiß niemand, was Materie eigentlich ist – und die Quantenfeldtheorien werfen auch diffizile philosophische Fragen auf. Ganz handfest geht das Kapitel aber weiter mit der Erfolgsgeschichte des Forschungszentrums CERN, dem globalen Zentrum der experimentellen Elementarteilchenphysik, und mit seiner grandiosen Weltmaschine, dem Large Hadron Collider (LHC) und dessen haushohen Messgeräten. Der LHC ist auch eine Art »Urknall-Maschine«, denn er erzeugt Bedingungen, wie sie weniger als eine Milliardstel Sekunde nach dem Anfang unseres Universums überall im Weltraum herrschten.

› Das zweite Kapitel, *Gottesteilchen*, beschreibt die abenteuerliche Suche nach dem Higgs-Boson. Seine Existenz wurde 1964 am Schreibtisch postuliert, was zunächst kaum Beachtung fand. Fast ein halbes Jahrhundert später haben es Teilchenphysiker am LHC vieltausendfach produziert und mit riesigem Aufwand akribisch nachgewiesen – ein grandioser Erfolg für die Wissenschaft! Damit ist das Standardmodell der Elementarteilchen komplett und ein echt »schweres« Rätsel gelöst.

› Das dritte Kapitel, *Antimaterie*, handelt von der eigenartigen Gegenwelt der Materie, die fast gleich und doch ungeheuer vernichtend erscheint – vor allem aber größtenteils abwesend. Doch am CERN werden nun erstmals in der Geschichte des bekannten Universums Antiatome erzeugt. Damit lassen sich die Naturgesetze auf eine ganz neue Weise ausloten.

› Das vierte Kapitel, *Dunkle Materie*, hat eine weitere »Parallelwelt« der Natur im Fokus: ein seltsames Schattenreich, das sich nur durch seinen Schwerkrafteinfluss bemerkbar macht. Der ist aber gewichtig. Die unsichtbare Dunkle Materie muss mindestens das Sechsfache der Gesamtmasse aller gewöhnlichen Elementarteilchen besitzen. Sie regiert die Galaxien, wie Astronomen inzwischen wissen. Nun sind die Teilchenphysiker gefordert, die ominösen Partikel einzufangen – oder am LHC direkt zu erschaffen.

› Das fünfte Kapitel, *Symmetrien*, spürt dem Geheimcode der Natur nach, der Einheit stiftet und Vielfalt schafft. Hier wird alles GUT, die scheue SUSY verzaubert und das Higgs-Boson kommt wieder zu Ehren.

› Das sechste Kapitel, *Weltformel*, schließlich handelt von den gleichermaßen exotischen wie faszinierenden Versuchen, eine umfassende Erklärung von Materie, Energie, Kräften sowie Raum und Zeit zu finden – die Entstehung des Universums eingeschlossen. Physiker arbeiten an einer Theorie der Quantengravitation … und verheddern sich dabei nicht selten in zusätzlichen Dimensionen, in bizarren Branen- und Hologramm-Welten, bis sie auf Abwege geraten in einer ungeheuren Landschaft, um sich zuletzt irgendwo zwischen Myriaden von Raumzeiten im Multiversum wiederzufinden. Das klingt vielleicht konfus oder abstrus – doch so verwegen das Szenario der Superstrings und ihre geheimnisvolle Erweiterung, die M-Theorie, auch anmuten: Ihre Erfolge sind beträchtlich. Sie avancierte zum führenden Kandidaten einer »Theorie von Allem«.

Willkommen in der Welt des Mikrokosmos, in physikalischen Gedankenschmieden und in fremden Universen!

Mikrokosmos

Die Bausteine des Universums

Das Standardmodell der Elementarteilchenphysik ist eine der besten, genauesten und erklärungsmächtigsten Theorien der Menschheit. Es beschreibt die gesamte Materie – oder zumindest alles, was davon bislang direkt nachgewiesen wurde.

Scheibchenweise zur Erkenntnis: Der riesige CMS-Detektor wurde oberirdisch gebaut und in Einzelteilen zum Large Hadron Collider hinab gelassen.

»Ein Physiker ist die Weise, in der ein Atom die Atome kennt.«
George Wald (1906 – 1997), amerikanischer Physiologe

Botschaft an die Nachwelt

»Wenn in einer Naturkatastrophe alles wissenschaftliche Wissen zerstört würde und nur ein Satz an die nächste Generation von Lebewesen weitergegeben werden könnte, welche Aussage hätte dann den größten Informationsgehalt mit den wenigsten Worten?«

Diese Frage hat der Physik-Nobelpreisträger Richard Feynman in einer seiner berühmten Vorlesungen einmal seinen Studenten gestellt. Man kann leicht und lange darüber ins Philosophieren kommen. Nach so einer globalen Katastrophe hätten die Menschen zunächst wohl andere Sorgen als die Lösung wissenschaftlicher Probleme. Doch Feynman ging es in seinem Gedankenexperiment ja um etwas anderes. Und er schlug auch gleich eine Antwort vor: »Ich bin davon überzeugt, dass dies die Atom-Hypothese ist (oder die Atom-Tatsache oder wie immer man es auch nennen mag): dass alle Dinge aus Atomen aufgebaut sind – aus kleinen Teilchen, die sich permanent bewegen, die einander anziehen, wenn sie ein wenig voneinander entfernt sind, die sich aber gegenseitig abstoßen, wenn sie aneinander gepresst werden. In diesem einen Satz steckt eine enorme Menge an Informationen über die Welt, wenn man nur ein wenig Phantasie und Nachdenken darauf verwendet.«

Tatsächlich fasst dieser Satz eine der bedeutendsten Erkenntnisse der Naturwissenschaften zusammen. Dem können wohl nicht viele andere grundlegende Einsichten Konkurrenz machen. Vielleicht noch das biologische Faktum von der Evolution des Lebens und seinem genetischen Code. Und das astronomische Wissen von der Erde als einem Planeten unter Myriaden anderen, bei einem Stern unter Myriaden anderen, in einer Galaxie unter Myriaden anderen in einem sich seit dem Urknall fortwährend ausdehnenden Universum (vielleicht unter Myriaden anderen ... was erstaunlicherweise zur Teilchenphysik zurückführt).

Diese Atom-Hypothese, die sich im Lauf der letzten Jahrzehnte – oder Jahrtausende – immer wieder gewandelt hat und inzwischen geradezu abenteuerliche Vorgänge im Reich des Allerkleinsten erschloss, ist in ihrer wissenschaftlichen Ausgestaltung zwar äußerst anspruchsvoll und hat sich vom Alltagsverstand inzwischen weit entfernt. Der Grundgedanke aber ist verblüffend einfach und von großer Erklärungskraft: Die ganze (sichtbare und unsichtbare) Welt besteht aus winzigen Bausteinen, von denen es nur wenige verschiedene Arten gibt, und deren vielfältige Anordnungen und Verbindungen die ganze Fülle der erfahrbaren Wirklichkeit konstituiert. So wie sich mit Sandkörnern die unterschiedlichsten Burgen bauen lassen und mit Bauklötzen ein ganzes Dorf, gelang es der Natur mit ihren bereits in den ersten Sekundenbruchteilen nach dem Urknall erzeugten Elementarteilchen, die Fülle der Erscheinungen hervorzubringen. Es ist die bloße, aber unübersehbar komplexe Kombinatorik, auf die sich alles Makroskopische gründet – vom kleinsten Staubkörnchen bis zum genialsten Gehirn des größten Wissenschaftlers, der diese mikroskopischen Turbulenzen zu verstehen versucht.

Dieser Gedanke, die Atom-Hypothese, ist so einfach und schwierig, so tiefgründig und abgehoben zugleich, dass er zwar leicht gedacht und gesagt, aber nur außerordentlich schwer erwiesen werden kann. Und er mag schwärmerischen Naturen wenig erbaulich vorkommen – obwohl er doch eigentlich nichts anderes als eine Hypothese von »Bauanleitungen« darstellt –, als schnöder Materialismus, weshalb er auch fast zwei Jahrtausende lang weitgehend ignoriert wurde. Dabei haben ihn bereits griechische Naturphilosophen gedacht.

Der Theoretische Physiker Herbert Pietschmann, bis zu seiner Emeritierung Professor an der Universität Wien, hatte sich schon in den 1960er-Jahren an einer »Geschichte der Elementarteilchen in Versen« versucht. Dabei verdichtete er die altgriechischen Anfänge folgendermaßen:

Unter jenen klugen Leuten,
Welche Höhen und auch Weiten
Geist'gen Raumes schnell durcheilten,
Gab es manche, die verweilten.
Demokrit war so ein Mann,
Welcher nicht, im eitlen Wahn,
Auf Ideen sich beschränkte;
Nein, auf die Materie lenkte
Jener eine Geisteskraft.
Und er hat es auch geschafft! [...]
Den Beweis der uns erbrachte
vom Atom, indem er dachte,
Wenn man einen Stein halbiert
Und dann weiter dividiert
Bis mit List und auch mit Tücke
Man erhält die kleinsten Stücke!
Wenn man dann nicht müde wird,
Sondern immer noch halbiert
(Bald im Geist geschieht's mit Eile,
Allzu klein schon sind die Teile),
Langt man Schluss und endlich ein
Beim Atom, beim Urbau-Stein.
Niemals soll es wem gelingen
Dieses kleinste von den Dingen
Weiterhin zu unterteilen!
Nicht mit Axt und nicht mit Keilen.
Und warum ist das so klar?
»Atomos« heißt »unteilbar«.

Vom antiken Atomismus
zu den Elementarteilchen

Unter Elementarteilchen (von lateinisch »elementum«: Grundstoff, Urstoff) versteht man winzige, fundamentale und unteilbare kleinste Grundbausteine der Materie, die nicht selbst zusammengesetzt sind. Darüber wurde bereits im alten Indien sowie in der griechischen und römischen Antike spekuliert. Leukipp (5. vorchristliches Jahrhundert) und sein Schüler Demokrit (circa 460 – 380) sowie später Epikur (341 – 270) und Lukrez (97 – 55) argumentierten für die Existenz solcher einfachen, unwandelbaren »Atome« (von griechisch »atomos«: unteilbar, was nicht zerschnitten werden kann). Denn eine beliebige, unendliche Teilbarkeit der Dinge müsste ins Nichts führen, das heißt es existierte dann überhaupt keine Materie.

Der antiken atomistischen Kosmologie zufolge gibt es in fundamentaler Hinsicht nur das Leere und die Atome. Und zwar unendlich viele, wobei keine zwei am gleichen Ort sein können. Die Welten sind zufällige Ansammlungen dieser Atome im unbeschränkten, ewigen Raum; sie entstehen und vergehen und sind sehr unterschiedlich. Es herrscht Kausalität bei den atomaren Bewegungen und Verbindungen. Später, besonders bei Epikur, wurde allerdings auch ein atomarer Indeterminismus aufgrund von zufälligen Bahnabweichungen diskutiert.

Die Atome stellte sich Demokrit als unteilbar vor; sie kommen in diversen Varianten vor und besitzen eine bestimmte Größe, eine bestimmte Gestalt und ein bestimmtes Gewicht. Die Fülle der Erscheinungen erklärte Demokrit, und darin liegt seine vielleicht wichtigste Einsicht, rein kombinatorisch. Es sind drei Aspekte der Atome, die der Vielfalt der Dinge zugrunde liegen: Erstens ihre Gestalt, das heißt Form (»rhymos«, »schema«) – analog etwa zu den Buchstaben A und N; zweitens ihre Anordnung (»diathige«,

»taxis«) – ähnlich, wie die Buchstaben A und N als AN und NA gruppiert werden können; und drittens ihre Position, das heißt Lage im Raum (»trope«, »thesis«) – so wie beispielsweise ein N »liegend« als Z erscheint. Demokrit – nach dem übrigens sogar ein Mondkrater benannt ist (Democritus) – postulierte auch gewisse Gesetzmäßigkeiten wie »Gleiches zu Gleichem« und eine »Kohärenz des Kombinierten«. Und war davon überzeugt, mit dem Atomismus den Aufbau und die Dynamik aller Dinge verständlich machen zu können. Alles entsteht und vergeht mit den atomaren Zusammenlagerungen und Trennungen.

In Anlehnung an die Philosophie von Epikur und letztlich Demokrit hat der römische Dichter und Philosoph Titus Lucretius Carus, genannt Lukrez, das atomistische Weltbild in daktylische Hexameter gekleidet. In seinem berühmten Lehrgedicht *De rerum natura (Über die Natur der Dinge)* aus dem ersten vorchristlichen Jahrhundert, das seiner Zeit weit voraus war, gibt er eine konzise Darstellung dessen, was heute als Selbstorganisation der Materie verstanden wird. In der Übersetzung des Altphilologen Hermann Diels liest sich das so:

... sicherlich haben nicht alle die Urelemente
Planvoll spürsamen Sinns an den passenden Ort sich begeben
Oder sich untereinander vereinbart ihre Bewegung.
Nein, seit undenklicher Zeit schon haben die vielen Atome
Auf gar mancherlei Weise, getrieben durch äußere Stöße
Und durch ihr eigen Gewicht, durcheinander zu schwirren begonnen,
Um sich auf allerlei Art zu vereinigen, alles versuchend,
Was sie nur immer vermöchten durch ihre Verbindung zu schaffen.
So kommt's, dass sie sich weit in den langen Äonen verbreitend
Jede nur mögliche Art der Bewegung und Bindung versuchen
Und so endlich die plötzlich geeinigten Teilchen verschmelzen,
Was dann oftmals wurde zum Anfang großer Gebilde,
Wie von der Erde, dem Meere, dem Himmel, den lebenden Wesen.

Die Atome galten als unveränderlich und ewig. Sie sollten eine Masse, Gestalt, Größe und Dichte haben, aber keine sogenannten sekundären Qualitäten wie Farbe, Geruch, Geschmack oder Wärme. Die Vorstellungen, dass sie lediglich durch Druck und Stoß miteinander wechselwirken und keinen zusätzlichen Kräften unterworfen sind, und dass sie eckig, konkav oder konvex seien und Haken haben können, über die sie sich verbinden, mögen aus heutiger Sicht reichlich naiv anmuten. Aber etwas abstrakter formuliert handelt es sich dabei um eine in der Quantenfeldtheorie nach wie vor favorisierte Nahwirkungstheorie zwischen Partikeln mit unterschiedlichen Eigenschaften und Interaktionen.

Der antike Atomismus ist also – zusammen mit den Vorstellungen von den Elementen sowie den anziehenden (»Liebe«) und abstoßenden (»Hass«) Kräften, die vor allem Empedokles (circa 495 – 435) ausgearbeitet hatte – der konzeptuelle Vorläufer der Elementarteilchenphysik. Er bot eine einheitliche Erklärung der Vielfalt der Erscheinungen: Atome sind das Bleibende im Wechsel der Welt; und dieser Wandel resultiert aus einer Veränderung der Zusammensetzung (Aggregation) der Dinge.

Zwar wurde dieser mechanistische Erklärungsanspruch nur qualitativ formuliert, nicht quantitativ, und noch ohne mathematische Naturgesetze; und er beruhte auf einigen willkürlichen, nicht empirisch begründbaren Setzungen. Doch er konnte durchaus einzelne Phänomene verständlich machen – etwa den Wind (kollektive Bewegungen vieler einzelner Atome) oder Unterschiede im spezifischen Gewicht und der Härte von Stoffen (dichtere oder lockerere Zusammensetzungen von verschieden großen Atomen). Demokrit erklärte sogar Sehen und Riechen durch die körperliche Reaktion auf Teilchen, die von Objekten ausgesendet und durch die Luft übertragen werden. Vor allem aber war diese atomistische Erklärungsstrategie rational, sparsam und reduktionistisch. Das macht sie bis heute attraktiv und sogar vorbildlich.

Exkurs

Die »alten Griechen« und das Multiversum

Von Leukipp ist kaum etwas überliefert, und er hatte wohl auch nicht viel geschrieben. Immerhin hat der Philosoph Diogenes Laertios im Buch IX seiner Schrift *Leben und Lehren berühmter Philosophen* aus dem dritten nachchristlichen Jahrhundert zwei wichtige Gedanken festgehalten: »Er sagt, das All sei unbeschränkt [...]; dessen eine Komponente sei voll, die andere leer; diese [Komponenten] nennt er auch Elemente. Daraus bestünden Welten, unbeschränkt viele, und sie lösten sich auch wieder in die Elemente auf.« Außerdem: »Und wie es Entstehungen einer Welt gebe, so gebe es auch Wachsen und Dahinschwinden und Untergänge [einer Welt], aufgrund einer Art Notwendigkeit, über deren Wesen er sich nicht klar ausspricht.« Man mag hier den Keim des Atomismus und sogar einer Art von Multiversum-Hypothese heraus- oder hineinlesen. Angesichts der vorherrschenden mythisch-spiritistisch-religiösen Vorurteile, Fantasien und Dogmen seiner Zeit war Leukipp sicherlich äußerst mutig, modern und fortschrittlich. Und von ihm stammt auch die älteste Formulierung dessen, was heute »Naturgesetz« genannt werden kann: »Kein Ding entsteht aufs Geratewohl, sondern alles entsteht aufgrund eines Verhältnisses [›logos‹; in begründeter Weise] und unter Einwirkung der Notwendigkeit [›ananke‹].«

Demokrit aus Abdera an der ostgriechischen Küste lernte von Leukipp diese Gedanken persönlich kennen. Er wird bisweilen als »der lachende Philosoph« bezeichnet und kann als philosophischer Fünfkämpfer gelten, da er Schriften zur Physik, Mathematik, Ethik, Pädagogik und den Künsten (Dichtung, Malerei) verfasste – aber auch zu Medizin, Zoologie, Ackerbau und Militärtechnik. »Der einzige antike Autor, dessen Schriftenverzeichnis sich nach Umfang und Breite vergleichen lässt, ist Aristoteles«, schreibt der Philosopiehistoriker Jaap Mansfeld. »Der Verlust dieser Schriften, deren Stil von Kennern wie Cicero und Plutarch gepriesen wird, ist unersetzlich.« Daher lässt sich die atomistische Vorstellung Demokrits aus den bei anderen Autoren überlieferten Fragmenten nur sehr grob rekonstruieren. Die Zensur, Ignoranz und Abwehr des späteren »christlichen Abendlands« und schon vorher der spiritistisch-idealistischen Philosophenschulen im Gefolge Platons hat das Totschweigen des als materialistisch verachteten Denkers ziemlich weit vorangetrieben – aber eben nicht ganz. In der Neuzeit bis hin zur modernen Naturphilosophie hat Demokrit doch noch die verdiente Wertschätzung erfahren. Der Quantenphysiker Scott Aaronson hat ihn jüngst sogar im Titel und Anfangskapitel seines Buchs *Quantum Computing since Democritus* (2013) gewürdigt.

»Alles sei Atome [Gestalten], und weiter [sei] nichts«, überlieferte Plutarch den Kerngedanken Demokrits. Zwei Prinzipien begründen seinen Atomismus: Das Volle und das Leere. Daraus ergibt sich die Bewegung. »Denn die Annahme der Bewegung sei unmöglich, wenn es kein Leeres gäbe; denn das Volle sei außerstande, etwas in sich aufzunehmen. Wenn es etwas aufnehmen und mithin zwei [Körper] an einem Ort sein sollten, wäre es möglich, dass auch beliebig viele Körper gleichzeitig [an einem Ort] seien«, referiert Aristoteles die Argumentation. Wirbel bringen Welten hervor. Ein »nus« als eigenes, aus sich selbst bestehendes, göttliches Denken gibt es nicht; Denken und Wahrnehmen sind körperliche Vorgänge.

Auch an Leukipps Naturgesetzlichkeit hält Demokrit fest: »Die Ursachen der heutigen Ereignisse hätten keinen Anfang, sondern alles Vergangene und Heutige und Künftige zusammen sie überhaupt seit unendlicher Zeit von vornherein durch die Notwendigkeit bestimmt.« Dieser ewige Kosmos wird mit einer Art Multiversum-Hypothese kombiniert – und insofern erscheint der Sprung von Demokrit etwa zur modernen Quanten- und Stringkosmologie gar nicht mehr so weit. »Es gebe unbeschränkt viele Welten, und zwar von unterschiedlicher Ausdehnung«, hat Hippolytos es überliefert. »In manchen gäbe es weder Sonne noch Mond, in manchen größere, in manchen mehr Sonnen und Monde als bei uns. Die Räume zwischen den Welten seien ungleich, und es gebe hier mehr, dort weniger, und die einen seien noch im Wachstum begriffen, andere seien in der Blüte ihres Lebens, wieder andere seien im Schwinden; an einer Stelle entstünden [welche], an anderer hörten sie auf zu sein. Wenn sie aufeinander stießen, würden sie vernichtet. Es gebe einzig Welten, in denen keine Lebewesen vorkämen und überhaupt keine Feuchtigkeit.«

Imagination in der Zwangsjacke

Mit der Zeit ging die Anschaulichkeit des antiken Atomismus immer mehr verloren. Das bis in die 1920er-Jahre geläufige Modell von Atomen – oder atomaren Bestandteilen – als als winzige harte Kügelchen oder eine Art Miniatur-Sonnensystem mit Zentralkern, um den sich Elektronen scharen, hat sich als vollkommen unzureichend herausgestellt, obwohl sich selbst viele Physiker die Mikrowelt noch immer so vorstellen. Wie sollte man sie sich auch sonst ausmalen? Denn eigentlich ist sie bildlich gar nicht zu fassen.

Diese Entwicklung in die Abstraktion begann spätestens im 19. Jahrhundert mit den Modellen von Kraftfeldern. Sie stehen in einer anderen geistesgeschichtlichen Tradition als der Atomismus, etwa der romantischen Naturphilosophie mit ihrem »Dynamismus« und der Kraft/Energie als primäre Naturgegebenheit, hatten mitunter spiritistische Anklänge, erzielten aber durch ihre Erklärungskraft alsbald große Erfolge. Das kulminierte in der Theorie des Elektromagnetismus, die James Clerk Maxwell mit seinen 1861 formulierten Gleichungen zu einer der größten intellektuellen Leistungen der Physikgeschichte machte. Diese Hauptsäule der klassischen Physik – zusammen mit der Mechanik und Gravitationstheorie von Isaac Newton und der Thermodynamik von Ludwig Boltzmann, um nur die herausragendsten Wissenschaftler zu nennen – ist bis heute wesentlich geblieben. Und sie lebt in der Quantenelektrodynamik beziehungsweise letztlich im Standardmodell der Elementarteilchenphysik weiter (sie ist als eine Art »klassischer Grenzfall« daraus ableitbar). Damit war eine neue Entität in der Physik etabliert: das Feld.

Seither gelten Felder als mindestens so fundamental wie Teilchen. (Auch die Allgemeine Relativitätstheorie – noch klassische, das heißt nicht quantisierte Physik zwar, aber bis heute die grundlegende Theorie der Gravitation und experimentell so gut bestätigt wie die Theo-

Maschinelle Erkenntnissuche: Zwei Techniker unter dem Kalorimeter des ATLAS-Detektors.

rie der Elementarteilchen – ist in vielerlei Hinsicht eine Feldtheorie, kann aber auch rein geometrisch interpretiert werden.) Mehr noch: In den Quantenfeldtheorien sind Teilchen eigentlich sekundär – kurz- oder längerlebige Schwankungen beziehungsweise Verdichtungen in raumfüllenden Feldern. Metaphorisch könnte man Materie als geronnene Energie bezeichnen.

Das alles wirft einerseits schwierige philosophische Fragen auf. Es macht andererseits aber auch deutlich, wie weit sich die moderne Physik von den Alltagsvorstellungen entfernt hat. Dies ist nachteilig für ihr intuitives Verständnis und eine didaktische Vermittlung. Es hat aber den riesigen Vorteil, dass diese abstrakte, mathematisierte »Sprache« mit einer sehr viel größeren Präzision einhergeht. Darin besteht ihr enormer Erfolg – und vielleicht auch in der Tatsache, bestimmte Fragen, vor allem philosophische, schlicht auszublenden.

Es lässt sich also nicht verbergen und verhindern: Teilchenphysik ist kompliziert, verwirrend und schwierig. Und zwar sowohl für interessierte Laien als auch für die hochkarätigsten Wissenschaftler – allerdings auf unterschiedliche Weise. Aber Teilchenphysik ist außerdem faszinierend, überraschend und vor allem ganz grundlegend: Die Welt wäre ohne eine Kenntnis ihrer Bestandteile oder Bausteine kaum verständlich. Sie wäre, in menschlicher Hinsicht, auch eine völlig andere. Denn all die elektro- und informationstechnischen Anwendungen existierten nicht ohne die physikalischen Einsichten. Und damit gäbe es weder die moderne Zivilisation noch das gegenwärtige physikalische Weltbild, das sich empirisch auf Räume von weniger als 10^{-18} Meter bis zum kosmischen Beobachtungshorizont in rund 45 Milliarden Lichtjahren erstreckt sowie zeitlich bis in die erste Milliardstel Sekunde des Urknalls vor 13,8 Milliarden Jahren – und in der Theorie noch viel weiter.

Zu diesen technischen Anwendungen zählen nun wiederum aufwendige Apparaturen – tatsächlich sogar die größten und kompliziertesten Maschinen der Menschheitsgeschichte –, mit denen Forscher noch tiefer in die Geheimnisse der Materie eindringen. Sie erkunden die seltsamen Melodien des Mikrokosmos, entdeckten eigenartige Regelmäßigkeiten und sogar überraschende Verbindungen zum Makrokosmos als Ganzes. Das Kleinste ist mit dem Größten aufs Engste verbunden. Das klingt fast schon wie ein mystischer Gedanke. Der lässt sich im grellen Licht der Wissenschaft aber rigoros analysieren und wird nicht in geraunte wolkige Worte gekleidet, sondern mit mathematischen Gleichungen und Symmetrieprinzipien ausgedrückt. Sie reichen an die Grenzen nicht nur der Natur, sondern auch des menschlichen Verstandes. Sie bohren sich in abgründige Tiefen der Raumzeit, schrauben sich aber auch in schwindelerregende Höhen der Abstraktion empor. Sie verzetteln sich in tausend Irrungen und Wirrungen, führen jedoch immer wieder auch zu überraschenden Einsichten, sodass sich plötzlich das Chaos wild durcheinander liegender Puzzlesteine aus experimentellen Befunden, unverstandenen Messungen und widersprüchlichen Modellen zu einer passenden Ordnung gruppiert. Angesichts ihrer glasklaren Schönheit geraten mitunter selbst nüchterne Denker ins Schwärmen.

Dabei ist das mathematische Spiel mit den Gleichungen kein reiner Selbstzweck – davon abgesehen, dass Grundlagenforschung immer Selbstzweck sein soll, darf und muss, und ungeachtet der Tatsache, dass die Theoretische Physik der Mathematik nicht selten voraus eilte und, weil dringend benötigt, Werkzeuge schuf, die in Algebra und Geometrie erst später aufgegriffen wurden und ihren Feinschliff erhielten. Die Formeln der Physiker sind vielmehr Mittel zum Zweck – nämlich zu einem besseren Weltverständnis und dann auch zu dessen praktischen Umsetzungen. Die Theorien tasten sich an eine Realität heran, die sie zu repräsentieren – also zu beschreiben und sogar zu erklären – trachten, die ihnen aber nicht verfügbar ist.

»Anything goes«, mag eine methodologische Ermunterung sein, und tatsächlich können sich die verrücktesten Verfahren als nützlich erweisen. Doch in der naturwissenschaftlichen Theoriebildung geht eben nicht alles, sondern sogar nur sehr wenig, weil die Datenbasis keine Gnade kennt. »Die große Tragödie der Wissenschaft: das Erschlagen einer schönen Hypothese durch eine hässliche Tatsache«, wie es der britische Naturforscher Thomas Henry Huxley schon 1870 ausgedrückt hat. Beobachtungen und Experiment wirken wie ein Sieb, das alle inadäquaten Modelle, Hypothesen und Theorien unbarmherzig aussondert. »Wissenschaft ist Imagination in der Zwangsjacke«, hat es Richard Feynman einmal ausgedrückt. Fantasievolle Ideen und geniale Theorien sind wichtig, kommen aber nicht vorbei an den strengen Prüfungen durch die logisch-mathematischen Konsistenzanforderungen und vor allem durch die experimentelle Forschung. So führen Versuch und Irrtum, Vorschlag und Korrektur zwar in manche Sackgasse, aber letztlich doch voran auf dem steinigen und gewundenen Pfad zu neuen Erkenntnissen.

Von der Metaphysik zum Teilchenzoo

Nicht zuletzt aufgrund religiöser Dogmatismen führte der Atomismus bis ins 17. Jahrhundert ein Nischendasein. Dann vollzog sich allmählich seine Umwandlung von der Metaphysik zur Physik und Chemie (eine übrigens nicht ganz unproblematische Betrachtungsweise). Das war vor allem der Verdienst von Robert Boyle (1627–1692) und John Dalton (1766–1844). Ersterer erklärte chemische Reaktionen atomistisch, zweiterer verband dann die Lehre der chemischen Elemente von Antoine Lavoisier (1743–1794) mit dem antiken Atomismus. Auch im mechanistischen Weltbild der klassischen Physik wurde der Atomismus wichtig; so beschrieb Isaac Newton (1643–1727) die Materie, als sei sie aus Massenpunkten zusammengesetzt, und vertrat auch eine Korpuskulartheorie des Lichts.

Nach und nach wurde der atomistische Ansatz immer differenzierter und gewann eine zunehmende Erklärungskraft in der Chemie (chemische Reaktionen, Elektrolyse, Periodensystem der Elemente) und Physik (besonders in der statistischen Thermodynamik und Theorie der Gase). Im 20. Jahrhundert erfolgte ein geradezu revolutionärer wissenschaftlicher Durchbruch mit dem indirekten und schließlich mehr oder weniger direkten, teils sogar abbildenden Nachweis von Atomen und deren Bestandteilen, mit der Entdeckung der Radioaktivität, mit der Entwicklung immer besserer Atom- und Kernmodelle sowie mit der Quantentheorie und Hochenergie-Elementarteilchenphysik.

Dass Atome mehr sind als philosophische Konstrukte oder mathematische Fiktionen, etablierte sich erst ab 1905 mit einer Arbeit von

Albert Einstein. Doch schon vorher wurde von Naturphilosophen, Physikern und Chemikern über noch kleinere Partikel nachgedacht.

Richard Laming spekulierte 1838 über einen unteilbaren Träger der elektrischen Ladung, um chemische Eigenschaften der Atome zu erklären. George Johnstone Stoney nannte sie 1891 Elektronen, und Joseph John Thomson wies sie im Jahr 1897 tatsächlich nach – sie sind die als Erstes entdeckten Elementarteilchen überhaupt und werden bis heute als solche angesehen. Robert A. Millikan definierte 1909 ihre Ladung als »Elementarladung«.

Auch positiv geladene Partikel wurden postuliert, nachdem 1886 Eugen Goldstein die Anoden-Strahlen fand: positiv geladene Ionen von Gasen mit unterschiedlicher Masse. Über leichteste, wasserstoffähnliche Teilchen als Bausteine anderer Atome hatte William Prout schon 1815 spekuliert; er nannte sie »Proyles« – die Vorläuferidee des Protons. Dieses wurde 1917 von Ernest Rutherford nachgewiesen (er berichtete darüber erst 1919).

Zuvor schon, 1909, hatte der Neuseeländer an der University of Manchester mit Hans Geiger und Ernest Marsden Alpha-Strahlen (Helium-Kerne, wie man erst später erkannte) auf dünne Metallfolien geschossen. Die meisten flogen glatt durch, aber einige wurden abgelenkt, teils stark. Daraus ließ sich erschließen, dass Atome keine kompakte Masse sind – und die Elektronen nicht wie Rosinen in einem Teig stecken, was Thomson annahm –, sondern größtenteils aus »leerem« Raum bestehen.

Etwa 99,95 Prozent der Masse eines Atoms sind in seinem Kern konzentriert, der rund 10.000-mal kleiner ist als das Atom. *Wie* klein die Atome und Kerne sind, ist für den Alltagsverstand kaum vorstellbar. Man kann sich höchstens Vergleiche zur Veranschaulichung ausdenken: Wenn man ein Kohlenstoff- oder Eisenatom auf den Durchmesser einer Erbse vergrößern und auf den Mittelpunkt eines Fußballfelds legen würde, dann wäre die Elektronenhülle so groß wie das Spielfeld. Ein Proton hätte einen Durchmesser von

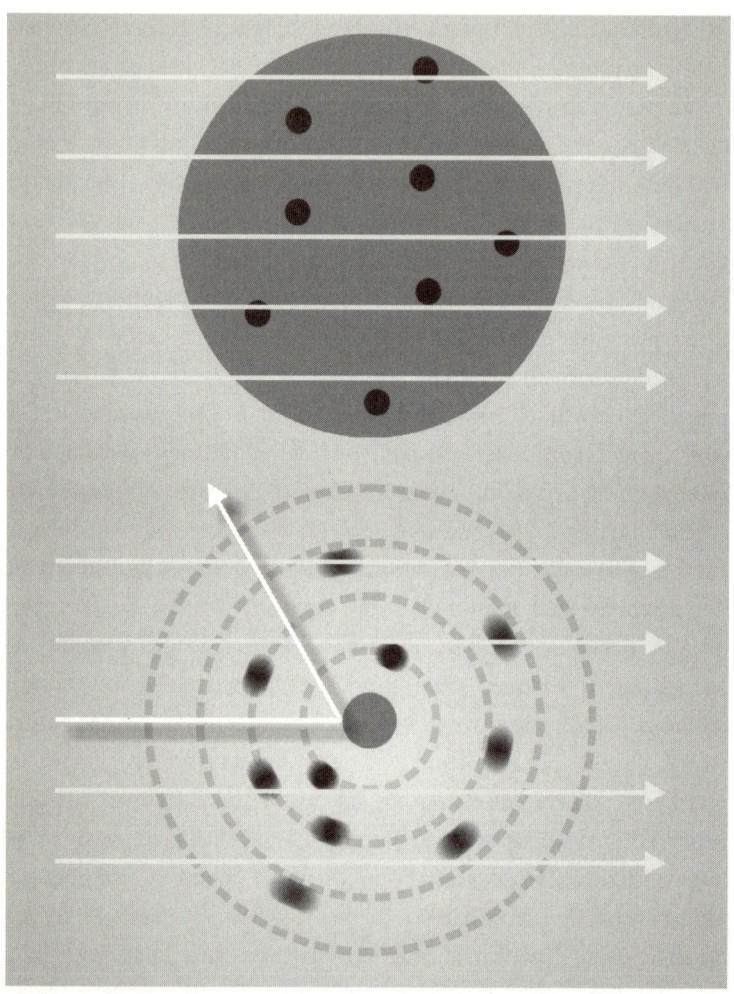

Der Abgrund der Materie: Wie Atome aufgebaut sind, lässt sich nicht durch reines Denken herausfinden, sondern nur experimentell. Dabei zeigte sich, dass Atome weder eine feste Masse sind – ein positiver »Kuchen« mit negativen Elektronen als »Rosinen« – noch ein lockeres Konglomerat, das Strahlung durchdringen kann (oben). Vielmehr ergab der Beschuss mit Alpha-Teilchen, dass Atome aus einem winzigen Kern bestehen, etwa ein Femtometer (10^{-15} Meter) klein, der von Elektronen umschwärmt wird (unten, nicht maßstabsgetreu).

rund einem Millimeter wie dieses o hier auf der Seite. (Und die Quarks, aus denen Protonen bestehen, wären noch einmal um etwa das Tausendfache kleiner – also selbst im Schaubild des Fußballstadions unsichtbar.)

Bis in die 1930er-Jahre galten Protonen und Elektronen als elementare Bausteine der Materie, aus denen die verschiedenen Atome oder chemischen Elemente zusammengesetzt sind, deren Verbindungen wiederum die Moleküle konstituieren. Die positiv geladenen Protonen bilden demnach die Atomkerne, die von den negativen Elektronen umgeben werden. Wobei die Planetensystem-Analogie der um den Kern kreisenden Elektronen in der Quantenphysik bald von abstrakteren Vorstellungen abgelöst wurde: von Elektronen als Ladungswolke mit unterschiedlicher Aufenthaltswahrscheinlichkeitsdichte, als stehenden Wellen oder als Feldkonfigurationen.

Mit der Entdeckung des Neutrons und der Ladungsunabhängigkeit atomarer Kräfte (ab 1936) veränderte sich die Vorstellung vom Atomkern erneut. Die Existenz des Neutrons hatte Rutherford schon 1918 postuliert; dessen Name prägte er auch, ebenso den des Protons. Dieses elektrisch neutrale Kernteilchen wurde 1932 von James Chadwick entdeckt. Es ist mit einer Masse von 939,6 Megaelektronenvolt etwas schwerer als das Proton und für sich allein instabil (nicht aber gebunden im Atomkern). Es zerfällt mit einer Halbwertszeit von zehn Minuten und elf Sekunden – die mit Abstand größte aller instabilen Teilchen – in ein Proton und ein Elektron; außerdem entsteht noch ein Elektron-Antineutrino, wie sich erst später herausstellte.

Auch viele Atomkerne zerfallen, wobei Neutronen freigesetzt werden können. So wurde bald klar, dass Atome nur mechanisch oder chemisch »unzerschneidbar« sind, aber mit anderen Methoden sehr wohl in ihre Einzelteile »zerlegt« werden können. Die Entdeckung der Kernspaltung von Otto Hahn und Fritz Straßmann 1938 zeigte dies nicht nur deutlich, sondern auch, welche Energien im Atomkern stecken – mit all den technischen Anwendungen sowie ihren morali-

Exkurs

Elektronenvolt

Teilchenphysiker verwenden als Einheit der Energie – und oft auch der Ruhemasse – das Elektronenvolt und seine Vielfachen. Ein Elektronenvolt (eV) ist die Menge an kinetischer Energie, die ein Elektron gewinnt, wenn es eine Beschleunigungsspannung von einem Volt durchläuft. Ein Elektronenvolt entspricht $1,6 \times 10^{-19}$ Joule. In der Teilchenphysik werden Partikelmassen als Energie angegeben, da Energie (E) und Masse (m) gemäß Albert Einsteins Formel $E = mc^2$ miteinander äquivalent sind. Die Lichtgeschwindigkeit (c) wird in den Masse-Angaben einer Bequemlichkeitskonvention zufolge auf 1 normiert, das heißt einfach weggelassen (1 eV/$c^2 \approx 1,783 \times 10^{-36}$ Kilogramm). Die Vorsilben Mega, Giga- und Tera- bezeichnen eine Million, eine Milliarde und eine Billion. Ein Elektron hat beispielsweise die Ruhemasse von 0,51, ein Proton von 938,27 Megaelektronenvolt (strenggenommen MeV/c^2).

---

schen, politischen und ökologischen Problemen, Gefahren und auch ein paar Chancen, wie bald darauf deutlich wurde.

In der Natur existieren 256 verschiedene Nuklide (oder Isotope) – also durch die Zahl ihrer Protonen und Neutronen unterschiedene Arten von Atomkernen –, die als »stabil« gelten (nur 90 sind es wirklich, die anderen haben aber sehr lange Halbwertszeiten). Hinzu kommen 80 natürliche Radionuklide. Außerdem wurden über 3000 weitere Radionuklide künstlich erzeugt. Von den radioaktiven Kernen haben 905 eine Halbwertszeit von über einer Stunde. Elemente mit mehr als 20 Protonen sind nur stabil, wenn die Kerne mehr Neutronen als Protonen erhalten.

Um bestimmte radioaktive Zerfälle zu erklären, hat Wolfgang Pauli 1930 ein neues Elementarteilchen postuliert, das Neutrino: Das geschah in einem mit »Liebe radioaktive Damen und Herren« überschriebenen Brief an die Teilnehmer einer Konferenz über Radioaktivität in Tübingen, weil Pauli wegen eines »in Zürich stattfindenden Balles unabkömmlich« sei. Seine Voraussage, die er einen »verzweifelten Ausweg« nannte, war nötig, um eine Verletzung des Energie-Erhaltungssatzes zu verhindern. Und sie war richtig, wie sich später zeigte: 1955 wurde mithilfe von Kernreaktoren dieses nur schwach wechselwirkende Elementarteilchen nachgewiesen. (Es interagiert wirklich schwach: Selbst bei einer hypothetischen fünf Lichtjahre dicken Mauer aus Blei würden noch mehr als die Hälfte der auf diese zufliegenden Neutrinos dahinter ankommen.) Der Name stammt von Enrico Fermi, weil Neutrinos wie Neutronen keine elektrische Ladung besitzen (Pauli hatte die Neutrinos ursprünglich Neutronen genannt, da zu jener Zeit die Kernbauteilchen noch nicht nachgewiesen waren).

Außerdem wurde die Existenz zusätzlicher Teilchen vorausgesagt, der Antimaterie. Das konnte ab 1932 bestätigt werden mit dem Nachweis von Positronen (Antielektronen) bei Untersuchungen der Kosmischen Strahlung. Dieser ständige Teilchenschauer aus dem Weltall sowie die Entwicklung von Teilchenbeschleunigern, mit denen sich Partikel aufeinander schießen und neue erzeugen lassen, führte zu einer Flut weiterer Entdeckungen.

Das erste dieser Partikel – ebenfalls ein Elementarteilchen bis zum heutigen Wissensstand – kam 1937 völlig unerwartet, also ohne jede theoretische Voraussage: das Myon. Es hat eine Masse von 106 Megaelektronenvolt, mehr als das 200-fache des Elektrons, dessen schwerer Bruder es gleichsam ist, und zerfällt in 2,2 Mikrosekunden (in ein Elektron, Myon-Neutrino und Elektron-Antineutrino, wie man erst später herausfand). »Wer hat das bestellt?«, fragte der Physik-Nobelpreisträger Isidor Rabi überrascht – und gab selbst die Antwort: niemand hat es bestellt; und keiner weiß, warum es existiert; Sterne, Planeten und Leben würde es auch so geben. Myonen entstehen in der Erdatmosphäre aus dem Zerfall der erst später nachgewiesenen geladenen Pionen. (Das geschieht in rund 100 Kilometer

Höhe, doch die kurzlebigen Myonen erreichen trotzdem den Erdboden – und durchschlagen auch diese Seite, während sie gelesen wird –, weil die von der Speziellen Relativitätstheorie beschriebene Zeitdilatation die Existenzdauer der fast lichtschnellen Teilchen relativ zu den langsamen irdischen Uhren verlängert ... aber das ist eine andere Geschichte.)

1947 wurden in der oberen Erdatmosphäre die positiv oder negativ geladenen Pi-Mesonen oder Pionen nachgewiesen. Sie entstehen bei der Wechselwirkung der Kosmischen Strahlung mit Sauerstoff- und Stickstoff-Atomen. Sie haben etwa die 270-fache Masse des Elektrons, 139,6 Megaelektronenvolt. 1948 ließen sie sich im kalifornischen Berkeley mit einem Protonenbeschleuniger auch künstlich erzeugen. Das neutrale Pion, das eine kürzere Lebensdauer besitzt als seine geladenen Geschwister und keine Ionisationsspuren hinterlässt, wurde 1950 anhand des Zerfalls in zwei Photonen identifiziert.

Aber dabei blieb es nicht. Viele weitere Teilchen wurden entdeckt, darunter die Kaonen, Hyperonen, Delta-, Lambda- und Sigma-Teilchen. In den 1970er-Jahren wurde zuweilen fast wöchentlich ein neues Partikel gefunden – inzwischen zählt man rund 300. Die allermeisten davon sind äußerst kurzlebig mit Halbwertszeiten von weniger als einer Millionstel Sekunde. So ergab sich mit der Zeit eine äußerst verwirrende Situation. Falls diese Partikel alle elementar wären, dann würde die vom antiken Atomismus übernommene Idee der einfachen Bestandsaufnahme und Erklärbarkeit der Welt in der Vielfalt ertrinken. Physiker waren ratlos. Bald sprachen sie mit Unbehagen von einem Teilchenzoo. »Wenn ich die Namen aller dieser Teilchen behalten könnte, würde ich Botaniker werden«, sagte Enrico Fermi einmal vor lauter Missmut.

Alle diese Partikel mit ihren Eigenschaften bloß aufzulisten, wäre unbefriedigend. In der Botanik und Zoologie war die Taxonomie – die Ordnung in Arten, Gattungen, Familien und so weiter – auch erst dann mehr als eine Bestandsaufnahme, als mit der Evolutionstheorie eine genetische Verwandtschaft erkannt und die Artenvielfalt durch die Mechanismen von Mutation und Selektion kausal erklärt wurde. Doch was hat den Teilchenzoo »eingerichtet«?

Dass alle Mitglieder dieses Sammelsuriums gleichermaßen elementar sind, erschien immer unplausibler. Allerdings wurde auch das Konzept der »nuklearen Demokratie« erwogen: Demzufolge sollte jedes Teilchen aus anderen Teilchen zusammengesetzt sein, ohne dass einzelne Partikel fundamentaler als andere wären – wobei aber bestimmte physikalische Erhaltungssätze erfüllt sein müssten. Hier wurde also bestritten, dass es ein paar wenige Elementarteilchen gibt, aus denen alle anderen Partikel aufgebaut sind. Vielmehr wären alle gleichberechtigt und bauen sich wechselseitig auf.

»Die Natur ist, wie sie ist, weil das die einzige mögliche Weise ist, mit sich selbst konsistent zu sein«, meinte Geoffrey Chew von der University of California in Berkeley. Die innere Widerspruchsfreiheit würde also die Wahl der Existenz treffen. Chew nannte dies das »Bootstrap-Prinzip« nach der Redewendung »sich an den eigenen Schuhriemen herauszuholen« (»to lift oneself by one's bootstraps«). Mit dieser Art von Selbstgenügsamkeit sollte sich die Frage nach den grundlegenden Bausteinen der Natur erübrigen: Diese ziehe sich wie Münchhausen gleichsam selbst aus dem Sumpf. Alle Bausteine würden dann sowohl als Konstituenten fungieren als auch Quanten der Kraftfelder sein, die die Konstituenten zusammenhalten. Eine detaillierte Anwendung und Voraussagekraft des Bootstrap-Prinzips blieb allerdings ungeklärt, auch wenn der dazugehörige mathematische Apparat der S-Matrix-Theorie manche Eigenschaften und Prozesse der Teilchenstreuung zu beschreiben vermochte. (Wissenschaftshistorisch ist übrigens interessant: Obwohl die S-Matrix als Theorie der Starken Wechselwirkung scheiterte, trug sie andere Früchte – aus ihr wurde die Stringtheorie entwickelt, und deren Pioniere John Schwarz und David Gross hatten auch bei Geoffrey Chew promoviert.)

Als Alternative zur nuklearen Demokratie setzte sich in den 1960er-Jahren ein fundamentalerer Ansatz durch, der in den 1970er-Jahren zum Standardmodell der Elementarteilchen avancierte. Dieses hat bis heute unangefochtene Gültigkeit. Dafür sprechen sowohl theoretische Gründe (größere Erklärungskraft) als auch experimentelle Ergebnisse; außerdem konnten seither zahlreiche Voraussagen in Experimenten bei immer höheren Energien bestätigt werden – und keine einzige wurde widerlegt.

Das Standardmodell der Elementarteilchen

... ist »ein grotesk bescheidener Name für eine der größten Leistungen der Menschheit«, sagt der Physik-Nobelpreisträger Frank Wilczek vom Massachusetts Institute of Technology. »Es fasst in einer bemerkenswert kompakten Form fast alles zusammen, was wir über die fundamentalen Gesetze der Physik wissen. Alle Phänomene der Kernphysik, Chemie, Materialwissenschaft und Elektrotechnik – hier steckt alles drin. Und anders als bei der verbalen Gymnastik der klassischen Philosophie geht es mit exakten Algorithmen einher, deren Symbole ein Modell der physikalischen Welt entfalten. Das erlaubt es, überraschende Vorhersagen zu machen und zum Beispiel exotische Laser, Kernreaktoren und ultraschnelle, kleine Computerspeicher mit großer Zuverlässigkeit herzustellen.« Wilczek kann seine Begeisterung kaum zügeln. »Die Regeln erscheinen zunächst etwas kompliziert, aber das ist nichts im Vergleich beispielsweise zu den Konjugationen einiger irregulärer Verben in Latein oder Französisch. Und diese Regeln sind nicht beliebig. Sie werden durch die experimentellen Tatsachen erzwungen.«

Hier zunächst eine kurze Zusammenfassung des Standardmodells – eine Art Crash-Kurs (ganz ohne Großes Latinum, obwohl ein paar lateinische und griechische Vokabeln dann doch nützlich sind ...).

Die wichtigste Unterscheidung im Standardmodell der Elementarteilchen ist die zwischen Materie und Kräften. Beide werden als Quantenfelder aufgefasst, die den Raum durchziehen, wobei die Quanten dieser Felder als Teilchen erscheinen. Davon gibt es zwei Klassen: die Fermionen und die Bosonen. Die Fermionen bilden die Materie; benannt sind sie nach dem italienischen Physiker Enrico Fermi, der ihre Quantenstatistik zusammen mit Paul Dirac formuliert hatte. Dem gegenüber stehen die Bosonen; sie heißen nach dem indischen Physiker Satyendranath Bose, der mit Albert Einstein ihr Verhalten in einer anderen Quantenstatistik beschrieben hatte. Zu den Bosonen gehören die Eich- oder Vektorbosonen, die Überträger der Naturkräfte, aber auch das Higgs-Boson.

Die Naturkräfte werden gemäß der Quantenfeldtheorien nicht instantan übertragen – das wäre als überlichtschneller Effekt auch im Widerspruch zur Relativitätstheorie –, sondern mit (fast) Lichtgeschwindigkeit, und zwar über spezielle Vermittlerteilchen. Diese Vektorbosonen sind für jede Kraft spezifisch und werden zwischen den Fermionen ausgetauscht. Eine Analogie dafür: Angenommen, zwei Bootsfahrer haben ihre Ruder verloren und wollen nicht mit den Händen paddeln. Sie haben aber einige Apfelsinen an Bord. Diese können sie hin und her werfen. Der dabei übertragene Impuls führt dazu, dass sich die Boote voneinander entfernen und an die gegenüberliegenden Ufer treiben. In diesem Bild entsprechen die Boote den Fermionen und die Apfelsinen den Bosonen, die eine abstoßende Kraft vermitteln.

Der grundlegende Unterschied zwischen Fermionen und Bosonen ist der Spin (englisch für: Drall). Diese Eigenschaft der Elementarteilchen, aber auch zusammengesetzter Partikel, ist eine Art innerer Eigendrehimpuls. Entdeckt wurde er 1922 von Otto Stern und Walther Gerlach, als sie Silber-Atome (die nur ein Außenelektron haben) durch ein inhomogenes Magnetfeld leiteten und mit Erstaunen eine Aufspaltung des Strahls beobachteten. Wolfgang Pauli postulierte daraufhin den Spin als eine neue Quantenzahl, eine innere Quanteneigenschaft. (Die Einheit des Spins ist durch das Plancksche Wirkungsquantum h/2π definiert – mit den Werten 0, ½, 1, ³⁄₂, 2 und so weiter –, und der Spin verschwindet für h = 0, er hat daher keine klassische Entsprechung.)

Fermionen besitzen einen halbzahligen Spin (in der Regel ½), Bosonen einen ganzzahligen (bei den Vektorbosonen hat er den Wert 1, beim Higgs-Teilchen 0). Das hat weitreichende Konsequenzen. So können Fermionen, etwa Elektronen, aufgrund von Abstoßungskräften nie denselben Zustand einnehmen. Deshalb gibt es überhaupt stabile Atome und Atomverbände, denn andernfalls würden sich Elektronen alle am selben Ort versammeln und die chemische Bindung zwischen den Atomen eines Moleküls wäre verschwunden. Bosonen dagegen gehorchen diesem sogenannten Paulischen Ausschließungsprinzip nicht. Daher können sie denselben Quantenzustand einnehmen. Das ist beispielsweise bei den Photonen im Laserstrahl der Fall.

Die Fermionen werden in Quarks und Leptonen unterteilt, die beide in drei Generationen mit zunehmender Masse angeordnet sind. Die sechs Quarks heißen up, down, strange, charm, bottom (oder beauty) und top (oder truth); sie haben elektrische Ladungen von + ⅔ oder -⅓ in Einheiten der Elementarladung (Elektron: -1) sowie eine sogenannte Farbladung (genannt rot, blau oder grün). Zu den Leptonen gehören das Elektron und seine schwereren »Geschwister«, das Myon und Tauon, die alle negativ geladen sind, sowie ihre neutralen und fast – aber nicht ganz – masselosen »Vettern«, die Neutrinos. Zu jedem Quark und Lepton gibt es ein Antiteilchen mit gleicher Masse, aber umgekehrter Ladung. Die gewöhnliche und stabile Materie besteht nur aus Elektronen, Protonen (aus zwei up-Quarks und einem down-Quark) sowie Neutronen (aus einem up-Quark und zwei down-Quarks).

Alle Hadronen – Teilchen, die der Starken Wechselwirkung unterliegen – sind aus Quarks zusammengesetzt. Hadronen werden in

Baryonen und Mesonen unterteilt. Baryonen, etwa Protonen und Neutronen, bestehen aus Quark-Tripletts. Mesonen sind Quark-Antiquark-Paare. Leptonen gehorchen im Gegensatz zu den Hadronen nicht der Starken Wechselwirkung, weil sie keine Farbladung tragen.

Die Eichbosonen werden zwischen den Fermionen »ausgetauscht« – fliegen also gleichsam virtuell hin und her – und vermitteln so die Kräfte. Die Stärke einer Kraft wird mit einer Kopplungskonstante beschrieben. (Bei der Elektromagnetischen Kraft beispielsweise ist es die schon 1916 von Arnold Sommerfeld eingeführte Feinstrukturkonstante $\alpha = e^2/2\varepsilon_0 hc \approx 1/137{,}036$ mit der elektrischen Elementarladung e, dem Planckschen Wirkungsquantum h, der Lichtgeschwindigkeit c und der elektrischen Feldkonstante ε_0). Kopplungskonstanten sind allerdings gar nicht konstant, sondern hängen von der Energie ab und vom Abstand. (Je weiter sich beispielsweise eine Testladung einem »nackten« Elektron nähert, desto größer wird α; bei der Energie der Z^0-Masse, 90 Gigaelektronenvolt, beträgt α bereits $1/128{,}82$.)

Die Starke Wechselwirkung oder Farbkraft herrscht nur zwischen Quarks und wird von Gluonen übermittelt. Die Elektromagnetische Kraft betrifft neben Quarks auch Elektronen, Myonen und Tauonen; ihr Eichboson ist das Photon (der Name wurde 1926 von Gilbert N. Lewis geprägt) – seit einer Arbeit von Albert Einstein 1905 auch bekannt als »Träger« der elektromagnetischen Strahlung vom Radiowellen- bis in den Gammastrahlenbereich. Die Neutrinos unterliegen weder der Starken noch der Elektromagnetischen Wechselwirkung, sondern nur der Schwachen, die auch alle anderen Fermionen beeinflusst; sie wird von W^+-, W^-- und Z^0-Bosonen übertragen, die im Gegensatz zu Gluonen und Photonen eine Masse haben. Die Massen der W- und Z-Bosonen sowie in der Folge auch der Fermionen und Leptonen (außer vielleicht den Neutrinos) werden durch die Wechselwirkung mit dem Higgs-Feld erzeugt; sein Quant ist das Higgs-Boson.

Begriff	Bedeutung	Wortherkunft	Beispiele und Abkürzungen
Fermion	Teilchen mit halbzahligem Spin	benannt nach dem Physiker Enrico Fermi	alle Leptonen und Quarks
Boson	Teilchen mit ganzzahligem Spin	benannt nach dem Physiker Satyendranath Bose	alle Skalar- und Vektorbosonen
Skalar-boson	Elementarteilchen mit Spin 0; Quant eines Skalarfelds, das an jedem Ort nur einen Betrag (Größe, Zahlenwert) hat	lateinisch »scala« = Leiter	Higgs H
Vektor-boson	Elementarteilchen mit Spin 1, das die Elektromagnetische, Starke beziehungsweise Schwache Kraft vermittelt; Quant eines Vektorfelds, das an jedem Ort nicht nur einen Betrag hat, sondern auch eine Richtung	lateinisch »vector« = Träger, Fahrer	Photon γ, Gluon g, intermediäre Teilchen W^+, W^-, Z^0
Photon	Überträger der Elektromagnetischen Kraft	griechisch »phōtos« = Licht	γ
Gluon	Überträger der Starken Kraft	englisch »glue« = Leim, Klebstoff	g
Lepton	Elementarteilchen, das der Starken Kraft nicht unterliegt	griechisch »leptos« = leicht, klein	Elektron e^-, Myon μ^-, Tauon τ, Neutrino ν
Neutrino	Lepton, das der Starken und Elektromagnetischen Kraft nicht unterliegt	italienische Verkleinerungsform »-ino« = -chen	Elektron-, Myon- und Tau-Neutrino ν_e, ν_μ, ν_τ
Elektron	einziges stabiles elektrisch negativ geladenes Lepton	griechisch »ēlektron« = Bernstein (wird beim Reiben elektrisch aufgeladen)	e^- (früher auch β^-)

Begriff	Bedeutung	Wortherkunft	Beispiele und Abkürzungen
Quark	Elementarteilchen, das der Starken Kraft unterliegt	Kunstwort nach der Stelle »Three Quarks for Muster Mark« im Roman *Finnegans Wake* von James Joyce	up u, down d, strange s, charm c, bottom/beauty b, top/truth t
Proton	einziges stabiles elektrisch positiv geladenes Baryon	griechisch »proton« = zuerst, erstes (auch mitbenannt nach dem Chemiker William Prout, der Wasserstoff-Atome als Atombausteine sah und sie »protyles« nannte)	p oder p^+ (Kern des Wasserstoff-Atoms); besteht aus den drei Valenzquarks u, u, d
Neutron	langlebigstes instabiles Baryon, ungeladen	lateinisch »neutralis« = unentschieden, weder das eine noch das andere; Bildung analog zu Proton und Elektron mit der griechischen Substantiv-Endung »-on«	n; besteht aus den drei Valenzquarks u, d, d
Baryon	Grund- oder Anregungszustand aus drei Quarks	griechisch »barys« = schwer	Proton p, Neutron n, Lambda Λ, Sigma Σ
Meson	Grund- oder Anregungszustand aus zwei Quarks	griechische Vorsilbe »meso« = mittel...	Pion π, Kaon K, Rho ρ, Psi ψ
Hadron	Teilchen, das der Starken Kraft unterliegt	griechisch »hadros« = schwer, dick	alle Baryonen und Mesonen
Anti-teilchen	»Gegenstücke« zu allen Quarks und Leptonen (sowie dann auch Baryonen und Mesonen)	griechische Vorsilbe »anti« = gegen, anstelle von	$\bar{u}, \bar{d}, \bar{s}, \bar{c}, \bar{b}, \bar{t}, e^+, \mu^+, \tau^+, \bar{\nu}_e, \bar{\nu}_\mu, \bar{\nu}_\tau$

Wörterbuch der Winzigkeiten: Wichtige Begriffe der Elementarteilchenphysik.

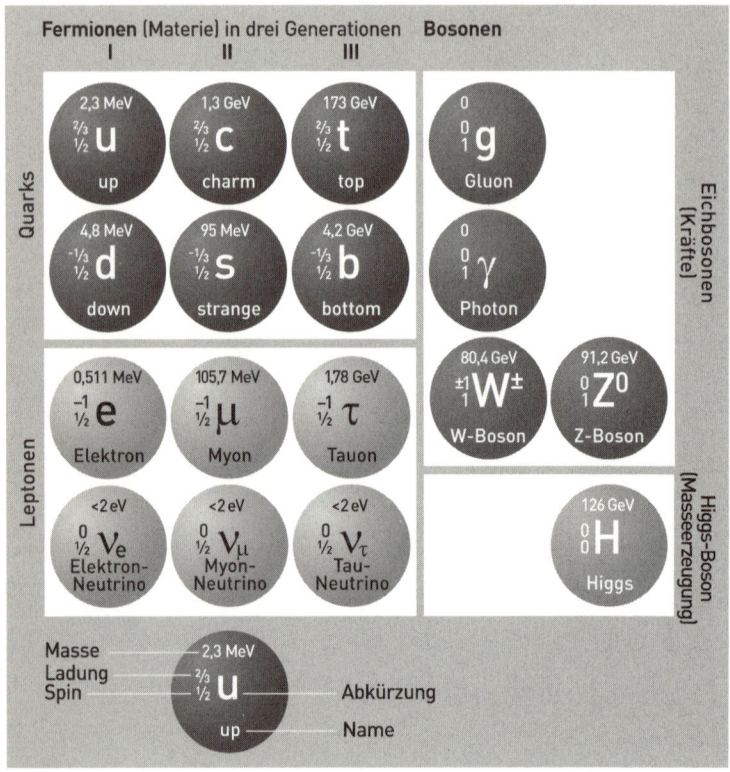

Fermionen (Materie) in drei Generationen   Bosonen
        I   II   III

Quarks

| 2,3 MeV $\frac{2}{3}$ $\frac{1}{2}$ **u** up | 1,3 GeV $\frac{2}{3}$ $\frac{1}{2}$ **c** charm | 173 GeV $\frac{2}{3}$ $\frac{1}{2}$ **t** top |
| 4,8 MeV $-\frac{1}{3}$ $\frac{1}{2}$ **d** down | 95 MeV $-\frac{1}{3}$ $\frac{1}{2}$ **s** strange | 4,2 GeV $-\frac{1}{3}$ $\frac{1}{2}$ **b** bottom |

Leptonen

| 0,511 MeV -1 $\frac{1}{2}$ **e** Elektron | 105,7 MeV -1 $\frac{1}{2}$ **μ** Myon | 1,78 GeV -1 $\frac{1}{2}$ **τ** Tauon |
| <2 eV 0 $\frac{1}{2}$ **ν_e** Elektron-Neutrino | <2 eV 0 $\frac{1}{2}$ **ν_μ** Myon-Neutrino | <2 eV 0 $\frac{1}{2}$ **ν_τ** Tau-Neutrino |

Eichbosonen (Kräfte)

0 0 1 **g** Gluon

0 0 1 **γ** Photon

80,4 GeV ±1 1 **W$^\pm$** W-Boson

91,2 GeV 0 1 **Z^0** Z-Boson

Higgs-Boson (Masseerzeugung)

126 GeV 0 0 **H** Higgs

Masse ———— 2,3 MeV
Ladung ———— $\frac{2}{3}$
Spin ———— $\frac{1}{2}$ **u** ———— Abkürzung
            up   ———— Name

Alles auf einen Blick – das Standardmodell: 30 sogenannte Elementarteilchen sind bekannt und werden alle im Standardmodell der Elementarteilchenphysik beschrieben. Die bekannte Materie besteht aus Quarks und Leptonen. Quarks bilden zum Beispiel Protonen und Neutronen, die Bausteine der Atomkerne. Von den Leptonen ist das Elektron am wichtigsten, denn ohne die »Elektronenhüllen« um die Atomkerne gäbe es keine Atome und Moleküle. Es hat noch zwei massereichere Geschwister, Myon und Tauon, sowie drei Neffen, die elektrisch neutralen Neutrinos. Jedes Quark und Lepton besitzt außerdem ein Gegenstück aus Antimaterie. Es gibt also noch sechs Antiquarks, drei Antineutrinos sowie drei geladene Antileptonen. Die Kräfte zwischen Teilchen oder Antiteilchen werden von Eichbosonen übertragen: die Starke Wechselwirkung von Gluonen, die Elektromagnetische von Photonen und die Schwache von W- und Z-Teilchen. Der letzte Baustein im Standardmodell ist das Higgs-Boson, das Quant des Higgs-Felds. Elementarteilchen, die mit diesem Feld wechselwirken, erhalten dabei ihre Masse.

Wechselwirkung	Starke	Elektromagnetische	Schwache	Gravitative
relative Stärke	1	10^{-2}	10^{-15}	10^{-41}
Reichweite	circa 10^{-15} Meter	unendlich	circa 10^{-18} Meter	unendlich
Wirkung	anziehend	anziehend, abstoßend	anziehend, abstoßend	anziehend
Wirkung auf	Quarks	Quarks, geladene Leptonen	Quarks, Leptonen	alles
Beispiel	Zusammenhalt der Atomkerne	Kompass, Glühbirne, Laser, Computer	Kernfusion, radioaktiver Beta-Zerfall	Bewegung der Planeten
Austauschteilchen	Gluon g (in acht Farben)	Photon γ	intermediäre Vektorbosonen W^+, W^-, Z^0	Graviton G (?)
Ruhemasse	0	0	80,4 und 91,2 Gigaelektronenvolt	0
Spin	1	1	1	(2)
Ladung	Farbladung	Elektrische Ladung	Schwacher Isospin	Masse
Beschreibung durch	Quantenchromodynamik	Maxwell-Gleichungen, Quantenelektrodynamik, Elektroschwache Theorie	Elektroschwache Theorie	Allgemeine Relativitätstheorie

Was die Welt zusammenhält: Es sind vier fundamentale Wechselwirkungen bekannt. Drei werden durch eine Quantenfeldtheorie beschrieben und durch Austauschteilchen (Vektorbosonen) vermittelt. Die Gravitation wird von der Allgemeinen Relativitätstheorie eher als eine Geometrie der Raumzeit denn als Kraft charakterisiert; wenn sie in der Natur ebenfalls quantisiert ist – eine bestätigte Theorie der Quantengravitation dazu existiert bislang nicht –, müsste sie von Gravitonen mit Spin 2 vermittelt werden. Die Stärke der Wechselwirkung hängt von Abstand und Energie ab und ist daher nicht allgemein zu vergleichen.

Vom achtfachen Weg zu den Quarks

Unter den exotischen Einwohnern im Teilchenzoo waren auch sogenannte seltsame Teilchen mit einer ungewöhnlich langen Lebensdauer (gleichwohl nur Sekundenbruchteile). Diese Extravaganz konnte nicht mit dem bestehenden Modell der Starken Wechselwirkung erklärt werden. Murray Gell-Mann, Physiker am California Institute of Technology, führte deshalb 1952 kurzerhand eine neue Quantenzahl ein, um die Seltsamkeit zu beschreiben – er nannte sie treffend strangeness (Seltsamkeit). Damit gelang es ihm, ein Ordnungsschema aufzustellen und die neu entdeckten Teilchen in Paare, Dreier- und Vierer-Konfigurationen zu gruppieren: Dublette, Triplette und Quadruplette von Teilchen mit ähnlicher Masse aber unterschiedlicher Ladung. Ein Beispiel für so eine Gruppe bilden Proton, Neutron, die Pionen π^-, π^0 und π^+ sowie die Delta-Teilchen Δ^-, Δ^0, Δ^+ und Δ^{++}. Eine weitere Quantenzahl wurde von Eugene Wigner 1937 in Analogie zum Spin als Isospin bezeichnet (griechisch »iso« für gleich). Isospin-Multiplette unterscheiden sich nur durch die Ladung ihrer Mitglieder.

1961 fand Murray Gell-Mann eine noch größere Ordnungsstruktur, die Supermultiplette, die von den Quantenzahlen Isospin, Ladung, Seltsamkeit und Hyperladung abhängen. Unabhängig von ihm kam auch Yuval Ne'eman aus Tel Aviv auf diese Idee; der Ingenieur und Offizier arbeitete in London als Attaché der israelischen Botschaft, langweilte sich sehr dabei und besuchte deshalb Physik-Vorlesungen von Abdus Salam am Imperial College. Bald wurde den Theoretikern klar, dass diese Ordnungsschemata der Singulette, Oktette und Dekuplette Darstellungen einer bestimmten mathematischen Symmetriegruppe namens SU(3) sind. (Das ist eine spezielle unitäre Transformation in einem abstrakten dreidimensionalen Raum.) Es zeigte sich außerdem, dass auch Mesonen als ein Oktett beschreibbar sind: die drei Pionen, die vier K-Mesonen und das neutrale η-Meson. Gell-Mann nannte diese phänomenologische Theorie den »Achtfachen Pfad« – in Anspielung auf eine der »vier edlen Wahrheiten« der buddhistischen Heilslehre; danach führt der Pfad zur Überwindung des Leidens über die acht Stufen der richtigen Anschauung, Absicht, Rede, Tat, (beruflichen) Lebensführung, Anstrengung, Achtsamkeit und Konzentration und mündet in einen Zustand vollkommener Versenkung. Das ist vielleicht auch der Fall, wenn man das Leiden durch ein richtiges Mathematikstudium überwindet und sich in die Gruppe SU(3) versenkt. Hier die Erleuchtung: SU(3) lässt sich durch acht dreidimensionale lineare unabhängige hermitesche Matrizen erzeugen, denen durch Vertauschungsrelationen acht Gruppenkonstanten zugeordnet sind, also acht Parameter, die Gell-Mann für sein physikalisches Modell benötigt hat.

Das alles mag dem Laien wie ein Mantra-Gesang in einem Kloster aus Elfenbein vorkommen – und Gell-Manns Kollegen waren damals auch nicht unbedingt begeistert. Doch er hatte einen gewaltigen Trumpf. Nachdem in den 1950er-Jahren in Berkeley bereits das Delta-Teilchen beim Beschuss von Atomkernen mit Pionen erzeugt wurde (es hat 1230 Megaelektronenvolt und den Spin ³⁄₂), sowie analog die Sigma- und Chi-Teilchen, waren damals neun Partikel bekannt, die in Gell-Manns Schema passten. Seinem Modell zufolge musste es aber zehn geben. Daher sagte er die Existenz dieses fehlenden Teilchens voraus, schätzte seine Masse anhand der Symmetriebedingungen auf 1670 Megaelektronenvolt und nannte es Omega-minus. Tatsächlich wurde das Ω^- daraufhin 1964 am Brookhaven National Laboratory entdeckt, und zwar mit den prognostizierten Eigenschaften (seine Masse beträgt 1672 Megaelektronenvolt).

Das überzeugte viele Skeptiker davon, dass die Gruppe SU(3) eine relevante Beschreibung der Natur war, nicht einfach nur artifizielle Gedankenakrobatik. Und wie sich später herausstellte, ist

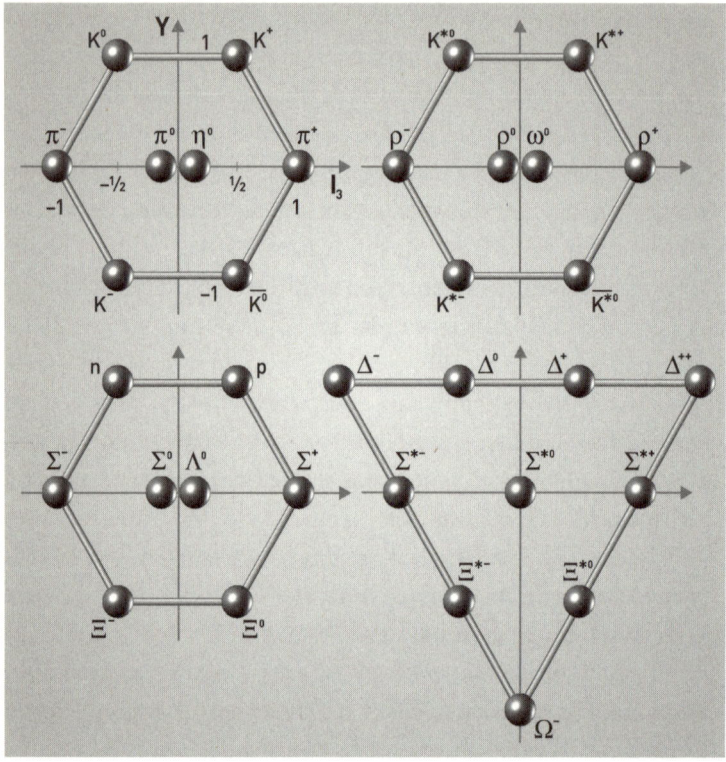

Achtfacher Pfad und Prophetie: Mithilfe der abstrakten mathematischen Symmetriegruppe SU(3) können Mesonen mit Spin 0 und 1 (oben) sowie Baryonen mit Spin ½ (links unten) als Oktette beschrieben werden und Baryonen mit Spin 3/2 als Dekuplett (rechts unten). Die Koordinaten werden durch die Quantenzahlen Hyperladung (Y) und dritte Komponente des Isospins (I_3) gebildet. Dass dies alles nicht bloß eine Spielerei ist, bewies die Voraussage des zunächst fehlenden Ω^--Teilchens anhand dieses Ordnungsschemas (unten an der Dreieckspitze), das sich im Anschluss experimentell tatsächlich nachweisen ließ. Die Erklärung dieser Supermultiplette erfolgte im Rahmen des Quark-Modells: Alle hier verzeichneten Teilchen sind Kombinationen von zwei beziehungsweise drei up-, down- und strange-Quarks und -Antiquarks.

sie eine der drei Symmetriegruppen, die im Grunde das Standardmodell der Elementarteilchen darstellen. Nicht mehr und nicht weniger. Etwas Mysteriöses haftete ihr gleichwohl an und es zeichnete sich ab, dass eine mathematische Repräsentation des Teilchenzoos, wie raffiniert auch immer, nicht das Ende der Bohrstange hinab in die Fundamente der Materie sein konnte.

In den Jahren 1963 und 1964 arbeitete Gell-Mann an einer physikalischen Interpretation seiner SU(3)-Symmetriegruppe. Er entdeckte, dass sich alles logisch fügte und erklären ließ, wenn man diverse Teilchen des Zoos als zusammengesetzt betrachtet – aufgebaut aus elementareren Entitäten. Gell-Mann nannte sie Quarks (was er »kworks« ausspricht). Er ließ sich dabei inspirieren von einer Zeile im Roman *Finnegans Wake* (als Gesamtausgabe 1939 erschienen). Darin schrieb James Joyce:

Three quarks for Muster Mark!

Sure he hasn't got much of a bark

And sure any he has it's all beside the mark.

Das bedeutet ungefähr, dass drei Dreikäsehochs (quarks) ebenso viel wert sind wie ein richtiger Mann. Die drei Kinder von Herrn Mark, der eigentlich Herr Finn ist, treten manchmal für diesen auf – eine seltsame Story, die ganz gut zur nicht weniger seltsamen Elementarteilchenphysik passt, wo ein Proton sich wie Herr Mark als drei interagierende Quarks darstellt. Kurzum, in der Physik »menschelt« es eben auch, und wer sie schwierig findet, der kann sich trösten, dass er es mit *Finnegans Wake* sicherlich nicht leichter haben wird. Übrigens war Joyce angeblich auch die deutsche Bedeutung von »Quark« bekannt; er hatte das Wort vielleicht in Freiburg von Marktfrauen gehört, die Quark verkauften. Gell-Mann, fast schon zahlenmystisch angehaucht, gefiel außerdem, dass »Quarks« auf der Seite 383 seiner *Finnegans Wake*-Ausgabe stand – und das, wo die Drei und die Acht ja so wichtig waren in seinem Modell.

Die Quarks mussten elektrisch geladen sein, allerdings in Dritteln der Elementarladung (die durch den Betrag der Ladung des Elektrons definiert ist). Das war eigenartig und nie direkt beobachtet worden. Gell-Mann wollte die Idee trotzdem rasch publizieren und reichte seinen Artikel bei der Zeitschrift *Physics Letters* ein, weil er dachte, die renommierteren *Physical Review Letters* würde sie wegen den postulierten Drittelladungen nicht annehmen. Tatsächlich hätte Jacques Prentki vom CERN, der Herausgeber der *Physics Letters,* die Arbeit auch abgelehnt, wenn sie von einem unbekannteren Autor geschrieben worden wäre. So dachte er aber, dass Gell-Mann schuld sei, wenn das alles Unsinn war, dass jedoch er selbst die Verantwortung hatte, wenn es sich als richtig erweisen würde und er den Artikel nicht hätte drucken lassen – und so akzeptierte er ihn.

Unabhängig von Gell-Mann kam George Zweig am CERN ebenfalls zum Ergebnis, dass Hadronen aus kleineren Konstituenten zusammengesetzt sind. Er nannte die Objekte Aces, nach den vier Assen in Spielkarten, weil er vier verschiedene Arten dieser Partikel vermutete. Zweig hatte am Caltech studiert und kannte Gell-Mann, bei dem er sogar promovieren wollte; der ging aber für ein Sabbatical an die Ostküste und empfahl Richard Feynman ein paar Büros weiter – kein schlechter Deal. Zweig entwickelte seine Überlegungen dann während eines Forschungsaufenthalts am CERN. In der Theorie-Gruppe dort hieß es, er müsse sie in einer europäischen Zeitschrift publizieren. Zweig wollte das nicht und entschied sich dafür, sie gar nicht zu publizieren – sie existiert kurioserweise bis heute nur als ein Vorabdruck (CERN-Preprint). Zweig durfte sie nicht einmal in einem Seminar am CERN vorstellen. Und so stand und steht er im Schatten Gell-Manns, obwohl er nahezu gleichzeitig dieselbe Idee hatte. Gell-Mann verhalf ihm dann allerdings zu einer Professur am Caltech. 1964 waren sich Zweig und Gell-Mann über die Bedeutung der Quarks beziehungsweise Aces gar nicht einig. Gell-Mann betrachtete sie zunächst lediglich als Ladungsquarks, während Zweig sie als echte Konstituentenquarks ansah, deren Realität Gell-Mann anzweifelte. Noch 1972 wurde daher ein gemeinsam verfasster Artikel für die populärwissenschaftliche Zeitschrift *Scientific American* aufgegeben – und erschien nie.

Gell-Mann erhielt 1969 den Physik-Nobelpreis für sein mathematisches Ordnungsschema der SU(3)-Symmetriegruppe. Quarks wurden nicht explizit genannt – und damals von vielen Physikern noch nicht akzeptiert. Auch Richard Feynman konnte dem Modell zunächst nichts abgewinnen; er sprach wiederholt von »Quirks« (englisch für Laune, Marotte, Spleen). Das war ein Grund für sein angespanntes Verhältnis mit seinem Kollegen Gell-Mann, der nicht minder polemisch sein konnte. Umso größer war daher dessen Überraschung, als ihm George Zweig – der sich später von der Physik abgewandt und mit der Neurobiologie des Gehörs beschäftigt hatte – in einer Rede an der Universität Singapur 2010 anlässlich von Gell-Manns 80. Geburtstag einen Brief zeigte. Der war von Feynman im Januar 1977 an das Stockholmer Nobelpreis-Komitee geschickt worden. Darin nominierte er Gell-Mann und Zweig für den Physik-Nobelpreis – wahrscheinlich Feynmans einziger Vorschlag überhaupt. Genutzt hatte er nichts.

Mit viel Charme, Schönheit und Wahrheit zum Sixpack

Die von den Theoretikern vorausgesagten Substrukturen der Hadronen sind keine mathematischen Fiktionen. Das zeigte ab 1969 der Beschuss von Protonen mit Elektronen. Diese Elementarteilchen feuerten Jerome I. Friedman, Henry W. Kendall und Richard E. Taylor (Nobelpreis für Physik 1990) am 3,2 Kilometer langen Linearbeschleuniger des SLAC mit einer Energie von 20 Gigaelektronenvolt auf die Wasserstoff-Kerne. Dabei maßen sie sporadische Ablenkungen. Das Experiment war also ganz ähnlich, wie es Ernest Rutherford fast sechs Dekaden zuvor mit dem Beschuss von Atomen durch Alpha-Teilchen getan hatte – nur dass man jetzt fünf Größenordnungen tiefer in die Materie eindrang. Dass die Partonen, wie Richard Feynman sie nannte (parts of proton), tatsächlich Quarks mit Drittel-Ladungen sein mussten, zeigten neben anderen Experimenten dann auch tief-inelastische Streuungen von Neutrinos.

Zwar lassen sich einzelne Quarks nicht trennen. Indirekt kann man sie aber doch identifizieren: anhand ihrer Folgen. Feynman prognostizierte um 1975, dass die Kollision hochenergetischer Elektronen und Positronen ein Paar aus Quarks und Antiquarks erzeugen würde, die sofort zerfallen müssen; sie sollten in zwei Jets aus vielen Hadronen »fragmentieren«. Diese Partikelreakti-

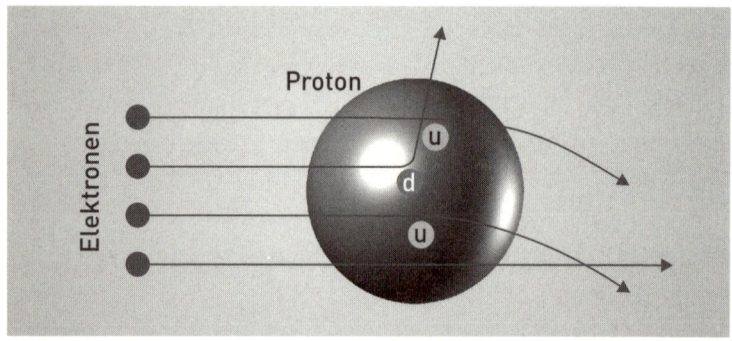

Tiefe Einsicht ins Proton: Werden sehr energiereiche, fast lichtschnelle Elektronen auf Protonen geschossen, rasen die meisten glatt durch. Einige Elektronen werden jedoch gestreut, das heißt abgelenkt. Dies lässt auf Unterstrukturen (Partonen) schließen, aus denen Protonen zusammengesetzt sind. Das sind ein down- und zwei up-Valenzquarks. Außerdem besteht das Proton noch aus einer diffusen Verteilung virtueller Quarks und Gluonen. Deren Bewegungs- und Bindungsenergie macht fast 99 Prozent der Masse des Protons aus, der Anteil der Valenzquarks ist also hierfür sehr gering.

onskaskaden konnten tatsächlich 1978 am DESY gemessen werden. 1979 wurden dort auch Ereignisse mit drei Jets gefunden. Mitunter strahlt ein Quark nämlich ein Gluon ab, das dann ebenfalls fragmentiert. Diese Nachweismöglichkeit der Gluonen war zuvor von John Ellis am CERN vorausgesagt worden.

Die drei von Murray Gell-Mann zunächst beschriebenen Quarks werden up, down und – die Strangeness lässt grüßen – strange genannt. Die up- und down-Quarks haben ihren Namen in Anspielung auf eine alte Hypothese, wonach Proton und Neutron quasi wie die beiden Seiten einer Münze seien. Die Quark-Arten, durch die verschiedenen Namen ausgedrückt, werden auch Flavours genannt: Aromen. Das up-Quark hat die Ladung $+\frac{2}{3}$ in Einheiten der Elementarladung, die Quarks down und strange dagegen $-\frac{1}{3}$. Damit lässt sich die nach außen positive (+1) Ladung des Protons (aus up, up, down) und die neutrale (0) des Neutrons (aus up, down, down) mühelos erklären. Aber auch alle anderen hadronischen »Tierchen« im Teilchenzoo ernähren sich von Quarks. Aller guten Dinge sind da allerdings nicht drei – selbst ein Physiker vom Kaliber Gell-Manns war da noch zu bescheiden. Denn es gibt noch weitere Quarks.

Bereits im Jahr 1964 postulierten James Bjorken vom Stanford Linear Accelerator Center (SLAC) und Sheldon Lee Glashow von der Harvard University die Existenz eines vierten Quarks, um die Elektromagnetische und Schwache Wechselwirkung zu vereinheitlichen und eine Symmetrie herzustellen zu den bekannten vier Leptonen (Elektron, Myon und den zugehörigen Neutrinos). Zehn Jahre später, 1974, wiesen in einer als »Novemberrevolution« bekannt gewordenen Leistung unabhängig voneinander zwei Forschergruppen ein Teilchen nach, das tatsächlich aus diesem vierten Quark und seinem Antimaterie-Pendant besteht: ein 3,097 Gigaelektronenvolt schweres Meson. Es ist ein gebundenes System aus einem charm-Quark und -Antiquark – und somit analog zu den Teilchen ρ, ω^{0} und ϕ^{0}, die aus einem up-, down- beziehungsweise strange-Quark-Antiquark-Paar

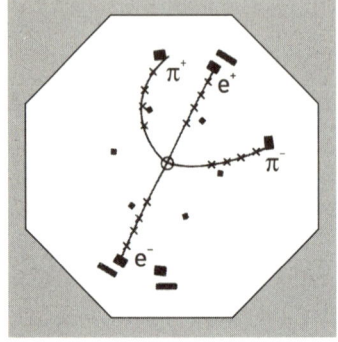

Eine buchstäbliche Entdeckung: Das J/Psi-Teilchen macht seinem Namen alle Ehre, denn seine Zerfallsspur ähnelt dem griechischen Buchstaben Psi (Ψ).

bestehen. Die Gruppe um Samuel Ting am Proton-Synchrotron im Brookhaven National Laboratory in Upton nannte es J-Teilchen, die Konkurrenz auf der anderen Seite der USA um Barton Richter am Elektron-Positron-Speichering SPEAR in Stanford Ψ-Teilchen – inzwischen heißt es diplomatisch J/Ψ-Teilchen. Ting und Richter teilten sich den Nobelpreis 1976, und das Quark-Modell hatte sich in der Teilchenphysik endgültig durchgesetzt. Im gleichen Jahr entdeckten Gerson Goldhaber und Francois Pierre am SPEAR das D°-Meson (aus einem charm-Quark und up-Antiquark) und diverse Verwandte. Weitere – zusammen als Charmonium bezeichnete – »charmante« Anregungszustände folgten.

Damit nicht genug. 1978 fand ein Forscherteam unter der Leitung von Leon Ledermann beim Beschuss von Protonen mit 400 Gigaelektronenvolt auf schwere Atomkerne am Fermi National Laboratory (Fermilab) ein fünftes Quark. Das und sein Antipartner zeigten sich in einem 9,46 Gigaelektronenvolt schweren Teilchen, einem U-Meson. Dieses wurde wenig später auch am DORIS-Experiment (Doppel-Ring-Speicher) beim DESY (Deutsches Elektronen-Synchrotron) in Hamburg nachgewiesen. Das Quark wurde bottom genannt, alternativ auch beauty. An der Cornell University in Ithaka, New York, erzeugten Physiker 1979 dann zahlreiche zu erwartende sogenannte B-Mesonen, die alle ein bottom-Quark oder -Antiquark besitzen: die Mesonen B⁻ (bū), B⁰ (bd̄), B⁺ (b̄u), B̄⁰ (b̄d), B$_s$⁰ (bs̄) und B̄$_s$⁰ (b̄s).

Damit war klar, dass aus Symmetriegründen auch noch ein sechstes Quark existieren musste, das als »Partner« von bottom konsequenterweise top genannt wurde – oder gegenüber beauty dann truth (was für Experimentalphysiker reizvoller klang, konnten sie doch sagen, auf der Suche nach dem Wahren und Schönen zu sein…). Bis es nachgewiesen wurde, dauerte es aber noch viele Jahre. Erst 1994 tauchten am Fermi-

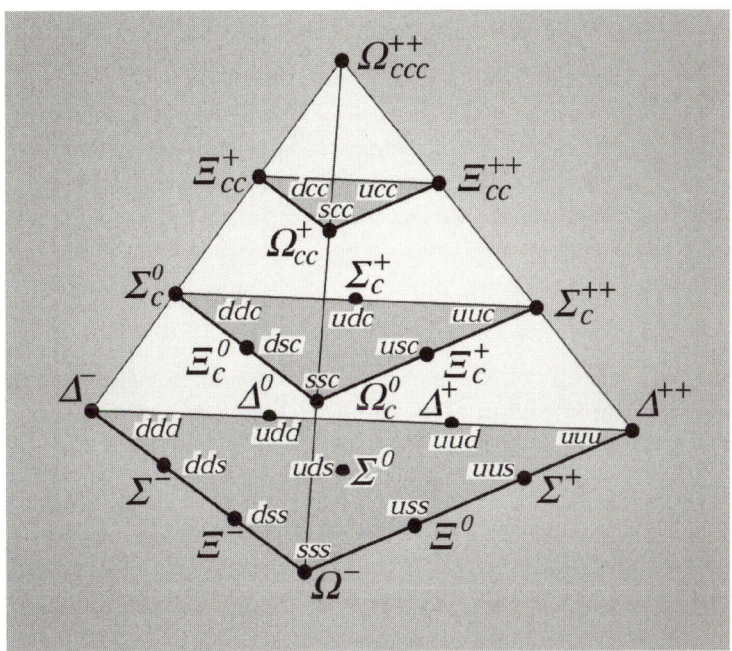

Ordnung muss sein: Ein baryonisches Supermultiplett kann im Rahmen der Symmetriegruppe SU(3) mit vier verschiedenen Quarks (up, down, strange, charm) 20 verschiedene kurzlebige Partikel aus dem Teilchenzoo mithilfe weniger Quantenzahlen erklären. Die Teilchen Δ⁰ und Δ⁺ sind Anregungsformen (Resonanzen) von Neutron und Proton.

Exkurs

Elementare Entdeckungen

Von allen Teilchen des Standardmodells wurden nur zwei nicht vor ihrer experimentellen Entdeckung vorausgesagt. Das ist ein gewaltiger Triumph für die Theoretische Physik. Die erste große Überraschung geschah 1937 mit dem Nachweis des Myons, einem schweren Bruder des Elektrons, in der Kosmischen Strahlung. Die zweite, nicht mehr ganz so große, ereignete sich 1975 am Stanford Linear Accelerator Center. Hier erzeugte Martin Perl (Nobelpreis 1995) mit Elektron-Positron-Kollisionen das Tauon. Es ist ein noch schwererer Bruder des Elektrons und zerfällt in 3×10^{-13} Sekunden – zum Beispiel in ein negatives Pion und ein Tau-Neutrino oder in ein Myon, Myon-Antineutrino und Tau-Neutrino. Obwohl es ein Lepton ist, vom Namen her also ein »leichtes« Teilchen, beträgt seine Masse 1,78 Gigaelektronenvolt – fast das Doppelte eines Protons.

Das als Erstes entdeckte Elementarteilchen ist das Elektron (1897), dann folgten Positron (1932) und Myon. Zuletzt nachgewiesen wurden das top-Quark (1995), das Tau-Neutrino (2000) und – sehr wahrscheinlich – das Higgs-Boson (2012). Die meisten Leptonen und alle Quarks wurden in den USA gefunden, die Bosonen hingegen – Gluonen, W- und Z-Teilchen sowie das Higgs – in Europa: an den Forschungszentren DESY und CERN.

lab erste Hinweise auf, und 1995 waren die Daten statistisch signifikant. Das war die große Entdeckung am Protonen-Antiprotonen-Collider Tevatron, der dann auch auf die Higgs-Jagd ging. Das top-Quark ist mit rund 173 Gigaelektronenvolt das schwerste bekannte Elementarteilchen überhaupt (selbst das Higgs ist leichter); es hat die Masse eines Gold-Atoms – das 75.000-fache eines up-Quarks. Es zerfällt so rasch, dass es keine Bindungen mit anderen Quarks eingehen kann. Daher existieren keine Hadronen mit einem top-Quark oder -Antiquark.

Interessanterweise schlugen Makoto Kobayashi und Toshihide Maskawa bereits 1973 vor, dass es insgesamt sechs Quark-Arten geben könnte. Denn damit lassen sich bestimmte experimentelle

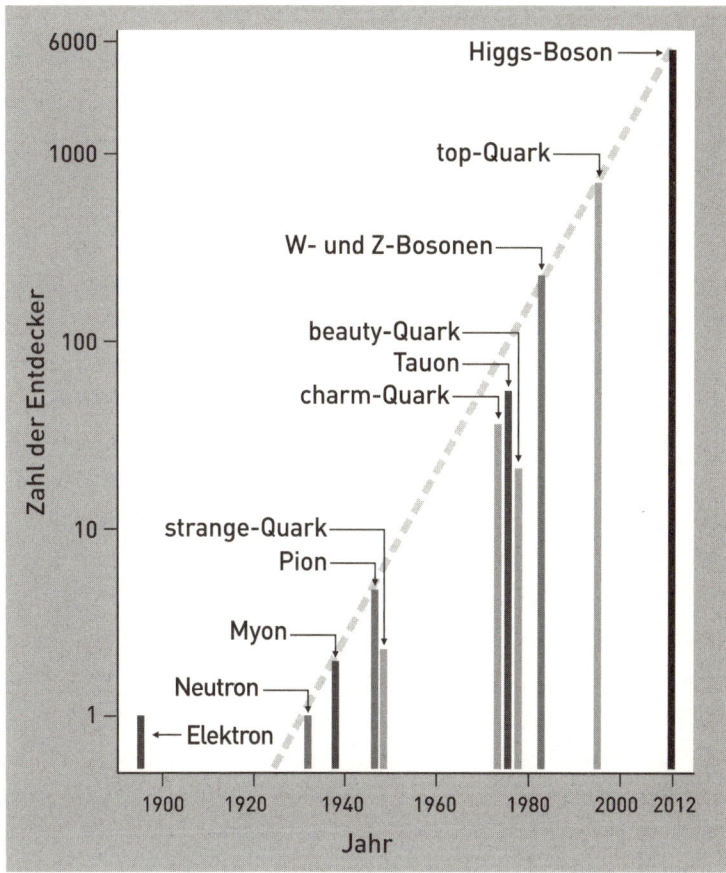

Teamarbeit führt zum Erfolg: Immer mehr Teilchenphysiker müssen immer größere und komplexere Geräten zusammen entwickeln und betreiben, damit bahnbrechende Entdeckungen gelingen. Inzwischen sind Hunderte von Forschern an einem einzigen Experiment beteiligt – und damit auch an neuen Entdeckungen. Das wird bei der Vergabe von Nobelpreisen zum Problem, denn einzelne Wissenschaftler lassen sich dann kaum noch auszeichnen.

Ergebnisse erklären, die sonst unverständlich wären (sie betreffen die Verletzung der sogenannten CP-Symmetrie der Schwachen Wechselwirkung beim Zerfall von Kaonen). Dafür erhielten die beiden japanischen Physiker 2008 den Physik-Nobelpreis. Aus Gell-Manns Dreikäsehochs ist also – top, die Wette gilt! – ein Six-pack geworden.

Farbe, Freiheit und Gefängnis

Neben Flavour haben Quarks auch Farben. Das postulierten Oscar W. Greenberg (University of Maryland, College Park), Moo-Young Han (Duke University) und Yoichiro Nambu (University of Chicago) bereits 1965, um die Existenz von Teilchen aus drei aromatisch gleichen Quarks zu erklären, etwa Δ^{++} aus drei up, Ω^- aus drei strange und Ω^{++} aus drei charm-Quarks. Da Fermionen nie im gleichen Zustand sein können (so das von Wolfgang Pauli postulierte Ausschließungsprinzip), muss es einen Unterschied geben – eben der Farbzustand.

Jedes Quark sollte eine von drei Farben besitzen, so die Idee, und Antiquarks entsprechend Antifarben. Hadronen, die keine »Farbe« zeigen, mussten farblos – oder besser farbneutral – sein. Der Begriff der Farbe wird selbstverständlich als reine Metapher gebraucht und hat nichts mit dem Sehen, Pigmenten oder Licht zu tun. Trotzdem werden die Farben »rot«, »blau« und »grün« genannt, denn als Lichtermischung ergeben sie zusammen das farblose beziehungsweise farbneutrale Weiß. Das ist beispielsweise bei den Bildschirmen von Farbfernsehern zu sehen, deren Pixel ja auch nur rot, blau und grün darstellen – alle anderen Farben sind Mischungen davon. In einem Proton oder Neutron haben die drei Quarks also jeweils eine andere Farbe.

Harald Fritzsch, emeritierter Professor an der Ludwig-Maximilians-Universität München, hat das so veranschaulicht: »Wir betrachten drei farbige Kugeln, die eine rot, die andere grün, die dritte blau, die sich in einer hohlen Glaskugel befinden und sich dort schnell bewegen, wobei sie ständig an der Wand reflektiert werden. Die mittlere Zeit zwischen zwei Zusammenstößen mit der Wand sei nur etwa ein Hundertstel einer Sekunde. Wenn wir ein Foto von der Kugel machen und die Belichtungszeit relativ lang wählen, sagen wir ein Fünftel einer Sekunde, werden wir von den Kugeln nichts sehen. Stattdessen sieht man ein stark verwaschenes Bild, wobei sich die Farben der Kugeln überlagern, sodass man im Mittel Weiß erhält. Wählen wir jedoch als Belichtungszeit nur ein Tausendstel einer Sekunde, sieht man jede der drei Kugeln mit den jeweiligen Farben sehr genau. Ganz ähnlich verhält es sich in der Teilchenphysik mit den Quarks. Bei hochenergetischen Streuexperimenten mit Elektronen sieht man die drei Quarks sehr genau, weil die entsprechende Belichtungszeit, gegeben durch die Dauer der Kollision, sehr kurz ist. Benutzt man jedoch Elektronen mit kleiner Energie, sodass die Kollisionszeit lang ist, sieht man nichts oder nur sehr wenig von den Quarks.«

Harald Fritzsch war es auch, der mit Murray Gell-Mann ab 1971 wesentliche Aspekte der Theorie der Starken Wechselwirkung ausarbeitete, die sie Quantenchromodynamik (QCD) nannten, weil die Quark-Farben darin die Schlüsselrolle spielen. Wenige Jahre vorher, 1968, war Fritzsch aus der DDR mit einem kleinen Faltboot über Bulgarien und das Schwarze Meer in die Türkei geflohen, 300 Kilometer über die offene See nur mit einem Außenbordmotor. Er promovierte dann am Max-Planck-Institut für Physik in München und besuchte das SLAC in Palo Alto, wo er – wie später am CERN und Caltech – mit Gell-Mann forschte. 1970 berechneten sie, dass die Quarks in einem Nukleon nur etwa 45 Prozent des Impulses tragen; der Rest muss von Gluonen kommen, wie Gell-Mann sie nannte (von englisch »glue«: Klebstoff, Leim). Diese masselosen Bosonen vermitteln die Starke Wechselwirkung.

Früher dachte man zunächst, die Starke Kernkraft würde zwischen Protonen und Neutronen wirken und so den Kern zusammenhalten. Weil sie wie die Schwache Kernkraft nicht über beliebige Distanzen wirkt, sondern eine außerordentlich kurze Reichweite hat, schloss der japanische Physiker Hideki Yukawa 1935 daraus auf die Existenz neuer Teilchen. Sie wurden 1947 entdeckt, die Pionen, und er erhielt als erster Japaner den Physik-Nobelpreis. Allerdings legte das Quark-Modell später gleich nahe, dass diese effektive Beschreibung der Starken Kraft durch eine fundamentalere ersetzt werden muss und die Pionen auch nicht die eigentlichen Vermittler sein können. Tatsächlich ist die Starke Wechselwirkung die Folge (beziehungsweise eine andere Bezeichnung) der Farbkraft – ähnlich wie die verschiedenen Kräfte zwischen Atomen und Molekülen in der Chemie eine Folge der nach außen nicht völlig neutralisierten Elektromagnetischen Wechselwirkung zwischen Elektronen und Protonen sind.

Während jedes Quark zu einem bestimmten Zeitpunkt eine von drei Farben tragen kann und muss, besitzen die Gluonen, die zwischen den Quarks die Farbkraft erzeugen, jeweils eine Farbe und eine Antifarbe. Insgesamt gibt es acht verschiedene Gluonen. Weil sie selbst eine Farbladung haben, können sie auch miteinander wechselwirken. (Daher müsste es sogar farbneutrale zusammengesetzte Teilchen geben, die nur aus Gluonen bestehen, sogenannte Glue-Mesonen oder Glueballs; doch diese wurden bislang nicht nachgewiesen.) Diese Selbstwechselwirkung macht die Quantenchromodynamik viel komplexer und mathematisch aufwendiger als die Quantenelektrodynamik, die die Elektromagnetische Wechselwirkung beschreibt. Tatsächlich lassen sich viele QCD-Vorgänge nur näherungsweise berechnen. Trotzdem stimmen Theorie und experimentelle Daten sehr gut überein.

Mit steigenden Energien und abnehmender Distanz wird die Stärke der Wechselwirkung, die Kopplungsstärke, zwischen Quarks schwächer. Sie verhalten sich dann fast wie freie Teilchen. Dies wird als asymptotische Freiheit bezeichnet. (Daher wirken die engen Quark-Trios wie ungebundene strukturlose Objekte, weshalb ener-

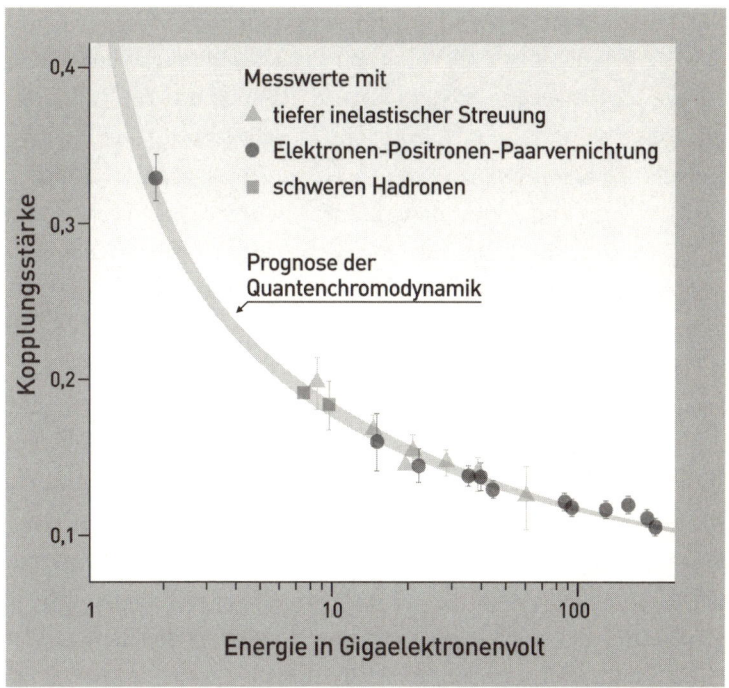

Asymptotische Freiheit: Die Starke Kraft zwischen den Quarks, beschrieben durch die Theorie der Quantenchromodynamik (QCD), wird mit zunehmender Energie – und damit abnehmender Distanz zwischen den Teilchen – immer schwächer. Diese überraschende Erkenntnis bedeutet, dass sich eng benachbarte Quarks fast wie freie Teilchen verhalten. Sie sind aber nicht voneinander zu trennen, weil die Wechselwirkung zwischen ihnen immer stärker wird, je mehr ihr Abstand wächst. Deshalb kommen Quarks nicht einzeln vor, sondern immer zu zweit (als Mesonen) oder zu dritt (als Baryonen), sie sind also »eingesperrt«; und darum sind Protonen und viele Atomkerne letztlich stabil. Die Kurve zeigt die Voraussage der QCD, die sehr gut mit den Messdaten übereinstimmt.

giereiche Elektronen bei Streuversuchen tief ins Proton eindringen können und dabei meist nur kurz mit einem Quark interagieren.)

Das Gegenteil tritt bei niedrigen Energien beziehungsweise großen Abständen auf. Hier nimmt die Kopplungsstärke zu. Diese Erkenntnis war eine große Überraschung, denn bei den anderen Kräften ist es umgekehrt. Je weiter sich zwei Ladungen oder Massen voneinander entfernen, desto geringer ist die Kraft zwischen Ihnen. Anders bei der Starken Wechselwirkung, wie 1973 David Politzer, Doktorand an der Harvard University, und unabhängig von ihm David Gross und sein Doktorand Frank Wilczek an der Princeton University bei ihren QCD-Rechnungen entdeckten – dafür erhielten sie 2004 den Physik-Nobelpreis. Bei wachsenden Abständen haften Quarks also immer stärker aneinander. Sie lassen sich nicht trennen. Das führt zum Confinement (englisch für Einsperrung) der Quarks in Mesonen und Baryonen. Die wirken wie ein farbloser »Sack«, der die Quarks zusammenhält. Für Abstände über 10^{-15} Meter ist das Vakuum sozusagen farbundurchlässig. Deshalb sind in der Natur wie in sämtlichen Experimenten nur farbneutrale Objekte beobachtbar: Mesonen (Quark-Antiquark-Paare) und Baryonen (Drei-Quark-Zustände). Quarks und Gluonen kommen also nur »eingesperrt« vor, nicht frei. Es ist wie im Gefängnis: Beim Hofgang können sich die Quarks frei und ungezwungen bewegen, aber hinter die Mauern ihrer Haftanstalt zu gelangen, ist ihnen verwehrt.

Versucht man, Quarks mit hohen Energien zu »trennen«, also gleichsam mit aller Kraft zu befreien, geschieht etwas Erstaunliches: Wenn die Energie eine gewisse Schwelle überschreitet, manifestiert sich die von Albert Einstein entdeckte Äquivalenz von Masse und Energie ($E = mc^2$) – und es kommt zu einer spontanen Paarbildung von Quarks und Antiquarks. Das ist, als wollte man zwei Kügelchen, die mit einer Schnur verbunden sind, auseinander bringen – und die Schnur produziert in dem Augenblick, in dem sie reißt, an den beiden freien Enden je ein neues Kügelchen. Der kritische Abstand dieses Bruchs entspricht ungefähr der Größe eines Protons – daher entkommen ihm seine Quarks nicht, was den Proton-Durchmesser von etwa $1{,}7 \times 10^{-15}$ Meter erklärt.

Grund des Confinements sind Quanteneffekte. Neben den »realen« Quarks und Gluonen gibt es auch »virtuelle« im Vakuum,

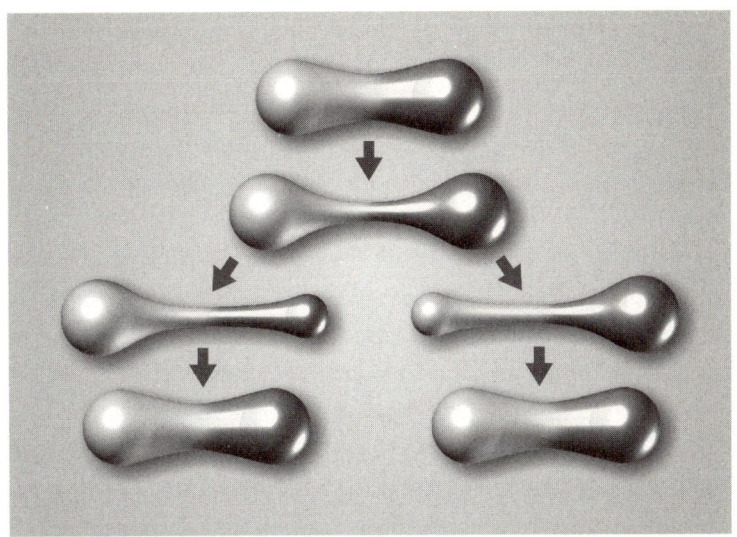

Aus eins mach zwei: Quarks lassen sich nicht voneinander trennen. Will man mit immer mehr Energie versuchen, beispielsweise das Quark-Antiquark-Paar eines Mesons auseinander zu reißen, kommt es schließlich zur spontanen Paarbildung: Die Energie wandelt sich in ein zusätzliches Quark-Antiquark-Paar um.

die laufend entstehen und vergehen, aber eine Wirkung haben. So können Farbladungen virtuelle Teilchen derselben Farbe in der Umgebung abstoßen und Antifarben anziehen. Das macht die Teilchen freier. Umgekehrt scharen sich virtuelle Gluonen um die Quarks und verstärken ihre Farbladungen bei größeren Abständen, schwächen sie bei kleineren hingegen ab. Bei geringen Distanzen ähnelt die Wechselwirkung der Gluonen den elektromagnetischen Feldlinien. Bei größeren Abständen wirkt zwischen den chromodynamischen Feldlinien aber selbst eine Kraft, weil die Gluonen auch untereinander wechselwirken. Das zieht die Feldlinien zu einem Schlauch zusammen ähnlich wie es beim Elektromagnetismus zwischen den Platten eines Plattenkondensators der Fall ist.

Daher bleibt die chromodynamische Kraft ungefähr konstant und fällt nicht ab.

Das Confinement ist auch konzeptuell und philosophisch von Bedeutung, markiert es doch eine Grenze des Begriffs der Teilbarkeit. Wenn Quarks Elementarteilchen sind (was im Rahmen des Standardmodells der Fall, darüber hinaus aber nicht bewiesen ist), so kommen sie doch nicht einzeln vor. Es gibt keine freien, isolierten und isolierbaren Quarks. Durch die spontane Paarbildung setzt die Natur zumindest der stark wechselwirkenden Materie gleichsam ein unteres Limit. Das erinnert an die griechische Mythologie: Schlägt man der ungeheuerlichen Hydra einen Kopf ab, wachsen ihr zwei neue.

Einfacher, weil besser berechenbar als die QCD, ist die Theorie der Schwachen Wechselwirkung. Sie beschreibt unter anderem die Umwandlung von Quark-Flavours – mithin eine Familienuntreue. Auch ihre Reichweite ist kurz. Die Besonderheit: Die vermittelnden Eichbosonen der Schwachen Wechselwirkung, die sogenannten intermediären Vektorbosonen W^+, W^- und Z^0, sind nicht masselos wie Photonen und Gluonen, sondern so massereich wie schwere Atome: 80,4 und 91,2 Gigaelektronenvolt. Dies konnte erst mithilfe des sogenannten Higgs-Mechanismus erklärt werden, demzufolge diese Bosonen mit einem hypothetischen neuen Feld wechselwirken und dabei zu ihrer Masse kommen. Das Higgs-Teilchen ist das Quant dieses Felds.

Dieses Postulat ermöglichte es außerdem, die Schwache und Elektromagnetische Wechselwirkung im selben Theorie-Rahmen zu beschreiben. Auch hier spielen mathematische Symmetriegruppen eine entscheidende Rolle: $U(1)$ für den Elektromagnetismus und $SU(2)$ für die Schwache Wechselwirkung. Vorausgesagt wurden die Vektorbosonen schon in den 1950er-Jahren. Ihren heutigen Platz erhielten sie im Rahmen der Elektroschwachen Theorie von Sheldon Glashow, Steven Weinberg und Abdus Salam (Physik-Nobelpreis 1979) dann Ende der 1960er-Jahre. Diese Theorie vereinheitlicht die

Elektromagnetische und Schwache Wechselwirkung in einer gemeinsamen Quantenfeldtheorie (die Quantenelektrodynamik ist quasi ein Spezialfall davon). W steht für »weak«, Z als letzter Buchstabe im Alphabet für den Abschluss der Theorie, so Weinberg. Nachgewiesen wurden das neutrale Z^0 am CERN indirekt 1973 und direkt dann mit den geladenen W-Bosonen 1983 (Physik-Nobelpreis 1984 für Carlo Rubbia und Simon van der Meer).

Mit der Theorie der Quantenchromodynamik im Rahmen des Quark-Modells und der Theorie der Elektroschwachen Wechselwirkung, einschließlich des Higgs-Mechanismus, war das komplett, was bis heute als Standardmodell der Elementarteilchen bezeichnet wird. Es ist quasi die Kombination der Symmetriegruppen $U(1) \times SU(2) \times SU(3)$.

»Standardmodell« sei eine wohlüberlegte Untertreibung gewesen, sagt Steven Weinberg, der den Begriff 1974 geprägt hatte. »Ich wollte nicht, dass daraus ein Dogma wird. Es sollte vielmehr die Grundlage sein für Diskussionen und Experimente, die auch zum Resultat hätten führen können, dass das Modell falsch ist«, erinnert er sich. »Wir haben am Schreibtisch mit mathematischen Ideen herumgespielt und dann gesehen, wie Experimente für ein paar Milliarden Dollar sie bestätigten. Es gibt wirklich nichts, was sich damit vergleichen lässt.«

Niemand weiß eigentlich, was Materie ist

So nützlich sich das Konzept von Elementarteilchen in der Praxis erwiesen hat, so problematisch wurde es in der Theorie. Und so ausgefeilt das Standardmodell der Materie auch ist, so diffizil sind doch die – teilweise über die Physik auch hinausgehende – Fragen, die es aufwirft. Denn was Materie wirklich ist und woraus sie letztlich besteht, ist weiterhin unklar.

$$\mathcal{L} = -\tfrac{1}{2}\partial_\nu g^a_\mu \partial_\nu g^a_\mu - g_s f^{abc}\partial_\mu g^a_\nu g^b_\mu g^c_\nu - \tfrac{1}{4}g_s^2 f^{abc}f^{ade}g^b_\mu g^c_\nu g^d_\mu g^e_\nu +$$
$$\tfrac{1}{2}ig_s^2(\bar{q}^\sigma_i \gamma^\mu q^\sigma_j)g^a_\mu + \bar{G}^a \partial^2 G^a + g_s f^{abc}\partial_\mu \bar{G}^a G^b g^c_\mu - \partial_\nu W^+_\mu \partial_\nu W^-_\mu -$$
$$M^2 W^+_\mu W^-_\mu - \tfrac{1}{2}\partial_\nu Z^0_\mu \partial_\nu Z^0_\mu - \tfrac{1}{2c_w^2}M^2 Z^0_\mu Z^0_\mu - \tfrac{1}{2}\partial_\mu A_\nu \partial_\mu A_\nu - \tfrac{1}{2}\partial_\mu H \partial_\mu H -$$
$$\tfrac{1}{2}m_h^2 H^2 - \partial_\mu \phi^+ \partial_\mu \phi^- - M^2 \phi^+ \phi^- - \tfrac{1}{2}\partial_\mu \phi^0 \partial_\mu \phi^0 - \tfrac{1}{2c_w^2}M\phi^0\phi^0 - \beta_h\Big[\tfrac{2M^2}{g^2} +$$
$$\tfrac{2M}{g}H + \tfrac{1}{2}(H^2 + \phi^0\phi^0 + 2\phi^+\phi^-)\Big] + \tfrac{2M^4}{g^2}\alpha_h - igc_w[\partial_\nu Z^0_\mu(W^+_\mu W^-_\nu -$$
$$W^+_\nu W^-_\mu) - Z^0_\nu(W^+_\mu \partial_\nu W^-_\mu - W^-_\mu \partial_\nu W^+_\mu) + Z^0_\mu(W^+_\nu \partial_\nu W^-_\mu -$$
$$W^-_\nu \partial_\nu W^+_\mu)] - igs_w[\partial_\nu A_\mu(W^+_\mu W^-_\nu - W^+_\nu W^-_\mu) - A_\nu(W^+_\mu \partial_\nu W^-_\mu -$$
$$W^-_\mu \partial_\nu W^+_\mu) + A_\mu(W^+_\nu \partial_\nu W^-_\mu - W^-_\nu \partial_\nu W^+_\mu)] - \tfrac{1}{2}g^2 W^+_\mu W^-_\mu W^+_\nu W^-_\nu +$$
$$\tfrac{1}{2}g^2 W^+_\mu W^-_\nu W^+_\mu W^-_\nu + g^2 c_w^2(Z^0_\mu W^+_\mu Z^0_\nu W^-_\nu - Z^0_\mu Z^0_\mu W^+_\nu W^-_\nu) +$$
$$g^2 s_w^2(A_\mu W^+_\mu A_\nu W^-_\nu - A_\mu A_\mu W^+_\nu W^-_\nu) + g^2 s_w c_w[A_\mu Z^0_\nu(W^+_\mu W^-_\nu -$$
$$W^+_\nu W^-_\mu) - 2A_\mu Z^0_\mu W^+_\nu W^-_\nu] - g\alpha[H^3 + H\phi^0\phi^0 + 2H\phi^+\phi^-] -$$
$$\tfrac{1}{8}g^2\alpha_h[H^4 + (\phi^0)^4 + 4(\phi^+\phi^-)^2 + 4(\phi^0)^2\phi^+\phi^- + 4H^2\phi^+\phi^- + 2(\phi^0)^2 H^2] -$$
$$gMW^+_\mu W^-_\mu H - \tfrac{1}{2}g\tfrac{M}{c_w^2}Z^0_\mu Z^0_\mu H - \tfrac{1}{2}ig[W^+_\mu(\phi^0\partial_\mu\phi^- - \phi^-\partial_\mu\phi^0) -$$
$$W^-_\mu(\phi^0\partial_\mu\phi^+ - \phi^+\partial_\mu\phi^0)] + \tfrac{1}{2}g[W^+_\mu(H\partial_\mu\phi^- - \phi^-\partial_\mu H) - W^-_\mu(H\partial_\mu\phi^+ -$$
$$\phi^+\partial_\mu H)] + \tfrac{1}{2}g\tfrac{1}{c_w}(Z^0_\mu(H\partial_\mu\phi^0 - \phi^0\partial_\mu H) - ig\tfrac{s_w^2}{c_w}MZ^0_\mu(W^+_\mu\phi^- - W^-_\mu\phi^+) +$$
$$igs_w MA_\mu(W^+_\mu\phi^- - W^-_\mu\phi^+) - ig\tfrac{1-2c_w^2}{2c_w}Z^0_\mu(\phi^+\partial_\mu\phi^- - \phi^-\partial_\mu\phi^+) +$$
$$igs_w A_\mu(\phi^+\partial_\mu\phi^- - \phi^-\partial_\mu\phi^+) - \tfrac{1}{4}g^2 W^+_\mu W^-_\mu[H^2 + (\phi^0)^2 + 2\phi^+\phi^-] -$$
$$\tfrac{1}{4}g^2\tfrac{1}{c_w^2}Z^0_\mu Z^0_\mu[H^2 + (\phi^0)^2 + 2(2s_w^2 - 1)^2\phi^+\phi^-] - \tfrac{1}{2}g^2\tfrac{s_w^2}{c_w}Z^0_\mu\phi^0(W^+_\mu\phi^- +$$
$$W^-_\mu\phi^+) - \tfrac{1}{2}ig^2\tfrac{s_w^2}{c_w}Z^0_\mu H(W^+_\mu\phi^- - W^-_\mu\phi^+) + \tfrac{1}{2}g^2 s_w A_\mu\phi^0(W^+_\mu\phi^- +$$
$$W^-_\mu\phi^+) + \tfrac{1}{2}ig^2 s_w A_\mu H(W^+_\mu\phi^- - W^-_\mu\phi^+) - g^2\tfrac{s_w}{c_w}(2c_w^2 - 1)Z^0_\mu A_\mu\phi^+\phi^- -$$
$$g^1 s_w^2 A_\mu A_\mu\phi^+\phi^- - \bar{e}^\lambda(\gamma\partial + m_e^\lambda)e^\lambda - \bar{\nu}^\lambda\gamma\partial\nu^\lambda - \bar{u}^\lambda_j(\gamma\partial + m_u^\lambda)u^\lambda_j - \bar{d}^\lambda_j(\gamma\partial +$$
$$m_d^\lambda)d^\lambda_j + igs_w A_\mu[-(\bar{e}^\lambda\gamma e^\lambda) + \tfrac{2}{3}(\bar{u}^\lambda_j\gamma u^\lambda_j) - \tfrac{1}{3}(\bar{d}^\lambda_j\gamma d^\lambda_j)] + \tfrac{ig}{4c_w}Z^0_\mu[(\bar{\nu}^\lambda\gamma^\mu(1 +$$
$$\gamma^5)\nu^\lambda) + (\bar{e}^\lambda\gamma^\mu(4s_w^2 - 1 - \gamma^5)e^\lambda) + (\bar{u}^\lambda_j\gamma^\mu(\tfrac{4}{3}s_w^2 - 1 - \gamma^5)u^\lambda_j) +$$
$$(\bar{d}^\lambda_j\gamma^\mu(1 - \tfrac{8}{3}s_w^2 - \gamma^5)d^\lambda_j)] + \tfrac{ig}{2\sqrt{2}}W^+_\mu[(\bar{\nu}^\lambda\gamma^\mu(1 + \gamma^5)e^\lambda) + (\bar{u}^\lambda_j\gamma^\mu(1 +$$
$$\gamma^5)C_{\lambda\kappa}d^\kappa_j)] + \tfrac{ig}{2\sqrt{2}}W^-_\mu[(\bar{e}^\lambda\gamma^\mu(1 + \gamma^5)\nu^\lambda) + (\bar{d}^\kappa_j C^\dagger_{\lambda\kappa}\gamma^\mu(1 + \gamma^5)u^\lambda_j)] +$$
$$\tfrac{ig}{2\sqrt{2}}\tfrac{m_e^\lambda}{M}[-\phi^+(\bar{\nu}^\lambda(1 - \gamma^5)e^\lambda) + \phi^-(\bar{e}^\lambda(1 + \gamma^5)\nu^\lambda)] - \tfrac{g}{2}\tfrac{m_e^\lambda}{M}[H(\bar{e}^\lambda e^\lambda) +$$
$$i\phi^0(\bar{e}^\lambda\gamma^5 e^\lambda)] + \tfrac{ig}{2M\sqrt{2}}\phi^+[-m_d^\kappa(\bar{u}^\lambda_j C_{\lambda\kappa}(1 - \gamma^5)d^\kappa_j) + m_u^\lambda(\bar{u}^\lambda_j C_{\lambda\kappa}(1 +$$
$$\gamma^5)d^\kappa_j] + \tfrac{ig}{2M\sqrt{2}}\phi^-[m_d^\lambda(\bar{d}^\lambda_j C^\dagger_{\lambda\kappa}(1 + \gamma^5)u^\kappa_j) - m_u^\kappa(\bar{d}^\lambda_j C^\dagger_{\lambda\kappa}(1 - \gamma^5)u^\kappa_j] -$$
$$\tfrac{g}{2}\tfrac{m_u^\lambda}{M}H(\bar{u}^\lambda_j u^\lambda_j) - \tfrac{g}{2}\tfrac{m_d^\lambda}{M}H(\bar{d}^\lambda_j d^\lambda_j) + \tfrac{ig}{2}\tfrac{m_u^\lambda}{M}\phi^0(\bar{u}^\lambda_j\gamma^5 u^\lambda_j) - \tfrac{ig}{2}\tfrac{m_d^\lambda}{M}\phi^0(\bar{d}^\lambda_j\gamma^5 d^\lambda_j) +$$
$$\bar{X}^+(\partial^2 - M^2)X^+ + \bar{X}^-(\partial^2 - M^2)X^- + \bar{X}^0(\partial^2 - \tfrac{M^2}{c_w^2})X^0 + \bar{Y}\partial^2 Y +$$
$$igc_w W^+_\mu(\partial_\mu\bar{X}^0 X^- - \partial_\mu\bar{X}^+ X^0) + igs_w W^+_\mu(\partial_\mu\bar{Y}X^- - \partial_\mu\bar{X}^+ Y) +$$
$$igc_w W^-_\mu(\partial_\mu\bar{X}^- X^0 - \partial_\mu\bar{X}^0 X^+) + igs_w W^-_\mu(\partial_\mu\bar{X}^- Y - \partial_\mu\bar{Y}X^+) +$$
$$igc_w Z^0_\mu(\partial_\mu\bar{X}^+ X^+ - \partial_\mu\bar{X}^- X^-) + igs_w A_\mu(\partial_\mu\bar{X}^+ X^+ - \partial_\mu\bar{X}^- X^-) -$$
$$\tfrac{1}{2}gM[\bar{X}^+ X^+ H + \bar{X}^- X^- H + \tfrac{1}{c_w^2}\bar{X}^0 X^0 H] + \tfrac{1-2c_w^2}{2c_w}igM[\bar{X}^+ X^0\phi^+ -$$
$$\bar{X}^- X^0\phi^-] + \tfrac{1}{2c_w}igM[\bar{X}^0 X^-\phi^+ - \bar{X}^0 X^+\phi^-] + igMs_w[\bar{X}^0 X^-\phi^+ -$$
$$\bar{X}^0 X^+\phi^-] + \tfrac{1}{2}igM[\bar{X}^+ X^+\phi^0 - \bar{X}^- X^-\phi^0]$$

Die Fundamente der Natur sind unbekannt unterhalb einer Größenskala von 10^{-19} Meter (dem Zehntausendstel eines Atomkern-Durchmessers) beziehungsweise oberhalb einer Energieskala von einigen Teraelektronenvolt. Jenseits davon beginnen unsichere Hypothesen, vage Vermutungen und reine Spekulationen. Fest steht aber, dass die moderne Physik den Atomismus der vorsokratischen Philosophen und das mechanistische Weltbild der Neuzeit radikal transformiert hat. Dabei kam es auch zu einer starken Bedeutungsverschiebung der Begriffe Atom und Elementarteilchen.

In der klassischen Mechanik wurden Elementarteilchen als winzige starre und undurchdringliche Objekte konzeptualisiert, durchaus vergleichbar mit Billardkugeln, deren Ort, Geschwindigkeit und Beschleunigung exakt bestimmte raumzeitliche Größen sind, und

Wer es wirklich wissen will: Die Lagrange-Dichte des Standardmodells der Materie. Sie charakterisiert die Dynamik der Quantenfelder und mithin die Bewegungen und Wechselwirkungen der Elementarteilchen. Sie ist benannt nach dem italienischen Mathematiker und Astronomen Joseph-Louis Lagrange, der einen solchen Ansatz ursprünglich für die Klassische Mechanik formuliert hat, den man aber auch für Quantenfeldtheorien wie das Standardmodell definieren kann. Daraus lässt sich dann alles ausrechnen, was das Standardmodell vorauszusagen und zu erklären vermag. Multipliziert man die Lagrange-Dichte mit dem Volumen, erhält man die Lagrange-Funktion (kinetische minus potenzielle Energie); integriert man sie stattdessen über die Raumzeit, erhält man die Wirkung. – Die einzelnen Komponenten repräsentieren die Massen- und Eichterme, die verschiedenen Fermionen (samt Antiteilchen) und Bosonen, das Higgs-Feld, diverse Matrizen und so weiter. »Die Lagrange-Funktion beschreibt im Prinzip alles, was man über ein System wissen kann, auch wenn man vielleicht hart arbeiten muss, um es auszurechnen; das ist eine extrem verdichtete Weise, eine enorme Informationsmenge darzustellen«, sagt Thomas D. Gutierrez von der California Polytechnic State University in San Luis Obispo. Er hat die nebenstehende kompakte Schreibweise aus dem Buch *Diagrammatica* von Martinus Veltman kompiliert, einem der Architekten des Standardmodells (Physik-Nobelpreis 1999). »Wenn man lang genug auf die Gleichung starrt, kann sie beinahe hypnotische Halluzinationen auslösen – Blinzeln hilft dabei«, meint Gutierrez.

die weitere dynamische Größen wie träge Masse, schwere Masse und elektrische Ladung besitzen sowie als abgeleitete Größen Energie und Impuls. Diese Partikel sind

› in nichtgebundenen Zuständen unabhängig voneinander (mit statistisch unkorrelierten Anfangsbedingungen),
› punktförmig (bezogen auf ihre Wechselwirkung),
› Erhaltungssätzen unterworfen (Impuls, Drehimpuls, Energie),
› vollständig determiniert,
› anhand ihrer Raumzeit-Bahnen individuierbar (eindeutig zu benennen),
› jederzeit lokalisiert
› und fähig, gebundene Systeme zu bilden.

In den Quantenfeldtheorien dagegen werden Elementarteilchen mit abstrakten Symmetriegruppen als Feldquanten oder Wellenpakete beschrieben, deren Ort, Geschwindigkeit und Beschleunigung unscharfe raumzeitliche Größen sind, und die weitere dynamische Größen wie träge Masse, schwere Masse und elektrische Ladung besitzen. Diese Partikel sind

› in nichtgebundenen Zuständen verschränkt (quantenmechanisches »Entanglement«), also nicht unabhängig voneinander,
› punktförmig (bezogen auf ihre Wechselwirkung, aber für sich genommen nicht, weil dies eine unendliche Selbstenergie impliziert),
› Erhaltungssätzen nur statistisch unterworfen,
› keineswegs vollständig determiniert,
› nicht individuierbar, auch nicht anhand ihrer Raumzeit-Bahnen,
› im Allgemeinen nicht lokalisiert,
› aber fähig, gebundene Systeme zu bilden.

Während ein operationaler Teilchenbegriff in der Experimentalphysik unverzichtbar bleibt – die Partikel werden kausal als mikroskopische Ursachen lokaler Wirkungen beschrieben, etwa von Streuereignissen, Klicks im Zählrohr-Detektor, Lichtblitzen im Szintillationsmaterial oder Spuren in Nebel- oder Blasenkammern und auf Fotoplatten – ist ein sogenannter mereologischer und ontologischer Begriff, demzufolge Teilchen mikroskopische Bestandteile makroskopischer Dinge sind, fraglich geworden und unterbestimmt. Ein einheitliches Konzept existiert nicht. Und sehr wahrscheinlich geben die besten gegenwärtigen Theorien der Elementarteilchenphysik, trotz aller Erfolge, keine fundamentale Beschreibung, sondern lediglich eine effektive.

Es ist nicht einmal klar, von welchen Entitäten die Quantenfeldtheorien eigentlich handeln beziehungsweise welche Teile des Formalismus, wenn überhaupt, etwas physikalisch Reales repräsentieren. Beschreiben sie wirklich Felder, wie es den Anschein hat und meistens angenommen wird? Und was sind Felder genau? Oder doch letztlich Teilchen (als Feldquanten oder Wellenpakete)? Oder sind ganz andere Kategorien des Seins anzunehmen, etwa Eigenschaftsbündel (von Philosophen Tropen genannt im Gegensatz zu substanzialistischen Einzeldingen)? Oder sind es letztlich bloß abstrakte Beziehungen oder Strukturen?

Alle diese Kandidaten werfen schwierige Probleme auf. Im sogenannten Strukturenrealismus wird beispielsweise neuerdings der relationale Charakter der Entitäten betont. Demnach wäre das, was die Materie »ist«, gar nicht so wichtig – oder unerkennbar – im Vergleich zu dem, wie sich die abstrakt beschriebenen Beziehungen zeigen. Ein solcher Strukturenrealismus spiegelt sich auch in der Klassifikation der verschiedenen Quantenfelder oder -teilchen wider, die durch abstrakte Symmetrien (etwa die Poincaré-Gruppe) erfasst werden. Solche Relationen gelten in den Varianten des ontischen Strukturenrealismus als real und eventuell sogar als fundamental. (Die epistemischen Varianten interpretieren diese Strukturen lediglich als Gegenstände der Beschreibung und/oder abstrakt als Eigenschaften von Theorien oder der Mathematik, sodass sich die Frage erneut stellt, was die Strukturen gewissermaßen aufspannt.) Will man nicht einen antinaturalistischen Platonismus in der Nachfolge des Philosophen Platon vertreten und behaupten, dass letztlich nur abstrakte Objekte oder »reine Ideen« real sind, sondern hält beispielsweise einen wissenschaftlichen Realismus für wahr, dann müsste jedoch geklärt werden, zwischen *was* diese strukturellen Beziehungen eigentlich bestehen. Mathematische Beschreibungen sind in der Physik kein Selbstzweck, sondern stets interpretationsbedürftig.

Die alten Fragen der vorsokratischen Philosophen sind also nach wie vor ungelöst und aktueller, aber auch diffiziler denn je. Dabei hat die Entwicklung der Quantenphysik den antiken Atomismus fast bis zur Unkenntlichkeit modifiziert. Selbst der klassische Gegensatz von Kraft und Stoff oder einem (kontinuierlichen) Feld und (diskreten) Teilchen und mithin von Strahlung und Materie hat sich aufgelöst.

Den modernen Quantenfeldtheorien zufolge gibt es weder klassische Teilchen noch räumliche, lokalisierbare Trajektorien (Bahnen). Die Unschärfe von Ort, Impuls, Energie und Zeit (Heisenbergsche Unbestimmtheitsrelation) setzt nicht nur prinzipielle Grenzen für Messungen, sondern unterminiert das Konzept klassischer Eigenschaften. Außerdem führt sie einen prinzipiellen, nicht reduzierbaren, absoluten Zufall ein (Indeterminismus), etwa beim radioaktiven Zerfall – falls es nicht doch »verborgene Variablen«, das heißt tiefere Ursachen gibt, was nicht generell ausgeschlossen ist. Innere Freiheitsgrade oder Eigenschaften von Teilchen sind extrem unanschaulich (beispielsweise der Spin) und zum Teil sogar wechselnd (etwa bei den Neutrino-Oszillationen). Ferner sind Teilchen gleichen Typs unununterscheidbar: Sie besitzen keine Individuierbarkeit in Raum und Sein, man kann sie also nicht gedanklich nummerieren oder unterschiedlich einfärben. Hinzu kommt ihre begrenzte Trennbarkeit (asymptotische Freiheit der Quarks). Seltsam ist auch ihre quantenmechanische Nichtlokalität (die wechselseitige Verschränkung) und Superposition (die Überlagerung der Zustände). Trotzdem sind Teilchen experimentell lokalisierbar. Noch kurioser: Die Teilchenzahl ist nicht einmal in allen Bezugssystemen dieselbe, sondern beobachter-abhängig (Unruh-Effekt). Die Teilchenzahl ist auch nicht konstant; vielmehr kommt es laufend zu einer Erzeugung und Vernichtung von Partikeln oder zu Transformationen. Zudem gibt es »virtuelle« Teil-chen, die sich meist nicht aus dem Vakuum isolieren lassen, sondern als Fluktuationen in ihren Entstehungs-und-Vernichtungsorgien von »realen« Teilchen unterscheiden, aber trotzdem messbare Effekte ha-ben (Lamb-Shift, Casimir-Effekt). Daher ist das Quantenvakuum – der physikalische Grundzustand beziehungsweise das Vakuum in der Quantenfeldtheorie – auch kein total leerer Raum. Und selbst der Raum scheint den spekulativen Ansätzen einer Theorie der Quanten-gravitation zufolge emergent zu sein, das heißt aus fundamentaleren Entitäten aufgebaut zu werden und eventuell nicht einmal irreduzibel dreidimensional zu sein.

Nach diesen atemberaubenden Entwicklungen der Teilchenphy-sik, die noch keineswegs abgeschlossen sind, muss man sich fragen, was vom klassischen Atomismus eigentlich noch übrig bleibt. Ant-wort: von seinen inhaltlichen Prämissen oder Konsequenzen nicht viel. Doch seine methodischen Maximen und metaphysischen In-tuitionen bestehen im Wesentlichen weiter, ebenso die atomistische Erklärungsstrategie (Aufbau-Prinzip, Mikroreduktion) und das Stre-ben nach explanatorischer Vereinheitlichung.

Vom Weltkrieg zur Weltmaschine

Dass das Forschungszentrum CERN bereits wenige Jahre nach dem Zweiten Weltkrieg gegründet werden konnte, der Europa in Blut getränkt sowie unter Schutt und Asche begraben hatte, ist durch-aus erstaunlich. Ein Kontinent, teils im historisch tradierten Hass zersplittert und unter dem Macht- und Größenwahn ideologischer Berserker umgepflügt, entschloss sich trotz aller noch klaffenden

Wunden, biographischen Verwerfungen und politischen Gräben, eine Insel der Freiheit des Forschens und Denkens einzurichten, um bei allem menschlichen Elend dennoch die vorurteilslose Erkundung der Welt fortzusetzen, die zu den wenigen edlen Tugenden des selbsternannten Homo sapiens zählt. Es waren die Initiativen zweier Gruppen, die sich in der Phase der Neuorientierung Europas zusammenschlossen, um einen gemeinsamen Wissenschaftszweig wieder aufzubauen oder erst zu schaffen: die Teilchenphysiker vieler Länder sowie europäisch denkende Kulturpolitiker.

Nach mehreren Konferenzen zur Elementarteilchenphysik schlug der Nobelpreisträger Louis de Broglie im Dezember 1949 auf der Europäischen Konferenz für Kultur in Lausanne die Einrichtung eines Kernforschungslabors vor. Den internationalen politischen Rahmen dafür gab daraufhin die 1945 gegründete UNESCO (United Nations Educational, Scientific and Cultural Organization). Dort wurde am 15. Februar 1952 eine Organisation zur Vorbereitung dieses Labors beschlossen. Sie erhielt den französischen Namen Conseil Européen pour la Recherche Nucléaire – Rat für eine Europäische Organisation für Kernforschung –, kurz CERN. Das war das offizielle Geburtsdatum. Genf wurde als Standort auserkoren. Am 19. September 1954 unterzeichneten dann zwölf Länder den Gründungsvertrag. Inzwischen hat das CERN 20 Mitgliedsländer sowie weitere acht im »Beobachter«-Status. Mitglieder sind: Belgien, Bulgarien, Dänemark, Deutschland, Finnland, Frankreich, Griechenland, Großbritannien, Italien, Holland, Norwegen, Österreich, Polen, Portugal, Slowakische Republik, Spanien, Schweden, Schweiz, Tschechische Republik, Ungarn. 2017 könnten es schon 26 Mitgliedsländer sein.

Ursprünglich stand die Abkürzung CERN also für den Rat, der die Institution ins Leben rief. Allerdings ist Kernphysik etwas anderes als (Elementar)Teilchenphysik, auch wenn Atomkerne selbstverständlich aus Elementarteilchen bestehen. Inzwischen ist der aus-

Exkurs

Meilensteine am CERN

1973: Neutrale Ströme entdeckt (mit der Gargamelle-Blasenkammer) – eine Wechselwirkung von Neutrinos mit einem postulierten Z^0-Boson; es war von Sheldon Glashow, Abdus Salam und Steven Weinberg vorausgesagt worden

1983: W- und Z-Bosonen entdeckt (mit den UA1- und UA2-Experimenten)

1984: Physik-Nobelpreis für Carlo Rubbia und Simon van der Meer für diese Entdeckung

1989: Zahl der leichten Neutrino-Familien auf drei bestimmt (mit dem LEP)

1989/1990: Tim Berners-Lee und Robert Cailliau entwickeln das World Wide Web (WWW); damit wird das Internet »massentauglich«

1991: erste Website geht online

1992: Physik-Nobelpreis an Georges Charpak vom CERN für die Entwicklung von Detektoren (besonders: Drahtkammer)

1993: WWW für kostenlos erklärt

1995: Antiwasserstoff erzeugt (mit dem PS210-Experiment)

1999: Direkte CP-Verletzung entdeckt (mit dem NA48-Experiment)

2012: Higgs-Teilchen entdeckt (mit den ATLAS- und CMS-Detektoren am LHC)

2012, 14. Dezember: CERN erhält Beobachterstatus bei der Generalversammlung der Vereinten Nationen aufgrund seiner vorbildlichen Rolle bei internationalen Kooperationen sowie seiner Spitzenposition in Wissenschaft und Technologie

---

führliche Name nur noch von historischer Bedeutung. CERN steht vielmehr als Eigenname für sich – und als Adresse erster Güte für das größte Teilchenphysik-Forschungszentrum der Welt. Heute ist CERN der Arbeitsplatz von über 2600 Vollzeitangestellten sowie fast 8000 Wissenschaftlern und Ingenieuren aus etwa 580 Forschungseinrichtungen und Universitäten in 80 Ländern. Das Jahresbudget

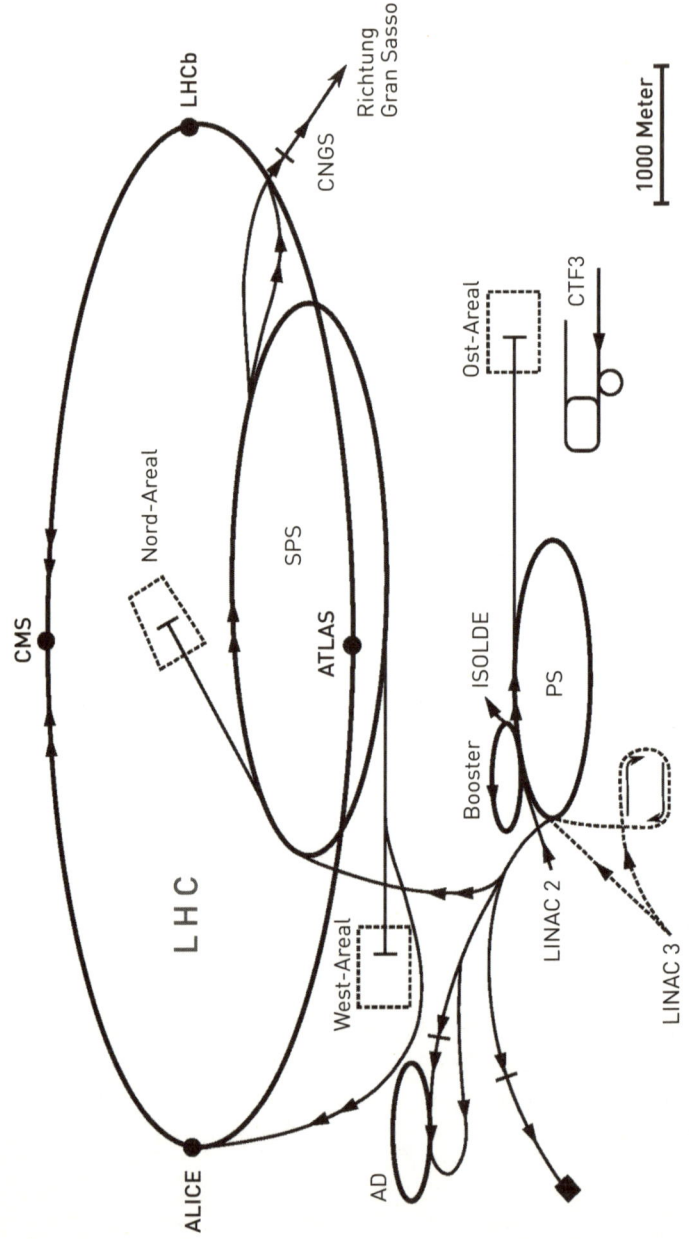

CMS

LHCb

Nord-Areal

ATLAS

SPS

CNGS

Richtung
Gran Sasso

1000 Meter

Ost-Areal

CTF3

ISOLDE

PS

Booster

LINAC 2

LINAC 3

West-Areal

AD

ALICE

L H C

68 – Mikrokosmos

2013 betrug 1,013 Milliarden Euro, wovon Deutschland mit gut 20 Prozent am meisten beisteuerte.

1957 ging der erste Teilchenbeschleuniger am CERN nordwestlich von Genf bei dem Städtchen Meyrin unweit des Flughafens in Betrieb: ein 600-Megaelektronenvolt-Synchrozyklotron. Seine Energie war rund 10.000-mal kleiner als die des LHC. Bereits zwei Jahre später katapultierte sich das CERN mit dem 28-Gigaelektronenvolt-Proton-Synchrotron an die Weltspitze der Beschleunigertechnologie. Dieser damals energiereichste Teilchenbeschleuniger ist noch heute in Betrieb und dient dem LHC als Vorbeschleuniger. Das gilt auch für weitere Maschinen, die nach und nach gebaut wurden.

1981 wurde der Large Electron Positron Collider (LEP) genehmigt, der 1989 in Betrieb ging. Der erste Spatenstich erfolgte am 13. September 1983. Damit begann der Bau des größten Teilchenbeschleunigers der Welt: mit 27 Kilometer Umfang. Dazu wurden 1,4 Millionen Kubikmeter Erde westlich der Südspitze des Genfer Sees ausgehoben – nicht nur für den Ring, sondern auch für Materialschächte, Zugangstunnel und die Kavernen der Detektoren. Schon damals war mit der gewaltigen Investition der Plan verbunden, die

Paradies für Physiker: Das Forschungszentrum CERN bei Genf ist gegenwärtig das Eldorado der Teilchenphysik. Eine ganze Reihe von Beschleunigern für Protonen, Ionen, Neutronen, Elektronen und Antiprotonen sind hier miteinander verbunden und häufig zusammengeschaltet in Aktion. So schießen zwei Linearbeschleuniger (LINAC) Protonen beziehungsweise schwere Ionen in einen Vorbeschleuniger (BOOSTER), von dem aus sie über zwei weitere, stärkere Beschleuniger namens PS (Proton Synchrotron) und SPS (Super Proton Synchrotron) in den alles dominierenden LHC (Large Hadron Collider) mit seinen vier großen Detektoren (ATLAS, CMS, ALICE und LHCb) geleitet werden. Es gibt aber auch noch andere Experimente. Mit ISOLDE (On-Line Isotope Mass Separator) werden instabile Atomkerne gemessen, AD (Antiproton Decelerator) dient der Erforschung von Antimaterie und CNGS (CERN Neutrinos Gran Sasso) schickt einen Neutrinostrahl in ein italienisches Untergrundlabor. An CTF3 (CLIC Test Facility) werden Komponenten für Teilchenbeschleuniger der nächsten Generation entwickelt und geprüft.

Infrastruktur nach der LEP-Ära für einen weiteren, ebenso großen Hadronen-Beschleuniger zu nutzen: den Large Hadron Collider. Diese Vorüberlegungen reichen bis in das Jahr 1977 zurück, nur zwei Jahre nach der LEP-Planung.

Die LHC-Konzeption wurde 1984 auf einer Konferenz in Lausanne im Wesentlichen entschieden. Entwicklungsarbeiten für die LHC-Führungsmagnete begannen am CERN 1988. Unter Carlo Rubbia und Cris Llewellyn Smith, den CERN-Generaldirektoren von 1989 bis 1993 beziehungsweise 1994 bis 1998, wurde die Anlage dann im Detail geplant, ihr Bau vom CERN-Rat am 16. Dezember 1994 beschlossen und nach dem Ende von LEP im Jahr 2000 zügig begonnen. 1993 wurde Lyn Evans LHC-Direktor und -Projektleiter. Trotz zahlreicher technischer Schwierigkeiten, einschließlich der Abdichtung einer unterirdischen Wasserader – und der archäologischen Erforschung einer gallo-römischen Villenanlage, die auf dem Gelände des CMS-Detektors entdeckt wurde –, konnte der Bau im Jahr 2008 fast planmäßig vollendet werden.

Die USA erhielt 1997 CERN-Beobachterstatus und konnte daraufhin 530 Millionen Dollar zur Finanzierung beitragen und beim LHC mitforschen. Auch Japan, Indien, Russland und Kanada wirkten mit, wobei Japans Beteiligung 1995 die erste substanzielle für ein CERN-Nichtmitgliedsland überhaupt war und entscheidend wurde für die LHC-Finanzierung. 1996 wäre es trotzdem fast zum Kollaps der Planung gekommen, weil Großbritannien Budget-Kürzungen anstrebte und Deutschland – obschon aufgrund der »Wiedervereinigung« längst mit einer Beitragsreduktion versehen – die Steuermittel lieber in Fantasien von blühenden Landschaften vergraben wollte; es gab sogar Pläne, ganz aus dem CERN auszusteigen. Hätte sich der CERN - Rat nicht entschlossen, erstmals auf eine Kredit-Finanzierung zu setzen, wäre das LHC-Projekt womöglich gescheitert. (Auch eine Zwei-Drittel-Lösung mit zunächst entsprechend vielen fehlenden Magneten und entsprechend geringerer Leistung war bereits anvi-

siert worden, konnte aber durch die Beteiligung der Nichtmitglieds-
länder verhindert werden.)

Die Baukosten des LHC werden offiziell mit 6,5 Milliarden
Schweizer Franken angegeben (5,3 Milliarden Euro). Der LHC
selbst und die Infrastruktur wurden komplett vom CERN finan-
ziert. Außerdem übernahm das Forschungszentrum 14 bis 20 Prozent der Kosten für die einzelnen Detektoren, die überwiegend von
den daran arbeitenden Forschungsgruppen selbst getragen wurden. Am LHC selbst bauten rund 400 Angestellte des CERN und
an der Fertigung der Bauteile international wohl noch einmal 1000
Menschen. Die Konstruktion der Detektoren erforderte vielleicht
das Zehnfache an Arbeitseinsatz. Angesichts der riesigen Gruppe
der Mitwirkenden – insgesamt mehr als 10.000 Ingenieure und
Wissenschaftler aus über 500 Instituten von mehr als 100 Staaten –
kann der LHC mit seinen Detektoren ohne Übertreibung als echte
Weltmaschine bezeichnet werden.

Die Erkenntnisschleuder – Rekorde über Rekorde

Der Large Hadron Collider (LHC) am Europäischen Kernforschungszentrum CERN bei Genf ist das größte und aufwendigste
technologische Projekt der Menschheit.

9200 Ingenieure und Wissenschaftler aus 500 Instituten und 80
Ländern sind an der rund vier Milliarden Euro teuren Erkenntnismaschine beteiligt – und das im Gegensatz zu allen anderen Großpro-
jekten ohne rigide Hierarchien und in einem eigenverantwortlichen
Zusammenschluss vieler unabhängiger Forschungseinrichtungen
weltweit. »Es ist erstaunlich, dass ein so gigantisches Unternehmen
auf diese Weise realisiert werden kann, aber die Suche nach Erkenntnis ist für alle Beteiligten eine enorme Motivation«, sagt Thomas
Müller von der Universität Karlsruhe.

Im LHC kreisen die Teilchen im Gegensinn in zwei parallelen Röhren. Diese haben einen Abstand von 1,94 Zentimeter und einen Durchmesser von 0,56 Zentimeter; sie sind im Querschnitt also mit zwei Brillengläsern vergleichbar. In ihnen herrscht ein Vakuum von 10^{-13} Bar – das ist ein Zehntel des »Luftdrucks« auf dem Mond! Dazu muss ein Volumen von 6500 Kubikmeter leergepumpt werden – das entspricht dem Rauminhalt des Mittelschiffs einer Kathedrale. Die Röhren kreuzen sich an vier Punkten. Dort finden die Kollisionen statt. Die LHC-Röhren stecken in einem 3,8 Meter großen Ringtunnel von 8,49 Kilometer Durchmesser, haben also einen Umfang von 26.659 Meter; sie befinden sich 45 bis 175 Meter unter der Erde.

Der LHC besitzt zur Beschleunigung, Umlenkung und Fokussierung der Teilchen insgesamt rund 9300 Magnete (über 50 verschiedene Bauarten). Darunter sind 858 Quadrupole und 6208 Korrekturmagnete. Am imposantesten sind die Führungsmagnete: 1232 Dipole, jeweils 14 Meter lang und 35 Tonnen schwer (Stückpreis: 700.000 Euro). Sie erzeugen ein Magnetfeld von 8,33 Tesla – 170.000-mal stärker als das Erdmagnetfeld. Ihre supraleitenden Kabel sind so lang, dass sie 6,8-mal um den Erdäquator gewickelt werden könnten. Alle Metallfasern im LHC zusammen würden 5-mal von der Erde zur Sonne und zurück reichen und noch ein paar Mal zum Mond.

Mit 1,9 Grad über dem absoluten Nullpunkt sind die Magnete kälter als der Weltraum. Sie sind gleichsam der größte Gefrierschrank der Welt. Diese Betriebstemperatur wurde erstmals am 10. April 2007 beim Test eines drei Kilometer langen Teilstücks erreicht. In den Magneten steckt die Hauptenergie des LHC, rund elf Milliarden Joule. Das entspricht der Sprengkraft von 2,5 Tonnen TNT – allerdings über 27 Kilometer verteilt – oder der Bewegungsenergie eines 400 Tonnen schweren Jumbos (Boeing 747), der mit fast doppelter Schallgeschwindigkeit durch die Luft rast. Interessanterweise benötigt der LHC trotz größerer Leistung nur etwa die Hälfte der Energie, die die früheren CERN-Beschleuniger verbraucht haben beziehungsweise

Die größte Maschine der Welt: Der Large Hadron Collider (LHC) bei Genf besitzt einen Umfang von fast 27 Kilometer. Die beiden Strahlrohre werden von supraleitenden Magneten umgeben (im Bild hauptsächlich die 14 Meter langen Dipol-Führungsmagnete), die kälter als der Weltraum sind. Sie ermöglichen es, zwei gegenläufige Protonen-Strahlen auf über 99,999999 Prozent der Lichtgeschwindigkeit zu beschleunigen und dann gezielt zur Kollision zu bringen.

noch verbrauchen, weil sein Strom in den Supraleitern verlustfrei kreist. Die größten Stromfresser sind die Helium-Kühlaggregate. Neben 120 Tonnen Helium werden auch 10.800 Tonnen an flüssigem Stickstoff zur Kühlung benötigt.

Der Energiebedarf des LHC beträgt rund 120 Megawatt – vergleichbar mit dem Strombedarf einer Stadt von 150.000 Einwohnern (das sind fast so viel wie in Genf). Der Betriebsstrom beträgt 11.800 Ampere. Um Geld zu sparen, wird der LHC im Winter abgestellt. In dieser Zeit werden die Geräte gewartet.

Imposant sind auch die Daten zur Physik des LHC:

> Die Protonen im LHC bewegen sich mit 99,9999991 Prozent der Lichtgeschwindigkeit (Photonen sind also nur 2,7 Meter pro Sekunde schneller). Jedes Teilchen rast 11.245-mal pro Sekunde durch den Ring. Sie stammen alle aus einer unspektakulären Wasserstoff-Flasche am Beginn der Beschleuniger-Kette. Der Wasserstoff wird ionisiert, verliert also seine Elektronen; daraufhin werden die Protonen über einen Linearbeschleuniger auf 50 Megaelektronenvolt beschleunigt, dem Proton-Synchrotron-Booster zugeführt und dann in das Proton-Synchrotron und das Super-Proton-Synchrotron weitergereicht, wo sie bereits 450 Megaelektronenvolt Energie haben; anschließend werden sie in den LHC weitergeleitet und dabei in zwei gegenläufige Strahlen aufgespalten und auf 3,5 (2011), 4 (2012) und künftig sogar 7 Teraelektronenvolt beschleunigt. Es dauert etwa 4,5 Minuten, um ein Proton in den LHC zu transferieren und in diesem noch einmal 20 Minuten, um es auf die Maximalenergie zu beschleunigen.

> Die beiden Protonenstrahlen kreisen daraufhin 10 bis 20 Stunden lang im LHC – sie legen dabei einen Weg zurück, dessen 16-Milliarden-Kilometer-Distanz einer Reise von der Erde zum Planeten Neptun und retour entspricht. Sie bestehen aus vielen hundert etwa 30 Zentimeter langen »Bündeln«, von denen jedes etwa einen Millimeter im Querschnitt misst $1,15 \times 10^{11}$ Protonen enthält (nominal sind es 2808 solcher »Bunches«, aber in der Praxis waren es bislang weniger). Typischerweise beträgt der Abstand zwischen den Bündeln 7,6 Meter (an manchen Stellen gibt es größere Lücken).

> In jedem Strahl stecken bis zu 362 Megajoule Energie – das entspricht der Explosion von 80 Kilogramm TNT oder der Bewegungsenergie eines ICE-Zugs bei 150 Kilometer pro Stunde. Das ist gewaltig, allerdings nur ein Bruchteil der Energie, die in den Magneten steckt. Würden die Magnete den Strahl verlieren, würde er ein Loch in die Röhre brennen. Wird er beendet oder fallen Magnete oder der Strom

aus, wird er aber in Sekundenbruchteilen in den »beam dump« geleitet, eine absorbierende Vorrichtung aus Beton und dickem Graphit, wo er keinen Schaden anrichtet.

› Wo sich die beiden gegenläufigen Protonenstrahlen kreuzen, kommt es zu Teilchenkollisionen – allerdings nur zu wenigen, denn die Protonenpakete fliegen fast berührungsfrei durch einander hindurch. An den Kreuzungspunkten werden die Strahlen durch spezielle Magnete noch weiter gebündelt, auf etwa 0,015 Millimeter im Durchmesser. 2012 steigerten die LHC-Betreiber Energie und Teilchendichte so weit, dass die Protonen mit $2 \times 4 = 8$ Teraelektronenvolt aufeinander prallten. Eine solche Kollision dauert nur 10^{-12} Sekunden, aber diese Mikroexplosionen ereigneten sich in rascher Folge, 20- bis 40-mal oder noch mehr pro Protonenbündel-Kreuzung. Alle müssen gemeinsam registriert werden, wobei etwa 1200 kurzlebige Teilchen im zentralen Teil eines Detektors aus der Energie der Protonen-Karambolagen entstehen. Und in jeder Sekunde finden im laufenden Betrieb des LHC etwa 600 Millionen Kollisionen statt! Dabei entstehen Energien von bis zu 10^{16} Grad – eine Milliarde Mal mehr als im Zentrum der Sonne. Ab 2015 soll die Energie der Kollisionen dann bis zu 14 Teraelektronenvolt betragen. Das entspricht etwa dem 14.000-fachen der Ruhemasse eines Protons. Ein Teraelektronenvolt (10^{12} Elektronenvolt) ist ungefähr die Bewegungsenergie einer fliegenden Mücke – scheinbar wenig, im LHC aber konzentriert auf einen winzigen Raumbereich von etwa 10^{-15} Meter Ausdehnung. (Die Kollisionsenergie der Blei-Kerne wird im Maximum sogar 1144 Teraelektronenvolt betragen, weil jeder Kern aus 208 Protonen und Neutronen besteht.)

Übrigens: Wie sein Vorgänger LEP ist die Ausrichtung des Teilchenstrahls im LHC so empfindlich und muss so genau überwacht werden, dass sich an ihm die Erdströme vorbeifahrender Schnellzüge im Genfer Hauptbahnhof ablesen lassen sowie die Änderungen der Schwerkraft, die durch die Schneeschmelze im Jura-Gebirge verursacht werden. Selbst der Umlauf des Monds macht sich bemerkbar: Durch seine Anziehungskraft schwankt der LHC-Radius zyklisch um rund einen Millimeter – was die Physiker beim LEP zunächst sehr irritiert hatte, bevor sie die Störquelle identifizierten.

Spürnasen so groß wie Mehrfamilienhäuser

»In gewisser Weise steht ein Experimentalphysiker vor einem ähnlichen Problem wie ein Kriminaltechniker, der eine Bombenexplosion aufklären soll«, meint Don Lincoln, Physiker am Fermilab und Mitentdecker des top-Quarks. »Der Spezialist schaut sich die Einzelheiten einer Explosion gewöhnlich nicht aus der Nähe an – zumindest nicht, wenn er weitere Aufträge haben möchte –, sondern untersucht ihre Einwirkungen auf die Umgebung. Er gewinnt aus Brandflecken, dem angerichteten Schaden, den Überresten und der Eindringtiefe von Splittern in bekannte Werkstoffe einen recht guten Eindruck von dem, was vorgefallen ist. Chemische Analysen liefern weitere Informationen. In ähnlicher Weise untersucht ein Teilchenphysiker die Kollisionen, indem er das Kollisionszentrum mit einem Detektor umgibt, der aus bekannten und sehr sorgfältig ausgewählten Komponenten besteht. Aus den Reaktionen der Kollisionsprodukte mit den Komponenten des Detektors lässt sich auf ihre Energie, ihre Bahnkurve und ihren Ursprung schließen. Diese Informationen kann man wie die Teile eines Puzzles zusammenlegen.«

Im Gegensatz zur Kripo haben Physiker allerdings erschwerte Bedingungen – doch auch einen großen Vorteil: die Wiederholbarkeit der Ereignisse. Für ihre Analyse brauchen sie hochempfindliche, riesige Detektoren. Die sind nach dem Zwiebelschalen-Prinzip aufgebaut und bestehen aus vielen Einzel- oder Unterdetektoren. Jede Schicht kann andere Teilchen nachweisen beziehungsweise andere Eigenschaften von diesen. Aus den Messdaten rekonstruieren die

Forscher dann die Teilchenspuren und ziehen Rückschlüsse auf deren Ursachen, das heißt die rasch zerfallenden Ursprungspartikel, die sich aus den Protonen- oder Schwerionen-Kollisionen gebildet haben. Große Detektoren kombinieren die Nachweistechniken für verschiedene physikalische Effekte.

› Geladene Teilchen werden durch ein äußeres Magnetfeld auf spiralförmige Bahnen gelenkt; je größer die Kreisbögen, desto größer die Energien beziehungsweise Impulse der Partikel. Teilchen mit entgegengesetzten elektrischen Ladungen werden in die entgegengesetzte Richtung gelenkt. Als Magnete dienen Drahtspulen: Solenoide (Wicklung um die Außenseite eines Kerns wie eine Spiralfeder) und Toroide (Wicklung längs eines Hohlzylinders wie durch einen Ring).

› Schießen Teilchen durch Materie, verlieren sie Energie durch Ionisation und hinterlassen eine Art »Bremsspur«. Die Menge an Energie, die ein Partikel auf seiner Bahn durch das Detektormaterial verliert, ist proportional zur zurückgelegten Weglänge. Ein Teilchen mit zehn Gigaelektronenvolt dringt in Eisen beispielsweise 7,6 Meter tief ein. Ionisationsdetektoren aus Silizium (winzigen quadratförmigen »Punkten«) oder gasgefüllten, mit Metalldrähten versehenen Röhrchen können die Position von Teilchen auf wenige Zehntel Millimeter genau messen. In den Röhrchen entsteht Übergangsstrahlung, wenn ein geladenes Teilchen von einem Medium in ein anderes fliegt. Dabei wird Röntgenstrahlung frei, die sich über die Ionisation eines Gases messen lässt. Sie erlaubt auch Rückschlüsse auf die Geschwindigkeit der Teilchen.

› Elektronen bewegen sich in einem Medium oft schneller als das Licht (die Vakuum-Lichtgeschwindigkeit bleibt aber die obere Grenze) und strahlen dann ein bläuliches Leuchten aus (Tscherenkow-Strahlung).

› Elektronen, Photonen und Hadronen können ihre Energie auch abgeben, indem sie kaskadenartig zu weiteren, energieärmeren Teilchen zerfallen. Das geschieht über mehrere Stufen. Hadronenschauer halten länger an und dringen tiefer in Materie ein als Elektronen und Photonen – etwa einen Meter in Metall gegenüber einigen Zentimetern. Diese Schauer werden durch elektromagnetische oder hadronische Kalorimeter registriert; sie bestehen meist aus dicken Metall-Platten. (»Kalorimetrie« heißt Energiemessung.)

Typischerweise befinden sich im Zentrum der zylindrischen Detektoren, um die Kollisionspunkte in den Strahlröhren herum, Silizium-Spurendetektoren mit hoher Ortsauflösung: Pixel- und Streifendetektoren. Dann kommen Übergangsstrahlungsdetektoren, elektromagnetische und hadronische Kalorimeter (etwa aus Bleiwolframat beziehungsweise Messing oder Stahl) mit Ionisationsdetektoren. Außen sind die Myonen-Detektoren. Nur Neutrinos lassen sich nicht nachweisen, sondern müssen anhand der fehlenden Energiebilanz und der gut verstandenen Reaktionsvorgänge erschlossen werden.

Diese Nachweissysteme haben sich in der Teilchenphysik weltweit bewährt, auch wenn jedes Aggregat anders ist. Das Zwiebelschalen-Prinzip kommt auch beim LHC zum Einsatz. Entlang seiner Strahlenbahnen stehen in unterirdischen Hallen die riesigen Detektoren. Zwei gigantische Vielzweck-Detektoren – ATLAS und CMS – suchen nach Higgs-Bosonen, supersymmetrischer Materie, Bestandteilen der Quarks, neuen Elementarteilchen, zerstrahlenden Schwarzen Minilöchern, zusätzlichen Dimensionen des Raums und anderen Phänomenen, die sich die Physiker noch nicht einmal erträumen können.

› ATLAS (A Toroidal LHC ApparatuS) hat das Ausmaß eines Mehrfamilienhauses – er ist ein 46 Meter langer Zylinder, 25 Meter im Durchmesser und 7000 Tonnen schwer. Dafür verantwortlich sind circa 3000 Wissenschaftler und Ingenieure von 165 Instituten in 35 Ländern. ATLAS besitzt bis zu 24 Meter lange Toroid-Magnete, durch die 20.500 Ampere Strom fließen. Wie CMS kostete der Detektor rund 500 Millionen Dollar.

Gigant für den Mikrokosmos: Um immer kleinere Bestandteile der Materie zu identifizieren, werden immer größere Maschinen benötigt. Rekordhalter am LHC ist mit 25 Meter Durchmesser und 46 Meter Länge der Detektor ATLAS (A Toroidal LHC ApparatuS). Unteres Foto: Teil des inneren, sehr hochauflösenden Silizium-Spurendetektors.

Technisches Schwergewicht: Mit 12.500 Tonnen ist der 16 Meter hohe CMS (Compact Muon Solenoid) der massereichste Detektor am LHC. Das Bild zeigt zwei seiner Riesenkomponenten vor dem Zusammenbau.

› CMS (Compact Muon Solenoid) ist 21 Meter lang, 16 Meter im Durchmesser und 12.500 Tonnen schwer. Ihn bauten und betreiben ebenfalls rund 3000 Forscher von 159 Instituten aus 37 Ländern. Hauptbestandteil ist der größte jemals hergestellte Solenoid-Magnet: ein 6,4 Meter hoher und rund zwölf Meter langer Zylinder mit 2168 supraleitenden Drahtwindungen. Durch sie fließen 19.500 Ampere Strom, wofür ein eigenes Umspannwerk gebaut wurde. Im Magnetfeld, 80.000-mal stärker als das der Erde, stecken 2,7 Milliarden Joule Energie – genug, um 18 Tonnen Gold zu schmelzen. Das Messing im CMS-Kalorimeter stammt übrigens aus mehr als einer Million russischer Marinegeschützhülsen vom Zweiten Weltkrieg (statt Schwerter zu Pflugscharen also Patronen zu Partikeldetektoren).

Außerdem gibt es zwei große Spezialdetektoren, nämlich:

› ALICE (A Large Ion Collider Experiment) ist 25 Meter lang, 16 Meter breit und wiegt circa 1000 Tonnen. Sein 4,9 Meter großer Solenoid-Magnet erzeugt ein Feld, das 10.000-mal stärker ist als das der Erde (aber achtmal schwächer als das von CMS); er ist ein schönes Beispiel für Recycling, konnte er doch von einem früheren LEP-Detektor, L3 genannt, wiederverwendet werden. ALICE analysiert hauptsächlich die Kollisionen von Blei-Atomkernen, die ein Quark-Gluon-Plasma erzeugen. Die Intensität der Blei-Strahlen ist zehn Millionen Mal schwächer als die der Protonenstrahlen, sie sind viel diffuser und führen nur zu etwa 400 Kollisionen pro Sekunde – etwa ein Zweimillionstel der Protonen-Kollisionen in ATLAS und CMS. Daher wird ein Spezialdetektor für ihre Messung benötigt. Umgekehrt sind deshalb auch die beiden Allzweck»waffen« nicht obsolet, obwohl die Gesamtenergie der Blei-Kollisionen wesentlich größer ist. Aber sie verteilt sich auch viel stärker – vergleichbar mit der Wärmeenergie in einem Zimmer, die die eines entflammten Streichholzes übertrifft ... aber nur an diesem, das in der Analogie für die Protonen-Kollisionen steht, kann man sich die Finger verbrennen.

› LHCb (LHC-beauty) ist 7,6 Meter breit und 6,2 Meter hoch. Der Detektor ist ganz anders aufgebaut als die drei großen – nicht zylindrisch, sondern kegelförmig. Er steht einige Meter vom Kollisionspunkt der Strahlen entfernt und erstreckt sich zu einer Seite hin wie ein Hochregallager, so dass er die volle Breitseite der Kollisionstrümmer empfängt. LHCb enthält zwar rund 100-mal weniger Bauteile als ATLAS oder CMS und kostete nur 15 Prozent von diesen, ist aber in einer Hinsicht wesentlich effektiver als sie: Er kann mehr als die doppelte Anzahl der B-Hadronen in einer Kollision erfassen, denn er ist spezialisiert auf die Analyse der Wechselwirkung von Teilchen, die bottom-Quarks enthalten (auch beauty-Quarks genannt). LHCb soll unter anderem das Rätsel des Materie-Überschusses gegenüber der

Antimaterie lösen helfen. Quasi nebenbei betreibt das CERN noch weitere Detektoren beim LHC:

› TOTEM (Total Elastic And Diffractive Cross-Section Measurement) misst die Streuung von Protonen an anderen Protonen bei niedrigen Energien und liefert Informationen über die Kollisionsraten am LHC. Der achtteilige Detektor bei CMS wiegt 20 Tonnen.

› LHCf (LHC-forward) ist ein Experiment der Astroteilchenphysik. Es studiert die Wechselwirkung der Kosmischen Strahlung mit der Atmosphäre. LHCf besteht aus zwei 40 Kilogramm schweren Detektoren, die sich jeweils 140 Meter von ATLAS entfernt befinden.

› Und MoEDAL (Monopole and Exotics Detector at the LHC) dient der Suche nach sogenannten Magnetischen Monopolen und anderen massereichen exotischen Partikeln (Schwarze Minilöcher, geladene langlebige Higgs-Bosonen), deren Existenz von bestimmten spekulativen Theorien vorhergesagt wird. MoEDAL befindet sich in der Kaverne von LHCb und besteht im noch nicht fertigen Endausbau aus rund 400 wie Bilderrahmen aussehenden, etwa 75 × 40 × 2 Zentimeter messenden Aluminium-Gehäusen mit dem Spezialstoff Polyallyldiglycolcarbonat; er soll ähnlich wie eine Fotoplatte die Spuren der hypothetischen Teilchen registrieren.

Der Start und der Zwischenfall

Die Aufgabe des LHC ist es, Protonen auf 99,9999991 Prozent der Lichtgeschwindigkeit zu beschleunigen; in zwei gegenläufigen Strahlen, kaum breiter als ein menschliches Haar, jeweils rund einen Tag lang im Kreis herumsausen zu lassen und immer wieder gezielt an vier Kreuzungspunkten zur Kollision zu bringen. »Wenn Sie davon nicht beeindruckt sind, dann haben Sie das Ausmaß dieser Herkulesaufgabe nicht erfasst. Im Vergleich dazu war das Ausmisten des Augiasstalls ein Kinderspiel«, sagt Don Lincoln.

Im Gehirn der Maschine: Blick in die Steuerzentrale des Large Hadron Collider am CERN. Hier werden die Protonenstrahlen justiert. Die Detektoren-Teams haben separate Kontrollzentren.

Nach jahrelangen Vorarbeiten war es im Herbst 2008 so weit. Die Heldentat sollte beginnen. Am 10. September gab der LHC-Projektleiter Lyn Evans den Startschuss. Unter einer großen Anteilnahme der internationalen Presse begannen die ersten Protonen ihre Reise durch die Beschleuniger. Kurz nach 9 Uhr Ortszeit erreichten sie den LHC. Nicht einmal eine Stunde später war seine erste Ringröhre gefüllt. Die Teilchen kreisten stabil. CERN-Generaldirektor Robert Aymar hielt eine kurze Ansprache. Weltweit trafen Gratulationen ein. Und während die Menschen schon den »Urknall von Genf« feierten – dabei waren Kollisionen noch gar nicht vorgesehen –, leitete das LHC-Team erfolgreich auch Protonen auf Gegenkurs in die Nachbarröhre. Die Wissenschaftler jubelten.

Doch die Freude währte nicht lang. Am 19. September leuchteten Alarmsignale in der LHC-Steuerzentrale auf und die Anzeigen spielten verrückt. Ein Zwischenfall hatte sich im Sektor 3–4 des Beschleunigerrings ereignet, einem der acht Abschnitte, in die der LHC unterteilt ist. (Strenggenommen bilden die Röhren keine exakte Kreisbahn, sondern eine Art abgerundetes Achteck, wobei sich an vier der Ecken die Detektoren befinden: ATLAS an Punkt 1, ALICE an Punkt 2, wo auch der erste Strahl eintritt, CMS an Punkt 5 und LHCb an Punkt 8, wo der zweite Protonenstrahl eingespeist wird.) Vor der LHC-Eröffnung waren sämtliche Sektoren daraufhin überprüft worden, dass sie dem elektrischen Strom für einen 5,5-Teraelektronenvolt-Strahl standhalten – bis auf einen: Sektor 3–4 (zwischen ALICE und CMS) war nur bis 4,2 Teraelektronenvolt belastet worden. Weitere Tests bis sieben Teraelektronenvolt sollten folgen. Doch am 12. September fiel einer der 30 Tonnen schweren Transformatoren bei Punkt 8 aus, ein Teil des Kühlsystems. Elektrotechniker tauschten ihn aus, aber die Magnete dort hatten sich inzwischen etwas erwärmt. Um die Zeit bis zu ihrer Abkühlung zu nutzen, beschloss das LHC-Team, die nicht betroffenen Sektoren weiter zu testen. 9300 Ampere Strom wurden in die Magnete von Sektor 3–4 geleitet – deutlich unter den 11.850 Ampere für den nominalen Betrieb, aber doch zu viel.

Bei 8700 Ampere entstand ein energiereicher Lichtbogen zwischen zwei Dipolmagneten. Er malträtierte ihre Ummantelung. Die Stromzufuhr wurde sofort automatisch abgeschaltet. Sicherheitsventile sprangen an. Mehrere Tonnen des flüssigen Heliums zischten aus den Kühltanks – mit 400 Meter pro Minute. Doch das gab keine Entlastung. Im Gegenteil: Der rasante Druckanstieg beschädigte auch die umliegenden Magnete. Das Helium, das sein Volumen beim Übergang vom flüssigen in den gasförmigen Zustand um das 700-fache ausdehnte, prallte gegen die Magnete und verschob sie um einige Zentimeter – trotz ihres teilweise tonnenschweren Gewichts. Ihre Verankerung brach dabei aus dem Boden. Der Beton zersprang. Außerdem wurden Kühlleitungen, Stromkabel und andere Verbindungen zu benachbarten Magneten zerstört oder verbogen. Weitere

Lichtbogen blitzten auf. Noch mehr Helium entwich, insgesamt 16 Tonnen. Ein Teil drang in die Strahlrohre und blies Isolationsmaterial und Ruß hinein. Frost schlug sich nieder. Wären Menschen im Tunnel gewesen, was bei laufendem Betrieb aber nie der Fall ist, hätten sie vor dem Heliumsturm nicht davonlaufen können, der Frost hätte sie umhüllt, das Helium hätte sie überholt und dahinter wäre zunächst kein Sauerstoff mehr zum Atmen verblieben.

Kaum ein Teilchenphysiker war nicht schockiert – erst am CERN, dann weltweit, denn die Nachricht verbreitete sich rasend. Bis alles im Detail rekonstruiert und geklärt war – aus Sensordaten, Filmaufzeichnungen und Inspektionen vor Ort – vergingen allerdings viele Wochen. Ein Monat lang blieb der LHC-Tunnel gesperrt. Erst dann hatte sich der beschädigte Tunnelabschnitt auf Raumtemperatur aufgewärmt. Die Zerstörungen, die sich den Technikern zeigten, waren immens. Sie erstreckten sich über 750 Meter. 53 Magnete mussten ausgebaut, gesäubert oder ersetzt werden, acht weitere an Ort und Stelle gereinigt.

Erst Ende März 2009 wurde der Schadensfallbericht veröffentlicht. Wie so oft hatte auch hier eine kleine Ursache eine große Wirkung entfaltet: Eine elektrische Verbindung zwischen zwei Magneten war durchgeschmolzen, weil schlecht oder nicht richtig gelötet. Dadurch führte der Widerstand zu einer Erwärmung, als der Strom durchfloss. Die Verbindung schmolz, dann auch die Kupferleitung – und der Lichtbogen entstand.

Die Reparaturarbeiten liefen akribisch. Die Nervosität war hoch, denn einen zweiten Schadensfall wollte sich das CERN keineswegs leisten. Harte Zeiten also, auch für den neuen Generaldirektor Rolf-Dieter Heuer. Sämtliche Lötstellen wurden überprüft, die Sicherheitsventile verbessert und ein neues Überwachungs- und Frühwarnsystem installiert. Ein LHC-Betrieb mit den nominalen 14 Teraelektronenvolt wurde als zu riskant eingeschätzt und daher auf die Zeit ab 2015 nach einer ohnehin eingeplanten Generalüberholung verschoben.

Exkurs

Das Universum der Daten

Die am LHC anfallende Datenmenge ist gigantisch. »Die Experimente produzieren ungefähr 25 Millionen Gigabyte jährlich«, sagt Helge Meinhardt vom CERN-Rechenzentrum. »Das entspricht einem 20 Kilometer hohen CD-Stapel oder drei Millionen DVDs – damit könnte man 850 Jahre lang ununterbrochen Filme in HD-Qualität anschauen.« Im Februar 2013 überschritt das CERN die 100-Petabyte-Marke. Das sind also 100 Millionen Gigabyte, die in den letzten 20 Jahren aufgezeichnet wurden. Die meisten stammen von den Messungen der LHC-Detektoren (bislang über 70 Petabyte). Aber es gibt noch weitere Datenbanken, zum Beispiel vom Alpha Magnetic Spectrometer der Internationalen Raumstation. 88 Petabyte befinden sich auf Magnetbändern (die von acht Robotern »bedient« werden), 13 auf über 17.000 Festplatten.

2010 wurden 15 Petabyte vom LHC gespeichert, 2011 bereits 23 und 2012 dann 27 Petabyte. ATLAS und CMS registrieren mindestens eine Kollision alle 50 Nanosekunden. 2012 wurden Daten von über 5,5 Milliarden Kollisionen bei ATLAS gespeichert und über 10 Milliarden von CMS. Bei ALICE fielen 2010 und 2011 rund 8 Petabyte an Rohdaten von den 200 Millionen Kollisionen der Blei-Kerne an. Bei LHCb wurden von 20 Millionen Kollisionen pro Sekunde 5000 herausgefiltert, insgesamt 3 Petabyte seit 2010.

Schon in den 1990er-Jahren war klar, dass der LHC die vorhandenen Rechenleistungen am CERN übertreffen wird. Daher wurde 2006 das LHC Computing Grid zum Worldwide LHC Computing Grid (WLCG) erweitert. Ungefähr 10.000 Physiker nutzen es. Zentrum (Tier-0 genannt) ist das CERN, das 15 Prozent der Ressourcen stellt und die Daten an elf Hauptknoten (Tier-1) verteilt. Das geschieht über Glasfasern mit 10 Gigabit pro Sekunde. Einer dieser Hauptknoten steht am Karlsruher Institut für Technologie. Außerdem gibt es noch über 130 untergeordnete Datenzentren weltweit (Tier-2), hauptsächlich für Simulationen. Sie stellen mehr als 50 Prozent der Ressourcen. Am WLCG gibt es weltweit 260.000 Prozessoren und 180 Petabyte an Speicherplatz. 250.000 Rechenjobs laufen simultan (30 Millionen waren es beispielsweise im Januar 2013).

Palast für Petabytes: Das Rechenzentrum am CERN (und ein zweites in Budapest, 2012 eingeweiht) trägt die Hauptlast der Datenspeicherung und -analyse – und verteilt die Messergebnisse auch in alle Welt.

Die Medien nahmen großen Anteil an der LHC-Reparatur. Manchmal schlugen die Berichte sogar ins Komödiantische um. So wurde ein harmloser Stromausfall in einem Kraftwerk auf ein Stück Brot geschoben, den angeblich ein vorüberziehender Vogel in den Transformator habe fallen lassen. Zwar waren die Indizien für das unfreiwillige Attentat nicht gesichert, doch für eine nette Story reichte es allemal. Noch kurioser waren nicht weniger als fünf Artikel von Holger Nielsen und Masao Ninomiya – beides renommierte Physiker –, die zwischen 2007 und 2010 argumentierten, dass sich die Natur gegen die Versuche des Nachweises vom Higgs-Teilchen zur Wehr setze: Der LHC-Zwischenfall und schon frühere Probleme (Abschaltung des LEP, Streichung der Gelder für den Superconducting Supercollider) seien Einflüsse aus der Zukunft, die ein Zeitparadoxon verhindern würden. Die These war durchaus witzig, das heißt sowohl lustig als auch geistvoll, und mathematisch im Detail modelliert, aber nicht wirklich ernst gemeint.

Am 20. November 2009 war es dann allen Skeptikern zum Trotz so weit. Wieder wurden Protonen in die LHC-Röhren geschossen – und diesmal lief alles glatt. Wie gut der Beschleuniger und seine Detektoren tatsächlich arbeiten würde, konnten die Physiker noch nicht ahnen. Aber es sollte sich bald zeigen. Ein neues Kapitel in der Hochenergie-Teilchenphysik hatte begonnen.

Stationen der LHC-Erfolgsgeschichte (mit einer Ausnahme)

› 16.12.1994: Der Bau des LHC wird nach rund zehnjähriger Planung vom CERN Council bewilligt. Daraufhin technische Entwicklung des Beschleunigers und seiner Magnete, Genehmigung der Detektoren ATLAS und CMS (1996), ALICE (1997) und LHCb (1998), Aushub der Detektor-Kavernen, Bau des Beschleunigers und der Detektoren. 2005 bis 2007 werden die Dipolmagnete im Tunnel eingebaut, im Juni 2008 ist das Strahlrohr komplett, im Juli das Vakuum erreicht, im August die Tieftemperatur.

› 10.9.2008: Offizieller Startschuss – die ersten Protonen rasen durch den Ring.

› 19.9.2008: Eine elektrische Verbindung brennt durch, Helium entweicht aus dem Kühlsystem, es entsteht ein schwerer Schaden (25 Millionen Euro Mehrkosten), der ein Achtel des Rings lahm legt.

› 20.11.2009: Wiedereröffnung des reparierten LHC.

› 23.11.2009: Erste Protonen kollidieren mit 0,45 Teraelektronenvolt.

› 30.11.2009: Kollisionen von Protonen mit jeweils 1,18 Teraelektronenvolt, was erstmals die Energien am Tevatron übertrifft (0,98 Teraelektronenvolt) und den LHC zum stärksten Teilchenbeschleuniger der Welt macht.

› 6./12.12. bis 16.12.2009: Erste gezielte Kollisionen bei 0,45 und 1,18 Teraelektronenvolt und wissenschaftliche Auswertung der Daten. Erste wissenschaftliche Publikationen.

› 27.2.2010: Neustart nach der Winterpause, zunächst mit 0,45 Teraelektronenvolt.

› 19.3.2010: Die gegenläufigen Protonenstrahlen erreichen jeweils 3,5 Teraelektronenvolt.

› 30.3. bis 4.11.2010: Kollisionen der Protonen; Beginn des LHC-Forschungsprogramms.

› 8.11. bis 6.12.2010: Erster Lauf mit kollidierenden Blei-Kernen.

› 21.2. bis 30.10.2011: Protonen-Kollisionen mit jeweils 3,5 Teraelektronenvolt.

› 22.4.2011: Neuer Weltrekord der Luminosität (Strahlintensität) eines Hadronen-Beschleunigers: $4,67 \times 10^{32}$ Teilchen (hier: Protonen) pro Quadratzentimeter und Sekunde.

› 11.11. bis 7.12.2011: Zweiter Lauf mit kollidierenden Blei-Kernen und einem neuen Blei-Luminositätsrekord von $3,5 \times 10^{26}$ Teilchen pro Quadratzentimeter und Sekunde am 15.11.2011.

› 5.4. bis 14.12.2012: Kollisionen von Protonen mit jeweils 4 Teraelektronenvolt (Weltrekord); neuer Rekord der Luminosität mit $7,7 \times 10^{33}$ Teilchen.

› 17.12.2012: Ende des Protonen-Laufs; noch einige Tests: Halbierung der Abstände zwischen den Protonen-Bündeln von 50 auf 25 Nanosekunden mit einem Rekord von 2748 Bündel pro Strahl (im Testbetrieb bei 450 Gigaelektronenvolt ohne Kollisionen; 396 Bündel bei 4 Teraelektronenvolt).

› 20.1. bis 13.2.2013: Kollisionen von Protonen mit Blei-Kernen bei 5 Teraelektronenvolt.

› 16.2.2013: Der Long Shutdown 1 beginnt: eine ausgedehnte Wartungs- und Erneuerungsphase des LHC und seiner Detektoren (und Vorbeschleuniger) bis ins Jahr 2015.

Exkurs

Was bringt die Teilchenphysik?

Teilchenphysik gehört zur Grundlagenforschung und damit zur menschlichen Kultur. Sie ist ein Produkt der Neugierde und Sehnsucht, die Welt besser verstehen zu wollen. Das ist eigentlich Motivation und Begründung genug.

Mitunter wird von betriebswirtschaftlich geprägten Menschen trotzdem nach dem Nutzen gefragt. Oder Moralapostel spielen Forschungsgelder gegen den Hunger in der Welt aus (was bei den euphemistisch Diäten genannten Völlereien für Politiker, den staat- und stattlichen Bischofsgehältern oder den unappetitlichen Ablösesummen von Fußball-Herumkickern seltsamerweise nie geschieht). Sicherlich ist die Grundlagenforschung von heute sehr oft die angewandte Technik von morgen. Und mit der Quantenphysik, die ihren Pionieren niemals als etwas praktisch Nutzbares vorschwebte, erwirtschaften Technologie-Staaten mehr als ein Fünftel ihres Bruttoinlandprodukts. Aber das lässt sich weder planen, noch kann es das Ziel der Grundlagenforschung sein.

»Wissenschaft ist ein integraler Bestandteil unserer Kultur. Sie hat großen Anteil daran, wie wir über uns und unsere Stellung im Universum denken – wie alle großen Ideen der Philosophie«, sagt Lawrence M. Krauss, Theoretischer Physiker und Professor an der Arizona State University in Tempe. »Es betrübt mich, dass viele Leute einige der bemerkenswertesten Entwicklungen des menschlichen Intellekts nicht kennen. Dabei sind diese Ideen faszinierend – und so einfach zugänglich wie gute Beschreibungen der Geschichte, wie die Künste, Literatur und Musik. Sie gehören zum Menschsein. Wissenschaft ist nicht nur wegen ihrer technologischen Bedeutung wichtig, und diese ist sicherlich sehr groß, sondern auch wegen der Art und Weise, wie sie das Bild von uns selbst ändert. Und Menschen werden neuer Einsichten beraubt, wenn sie nichts von den wunderbaren wissenschaftlichen Entwicklungen wissen.«

Robert Wilson – Experimentalphysiker, Künstler und erster Direktor des Fermilab, eines der amerikanischen Spitzenforschungsinstitute der Teilchenphysik – wurde einmal von Politikern gefragt, ob das Fermilab etwas zur Verteidigung der Nation beitragen könne. »Nein«, antwortete er, »aber es trägt dazu bei, dass die Nation es wert ist, verteidigt zu werden.« Viele Grundlagenforscher sehen es ähnlich. Auch Peter Gruss, Präsident der Max-Planck-Gesellschaft, zitiert Wilson gerne. Und er betont, dass sich Wissenschaft nicht mit dem Geld die Forschungsinhalte »anweisen« lassen dürfe. »Das entspräche wohl dem Fisch, der meint, aufwärts geht's, wenn er an der Angel hängt.«

Der Kollateralnutzen der Teilchenphysik kann sich gleichwohl sehen lassen. Das gilt auch für das Forschungszentrum CERN. Die Computersysteme leisten Pionierarbeit für die Datenverarbeitung (etwa beim Grid-Computing durch die Zusammenschaltung vieler einzelner Rechner). Die Entwicklung der Magnete und Detektoren nützen anderen Einsatzzwecken und bringen der beteiligten Industrie ein gewaltiges Know-how an Präzisionsfertigungstechniken. Die Messapparaturen finden auch anderswo Verwendung (Siliziumdioden beispielsweise in Magnetresonanztomographen). Physiker haben am CERN die ersten PET-Scanner (Positronen-Emissions-Tomographie) maßgeblich mitentwickelt, die eine grandiose Methode sind, Stoffwechselvorgänge im Körper zu verfolgen, einschließlich medizinischer Diagnostik und bildgebender Verfahren für die Hirnforschung. Teilchenphysikern ist es außerdem zu verdanken, dass Spezialkliniken Protonen-Therapien anbieten können: Mit kleinen Beschleunigern werden dort die Teilchen auf Tumoren geschossen. Diese Behandlung ist sehr viel genauer platzierbar und besser dosierbar als herkömmliche Methoden. Das ist vor allem bei Krebserkrankungen im Gehirn und bei den Augen von großem Vorteil. Antiprotonen werden künftig vielleicht eine noch wirkungsvollere Hilfe sein.

Eine andere Entwicklung, von der wohl fast jeder Leser dieses Buchs unmittelbar profitiert, ist das World Wide Web – also das via Internet abrufbare System von Webseiten mit Texten, Bildern, Ton- und Filmdokumenten, die durch Hyperlinks untereinander verknüpft sind und über die Protokolle *http* und *https* übertragen werden. Es wurde am CERN entwickelt, ebenso die Programmiersprache HTML und der erste Web-Browser. Das alles wurde der Menschheit 1991 geschenkt – unter Verzicht auf jegliche Lizenzkosten oder Patentierung.

Das Quark-Gluon-Plasma – heißer als die Sonne

Ein Sekundenbruchteil nach dem Urknall herrschten überall im Universum solche extremen Verhältnisse wie im Zentrum der Neutronensterne: Dichten, Drücke und Temperaturen, die die Vorstellungskraft übersteigen und sich selbst mit theoretischen Modellen bislang nur eingeschränkt beschreiben lassen. Die Urmaterie war damals also noch nicht in Form von Protonen und Neutronen organisiert, sondern bestand aus einem wilden Gemenge von Quarks und Gluonen.

Dieses Quark-Gluon-Plasma (QGP) zu erforschen, zählt seit ein paar Jahrzehnten zu den ehrgeizigsten Zielen der Elementarteilchenphysiker. Von Plasma sprechen sie, weil das QGP aus frei beweglichen Ladungsträgern besteht. Im Gegensatz zum gewöhnlichen Plasma, wie es in der Sonne vorkommt und in zahlreichen technischen Anwendungen auf der Erde (auch in den Leuchtstoffröhren), setzt sich das QGP aber nicht aus Trägern elektromagnetischer Ladung zusammen – aus Ionen, Elektronen und Radikalen. Stattdessen wird es von den Trägern der Farbladung gebildet, und das sind eben die Quarks und Gluonen. Nach außen hin erscheint das QGP allerdings (farb)neutral. Es ist rund 1000-mal heißer und eine Milliarde Mal dichter als das heißeste elektrodynamische Plasma. Allerdings braucht man dafür auch nicht einige Dutzend bis Hundert Elektronenvolt, wie sie zur Überwindung der atomaren Bindungsenergie nötig sind, sondern rund das Zehnmillionenfache der Energie der Wasserstoff-Ionisation – etwa 170 Megaelektronenvolt, wie numerische Rechnungen auf Grundlage der Gitter-Quantenchromodynamik nahe legen.

Der einzige Weg, Quarks zu trennen (wenn auch nicht zu isolieren!), besteht nun darin, das Vakuum zwischen ihnen gleichsam zu schmelzen. Das erfordert Energien, wie sie nur kurz nach dem Urknall herrschten und heute fast nirgendwo mehr zu finden sind – außer wahrscheinlich im Inneren von Neutronensternen, die allerdings keinem Forscher zugänglich sind. Die Dichte dieser kollabierten Sternruinen ist so hoch, dass die gesamte Masse der Cheopspyramide in ein Volumen von der Größe eines Stecknadelkopfs passen würde.

Ein »Urknall« im Labor

Urknall und Neutronensterne liegen räumlich wie zeitlich weit entfernt. Um das QGP besser zu verstehen, sind Kosmologen und Astrophysiker deshalb auf ihre Kollegen von der Teilchenphysik angewiesen. Diese können zwar nicht nach den Sternen greifen und das QGP auf die Erde holen – aber immerhin dort erschaffen.

Die Grundidee: Lässt man Atomkerne mit ungeheurer Wucht aufeinanderprallen, wird so viel Energie frei, dass ein heißer Feuerball entsteht, wie er bis etwa zehn Millionstel Sekunden nach dem Urknall allgegenwärtig war. Darin sollte sich dann einige Nanosekundenbruchteile lang der exotische Zustand des QGPs ausbilden. Der Feuerball besteht aus einem Gemisch von vielen Zehntausenden von Teilchen, dehnt sich aus und kühlt dabei ab, sodass die stark wechselwirkende Materie quasi ausfriert. Im Gegensatz zum Urknall ist ein solcher Feuerball freilich begrenzt und bei niedrigeren Temperaturen erzeugt. Aber dafür entwickelt er sich auch viel schneller – um etwa 18 Größenordnungen.

»Eine fundamentale Frage in der Physik ist, was letztlich geschieht, wenn man Materie immer weiter erhitzt«, sagt Peter Braun-Munzinger von der Gesellschaft für Schwerionenforschung in Darmstadt. Darüber hatte der Physiker Rolf Hagedorn 1965 als Erster aus der Perspektive der Teilchenphysik genauer nachgedacht. Und nachdem das Quark-Modell entwickelt war, erschienen 1975 die ersten Arbeiten zum QGP. Wie seltsam sich diese heiße Materie verhält, ahnte damals noch niemand.

Feuerbälle für einen Moment

Nur mit hochempfindlichen Detektoren und Analysemethoden lassen sich aus den Feuerbällen im Labor die Spuren des QGPs erschließen. Erste Anzeichen davon meinten Forscher im Jahr 2000 nach der langwierigen Auswertung von Experimenten mit dem Super Proton Synchrotron am CERN aufgespürt haben. Die Interpretationen waren aber umstritten und die Daten nicht zuverlässig genug.

Nach zehnjähriger Bauzeit ging im selben Jahr der Relativistic Heavy Ion Collider (RHIC) am Brookhaven National Laboratory in Upton auf Long Island, New York, in Betrieb. Darin werden auf einer vier Kilometer langen Kreisbahn zwei gegenläufige Strahlen aus Gold-Atomen mithilfe von supraleitenden Magneten auf 99,9 Prozent der Lichtgeschwindigkeit beschleunigt und mit Energien von 100 Gigaelektronenvolt aufeinander geschossen. »Bei jeder Kollision entsteht ein winziger Feuerball, der 200.000-mal heißer ist als das Zentrum der Sonne«, sagt Peter Braun-Munzinger.

Pro Feuerball werden rund 7500 Quarks freigesetzt beziehungsweise erzeugt. Manche kollidieren miteinander und bilden dabei zwei kegelförmige Ströme von Sekundärteilchen. Diese Jets rasen in entgegengesetzten Richtungen davon. Die Feuerbälle währen lediglich 10^{-23} Sekunden. Doch das ist lang genug, um die Jets zu behindern. Wenn sich ein QGP im Feuerball bildet, so die Annahme, wird ein Jet stärker als der andere gebremst, weil die Jets nicht exakt im Mittelpunkt der Kollisionen entstehen, das QGP also mal dem einen und mal dem anderen Jet stärker im Weg ist.

Genau solche asymmetrischen Jets haben die Forscher am RHIC beobachtet. Das ist ein gutes Indiz für die Entstehung des QGP, zumal die Energien für diesen Phasenübergang im vorausgesagten Bereich von etwa 160 bis 175 Megaelektronenvolt pro Teilchen liegen, entsprechend einer Transitionstemperatur von einer Billion Grad.

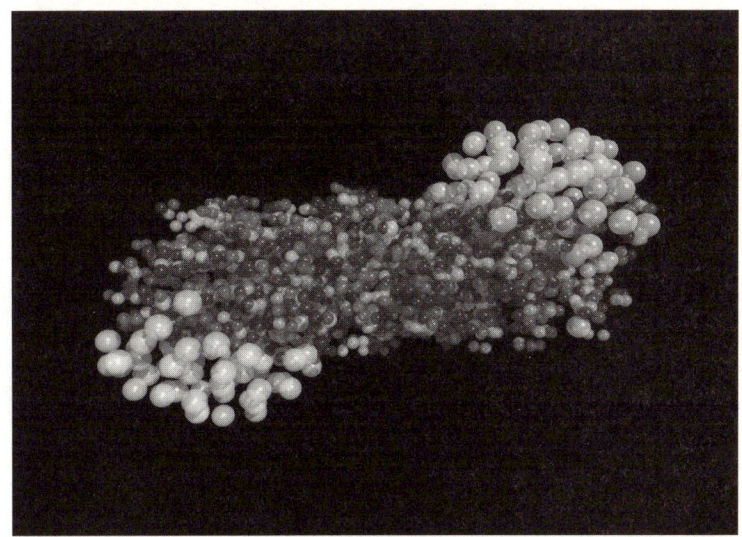

Teilchenschmelze: Bei der frontalen Kollision schwerer Atomkerne wie Blei oder Gold brechen die Protonen und Neutronen gleichsam auf, und eine Art Flüssigkeit aus Quarks und Gluonen entsteht (Bildmitte). Sie hat in den ersten Sekundenbruchteilen des Urknalls den gesamten Weltraum erfüllt.

Als der Weltraum flüssig war

»Viele Theoretische Physiker und eine große Zahl der Experimentatoren denken, dass RHIC das Quark-Gluon-Plasma nachgewiesen hat«, sagt Thomas Kirk vom Brookhaven National Laboratory. »Aber nicht alle sind davon überzeugt.« Das hat zum einen damit zu tun, dass die Indizien nur indirekt sind, weil das QGP so kurzlebig ist und die vorhergesagten Signaturen – etwa Energiedichte, Temperatur, Dynamik und die Anreicherung von strange-Quarks, die durch die Verschmelzung von Gluonen entstehen – stark von den theoretischen Modellen abhängen. »Zum anderen weichen die von RHIC gemessenen Effekte von unseren Erwartungen ab«, sagt Kirk.

Die Forscher hatten angenommen, dass die QGP-Teilchen sich wie in einem dünnen Gas verhalten und den Jets nur geringen Widerstand entgegensetzen. Das ist jedoch nicht der Fall. Die Jets wurden rund zehnmal stärker absorbiert als vorausgesagt. »Die Jet-Partikel scheinen im QGP festzustecken wie Fliegen im Honig«, veranschaulicht es Kirk. Das QGP ist den Messungen zufolge 30- bis 50-mal dichter als erwartet – ein erstaunliches Ergebnis!

Vielleicht ist der Zusammenhalt von Quarks und Gluonen im QGP also doch nicht völlig aufgehoben und es gibt noch Starke Wechselwirkungen. Manche Mesonen, die aus schweren Quarks bestehen, etwa aus dem charm-Quark, könnten sich erst auflösen, wenn sie Energien um 350 Megaelektronenvolt haben. Möglicherweise gibt es auch verschiedene gebundene Zustände im QGP, wird spekuliert. Jedenfalls waren die bisherigen Vorstellungen zu simpel – vorausgesetzt, die Physiker interpretieren die Daten richtig.

Akzeptiert man die RHIC-Ergebnisse, dann verhält sich das QGP zumindest bei Energien knapp über der Bildungsenergie nicht wie im gasförmigen Zustand, sondern eher wie im flüssigen. »Statt durcheinanderzuwirbeln wie in einem Gas, bewegen sich die Teilchen kohärent wie in einer Flüssigkeit«, sagt Edward Shuryak, Direktor des Center for Nuclear Theory an der State University of New York in Stony Brook, der die Bezeichnung »Quark-Gluon-Plasma« 1978 geprägt hat. »Tatsächlich ist das die perfekteste Flüssigkeit, die wir kennen.« Das QGP ist gewissermaßen 10- bis 20-mal flüssiger als Wasser. »Das hat uns außerordentlich überrascht«, gibt Shuryak zu. »Ließe man einen Tropfen aus ein paar Tausend Wassermolekülen explodieren, würden sie individuell davonfliegen. Aber die Teilchen im RHIC-Experiment bewegen sich völlig zusammenhängend.« Das widerspricht der Intuition. »Eigentlich sollte man erwarten, dass der Zustand bei höheren Temperaturen eher einem Gas als einer Flüssigkeit ähnelt«, sagt Ulrich Heinz vom CERN. Doch es ist gerade umgekehrt – und jetzt müssen die Theoretiker gewissermaßen die Quarksuppe auslöffeln.

Mit Computersimulationen versuchen Shuryak und viele seiner Kollegen, dieses seltsame Verhalten zu verstehen. Anscheinend hat die Natur noch ganz unbekannte Seiten. Shuryak veranschaulicht die Situation so: »Christoph Columbus hatte die korrekte Theorie, dass man von Europa nach Indien kommt, wenn man nach Westen segelt. Aber er entdeckte auf der Reise, dass es dazwischen noch etwas anderes gibt. Wir hatten die wohl korrekte Theorie, dass bei einem Anstieg der Temperatur ein einfaches Gas aus Quarks und Gluonen entsteht. Aber es zeigte sich, dass bei der Überquerung der Phasengrenze etwas Kompliziertes dazwischen liegt.«

Wie die wilde Landschaft der QGP-Physik aussieht, können die Forscher gegenwärtig nur schwer abschätzen. Es ist wie nach den Fahrten von Columbus: Der neue Kontinent wurde entdeckt und als solcher erkannt, aber damit beginnt die Exploration erst. Doch die nächsten Expeditionen sind, um im Bild zu bleiben, bereits gelandet.

ALICE im Wunderland

Der neue Schlüssel zum QGP-Wunderland heißt ALICE. Das Akronym steht für »A Large Ion Collider Experiment« und bezeichnet den 16 Meter hohen und 26 Meter langen Spezialdetektor am LHC, der eigens für die QGP-Forschung gebaut wurde. Dafür unterbricht das CERN die Proton-Proton-Kollisionen und füttert den LHC jährlich vor der Winterpause mit Blei-Atomen. Wie mit den Gold-Nuclei am RHIC werden auch am LHC mit diesen schweren Kernen kurzlebige Feuerbälle erzeugt, um die Kernbausteine aufzuschmelzen. Wobei der LHC in einem noch höheren Temperatur- und Energiebereich arbeitet und somit eine andere Stelle des physikalischen Parameterraums ausloten kann als RHIC.

Blei-208 besitzt 82 Protonen (die elektromagnetische Beschleunigung wirkt nur auf diese) sowie 126 Neutronen. Damit kann der

Living next door to ALICE: Der Spezialdetektor ALICE (A Large Ion Collider Experiment) ist 25 Meter lang, 16 Meter breit und wiegt circa 1000 Tonnen. Er analysiert vor allem die Kollisionen von Blei-Atomkernen. Dabei entsteht ein kurzlebiges Quark-Gluon-Plasma.

LHC bei 3,5 Teraelektronenvolt 82 × 2 × 3,5 = 574 Teraelektronenvolt pro Kollision entfesseln (und ab 2015 das Doppelte). Das entspricht knapp 0,1 Millijoule – bereits eine makroskopische Größe, denn mit dieser Energie kann man ein Gummibärchen immerhin einen halben Zentimeter heben.

Am 8. November 2010 kurz nach 11 Uhr herrschten am LHC erstmals stabile Bedingungen für die Kollision von Blei-Kernen. Vier Wochen später waren 20 Millionen Kollisionen im ALICE-Detektor gespeichert und zur Analyse verschickt worden. Mit einem riesigen Rechenaufwand versuchen die Physiker daraus Rückschlüsse auf die Eigenschaften des QGPs zu ziehen, das sich für einen Augenblick im Tohuwabohu jedes einzelnen Mini-Urkalls bildet. Und davon finden, wenn der LHC in Betrieb ist, bis zu 50.000 pro Sekunde statt, bei denen jeweils bis zu 60.000 geladene Teilchen entstehen. Weitere Kollisionen folgten 2011. Und 2013 wurden erstmals – schon für sich genommen eine große technische Leistung – Protonen auf Blei-Kerne geschossen, um diverse Detektoreigenschaften und physikalische Kenngrößen zu präzisieren.

Die ALICE-Ergebnisse haben bereits gezeigt, dass die perfekte Flüssigkeit auch bei höheren Temperaturen und Dichten als im RHIC entsteht. Am LHC wurde also ebenfalls die geringe Viskosität des heißen komprimierten Materiezustands nachgewiesen, der einer idealen Flüssigkeit mit vernachlässigbaren Reibungsverlusten ähnelt.

Auch den Durchmesser des Miniatur-Feuerballs konnten die Forscher inzwischen abschätzen. »Dafür nutzten wir eine Methode aus der Quantenphysik, die Astronomen in den 1950er-Jahren erfunden hatten, um die Größe von Sternen zu vermessen«, sagt Johanna Stachel, Sprecherin von ALICE und Professorin an der Universität

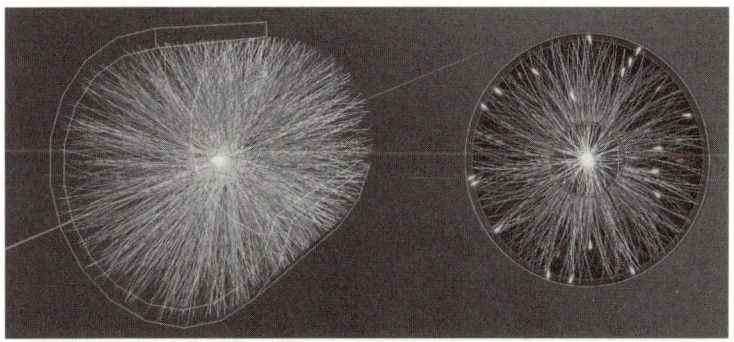

Gewaltiges Gewirr: Es ist nicht leicht, in diesem Dschungel von Teilchenspuren eine Übersicht zu gewinnen. Sie stammen von der Kollision zweier Blei-Atomkerne, die mit zusammen 2,76 Teraelektronenvolt Energie aufeinander geprallt sind und vom ALICE-Detektor hochpräzise aufgezeichnet wurden. Bei diesen Karambolagen entsteht kurzfristig ein Zustand der Materie, wie er in der ersten Milliardstel Sekunde nach dem Urknall überall im Weltraum herrschte.

Heidelberg. »Den ALICE-Messungen zufolge nimmt der Feuerball am Ende der etwa 3×10^{-23} Sekunden andauernden Expansion das rund Zehnfache des Volumens eines Blei-Kerns ein.«

Die RHIC-Daten lassen darauf schließen, dass das entstandene QGP eine Temperatur von rund vier Billionen Grad Celsius hat – das 250.000-fache des Sonnenzentrums. Nie zuvor wurde eine höhere Temperatur gemessen. ALICE hat diesen Rekord inzwischen gebrochen. »Die Energiedichte am LHC übertrifft die am RHIC um einen Faktor drei. Das entspricht einer 30-Prozent-Steigerung in der Temperatur«, sagt Despina Hatzifotiadou vom CERN.

Fazit

Mikrokosmos – Übersicht und Ausblick

› Dass Materie, Energie und Kräfte aus winzigen »Bausteinen« (Quanten) gebildet werden, zählt zu den wichtigsten Erkenntnissen der Naturwissenschaft. Als »Elementarteilchen« bezeichnet man jene Partikel, die nicht aus noch kleineren Konstituenten zusammengesetzt sind.

› Das Standardmodell der Elementarteilchen beschreibt die bekannte Materie und alle fundamentalen Kräfte der Natur außer der Gravitation. Es macht präzise Voraussagen, die in Experimenten milliardenfach bestätigt wurden.

› Die Materie besteht aus Fermionen. Sie haben einen halbzahligen Spin (innerer »Eigendrehimpuls«) und bilden zwei Klassen: die Quarks und die Leptonen. Es gibt sechs Quark-Sorten (»Flavours«), die paarweise in drei Generationen angeordnet sind. Jede Generation wird von einem elektrisch geladenen Lepton begleitet sowie von einem neutralen, nur schwach wechselwirkenden Neutrino. Jedem dieser insgesamt zwölf Partikel korrespondiert ein Pendant aus Antimaterie.

› Hadronen, die stark wechselwirkenden Teilchen, sind entweder Baryonen, die aus drei Quarks beziehungsweise Antiquarks bestehen, oder Mesonen, die von einem Quark-Antiquark-Paar gebildet werden. Für die Beschreibung der gewöhnlichen, stabilen Materie genügen die up-

Noch ist das QGP-Wunderland weitgehend unerschlossen. Gleichwohl fragen sich manche Forscher, ob ALICE künftig sogar Anzeichen für eine Physik jenseits des Quark-Gluon-Plasmas finden könnte. Brechen womöglich die Quarks selbst auseinander? Doch zunächst geht es erst einmal darum herauszufinden, wie sich das QGP in die heutige niederenergetische Welt verwandelt hat. Denn dieser Entwicklungsschritt des Universums war die entscheidende Voraussetzung für jedes einzelne Proton und Neutron im All – und somit auch für die Gehirne, die sich nun daran machen, den Stoff zu ergründen, aus dem sie selbst bestehen.

---

und down-Quarks als Konstituenten der Protonen und Neutronen und somit der Atomkerne. Bei Atomen kommen als Hülle die leichtesten geladenen Leptonen hinzu, die Elektronen. Alle anderen Fermionen sind instabil (auch freie Neutronen zerfallen von selbst).

› Die Vermittler der Starken, Schwachen und Elektromagnetischen Wechselwirkung sind Eichbosonen mit dem Spin 1: Gluonen, W- und Z-Teilchen sowie das Photon.

› Das Higgs-Boson hat den Spin 0 und ist das Quant eines Felds, durch dessen Wechselwirkung die W- und Z-Teilchen und in der Folge auch die Fermionen ihre träge Masse erhalten.

› Die Quantenchromodynamik, die Theorie der Starken Wechselwirkung, beschreibt die Kraft zwischen den Quarks. Diese sind bei geringen Abständen und hohen Energien »asymptotisch« frei, auf große Distanzen hingegen eingesperrt (»Confinement«). Daher gibt es keine isolierten Quarks. Wollte man sie trennen, entstehen aus der eingesetzten Energie neue Quark-Antiquark-Paare (»spontane Paarbildung«).

› Kurz nach dem Urknall war die Materie überall im Weltraum so heiß und dicht, dass Quarks und Gluonen eine Art Plasma aus frei beweglichen Teilchen bildeten. Es verhält sich wie eine Flüssigkeit ohne innere Reibung.

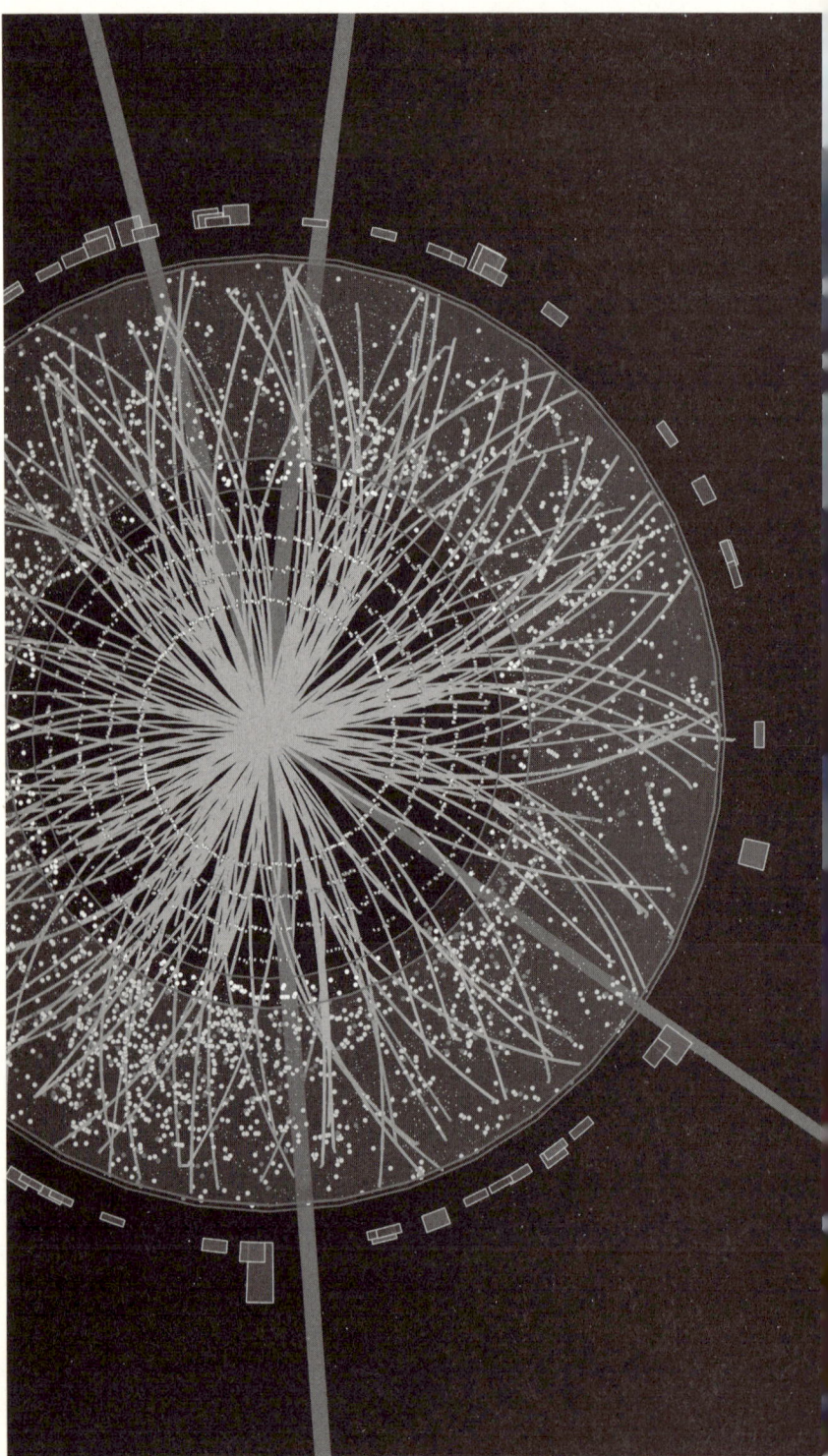

Gottesteilchen

Ein schöpferisches Feld und sein Verkünder

Das Higgs-Boson ist eine verwegene Annahme mit schwerwiegenden Folgen: Als Quant eines neuartigen Felds, das den gesamten Weltraum ausfüllt, weist es auf einen kurz nach dem Urknall angesprungenen Mechanismus hin, der Elementarteilchen ihre Masse gibt.

Signatur des Neuen: Zerfallsspur eines mutmaßlichen Higgs-Teilchens in zwei Paare von Myonen (lange Linien), gemessen im ATLAS-Detektor.

»Wissenschaft ist nicht nur ein Katalog von in Erfahrung gebrachten Tatsachen über das Universum. Es ist eine Art und Weise des Fortschritts, manchmal quälend, manchmal unsicher.«
Arthur Stanley Eddington (1882 – 1944), britischer Astrophysiker

Der große Preis

Die Nobelpreis-Ankündigung ist auch nicht mehr das, was sie einmal war. Denn die Zeiten haben sich verbessert: Dank Internet-Livestream kann die interessierte Menschheit die Bekanntgabe im kleinen, holzgetäfelten Saal der Königlich-Schwedischen Akademie der Wissenschaften im Zentrum Stockholms fast simultan verfolgen. Um 11:45 Uhr sollte es am 8. Oktober 2013 soweit sein: Der Physik-Nobelpreis stand an. Doch außer ein paar im Raum wartenden Journalisten war zunächst nichts zu sehen. Mehrfach wurde der Termin verschoben, bis es dann um 12:45 Uhr doch los ging. Zunächst sprach der Sekretär des Nobelpreis-Komitees in schwedisch. Doch die entscheidende Nachricht, die Namen der Gewinner, verstand jeder. Und es war eigentlich keine Überraschung – im Gegenteil: Physik-Experten hätten sich doch sehr gewundert, wenn in diesem Jahr eine andere Leistung ausgezeichnet worden wäre (aber angesichts einiger seltsamer früherer Preis-Entscheidungen wäre vielleicht nicht einmal das erstaunlich gewesen).

Kurzum: Der seit 2012 mit acht Millionen Schwedischen Kronen (916.000 Euro) dotierte Nobelpreis für Physik 2013 geht an François Englert von der Université Libre de Bruxelles im belgischen Brüssel und Peter W. Higgs von der University of Edinburgh in Großbritannien. Verliehen wird er »für ihre theoretische Entdeckung eines Mechanismus, der zum Verständnis des Ursprungs der Masse von

Glück im Alter: François Englert (links) und Peter Higgs trafen sich hier erstmals in ihrem Leben am 4. Juli 2012 am CERN – bei der Bekanntgabe der Entdeckung des mutmaßlichen Higgs-Teilchens. Dessen Existenz wurde von ihrer Theorie vorausgesagt, für die die beiden Wissenschaftler rund 50 Jahre später mit dem Physik-Nobelpreis 2013 ausgezeichnet wurden.

subatomaren Teilchen beiträgt, und der kürzlich bestätigt wurde mit der Entdeckung des vorausgesagten Elementarteilchens durch die Experimente ATLAS und CMS des Large Hadron Collider am CERN«, wie es in der Begründung etwas umständlich, aber durchaus sorgfältig formuliert heißt. Nach der englischen Wiederholung derselben Nachricht wurden kurz die Arbeiten von Englert mit Robert Brout – der den Preis ebenfalls erhalten hätte, wenn er nicht 2011 gestorben wäre – und von Peter Higgs vorgestellt und die enormen experimentaltechnischen Anstrengungen gewürdigt, die 2012 schließlich am CERN zum Nachweis des Teilchens führten, dessen

Existenz aus dem inzwischen als Brout-Englert-Higgs-Mechanismus bezeichneten theoretischen Modell zwingend folgt.

»Ich bin sehr glücklich«, sagte Englert in einem Telefonat mit der Schwedischen Akademie der Wissenschaften im Anschluss, das ebenfalls live übertragen wurde. Peter Higgs hingegen war nicht erreichbar – vermutlich deshalb ist die Veranstaltung um eine Stunde verschoben worden, weil er zuvor natürlich noch hätte benachrichtigt werden sollen. »Ich werde ihm gratulieren«, versprach Englert. Abends war er im Fernsehen zu sehen, wie er vom Balkon seiner Wohnung aus lächelnd den Journalisten winkte.

Nicht ausgezeichnet wurden Tom Kibble, Gerald Guralnik und Carl Hagen, die ebenfalls 1964 und unabhängig von Englert, Brout und Higgs dieselbe Idee ausgearbeitet hatten – deren Publikation aber knapp einen Monat nach der von Higgs erschien, weil sie sich Zeit gelassen hatten, die Richtigkeit ihrer Rechnungen noch einmal zu überprüfen. Das darf man als ungerecht empfinden. Traditionell werden aber maximal drei Personen mit einem Nobelpreis ausgezeichnet. Die Statuten sehen nur diese Varianten vor: eine Person, zwei Personen je zur Hälfte, drei Personen je zu einem Drittel, oder eine Person zur Hälfte und zwei jeweils zu einem Viertel.

»Vor der Wahl, die Regeln zu befolgen oder eine gleichberechtigte Entscheidung zu fällen, hielten sich die Schweden an ihre Statuten«, kommentierte Hagen nicht ohne Bitternis. Auch Tom Kibble, der Englert und Higgs ebenfalls gratulierte, freute sich darüber, dass die Schwedische Akademie der Wissenschaften die Forschungen anerkannt hat. »Meine beiden Mitarbeiter, Gerald Guralnik und Carl Richard Hagen, und ich haben zu dieser Entdeckung beigetragen. Aber unser Artikel war ohne Frage der letzte der drei Publikationen. Es ist deshalb keine Überraschung, dass die Schwedische Akademie sich nicht in der Lage dazu sah, uns einzuschließen aufgrund ihrer selbst auferlegten Regel, dass der Preis nicht unter mehr als drei Leuten geteilt werden soll«, räumte er ein.

Niemand bezweifelt allerdings, dass Englert und Higgs den Nobelpreis »wahrlich verdient« haben, wie es Sean Carrol vom California Institute of Technology ausdrückt. »Ihre Leistung ist eines der absolut beeindruckendsten Beispiele für das Verständnis, mit welcher Präzision die Natur auf einer tiefen Ebene funktioniert«, sagt der Theoretische Physiker, der 2012 ein sehr lesenswertes Buch über den Higgs-Mechanismus und alles Folgende veröffentlicht hatte, *The Particle at the End of the Universe*. »Das ist die Anerkennung eines Triumphs der Grundlagenphysik, der in den Geschichtsbüchern Jahrtausende überdauern wird«, stimmt Ben Allanach zu, ein Theoretischer Physiker an der Cambridge University. »Ich bin begeistert über diesen Preis, und sowohl Englert als auch Higgs haben ihn sehr verdient. Man kann die Bedeutung der Entdeckung gar nicht überbetonen.«

Spekulationen, neben Englert und Higgs könnte das CERN der Dritte im Bunde sein, gab es zwar auch. Doch sie waren eigentlich müßig. Denn Institutionen sind für Wissenschaftsnobelpreise nicht vorgesehen. Obwohl manche dachten, Forscher wie Laien, dass das Nobelpreis-Komitee vielleicht die Statuten ändern würde – und viele das auch für erforderlich halten angesichts der immer größeren Teams in der Grundlagenforschung. Zumindest in einigen Bereichen ist die Zeit des »einsamen Genies« in der Wissenschaft vorbei. Man könnte daher natürlich auch pars pro toto einer Person den Preis verleihen – doch wem? In diesem Fall CERN-Generaldirektor Rolf-Dieter Heuer? Oder einem der Hauptverantwortlichen beim Bau des Large Hadron Colliders, etwa dem Projektmanager Lyndon Evans? Oder den – aktuellen oder aber bei der Entdeckung des Teilchens amtierenden – Sprechern der Detektoren ATLAS und CMS, mit denen das Higgs-Boson schließlich nachgewiesen wurde?

»Keiner von uns arbeitet für den Preis, sondern aus Neugier und innerem Antrieb«, betonte Thomas Naumann vom Forschungszentrum DESY in Zeuthen, der zum ATLAS-Team gehört. »Ein lustiger

Vorschlag war, dem Teilchen selbst den Preis zu verliehen, als Dank dafür, dass es uns allen Masse verleiht.«

Am CERN war die Freude über den Nobelpreis jedenfalls groß – die Rolle des Forschungszentrums wurde in der Begründung, in allen Reden und Schriften ja auch ausführlich gewürdigt, ebenso im Echo der Presse. »Es ist ein großer Tag für die Teilchenphysik, sowohl für die Theorie als auch für die Experimente«, sprach CERN-Generaldirektor Rolf-Dieter Heuer zu ein paar hundert Kollegen, die sich in der Eingangshalle des CERN-Gebäudes 40 versammelt hatten (wo viele ATLAS- und CMS-Forscher wie auch Heuer ihre Büros haben), um live die Nobelpreis-Bekanntmachung über den Webstream zu hören. Applaus brandete auf, und Heuer ermunterte alle, auch sich selbst zu applaudieren, denn »wir sollten alle stolz sein auf diese Leistung«. Mit mehreren Wissenschaftlern hielt Heuer dann kurze Zeit später, um 14 Uhr, auch eine Pressekonferenz ab.

Hinter vorgehaltener Hand war bei manchen Forschern gleichwohl eine Spur Enttäuschung zu vernehmen. Schließlich hätten ohne die LHC-Entdeckung des Bosons Englert und Higgs den Preis schwerlich erhalten, so die Überzeugung. Aber das alles ist »soziales Rauschen«, und um Preise sollte es in der Forschung ohnehin nicht gehen. (Außerdem können die LHC-Spitzenleistungen ja auch künftig noch bedacht werden, und einige andere renommierte Preise haben sie bereits eingeheimst.)

Peter Higgs ist in dieser Hinsicht auch menschlich-moralisch ein Vorbild. Bescheiden, fast scheu, war ihm der bereits vor ein paar Jahren einsetzende Rummel um seine Person nie recht geheuer. Selbst der Trubel unter den Physikern, als er im April 2008 das CERN besucht hatte, um die LHC-Detektoren anzuschauen, war ihm fremd. (Er musste sogar einige der unter Tage obligatorisch zu tragenden Plastikhelme signieren, die kurz darauf von den Autogrammjägern versteigert wurden.) Auch das gesellschaftliche Prestige-Traritrara meidet er. So lehnte er den britischen »Ritterschlag« ab, weil er nicht »diese Art von Titel« wollte.

Nobelpreis-Freude: Im Anschluss an die Nachricht aus Stockholm hielt Generaldirektor Rolf-Dieter Heuer eine kurze Ansprache am CERN.

Peter Higgs, der weder Handy noch Computer und E-Mail benutzt (und nur ans Telefon geht, wenn er weiß, wer anruft), hatte sich nicht zufällig am 8. Oktober zurückgezogen. Er sei gesundheitlich angeschlagen und mache Urlaub, hieß es über den längst emeritierten Professor (der aber immer noch Vorlesungen hält). »Er gab nicht einmal mir Bescheid«, sagte sein enger Freund Alan Walker, ebenfalls Physiker an der Edinburgh University, nach der noblen Bekanntgabe, als er mit seinen Kollegen die Preisverleihung verfolgte und am Institut feierte. »Er ist nicht erreichbar, und das ist gut für ihn.«

Tatsächlich weilte Higgs in einem kleinen Pub in Leith nördlich von Edinburgh. Dort genoss er eine Suppe, Fisch und ein Pint Bier. Von dem Preis erfuhr er erst, als ihm ein Nachbar nach seiner Rückkehr in Edinburghs New Town gratulierte, wo er ein Appartement bewohnt.

Am 11. Oktober sprach Higgs dann kurz auf einer Pressekonferenz der Edinburgh University. Er erzählte, ein schwedischer Freund und Physiker habe ihm schon 1980 gesagt, dass er für den Nobelpreis vorgesehen sei. Aber Higgs glaubte nicht, dass er den Nachweis des Bosons noch erleben würde. Erst als der LHC in Betrieb ging, sah er eine Chance; und nach der Spezifikation der Eigenschaften des entdeckten Bosons im Frühjahr 2013 sei es für den Preis wohl nur noch eine Frage der Zeit gewesen.

In einem Statement, das seine Universität später veröffentlichte, sagte Higgs, er sei »überwältigt«, den Preis zu erhalten und gratulierte allen, die zu der Entdeckung beigetragen hätten. Und er fügte hinzu: »Ich hoffe, diese Anerkennung der Grundlagenforschung hilft dabei, das Bewusstsein zu steigern, welchen Wert wissenschaftliche Untersuchungen ins Blaue hinein haben« (»raise awareness of the value of blue-sky research«).

Der Higgs-Mechanismus

Aus einer solchen scheinbar zweckfreien, das heißt als Selbstzweck aus Neugierde erfolgten »himmelblauen« Forschung heraus war Peter Higgs auch auf die mögliche Existenz des inzwischen nach ihm benannten Bosons gestoßen. Es ist der letzte Baustein im Standardmodell der Materie – das Quant des Higgs-Felds. Elementarteilchen, die mit diesem Feld wechselwirken, erhalten dabei ihre Ruhemasse. Teilchen, die das nicht tun – wie die Photonen –, bleiben masselos und somit lichtschnell.

In den modernen Quantenfeldtheorien spielen Symmetrien und spontane Symmetriebrechungen eine entscheidende Rolle. Symmetrische Zustände sind einfach, aber oft instabil. Dies trifft auch für das Higgs-Feld zu. Mathematisch lässt sich sein Potenzial ähnlich beschreiben wie die Form eines Sombrero-Huts.

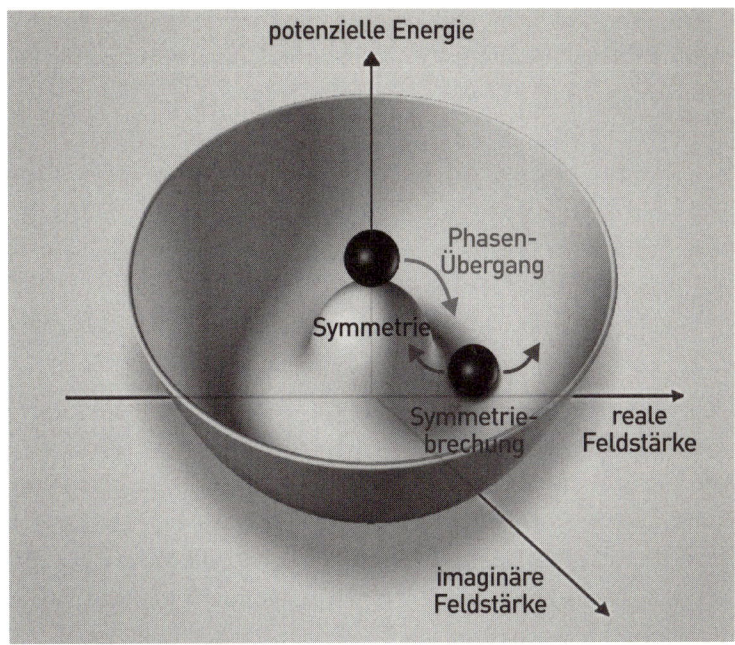

potenzielle Energie

Phasen-
Übergang

Symmetrie

Symmetrie-
brechung

reale
Feldstärke

imaginäre
Feldstärke

Sombrero und Symmetriebrechung: Das Higgs-Potenzial, die Aktivierung des Higgs-Mechanismus und der Grund des Higgs-Teilchens. Näheres im Text.

Kurz nach dem Urknall hatte das Feld, das den ganzen Weltraum durchzieht, einen symmetrischen Zustand. Das kann man mit einer Kugel veranschaulichen, die auf dem »Gipfel« (lokales Maximum) des Higgs-Potenzials ruht, sodass alle Richtungen gleichberechtigt sind. Als sich das All abkühlte, spaltete sich die Elektroschwache Kraft auf in die beiden seither getrennten Kräfte des Elektromagnetismus und der Schwachen Wechselwirkung. Zuvor waren alle Elementarteilchen masselos. Doch von nun an konnten viele Teilchen-Arten mit dem Higgs-Feld interagieren und erhielten dabei ihre Masse. Dieser Phasenübergang lässt sich durch das Hinabrollen der Kugel in die energieärmere Rinne an irgendeiner Stelle des Potenzials beschreiben (Symmetriebrechung). Wird das Feld dann angeregt, schwingt die Kugel dort hin und her. Diese Oszillationen entsprechen dem massereichen Higgs-Boson.

Dieses Teilchen ist also nicht selbst der »Masse-Lieferant«, sondern lediglich eine kurzlebige Begleiterscheinung des Felds bei energiereicher Anregung. Trotzdem wäre sein Nachweis von riesiger Bedeutung, würde er doch bestätigen, dass die Vorstellung vom Higgs-Mechanismus korrekt ist.

Die Entdeckung des Higgs-Teilchens als Selbstzweck ist also gar nicht so wichtig. Viel wichtiger ist, dass sein Nachweis die Existenz des Higgs-Felds impliziert, aus dem es entsteht, sowie des Higgs-Mechanismus. Gemäß der Quantenfeldtheorien sind Teilchen keine eigenständige Entitäten, sondern lediglich Schwingungen oder Vibrationen oder Energiekonzentrationen in einem Feld – eine sehr abstrakte und mit dem Alltagsverständnis schwer zu vereinbarende Vorstellung. Elementarteilchen sind also nicht einfach winzige harte Kügelchen, die wie in einem mikroskopischen Billard-Spiel herumflitzen oder -liegen und wie Bauklötze die Formenvielfalt der sicht- und fühlbaren Welt ergeben. So sind beispielsweise Elektronen die Vibrationen des elektromagnetischen Felds, und deshalb haben sie alle dieselbe Masse und Ladung – aber sie können wie ihre Antimaterie-Geschwister, die Positronen, aus diesem Feld auch entstehen und sich wechselseitig wieder vernichten, das heißt zerstrahlen.

Weil das Higgs-Feld den gesamten Raum durchsetzt – überall auf dieselbe Weise, das heißt gleich »stark« und ohne eine bevorzugte Richtung – und mit bestimmten (aber nicht allen!) Elementarteilchen wechselwirkt, gewinnen diese dabei ihre Masse. Ohne diesen Higgs-Mechanismus wären also beispielsweise Elektronen masselos und somit lichtschnell wie Photonen (die nicht mit dem Higgs-Feld wechselwirken). Hätten die Elektronen keine Masse, könnten Atome nicht existieren (oder nur Atome gleichsam so groß wie das ganze Universum). Somit gäbe es auch keine Moleküle, keine Chemie und kein Leben.

Trotzdem stammt die Masse der makroskopischen Materie ringsum – der Sterne, Stachelbeeren und Stubenhocker zum Beispiel – einschließlich der des menschlichen Gehirns zum größten Teil nicht (!) vom Higgs-Mechanismus. Sie steckt in den Protonen und Neutronen, die wiederum aus je drei Quarks bestehen. Diese Quarks verdanken ihre Ruhemasse zwar auch der Wechselwirkung mit dem Higgs-Feld. Aber ihre Ruhemasse liegt bei weniger als fünf Prozent der Masse eines Protons oder Neutrons. Das zeigt schon eine einfache Rechnung: Die Masse eines up-Quarks beträgt 2,3 Megaelektronenvolt, die eines down-Quarks das Doppelte; das ergibt in der Summe knapp zehn Megaelektronenvolt für ein up-up-down-Trio, das die Valenzquarks eines Protons ausmacht – doch die Protonenmasse liegt mit 938 Megaelektronenvolt beim Hundertfachen. Die Hauptmasse der Baryonen stammt aus der Bindungsenergie zwischen den Quarks und den Gluonen (die masselos sind und die Starke Kernkraft vermitteln), einschließlich der virtuellen Quarks. Die Interaktion der Quarks und Gluonen wäre selbst ohne das Higgs-Feld vorhanden. Es könnte also auch dann Protonen und Neutronen geben, obwohl ihre Eigenschaften ganz andere wären.

Das Higgs-Feld erklärt somit letztlich auch nicht die schwere Masse und, mithin, die Schwerkraft im Universum. Tatsächlich kommt die Gravitation im Standardmodell der Elementarteilchen überhaupt nicht vor. (Daher ist dieses keine vollständige Beschreibung des Universums; und wie die Allgemeine Relativitätstheorie, die Standardtheorie der Schwerkraft, mit den Quantenfeldtheorien verknüpft werden kann – zu einer Theorie der Quantengravitation – ist noch weitgehend unklar und eine der größten offenen Fragen der Theoretischen Physik.)

Es gibt auch keine Möglichkeit, das Higgs-Feld irgendwie zu kontrollieren oder zu manipulieren – beispielsweise, um die Schwerkraft »auszuschalten«. Eine Antigrav-Technik ist eine faszinierende Vorstellung, nicht nur für Science-Fiction-Leser, aber sie kann nichts mit dem Higgs-Mechanismus zu tun haben.

»Es würde Energie kosten, um die Stärke des Higgs-Felds in einer Region im Raum zu verändern, und Energie hängt gemäß Einsteins berühmter Formel $E = mc^2$ mit Masse zusammen. Würde man das Higgs-Feld in einem Raumbereich von der Größe eines Golfballs ausschalten wollen, wäre eine Energie nötig, die mehr als der Masse der Erde entspräche und zur sofortigen Entstehung eines Schwarzen Lochs führen würde«, bringt der Physiker Sean Carroll die Problematik auf den singulären Punkt.

Eine praktische Anwendung aus der Higgs-Entdeckung ist also weder ersichtlich, noch war sie geplant. Das Higgs-Boson verrät nicht, wie sich die Welt manipulieren lässt, sondern wie sie funktioniert.

Gerücht um Margaret Thatcher

Sich das Higgs-Feld richtig vorzustellen, ist eigentlich nicht möglich. Trotzdem möchte man auch ohne schwierige Gleichungen eine Ahnung davon haben. Wie die äußerst abstrakte Idee des Higgs-Mechanismus anschaulich gemacht werden könnte, fragte sich 1993 auch der britische Wissenschaftsminister William Waldegrave, kurz nachdem John Major Margaret Thatcher als Ministerpräsident ablöste und Budget-Einschnitte drohten. Da war auch die Bewilligung der Mittel für eine Beteiligung am LHC gefährdet. Waldegrave – dessen Wahlkreis Bristol West war, wo einst Peter Higgs aufwuchs und zur Schule ging – bat kurzerhand Physiker um Hilfe, um seine Kollegen im Parlament zu überzeugen: Man möge bitte kompakt erklären, auf höchstens einer Seite, worum es beim Higgs-Feld und -Boson eigentlich geht.

Frank Close, Physik-Professor an der Oxford University, schrieb Waldegrave einen Brief. Darin erinnerte er an Richard Feynman, der einmal gebeten worden war, seine Forschungen in 30 Sekunden zu erklären, und daraufhin antwortete, dass er, wenn dies so einfach möglich wäre, dafür seinen Physik-Nobelpreis nicht verdient hätte. »Darf ich Sie vor eine ähnliche Herausforderung stellen und um eine entsprechend kurze Erklärung des Vertrags von Maastricht zur Europäischen Union bitten?«, fragte Close außerdem noch listig zurück und legte seinen Higgs-Erklärungsversuch bei.

Das Rennen machte dann ein anderer: David Miller, inzwischen emeritierter Physik-Professor am University College in London. Er hatte kurioserweise Anfang der 1960er-Jahre bei Higgs sogar ein Mathematik-Seminar besucht und nicht viel verstanden. (»Er konnte mir nichts beibringen. Aber das war ein Glück, denn so wandte ich mich der Experimentalphysik zu.«) Millers Veranschaulichung wird noch heute gern benutzt. Auch Rolf-Dieter Heuer tat dies auf der CERN-Pressekonferenz am 4. Juli 2012.

Miller holte die Politiker bei ihrer eigenen Vorstellungskraft ab: Angenommen, ein Saal ist gleichmäßig gefüllt mit den Unterstützern von Margaret Thatcher. Betritt sie den Raum, drängen sich ihre Gefolgsleute sofort um sie. In dieser Analogie entsprechen die homogen verteilten Parteifreunde dem Higgs-Feld. Bewegt sich ein Teilchen – wie Thatcher – hindurch, gewinnt es infolge der Interaktion mit dem Feld an Masse beziehungsweise Trägheit. Das ist der Higgs-Mechanismus. Würde ein Saalordner, den keiner kennt, durch den Raum eilen, käme er ungehindert durch die Menge. Wie ein lichtschnelles Photon hätte er keine Masse. Wird nun ein Gerücht in den Saal gerufen, scharen sich überall Parteigänger zusammen und diskutieren die Neuigkeit, dann lösen sich die Grüppchen wieder auf und andere bilden sich. In dieser Analogie entspricht den Grüppchen das Higgs-Boson, also das Quant des angeregten Higgs-Felds. (Inzwischen ist Frau Thatcher tot und Millers Story wird in der Regel in einer anderer Version erzählt: mit Albert Einstein und einer Kaffeepause während einer Physik-Konferenz – der Effekt wäre sicherlich derselbe.)

Tatsächlich hatte das britische Parlament die LHC-Förderung schließlich bewilligt.

Party für Higgs: Um den Higgs-Mechanismus verständlich zu machen, wird das Higgs-Feld gern mit einer Gruppe von Menschen verglichen, die sich um eine berühmte Person schart (Masse-Erzeugung) – oder sich selbst verdichtet (Higgs-Boson), wenn ein Gerücht die Runde macht. Näheres im Text.

Schneeflocken und Honig

Andere Metaphern versuchen das Feld mit Wasser oder Honig zu veranschaulichen, das den Raum ausfüllt: Je stärker ein Teilchen darin abgebremst wird, desto mehr Masse gewinnt es. Und der frühere Leiter der Theorie-Abteilung am CERN, John Ellis, hat das Higgs-Feld mit einer Schneelandschaft verglichen: Lichtschnelle Partikel flitzen wie Skifahrer ungehindert über die Schneefläche hinweg, während langsamere, massereiche Teilchen in den Schnee einsinken wie Wanderer; Higgs-Bosonen wären dann einzelne Schneekristalle, die für einen Moment aufblitzen. Der CERN-Generaldirektor Rolf-Dieter Heuer hat diese Metapher einmal aufgegriffen, um die besondere Herausforderung des Higgs-Nachweises zu veranschaulichen: »Das ist, als wolle man die Form einer Schneeflocke in einem Schneesturm vor dem Hintergrund eines riesigen Schneefelds bestimmen.«

So anschaulich diese Analogien auch sein mögen, wie jeder Vergleich hinken sie. Denn Wasser, Honig, Schnee sind keine Felder, schon gar keine skalaren; sie werden verdrängt, sie lassen sich konzentrieren oder verdünnen, sie lagern sich um einen Körper und sie haben bereits eine Masse – das alles trifft für das Higgs-Feld nicht zu. Auch besteht dieses nicht aus Higgs-Teilchen (während Wasser, Schnee und Honig aus Molekülen zusammengesetzt sind), sondern diese existieren nur »virtuell« beziehungsweise kurzfristig dort, wo sehr viel Energie in das Feld gejagt wird. Zudem bremst das Higgs-Feld Teilchen nicht ab; und es ist für alle physikalischen Bezugssysteme gleich – genauer: »invariant« im präzisen Sinn der Speziellen Relativitätstheorie –, was für Honig-, Wasser-, oder Schneemassen keineswegs gilt. Sich das Higgs-Feld gleichermaßen korrekt und anschaulich vorzustellen, ist also eigentlich nicht möglich. Die Theorie dahinter ist sehr abstrakt und letztlich nur mathematisch zu verstehen.

Das gottverdammte Teilchen

Populäre Medien bezeichnen das Higgs-Boson oft recht pathetisch als »Gottesteilchen«. Das Wort geht auf Leon Lederman zurück, einem der Entdecker des Myon-Neutrinos (und des bottom-Quarks), wofür er 1988 den Physik-Nobelpreis erhalten hat. *The God Particle* heißt der Titel seines populärwissenschaftlichen Buchs, das er 1993 mit dem Journalisten Dick Teresi veröffentlichte. Allerdings hatte Lederman das Higgs-Boson meist »goddamn particle« genannt, gottverdammtes Teilchen, weil sein Nachweis so schwierig ist. Religiöse Ansichten wollte er damit nicht zum Ausdruck bringen. Sein Verlag fand das Wort »Gottesteilchen« freilich viel verkaufsträchtiger und änderte Ledermans Buchtitel-Vorschlag entsprechend. Seither ist das Wort unter Journalisten und Laien bekannt und gebräuchlich (und hat es daher zugestandenermaßen auch bis in den Titel dieses Buchs geschafft); unter Physikern wird es wegen seiner abwegigen Assoziationen aber sehr ungern gehört.

»Das Boson ist so zentral für den Zustand der Physik heute, so entscheidend für unser finales Verständnis der Materie, und doch so schwer zu fassen, dass ich ihm einen Spitznamen gegeben habe: das Gottesteilchen«, schreibt Lederman. »Der Verleger hätte es uns nicht erlaubt, es das Gottverdammte Teilchen zu nennen, obwohl das ein passender Titel gewesen wäre, wenn man seine schurkische Natur betrachtet und die Kosten, die es verursacht.«

In einer Neuauflage seines Buchs aus dem Jahr 2006 geht Lederman in einem Vorwort noch einmal auf den einprägsamen Titel ein: »Was den Titel betrifft, *The God Particle*, hat sich mein Koautor Dick Teresi einverstanden erklärt, die Schuld auf sich zu nehmen (ich zahlte ihn dafür aus). Ich habe die Bezeichnung einmal als Witz in einer Rede gebraucht, und er hat sich daran erinnert und das als Arbeitstitel des Buchs eingesetzt. ›Keine Sorge‹, sagte er, ›ein Verleger nimmt niemals den Arbeitstitel als Titel des fertigen Buchs.‹ Der Rest ist Geschichte.« Und nicht ohne eine schelmische Freude fügte Lederman hinzu: »Der Titel führte schließlich dazu, zwei Gruppen zu beleidigen: 1) die, die an Gott glauben, und 2) jene, die es nicht tun. Freundlich aufgenommen wurden wir von denen dazwischen.«

Das Wort »Gottesteilchen« ist tatsächlich sehr irreführend. Es hat auch Theologen geärgert, während andere froh sind, dass zumindest auf diese ja durchaus positive interessierte Weise überhaupt noch von »Gott« gesprochen wird. Fest steht: Falls Gott die Welt geschaffen hätte, wären ja alle Partikel gleichsam »Gottesteilchen« – und besonders dann, wenn er bei der Schöpfung selbst zerstoben wäre und das Universum aus seinen Splittern besteht, wie es manche religiöse und philosophische Vorstellungen erwogen haben. Ansonsten hat das Teilchen mit Schöpfungsmythen aber nichts zu tun. Es erschafft ja nicht einmal die Masse (das bewirkt das Higgs-Feld, nicht das Higgs-Boson).

Peter Higgs wehrt sich gegen das Wort genauso wie die meisten seiner Kollegen. Zum einen ist er Atheist, wie viele hochkarätige Physiker, zum anderen fürchtet er, dass »Gottesteilchen« religiöse Menschen in ihren Gefühlen verletzen könnte.

Langwierige Suche, Irrtümer eingeschlossen

Dass das Higgs-Teilchen eine geradezu »göttliche« Popularität erlangen sollte, war über viele Jahre hinweg nicht abzusehen. Schon deshalb, weil lange unklar blieb, ob sich das Boson technisch überhaupt nachweisen lässt. Wie und dass dies möglich sein könnte, wurde erst richtig deutlich mit einer Studie aus dem Jahr 1976. Damals beschrieben John Ellis, Mary Gaillard und Dimitri Nanopoulos vom CERN *A phenomenological profile of the Higgs boson*, so der Titel Ihrer Arbeit, die im Band 106 der Zeitschrift *Nuclear Physics B* publiziert wurde – also eine Art Profil der Entstehung und Signatur von Higgs-Teilchen. Insbesondere den Zerfall von Z-Bosonen hatten die Forscher im Visier. Sie empfahlen aber keine direkten Suchprogramme, sondern wollten ihre Kollegen aus der Experimentalphysik zunächst lediglich darauf sensibilisieren, damit sie solche hypothetischen Signale in ihren Daten nicht übersahen. Mit der wachsenden Leistungsfähigkeit der Teilchenbeschleuniger und ersten spekulativen Abschätzungen der Higgs-Masse wurde dann aber immer klarer, dass es vielleicht doch eine realistische Chance für einen Higgs-Nachweis gab.

Und so hatte die Suche nach dem Higgs-Teilchen in den 1980er-Jahren zaghaft begonnen. Da sich aus dem Standardmodell der Elementarteilchen nicht errechnen lässt, welche Masse das Higgs-Boson besitzt, war es aber lang unklar, wo man fündig werden könnte – wenn überhaupt. Und »falscher Alarm« bei unzureichenden Daten beziehungsweise mangelnder Statistik wurde mehr als einmal gegeben. Ein Kandidat beim Neunfachen der Protonenmasse tauchte beispielsweise im Teilchenbeschleuniger DESY bei Hamburg auf, war aber nach weiteren Untersuchungen nicht zu halten. Schon damals vermuteten die meisten Experten, dass die Higgs-Masse mindestens zehnmal größer sein muss.

Immer leistungsfähigere Teilchenbeschleuniger wurden daher geplant. 1983 ging das Tevatron am Fermilab in Batavia bei Chicago in Betrieb und wurde sukzessive aufgerüstet. Im Juli 1989 folgte der Large Electron Positron Collider (LEP) am CERN. Er war der stärkste Beschleuniger von Leptonen, der jemals gebaut wurde. Hier kollidierten Elektronen und Positronen mit zunächst 45 und später bis zu 209 Gigaelektronenvolt – die schnellsten jemals künstlich beschleunigten Partikel. 1991 wurde der Bau des Superconducting Super Collider (SSC) im texanischen Waxahachie südlich von Dallas begonnen – jedoch 1993 vom US-amerikanischen Kongress gestoppt, nachdem sich seine Kosten auf mehr als elf Milliarden Dollar verdoppelt hatten. Er sollte einen Umfang von 87 Kilometer haben und eine gigantische Kollisionsenergie von 40 Teraelektronenvolt erreichen, womit er noch ein 1000 Gigaelektronenvolt schweres Higgs-Boson hätte nachweisen können.

Bereits kurz nach der Entdeckung des top-Quarks 1994/95 am Tevatron gab es erste zuverlässige Abschätzungen der Higgs-Masse. Denn sie wird im Standardmodell besonders von den Massen der W-Bosonen und des top-Quarks eingeschränkt. So prognostizierte 1995 John Ellis vom CERN mit zwei Kollegen eine Higgs-Masse von

76 Gigaelektronenvolt mit einer Unsicherheit von plus 152 und minus 50; Colin Froggatt von der Glasgow University und Holger B. Nielsen vom Niels-Bohr-Institut in Kopenhagen kamen im selben Jahr auf eine Masse von 135 plus/minus 9 Gigaelektronenvolt.

Diese Prognosen passten gut zu dem Signal bei knapp 115 Gigaelektronenvolt, das zwei der vier LEP-Detektoren im September 2000 gemessen hatten. Kurz zuvor, während der letzten Monate der LEP-Laufzeit, war die Energie der Teilchenkollisionen über die Konstruktionsgrenzen der Maschine hinausgetrieben worden, bei über 200 Gigaelektronenvolt, um den LEP regelrecht auszureizen. Luciano Maiani, der damalige CERN-Generaldirektor, genehmigte eine Laufzeitverlängerung von sechs Wochen. Die Hinweise verdichteten sich jedoch nicht, obwohl das damals nicht alle so sahen und es heftige Diskussionen gab, ob der LEP nicht doch noch ein Jahr länger laufen sollte – wie peinlich oder tragisch wäre es gewesen, wenn man die Entdeckung knapp verpasst (und dem in den USA laufenden Tevatron-Beschleuniger überlassen) hätte, Nobelpreis-Chancen eingeschlossen. Doch Maiani und der CERN-Rat mussten eine Entscheidung treffen – und im Nachhinein betrachtet war es die richtige. Immerhin galten seither 114 Gigaelektronenvolt als Untergrenze der Higgs-Masse. Es gab hitzige Diskussionen um eine weitere Verlängerung; aber Maiani beschloss, den LEP am 2. November planmäßig abzuschalten, um den Weg frei zu machen für den Bau des LHC im selben Tunnel.

Der LHC war es auch, der bis Ende 2011 die ersten vagen Indizien aufspürte – viel zu unsicher jedoch, um mehr als ein Hoffnungsschimmer zu sein. Dennoch war CERN-Generaldirektor Rolf-Dieter Heuer bereits Anfang 2011 zuversichtlich (etwa auf der Frühjahrstagung der Deutschen Physikalischen Gesellschaft Ende März in Karlsruhe), dass das Jahr 2012 eine Entscheidung bringen würde. Dann sollte der LHC nämlich genug Daten gesammelt haben, um eine zuverlässige statistische Auswertung zu ermöglichen. Tatsächlich ging es sogar schneller, als Heuer erwartet hatte.

Vier Jahrzehnte im Schnelldurchlauf

Teilchenbeschleuniger kann man nicht anschalten und hat auf Knopfdruck eine Entdeckung. Vielmehr sind langwierige Analysen der Daten nötig – und zunächst der Zuverlässigkeit der Detektoren selbst. Das klappte beim LHC auf Anhieb hervorragend.

In den Jahren 2010 und 2011 haben die riesigen Detektoren fast 10^{15} Teilchen-Kollisionen aufgezeichnet. »Die Daten sind sehr robust und stimmen mit den Voraussagen des Standardmodells der Elementarteilchen äußerst gut überein«, freute sich Thomas Müller vom Karlsruher Institut für Technologie, ein führender Kopf im CMS-Team. Er ist auch Physik-Professor am Institut für Experimentelle Kernphysik der Universität Karlsruhe. »Der LHC hat bereits das gesamte Standardmodell bestätigt und präzise vermessen.« Mit anderen Worten: Ein Großteil der Elementarteilchenphysik der vergangenen vier Jahrzehnte wurde am LHC quasi im Schnelldurchlauf nachvollzogen.

Eine erste Glanzleistung des LHC war die Erzeugung und Charakterisierung des top-Quarks. Dieses kurzlebige schwerste Quark, das 1995 am Teilchenbeschleuniger Tevatron des Fermilab entdeckt wurde – auch Müller war daran beteiligt –, hat der LHC erstmals außerhalb der USA produziert und seine Eigenschaften inzwischen gut vermessen. »2011 hatten wir bereits mehr top-Quarks erzeugt als am Tevatron«, sagt Müller.

Das Tevatron war bis zum 30. November 2010 der Energie-Rekordhalter der Teilchenphysiker. Dann wurde seine Kollisionsenergie von zuletzt 0,98 Teraelektronenvolt vom LHC übertrumpft. Am 30. September 2011 wurde das Tevatron nach 28 erfolgreichen Betriebsjahren abgeschaltet, da der LHC nun wesentlich effektiver ist. Damit hatte es das »Rennen« um die Higgs-Entdeckung verloren. Und Europa übernahm die Führungsposition in der Teilchenphysik – wobei freilich auch viele US-Forscher am LHC beteiligt sind.

Exkurs

Neue schwere Teilchen entdeckt

Der LHC und seine Experimente liefen so gut an, dass die ersten Entdeckungen nicht lange auf sich warten ließen.

Den allerersten Fund veröffentlichte das ATLAS-Team am 21. Dezember 2011: Es war den Forschern gelungen, ein neues Quarkonium nachzuweisen, also ein angeregter, extrem kurzlebiger Zustand von Quarks. Konkret handelte es sich um ein Bottomonium $\chi_b(3P)$ aus einem bottom-Quark- und -Antiquark-Paar (daher der Name). Seine Existenz war keine Überraschung, sondern vom Standardmodell vorausgesagt worden. Es zerfällt in ein Photon und in einen leichteren Bottomonium-Zustand, $\chi_b(1P)$ oder $\chi_b(2P)$, der sich wiederum in zwei Myonen umwandelt. $\chi_b(3P)$ hat eine Masse von 10,54 Gigaelektronenvolt, wiegt also etwa das Zehnfache eines Protons. Der Wert ist höher als erwartet und könnte darauf hindeuten, dass die Quarks etwas leichter gebunden sind als angenommen. Im April 2012 hat das Team des DØ-Detektors des Tevatron die ATLAS-Entdeckung bestätigt.

Den zweiten Fund gab das CMS-Team am 27. April 2012 bekannt: ein neues Baryon namens Ξ_b^{*0} (der griechische Buchstabe Ξ wird »ksi« ausgesprochen). Es besteht aus je einem up-, strange- und bottom-Quark und könnte daher auch USB-Partikel genannt werden. Es ist neutral (deshalb die 0 in seinem Namen, das b steht für »bottom«) und angeregt (deshalb das Sternchen). Das Teilchen hat einen Spin von 3/2 und gehört somit zu den Fermionen. Seine Masse beträgt 5945,0 plus/minus 2,8 Megaelektronenvolt. Das entspricht fast der Masse von sechs Protonen. Auch die Existenz von Ξ_b^{*0} war im Rahmen des Standardmodells vorausgesagt worden – keine neue Physik also, aber ein weiterer kleiner Triumph der etablierten Wissenschaft. Die Erzeugung und Detektion des Ξ_b^{*0} gelang in statistisch ausreichender Menge nicht früher, weil es äußerst schnell zerfällt, der Nachweis also diffizil ist, und weil die strange- und bottom-Quarks sehr schwer sind. Das Ξ_b^{*0} zerfällt in sein negatives Pendant und ein positiv geladenes Pion; beide zerfallen weiter, unter anderem in ein J/Psi-Meson und in Lambda-Baryonen. Am Ende der Kette stehen ein Proton, drei Pionen und zwei Myonen.

Kontrolle und Statistik

Einen Teilchenbeschleuniger kann man nicht einfach einschalten, um auf Knopfdruck ein Ergebnis zu bekommen. Die Hochenergie-Teilchenphysik ist eine mühselige und langwierige Angelegenheit. Nicht nur müssen die Teilchenströme genau justiert und die Detektoren geeicht sowie getestet und – mithilfe aufwendiger Computersimulationen – verstanden, aber auch immer wieder gewartet und verbessert werden. Hinzu kommt die riesige Datenmenge, deren Aufnahme, Speicherung, Verarbeitung und Auswertung eine Kunst für sich ist.

Eine weitere – von Laien oft unterschätzte – Schwierigkeit besteht darin, dass in der Hochenergie-Teilchenphysik eine einzelne Beobachtung in der Regel kein Gewicht hat. Denn eine Unmenge von Fehlerquellen wirken sich störend aus, etwa Zufallsereignisse in den Detektoren oder der Einfluss radioaktiver und kosmischer Strahlen. Außerdem vollziehen sich die komplexen Reaktionen, Produktionen und Zerfälle der Partikel immer nur mit gewissen Wahrscheinlichkeiten (die man wiederum theoretisch modellieren und abschätzen muss).

Gegen diese Unwägbarkeiten gibt es ein Patentrezept: Kontrolle und Statistik.

Die Kontrolle erfolgt durch die separaten Messungen und Analysen mehrerer unabhängiger Experimente – im LHC sind das die verschiedenen Detektor-Anlagen. Letztlich lässt sich in der Teilchenphysik etwas Neues nur durch die gegenseitige Überprüfung sowie mit der Daten-Kombination unabhängiger Experimente entdecken. Entsprechend hätte ein Nachweis des Higgs-Teilchens durch einen Detektor allein auch keine durchschlagende Überzeugungskraft. Daher werden bei großen Teilchenbeschleunigern – die ja notorisch rar gesät sind – stets mindestens zwei autonome Detektoren betrieben, die auch nicht identisch funktionieren und ausgelesen werden. Und so kontrollieren sich ATLAS und CMS wechselseitig. Sie sind gleichermaßen Konkurrenten und Kooperationsparter – »Coopetition« oder »Koopkurrenz«, wie der Neologismus aus »competition« und »cooperation« dafür inzwischen heißt.

»Wissenschaft braucht Konkurrenz und eine unabhängige Bestätigung«, betont Thomas Müller von der CMS-Forschergruppe. »Wenn nur ein Detektor das Higgs-Teilchen fände, der andere aber nicht, dann hätten wir ein Problem.« Deshalb ist es wichtig, dass die einzelnen Detektor-Teams ihre Daten zunächst unabhängig voneinander auswerten, um sich nicht zu beeinflussen. (Eine kombinierte Analyse ist im Forschungsprozess die Ausnahme und erfolgt in der Regel nur als Zwischenbilanz oder wenn sich der »Staub« der rasanten Datengewinnung etwas gelegt hat.) Andererseits sollte auch niemand vorpreschen, obwohl eine gewisse Konkurrenzsituation besteht.

»Es kommt auf eine Balance an zwischen der Eigenständigkeit der Experimente und der Forschergruppen einerseits und der Notwendigkeit andererseits, das Labor so zu führen, dass es keine negativen Schlagzeilen macht«, sagt Rolf-Dieter Heuer. »Also weder Zensur noch zu große Freizügigkeit. Es gibt klare Absprachen zwischen den Leitern der Forschergruppen und dem CERN-Management: Wer etwas Spannendes entdeckt, kommt zuerst zu uns, damit wir Bescheid wissen, uns vorbereiten und Fragen stellen können und vor allem die Möglichkeit haben, zu dem konkurrierenden Experiment Kontakt aufzunehmen, um zu sehen, ob dort auch etwas gefunden wurde. Da haben wir klare Regeln, und das hat sich bisher auch gut bewährt.«

Ebenfalls bewährt hat sich ein rigoroses statistisches Kriterium, um unliebsame Messfehler, Zufälle und diverse Unwägbarkeiten möglichst auszuschließen. Dabei legen Teilchenphysiker die Messlatte sehr hoch: Um etwas als »Entdeckung« zu klassifizieren, ist eine Standardabweichung von fünf Sigma nötig. Das heißt: Die Wahrscheinlichkeit dafür, dass die Messungen zufällig und somit nicht »echt« sind, beträgt lediglich 1 zu 3,3 Millionen oder 0,00003 Prozent.

Exkurs

Sigma und die Statistik

Mit dem griechischen Kleinbuchstaben Sigma (σ) bezeichnen Mathematiker die Standardabweichung in der Statistik und Wahrscheinlichkeitsrechnung. Dieses Maß für die Streuung der Werte einer Zufallsvariable um ihren Mittelwert wurde um 1860 von dem englischen Naturforscher Francis Galton eingeführt, einem Cousin von Charles Darwin. In der Physik hat es sich bewährt, die Schwelle einer Entdeckung sehr hoch anzusetzen, um zufällige Datenausreißer, die es immer gibt, möglichst auszuschließen. Es hat sich daher die Konvention eingebürgert, bei Effekten mit 3 Sigma (0,15 Prozent) von einem »Hinweis« zu sprechen, und von einer »Entdeckung« oder »Beobachtung« erst ab 5 Sigma (0,00003 Prozent oder 1 zu 3,3 Millionen). Die Konvention ist nicht umkehrbar: Ein 5-Sigma-Nachweis heißt also beispielsweise nicht, dass mit 99,99997 Prozent Wahrscheinlichkeit ein neues – oder gar ein bestimmtes – Teilchen vorliegt! Die Standardabweichung sagt nur etwas über statistische Fluktuation der Messungen aus, nicht über den gesuchten Effekt selbst.

Diese hohen statistischen Ansprüche sind kein überflüssiger Luxus. Denn immer wieder sorgten vermeintliche Resultate von Teilchenbeschleunigern für Schlagzeilen, die sich später nicht erhärten ließen. So erreichten die LEP-Messungen vermeintlicher Higgs-Signale knapp drei Sigma. Und im April 2011 am Tevatron wurden Ereignisse gemessen, die manche Forscher und Massenmedien schon als Sensation interpretierten, als Hinweis auf eine fünfte Naturkraft oder ein neues Teilchen außerhalb des Standardmodells – doch wenige Wochen später war das Phänomen bloß noch Schall und Rauch. In der Geschichte der Teilchenphysik gibt es zahlreiche Beispiele dieser Art. Im Internet-Zeitalter verbreiten und verfestigen sich »Fehlalarme« allerdings viel schneller als früher. Rigorose fünf Sigma Standardabweichung muss also das Maß aller Dinge für das Higgs-Teilchen sein. Und eine solche vertrauenserweckende statistische Basis ist eben nur möglich, wenn man große Datenmengen gewinnen und analysieren kann – auch deshalb dauerte die Higgs-Suche so lang.

Sein oder Nichtsein

Angesichts der langen Anlaufzeit der Higgs-Suche mit LEP-Pech und Tevatron-Schwäche, was die energetische Leistung betraf, ging mit dem LHC zuletzt doch alles sehr schnell. Der Teilchenbeschleuniger und seine Detektoren funktionierten so gut – mehr noch: über alle Erwartungen gut –, dass Rolf-Dieter Heuer die Kollisionsrate hochrechnete und sicher war, dass eine Entdeckung nur noch eine Frage der Zeit sei: »2012 ist das Higgs-Jahr!« Denn Ende 2012 würden die Messungen ausreichen, um einen Kandidaten für das Higgs-Teilchen eindeutig nachzuweisen. Natürlich nur, wenn es existiert.

Doch auch eine Widerlegung wäre durch die Messungen möglich, weil ein Higgs-Boson mit viel größerer Masse, vorläufig unerreichbar für den LHC, mit den W- und top-Messungen und den Voraussagen des Standardmodells nicht mehr vereinbar wäre. Dann käme das Standardmodell der Materie in ernste Schwierigkeiten, und die Physiker müssten ihre lieb gewonnene Theorie grundsätzlich überdenken. Insofern wäre das sogar die spannendere Alternative, denn damit hätten sie nach Jahrzehnten, in denen es immer (nur) neue Bestätigungen des Standardmodells gab, endlich wieder einmal etwas Neues, Unerwartetes entdeckt.

So oder so war daher eine »Win-win-Situation« entstanden, wie sie in dieser Tragweite nur selten in der Wissenschaft vorkommt. Denn der LHC konnte nun definitiv zwischen zwei Alternativen entscheiden: »Sein oder Nichtsein« des Higgs-Kandidaten, wie Rolf Heuer es mit William Shakespeares *Hamlet* gern formuliert hat. Ein solches »experimentum crucis« – eine Bezeichnung und Forschungsmaxime, die auf die englischen Philosophen und Physiker Francis Bacon, Robert Hooke und Isaac Newton zurückgeht – ist aus wissenschaftstheoretischer Perspektive eigentlich der (seltene) Idealfall.

Entstehen und Vergehen

Das Standardmodell macht präzise statistische Prognosen, was aus den Protonen-Kollisionen bei den LHC-Energien geschieht. Aus den physikalischen Erhaltungssätzen und den bekannten »Regeln« für Teilchenreaktionen und -umwandlungen folgt gewissermaßen eine sehr komplizierte Buchhaltung, die den Wissenschaftlern solide Voraussagen und Erklärungen der Prozesse liefert.

Demnach sollten sich das ersehnte Higgs-Boson und dessen Ausgangsprodukte vor allem auf dreierlei Weise bilden:

› Gluonen-Fusion: Dabei wechselwirken zwei Gluonen, die aus den zertrümmerten Protonen frei werden beziehungsweise dabei entstehen. Dass die Vernichtung zweier Gluonen den Hauptbeitrag zur Higgs-Produktion am LHC liefert, obwohl sie masselos sind und gar nicht mit dem Higgs-Feld wechselwirken, mutet fast ironisch an. Aber in der Quantenwelt geschieht nichts isoliert und alles, was möglich ist, ereignet sich auch wirklich. So können Gluonen virtuelle Paare eines top-Quarks und -Antiquarks erzeugen, woraus sich mit einer bestimmten Wahrscheinlichkeit jeweils ein Higgs-Boson bildet.

› Vektorbosonen-Fusion: Hier verbinden sich zwei von Quarks abgestrahlte W- oder Z-Teilchen zu einem Higgs.

› Higgs-Strahlung: Das Higgs-Boson wird von einem W- oder Z-Teilchen emittiert. (Dieser Prozess ist vergleichsweise selten – aber immer noch häufiger als zum Beispiel eine Higgs-Geburt, die mit der Entstehung eines top-Quark-Antiquark-Paars verbunden ist.)

Die komplizierte Genesis stellt aber nur eine der Herausforderungen dar. Eine andere besteht darin, dass das Higgs-Teilchen eine

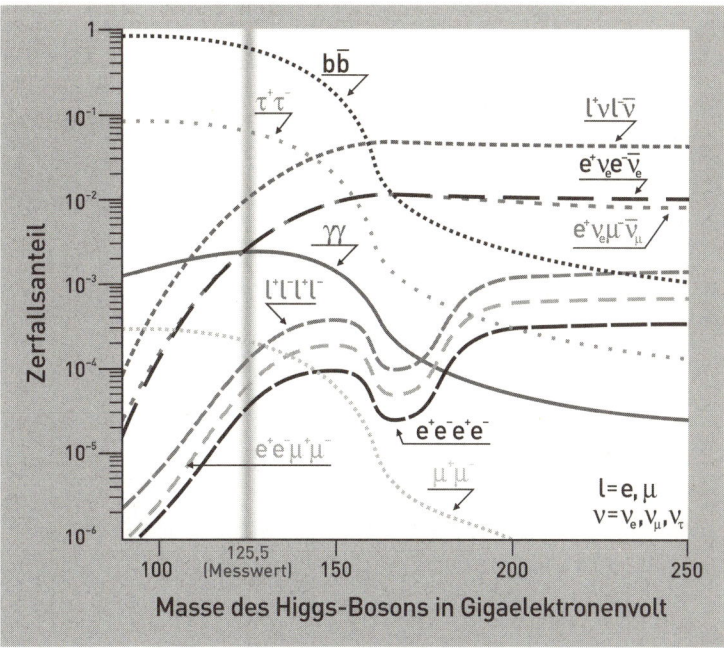

Komplexe Prozesse: Das Higgs-Boson ist extrem kurzlebig. Es zerfällt bereits drei Billionstel Sekunden nach seiner Genesis in Z- oder W-Bosonen, die ebenfalls nicht stabil sind, sondern sofort weiter zerfallen. Welche Teilchen letztlich entstehen, hängt von der Higgs-Masse ab – und vom quantenmechanischen Zufall. Das Standardmodell der Elementarteilchen macht dazu präzise Voraussagen, wie die berechneten Kurven zeigen. Bei einer faktischen – nämlich gemessenen – Masse von knapp 126 Gigaelektronenvolt bilden sich aus dem Higgs-Boson vor allem bottom-Quarks oder Tauonen (und deren Antiteilchen). Diese sind im LHC allerdings schwer nachzuweisen, weil sie von vielen anderen Prozessen überlagert werden. Ein ziemlich »reines« Signal erzeugen hingegen die selteneren Photonen im Gammastrahlenbereich, »gamma gamma« (γγ) genannt. – Die Abkürzungen bezeichnen bottom-Quarks (b), Leptonen (l) – das sind Elektronen (e), Myonen (μ), Tauonen (τ), Neutrinos (ν) – und Gammaquanten (γ), also energiereiche Photonen. Ein Oberstrich markiert die Antiteilchen von Quarks und Neutrinos; + und - stehen für die elektrischen Ladungen, wobei die positiven von Antiteilchen stammen, etwa dem Positron (e+).

äußerst flüchtige Erscheinung ist. Kaum entstanden, vergeht es schon wieder. Auch dies geschieht auf unterschiedliche Weise, was sich im Rahmen des Standardmodells genau berechnen lässt.

Physiker sprechen von Zerfallskanälen. Sie hängen von der Masse des Higgs-Bosons ab. Beträgt sie beispielsweise rund 125 Gigaelektronenvolt, erzeugt das Higgs-Teilchen mit abnehmender Häufigkeit

› ein bottom-Quark und -Antiquark (58 Prozent),
› zwei W-Bosonen, wobei eines nur »virtuell« ist (22 Prozent),
› zwei Gluonen (8,5 Prozent),
› ein Tauon-Antitauon-Paar, also schwere Geschwister von Elektron und Positron (6 Prozent),
› zwei Z-Bosonen, wobei eines lediglich »virtuell« ist (2,5 Prozent),
› ein charm-Quark und -Antiquark (2,5 Prozent),
› zwei Gammaquanten, also hochenergetische Photonen (0,2 Prozent)
› oder ein Gammaquant und ein Z-Boson (0,15 Prozent).

Betrüge die Higgs-Masse hingegen beispielsweise mehr als 200 Gigaelektronenvolt, würde sich das Boson hauptsächlich in zwei W- oder Z-Teilchen umwandeln.

Der LHC ist speziell für fünf dieser Zerfälle sensitiv: für die Gammaquanten- und Z-Bosonen-Kanäle sowie für die W-Boson-, Tauon- und bottom-Quark-Kanäle. Der Z-Kanal ist besonders sauber, also wenig störungsempfindlich. Und mit den Gamma- und Z-Kanälen lässt sich die Higgs-Masse am besten ermitteln, weil Photonen sowie die Elektronen und Myonen aus den Z-Zerfällen sehr gut in den Detektoren gemessen werden können.

Riesiger Aufwand

Schon diese Fülle an Zerfällen macht deutlich: Der Nachweis des Higgs-Teilchens ist außerordentlich schwierig und erfordert einen gewaltigen Aufwand. Das ist nicht vergleichbar mit einem unbekannten Blümchen am Wegesrand, das man pflückt und mithilfe eines botanischen Bestimmungsbuchs identifiziert. Zwar haben auch Physiker ihre Bestimmungsschlüssel: die Voraussagen des Standardmodells und hochkomplexe Computersimulationen, ohne die die Detektor-Signale unverständlich wären. Doch damit hört die Analogie bereits auf.

› Das Higgs-Teilchen lässt sich nicht einfangen oder wenigstens »fotografieren«, denn es zerfällt praktisch sofort. Seine Halbwertszeit beträgt wohl weniger als eine Trilliardstel Sekunde. Daher kann es nicht direkt erhascht, sondern nur indirekt anhand seiner Zerfallsprodukte identifiziert – oder genauer: rekonstruiert – werden.

› Dies ist aber nicht eindeutig: Das Higgs-Boson entsteht und vergeht auf vielerlei Weisen. Das hängt von den Energien der Teilchen bei seiner Erzeugung ab, aber auch vom blanken Zufall (von Quanteneffekten ohne Ursache).

› Die einzelnen Zerfallskanäle müssen die Forscher separat auswerten, anschließend die Daten gewichten und kombinieren.

› Außerdem gibt es zahlreiche andere Prozesse bei den Partikel-Kollisionen, die teils ganz ähnliche Spuren im Detektor hinterlassen, sowie viele Zufalls-Ereignisse. Das alles bildet einen sogenannten Untergrund. Diesen müssen die Physiker sehr präzise mit ihren Modellen charakterisieren und herausrechnen, um ein Higgs-Signal im Dschungel der Teilchenspuren zu erhaschen.

› Selbst dann können noch vertrackte statistische und systematische Fehler auftreten, die es abzuschätzen gilt.

Um das alles in den Griff zu bekommen und nicht einer Täuschung aufzusitzen, ist eine große statistische Zuverlässigkeit nötig – die bewährte 5-Sigma-Signifikanz. Die Higgs-Fahndung ist also extrem anspruchsvoll. Die Physiker müssen sehr genau ihren Detektor, die Analyse-Algorithmen und den Untergrund verstehen.

»Das ist keine Suche nach der sprichwörtlichen Stecknadel in einem Heuhaufen – sondern in sehr vielen Heuhaufen, die alle aus

Stecknadeln bestehen«, veranschaulicht es Rolf Heuer. Trotz dieser Schwierigkeiten war es seinen Kollegen aber gelungen, sich erfolgreich durch die vielen Haufen zu wühlen, also durch den Untergrund der störenden Ereignisse.

Der Vorhang schließt sich

Schritt um Schritt – oder Protonen-Kollision um Protonen-Kollision – tasteten sich die ATLAS- und CMS-Forscher in Energiebereiche vor, die noch kein Mensch zuvor durchmessen hatte. Zunächst konzentrierten sich die Wissenschaftler auf die seltenen Higgs-Zerfallskanäle in zwei Photonen und in vier geladene Leptonen, weil sich diese Reaktionen relativ einfach vom Hintergrund der vielen anderen Prozesse abheben. Es war, als würde sich ein Vorhang vor den Raum der Möglichkeiten schieben und sukzessive immer mehr von der Bühne verdecken, auf der das Higgs-Boson seinen Auftritt haben sollte. Anders gesagt: Die statistisch zuverlässigen Ausschlussgrenzen wurden immer genauer und expandierten im Parameterraum.

Mit Schützenhilfe der alten LEP-Daten und der flankierenden Tevatron-Messungen stellten die LHC-Forscher Mitte November 2011 auf der Hadron Physics Collider Conference in Paris die ersten überzeugenden Hinweise vor – und zwar erstmals in Form einer gemeinsamen Analyse der ATLAS- und CMS-Daten, sodass die doppelte Zahl von Kollisionen in die Rechnungen eingingen. Zusammen mit den LEP- und Tevatron-Daten galt nun als ziemlich sicher: Wenn das Higgs-Teilchen existiert, muss seine Masse zwischen 114 und 141 Gigaelektronenvolt betragen – oder mehr als 480 Gigaelektronenvolt, was aber schwer mit dem Standardmodell-Higgs zu vereinbaren wäre.

»Durch die Kombination beider Experimente wurde bereits ein weiter Bereich möglicher Higgs-Massen ausgeschlossen – deutlicher als durch ATLAS oder CMS allein«, erinnert sich Ken Bloom von der

University of Nebraska-Lincoln, der zum CMS-Team gehört. »Die Auswertung dauerte mehrere Monate und erforderte eine beträchtliche Koordination. Jedes Team musste die Messungen des anderen im Detail verstehen, damit die Daten richtig kombiniert werden konnten.«

Der Showdown beginnt

Nach der Winterpause startete der LHC mit neuer und sogar noch größerer Kraft wieder durch. In seinen ersten Betriebsmonaten im Frühjahr 2012, von April bis Juni, hatte er bereits mehr Protonen-Kollisionen erzeugt als 2011 insgesamt. Und das bei einer signifikant höheren Schwerpunktenergie der Kollisionen: acht gegenüber sieben Teraelektronenvolt. Und bis zum Mai hatte er 15-mal mehr Daten produziert als der Tevatron in seinen fast drei Jahrzehnten. Diese enorme Leistung, zusammen mit einer effizienten weltweiten Zusammenarbeit bei der Datenanalyse, war der Hauptgrund für den schnellen Erkenntnisgewinn.

Am 18. Juni pausierten die Messungen am LHC, der vorliegende Datensatz war jetzt die Schatzkammer. Bis Mitte Juni hatten sich die ATLAS- und CMS-Higgs-Teams versagt, bei der Datenauswertung auf die Resultate zu blicken. Der entscheidende Energiebereich wurde gleichsam in den Computern verschlossen gehalten. Mit dieser »Doppelblindstudie« sollte vermieden werden, die Analyse durch Voreingenommenheit und selektive Aufmerksamkeit versehentlich zu verfälschen.

Dann aber kam die Stunde der Wahrheit. Und es zeigte sich sowohl beim ATLAS- als auch beim CMS-Team, dass die vagen Signalanzeichen, die sich Ende 2011 über den Untergrund der Teilchenreaktionen herauszuschälen begannen, nicht wieder im statistischen Rauschen versunken waren. Im Gegenteil: Sie traten noch deutlicher zum Vorschein: als kleine Ausbauchungen der Messkurven, wo sich ohne Signal eine

Exkurs

Wie gut ein Teilchenbeschleuniger ist: Luminosität und inverses Femtobarn

Die »Strahlungsleistung« oder Teilchendichte in Beschleunigern, angegeben als Zahl pro Quadratzentimeter und Sekunde, heißt Luminosität (L). Sie hängt von der Zahl (n) und Querschnittsfläche (A) eines »Bündels« oder Pakets (englisch »bunch«) beschleunigter Teilchen ab sowie der Teilchenzahl (N_1, N_2) in zwei kollidierenden Bunches, die mit der Wiederholungsfrequenz f zur Kollision gebracht werden: $L = nN_1N_2f/A$. Den Weltrekord der Luminosität bei Protonen-Beschleunigern hält der LHC mit $6 \cdot 10^{33}$ cm^{-2}s^{-1} (Stand: 19. Mai 2012). Addiert man die Luminosität über einen bestimmten Zeitraum, spricht man von Integrierter Luminosität.

Um die Produktivität eines Teilchenbeschleunigers zu kennzeichnen, benutzen Teilchenphysiker eine Einheit namens inverses Femtobarn (fb^{-1}). Sie ist ein Maß für die Integrierte Luminosität. Diese misst die in einer gewissen Zeitspanne aufgesammelten Partikelkollisionen pro Querschnittsfläche. Das Barn (b) ist die Flächenangabe von Wirkungsquerschnitten: 10^{-24} Quadratzentimeter; die Vorsilbe Femto- markiert ein Billiardstel (10^{-15}) davon, also 10^{-39} pro Quadratzentimeter. Die Maßeinheit wurde 1942 von Physikern der Purdue University eingeführt, die bei der Entwicklung der amerikanischen Atombombe mitwirkten. Der englische Begriff »Barn« heißt »Scheune«, weil der Wirkungsquerschnitt von Kernreaktionen damals »groß wie ein Scheunentor« erschien. Eine Proton-Proton-Kollision entspricht 0,11 Barn. Der Tevatron am Fermilab produzierte rund

glatte Linie hätte ergeben müssen. Und kombiniert mit den Messungen von 2011 – nicht trivial, da der Energiebereich ein anderer war – kletterten die Signale in manchen Zerfallskanälen knapp über die Signifikanz-Hürde. Jubel brandete nach mehrtägigen hektischen Betriebsamkeiten in den verschlossenen Seminarräumen auf.

10 fb^{-1} in seinen letzten zehn Jahren. Den beiden großen Experimenten ATLAS und CMS lieferte der LHC jeweils mehr als 5 fb^{-1} im Jahr 2011 und fast 25 fb^{-1} im Jahr 2012.

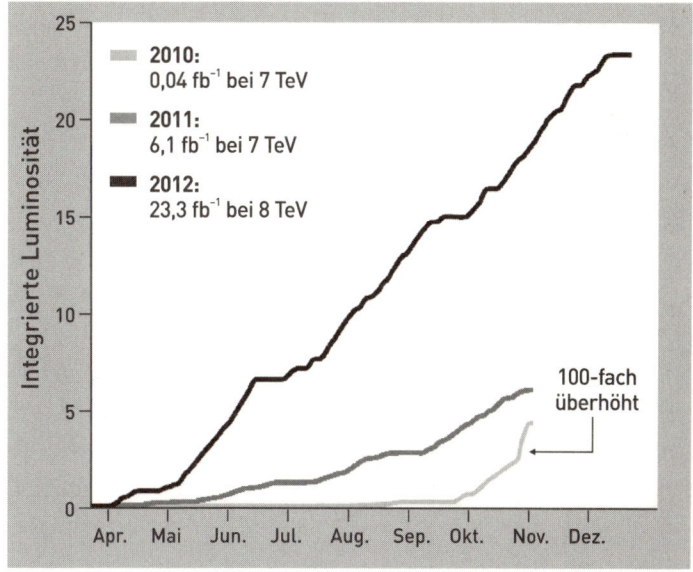

Weltrekord: Die Leistungsfähigkeit des LHC ist beispiellos in der Geschichte der Teilchenphysik. Das beweist seine Integrierte Luminosität. Die Grafik zeigt deren Entwicklung für den CMS-Detektor; für ATLAS war sie nahezu gleich. Die temporären Plateaus markieren Unterbrechungen der Kollisionen aufgrund von Wartungspausen.

Indessen sickerten die ersten Gerüchte durch (später geschürt sogar durch einen Lapsus des CERN, wo versehentlich für kurze Zeit ein Interview-Video im Web freigeschaltet wurde, das zu viel verriet). Weltweit wuchs das Interesse. Über das Internet konnten sich die Mutmaßungen rasch verbreiten. Dabei sind alle Forscher zur Verschwiegenheit verpflichtet. Nun wurde eine strenge Geheimhaltung vereinbart. Denn »wasserdicht« waren die Resultate beziehungsweise deren Auswertungen noch nicht. Selbst zwischen den ATLAS- und den CMS-Forschern ist eigentlich kein Austausch über unveröffentlichte Ergebnisse erlaubt. Was sich nicht einfach durchhalten lässt, wenn beide Gruppen mehrere tausend Mitglieder umfassen und es auch teils sehr private – sprich: außerphysikalische, aber durchaus physische – Beziehungen zwischen den Forschern gibt …

Gedämpfte Gespräche fanden gleichwohl auf den Fluren und in den Büros der CERN-Gebäude sowie anderswo statt; und in der CERN-Cafeteria, in der traditionell viel diskutiert wird, herrschte eine eigenartige Stimmung. Auch waren überall grinsende Gesichter zu sehen. Die Spannung stieg – und damit auch der Erwartungsdruck, die Resultate bald öffentlich zu machen.

Rolf-Dieter Heuer, dem die Ergebnisse am 22. Juni 2012 von den ATLAS- und CMS-Gruppensprechern vorgestellt wurden, informierte den CERN-Rat und entschied, in die Offensive zu gehen. Rein zufällig gab es sogar einen idealen Anlass dafür. Am 4. Juli sollte nämlich ohnehin die größte Zusammenkunft von Teilchenphysikern in diesem Jahr beginnen, die 36th International Conference on High Energy Physics (ICHEP 2012) im australischen Melbourne. Und so wurde zum ICHEP-Eröffnungstag ein spezielles CERN-Seminar mit anschließender Pressekonferenz angekündigt.

Higgs Dependence Day

Was haben *Harry Potter*, das iPad und die moderne Teilchenphysik gemeinsam? Antwort: Vor einer Neuerscheinung bilden sich lange Schlangen und Medienhypes. Allerdings ist Teilchenphysik weder Fantasy noch technischer Schnickschnack, obwohl die Physiker, die sie betreiben, sehr viel Fantasie besitzen und brauchen – sowie erst recht eine einzigartige Spitzentechnologie. Und das ist die größte und komplexeste Maschine der Welt, der Large Hadron Collider mit seinen haushohen Detektoren, sicherlich. Und diese hatte am 4. Juli 2012 tatsächlich auch für lange Warteschlangen und ein großes Medienecho gesorgt.

Bereits am Abend zuvor harrten CERN-Wissenschaftler vor den Türen des großen Hörsaals des Forschungszentrums aus. Manche hatten dort sogar auf dem Fußboden übernachtet, um einen der begehrten Plätze zu ergattern und das für 9 Uhr MESZ angekündigte Seminar direkt am Ort des Geschehens zu erleben. Als gegen 7:30 Uhr die Türen geöffnet wurden, war die Warteschlange so lang geworden, dass viele nicht eingelassen werden konnten. Doch die beiden angekündigten Vorträge wurden gefilmt und nicht nur in andere CERN-Hörsäle übertragen und zur ICHEP-Konferenz nach Melbourne, sondern über das Internet live in die ganze Welt.

In Anlehnung an den amerikanischen Independence Day zur Erinnerung an die Unabhängigkeitserklärung wurde der 4. Juli 2012 alsbald auch als »Higgs Dependence Day« bezeichnet. Denn nun sollten die mit Spannung erwarteten Auswertungen der Higgs-Suche vorgestellt werden. Sie basierten vor allem auf den Messungen von April bis Juni 2012 mit den Detektoren ATLAS und CMS. Und auf der intensiven Arbeit Hunderter von Physikern, die zuletzt viele schlaflose Nächte investiert hatten.

Ungeduldig warteten die Zuhörer im großen CERN-Hörsaal – und weltweit an den Monitoren – auf die beiden angekündigten Vorträge. In der ersten Reihe saßen LHC-Projektleiter Lyndon Evans, CERN-Beschleuniger-Direktor Stephen Myers sowie vier frühere CERN-Generaldirektoren, die bei der Planung, Entwicklung und Entstehung des LHC direkt beteiligt waren.

»Heute ist ein besonderer Tag«, sagte Rolf-Dieter Heuer zur Begrüßung kurz nach 9 Uhr. »Es ist ein globales Ereignis und zeigt, dass wir weltweit zusammenarbeiten!« Damit sei ICHEP 2012 auch die erste Physik-Konferenz, die ganze Kontinente überbrückt. Denn in Melbourne, auf der anderen Seite des Erdballs, wurde das CERN-Seminar sehr aufmerksam verfolgt. Es war dort auch das Gesprächsthema Nummer 1 in den folgenden Tagen.

Ungewöhnlicher Beifall

Zuerst trat CMS-Sprecher Joe Incandela von der University of California in Santa Barbara ans Mikrofon des CERN-Hörsaals. Er hatte noch eine halbe Stunde vorher an seinem Vortrag gearbeitet. Nun stellte er die Messungen und Auswertungen in vielen Details auf rund 200 Schaubildern vor und zeigte eine vorläufige Auswertung der Daten von fünf erwarteten Higgs-Zerfallskanälen. Nur die Gamma-Gamma-, W- und Z-Messungen lieferten bis dahin ein merkliches Signal. »Die Ergebnisse sind noch vorläufig«, betonte Incandela. »Aber die Implikationen sind sehr signifikant.« Eine gewichtete Kombination aller Daten ergab eine statistische Signifikanz von 4,9 Sigma für die Existenz eines Teilchens mit einer Masse von etwa 125 Gigaelektronenvolt. Konzentrierten sich die Forscher allein auf die Gamma-Gamma- und Z-Kanäle, erhielten sie sogar 5,0 Sigma – das Kriterium für eine Entdeckung in der Teilchenphysik. Als Incandela diese Zahl zeigte, toste Applaus durch den Hörsaal.

Große Begeisterung weckte auch der Vortrag von Fabiola Gianotti direkt im Anschluss. Die Sprecherin des ATLAS-Teams vom CERN stellte ebenfalls eine Datenanalyse der Messungen von ungefähr einer Billiarde Protonen-Kollisionen 2011 und 2012 vor. Die Forscher hatten sich bislang lediglich auf zwei Zerfallskanäle der 2012-Daten konzentrieren können: Gamma-Gamma und Z. In beiden gab es ein Signal bei etwa 126,5 Gigaelektronenvolt. Im Z-Kanal betrug die Signifikanz 3,4 Sigma, im Gamma-Gamma-Kanal 3,6 Sigma (oder 4,5, wenn man den sogenannten »look elsewhere«-Effekt nicht be-

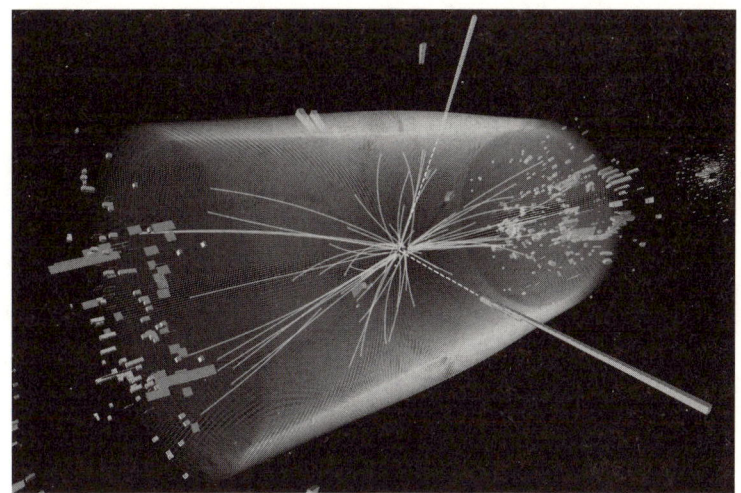

Kurzlebige Kreation: Mutmaßliche Zerfallsspuren eines Higgs-Teilchens, gemessen im CMS-Detektor. Es entstand bei der Kollision zweier Protonen mit einer Gesamtenergie von acht Teraelektronenvolt und zerfiel sofort wieder. Dabei wurden zwei Gammaquanten abgestrahlt, also hochenergetische Photonen (lange Bahnen in der Computerrekonstruktion).

rücksichtigt, das heißt speziell den Kandidatenbereich anvisiert). Die Datenkombination ergab sogar eine statistische Signifikanz von 5,0 Sigma. Auch hier unterbrach Applaus den Vortrag. »Wir beobachten im Massenbereich um 126 Gigaelektronenvolt klare Signale eines neuen Teilchens mit einer Signifikanz von fünf Sigma«, fasste Fabiola Gianotti ihren Vortrag zusammen.

Die Zuhörer im Hörsaal wie auch in Melbourne, wo sie schon aufs abendliche Konferenzbankett warteten, waren nach einer fast zweistündigen Datenflut mit vielen Dutzend Schaubildern und Messkurven zwar etwas erschöpft – vor allem aber höchst begeistert von der exzellenten Qualität der Messungen.

Dann ergriff Rolf Heuer wieder das Wort. »Als Laie würde ich sagen: Wir haben es!«

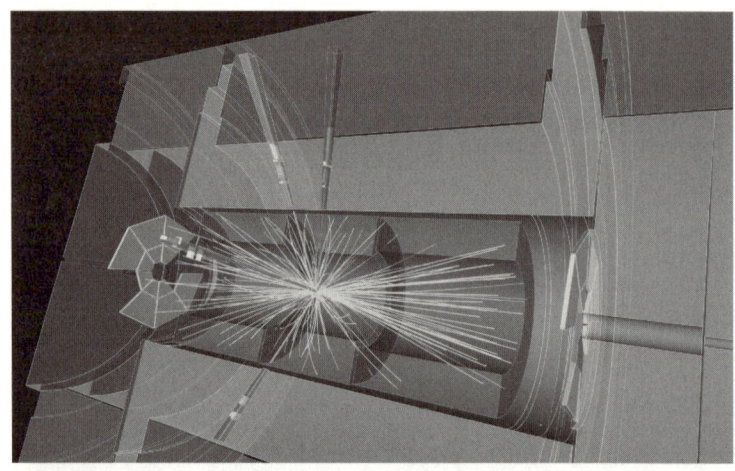

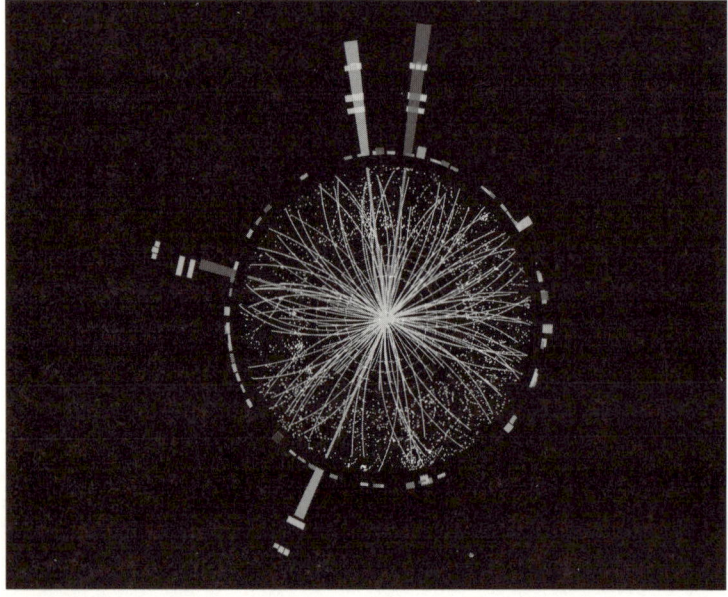

Schöpfung eines Gottesteilchens: Mutmaßliche Zerfallsspuren eines Higgs-Bosons im ATLAS-Detektor. Dabei bildeten sich zwei Paare fast lichtschneller Elektronen (als lange Linien dargestellt) mit Energien von 70,6 und 44,7 Gigaelektronenvolt. Unten eine Detailaufnahme der Teilchenspuren im zentralen Tracking-Detektor.

Aufbrausender Beifall, schließlich sogar Standing Ovations – für rationale Wissenschaftler eher unüblich und eindeutig ein bedeutender Moment in der Geschichte der Teilchenphysik.

Heuers Formulierung war raffiniert und durchaus ein Marketing-Coup. Weltweit titelten zahlreiche Medien darauf, das Higgs-Teilchen sei entdeckt worden. Vom strengen Standpunkt der Physik aus war das jedoch nicht der Fall. Und das hatte auch keiner der Physiker behauptet oder hätte dies bereits guten Gewissens tun dürfen. Heuer relativierte auch sofort: »Wir haben eine Entdeckung gemacht! Es ist ein Teilchen, das vereinbar ist mit dem Higgs-Boson. Wir stehen zwar erst am Anfang, doch wir dürfen sehr optimistisch sein.« Und er betonte: »Das ist heute ein historischer Meilenstein. Es war eine globale Anstrengung, und es ist ein globaler Erfolg.«

Ehrenvolles Glanzlicht

Im Publikum saß, beim Eintreten vor Seminarbeginn schon mit respektvollem Applaus begrüßt, der schottische Physiker Peter Higgs, der die Existenz des Higgs-Teilchens 1964 vorhergesagt hatte. Als er die 5-Sigma-Daten sah, traten Tränen der Rührung in seine Augen. »Ich wurde überwältigt von der Welle der Reaktionen im Publikum«, erzählte er später dem britischen Journalisten Ian Sample. Er weinte also nicht, weil seine Theorie bestätigt zu sein schien, sondern weil er begriff, was das alles für die Menschen um ihn herum bedeutete. Im Anschluss an die Vorträge bedankte sich Higgs bei den ATLAS- und CMS-Teams für die großartige Arbeit und gratulierte ihnen zu ihrem Erfolg. Er betonte aber auch, es sei ihm nicht angemessen, die Frage nach der Existenz des Teilchens zu beantworten. Und er sagte: »Ich hätte nicht gedacht, dass das noch zu meinen Lebzeiten geschieht.«

Unter den Zuhörern waren auch François Englert, Gerald Guralnik und Carl Richard Hagen, die zusammen mit dem verstorbe-

Partikel-Pioniere: Peter Higgs bedankt sich bei den LHC-Forschern. Links sein Kollege François Englert, ganz links CERN-Generaldirektor Rolf Heuer.

nen Robert Brout und dem nicht anwesenden Tom Kibble ebenfalls bereits 1964 – und teilweise unabhängig von Higgs – die Existenz des Higgs-Felds postuliert hatten. Auch sie brachten in kurzen Statements ihre Freude zum Ausdruck, als Heuer ihnen das Mikrofon reichte.

In einer knapp einstündigen Pressekonferenz danach betonten Heuer, Gianotti und Incandela, dass vom strengen wissenschaftlichen Standpunkt aus das Higgs-Teilchen noch nicht als nachgewiesen gelten könne. Auch die offizielle CERN-Pressemitteilung sprach lediglich von der Beobachtung »eines Teilchens, das vereinbar ist mit dem langgesuchten Higgs-Boson«. Die Pressemitteilungen der Teams von ATLAS und CMS formulierten es genauso vorsichtig. Fortan war von einem »higgsähnlichen Boson« die Rede. Aber viele Physiker waren gefühlsmäßig bereits ziemlich sicher, dass dieser Tag als Entdeckung *des* Higgs-Bosons in die Wissenschaftsgeschichte eingehen wird. Von »Entdeckung« redete zwar nur Heuer – das war im Vorfeld mit Gianotti und Incandela so ausgemacht, die wissenschaftlich vorsichtig, konservativ und wertneutral von »Beobachtung« sprachen –, aber er konnte es sich leisten, quasi in einer persönlichen Stellungnahme die beiden Resultate zusammenzubringen, einzuordnen und insofern die »Verantwortung« zu übernehmen.

Die Massenmedien spitzten das Urteil einer Higgs-Entdeckung ohnehin zu, bar aller vorsichtigen Differenzierung und Zurückhaltung. Das CERN-Resultat schaffte es auf die Titelseiten aller großen Zeitungen und in die Hauptnachrichten im Fernsehen. (Kurioserweise wurde sogar der Autor dieses Buchs vor eine TV-Kamera

Stolz und Freude: François Englert, CERN-Forschungsdirektor Sergio Bertolucci, Peter Higgs, Generaldirektor Rolf Heuer, CMS-Sprecher Joe Incandela, ATLAS-Sprecherin Fabiola Gianotti, Carl Hagen, Gerald Guralnik und Beschleuniger-Direktor Stephen Myers (von links). 1964 hatten Englert, Higgs, Hagen, Guralnik sowie Tom Kibble und der 2011 verstorbene Robert Brout einen Mechanismus beschrieben, der den W- und Z-Bosonen sowie anderen Elementarteilchen eine Masse verleiht. Dass diese Vorstellung wohl stimmt, wurde am 4. Juli 2012 in einem Seminar am CERN mit anschließender Pressekonferenz deutlich, auf der das Foto entstand.

Exkurs

Hawking, Higgs und Schwarze Löcher

Auf der Konferenz Cosmo 2000 in Südkorea forderte Stephen Hawking den Direktor des Michigan Center for Theoretical Physics, Gordon Kane, zu einer Wette heraus: 100 Dollar, falls das Higgs-Boson gefunden würde. Warum war Hawking so skeptisch? Weil eine eigene Studie von ihm nahe legte, dass im mutmaßlichen Energiebereich der Higgs-Erzeugung virtuelle Schwarze Löcher entstehen müssten, die den Higgs-Nachweis quasi abschirmen. Hawkings Modell von 1995 stieß auf einige Kritik, auch von Peter Higgs. Aber das letzte Wort hat, wie immer in der Physik, die Natur. Und Hawking stellte sich nicht taub, sondern gab die Wette im Juli 2012 als verloren.

Einige Jahre später als Hawking argumentierte auch Gia Dvali, inzwischen Professor an der Ludwig-Maximilians-Universität München, dass Schwarze Löcher den Fortschritt der Teilchenphysik stoppen könnten. Unter bestimmten Bedingungen (nämlich zusätzlichen Raumdimensionen) könnten sie alles dominieren, was ab einer bestimmten Energie erzeugt würde, überlegte Dvali. Dann wäre das Regime jenseits einiger Teraelektronenvolt womöglich hinter einem finsteren Vorhang für immer verborgen.

Wenn Schwarze Minilöcher am LHC erzeugt werden würden, wäre das eine Sensation. Aber keine Gefahr für die Erde, weil sie aufgrund von Quanteneffekten sofort wieder zerstrahlen müssten. Kurioserweise

gebeten und mitternächtlich gesendet.) Aber auch in den wissenschaftlichen und populärwissenschaftlichen Medien war »Higgs« ein großes Thema. Die amerikanische Wissenschaftszeitschrift *Science* erklärte die Entdeckung sogar zum »Durchbruch des Jahres 2012«. Selten stand die Teilchenphysik im – zudem positiven – Licht eines solchen öffentlichen Interesses.

Für Lawrence Krauss ist die Higgs-Suche »eines der bemerkenswertesten intellektuellen Abenteuer in der Geschichte der

haben andere Physiker deshalb genau den gegenteiligen Schluss zu Hawking und Dvali gezogen. Schwarze Minilöcher könnten die Jagd nach dem Higgs beflügeln. »Wenn sich Schwarze Minilöcher erzeugen lassen, dann müssen sich dabei auch Higgs-Teilchen bilden«, meint Jack Smith von der Stony Brook University in New York. Zusammen mit dem Physiker Gouranga Nayak hat er ausgerechnet, dass im Rahmen bestimmter Modelle der Stringtheorie bei wenigen Teraelektronenvolt sogar mehr Higgs-Bosonen in der Hawking-Strahlung der Schwarzen Minilöcher entstehen müssten als bei den normalen Teilchenkollisionen im LHC gemäß dem Standardmodell.

Freilich wären Higgs-Partikel schwierig in der Explosion eines Schwarzen Minilochs auszumachen, das als mikroskopisches Feuerwerk nach allen Richtungen zerstrahlt. Am einfachsten könnte dies gelingen, wenn die Higgs-Masse bekannt wäre – wenn sie also zuvor auf konventionelle Weise schon gemessen worden wäre. Glückte dies jedoch nicht und entstünden die Minilöcher schon bei relativ niedrigen Energien in großen Mengen, dann wären sie womöglich die einzigen Higgs-Quellen. »Das wäre die Entdeckung des Jahrhunderts«, sagt Ben Allanach von der University of Cambridge. »Ein Schwarzes Miniloch zu erzeugen und in den Trümmern das Higgs zu finden – dies ist, als würde man zum ersten Mal Amerika betreten und erstaunt feststellen, dass dort Gänseblümchen wachsen.«

Menschheit« und der jüngste Erfolg »eine Feier des menschlichen Geistes, der fähig ist, die Geheimnisse der Natur zu enthüllen«. Der Theoretische Physiker an der Arizona State University betont zudem, die Entdeckung zeige, »dass das bekannte Universum unserer Sinne nur die Spitze eines riesigen, größtenteils verborgenen kosmischen Eisbergs ist«.

Steven Weinberg sieht es ähnlich. »Auch wenn das Teilchen das Higgs-Boson ist, wird es nicht dazu beitragen, Krankheiten zu heilen oder die Technologie zu verbessern. Die Entdeckung füllt einfach eine Lücke in unserem Verständnis der Naturgesetze der Materie und wirft ein Licht auf die Vorgänge im frühen Universum«, kommentierte der Physik-Nobelpreisträger von der University of Texas in Austin. 1967 hatte seine Arbeit zur Vereinheitlichung der Elektromagnetischen und Schwachen Kraft den Higgs-Mechanismus integriert und erst richtig salonfähig gemacht. »Es ist wunderbar, dass sich so viele Menschen für diese Art von Wissenschaft interessieren und sie als ehrenvolles Glanzlicht unserer Zivilisation betrachten.«

Forschungsberichte mit Tausenden von Autoren

Der Higgs Dependence Day markierte nicht den krönenden Abschluss eines Forschungsprojekts, sondern eigentlich erst dessen richtigen Anfang. Denn nun hatten die Physiker endlich etwas (zwar nicht in den Händen aber) zu untersuchen. Doch was? *Das* Higgs-Teilchen oder eines unter vielen oder doch etwas ganz anderes?

Am 31. Juli 2012 reichten die ATLAS- und CMS-Teams ihre weiter verfeinerten und ergänzten Auswertungen bei der Fachzeitschrift *Physics Letters B* ein, wo sie bereits zwei Wochen nach der Begutachtung angenommen und am 17. September als Coverstory publiziert wurden. Beide Artikel sprechen von der »Beobachtung eines neuen Teilchens« im Titel. Und die Autoren betonen, dass die Daten »vereinbar sind mit der Produktion und dem Zerfall des Standardmodell-Higgs-Teilchens« – trotz aller noch bestehenden Unsicherheiten und offenen Fragen sowie den Unterschieden der einzelnen Messresultate. Die zeigten sich in beiden Detektoren besonders in den Kanälen, in denen sich das Higgs entweder in zwei Photonen umwandelte oder in zwei Z-Teilchen, die dann weiter in Elektronen und Myonen zerfielen.

»Bei ATLAS wurde neben den Photon- und Z-Kanälen auch noch der W-Kanal ausgewertet. Dadurch ist die Signifikanz auf 5,9 Sigma gestiegen«, fasste Sandra Kortner später den Unterschied der Publikation zu Fabiola Gianottis Vortrag zusammen. Die Forscherin vom Max-Planck-Institut für Physik in München hatte zusammen mit Eilam Gross vom Weizmann-Institut im israelischen Rehovot das ATLAS-Higgs-Suchteam koordiniert. Sie ist auch eine der acht Hauptautoren des 29-seitigen Berichts, von dem allein zwölf Seiten die 2931 Wissenschaftler und ihre Institute auflisten – Teilchenphysik ist eben ein gewaltiges Gemeinschaftsunternehmen geworden. Die Masse des neuen Teilchens wird in der Publikation mit 126,0 Gigaelektronenvolt angegeben, plus/minus 0,4 Gigaelektronenvolt an statistischer und systematischer Unsicherheit.

Der 32-seitige Fachartikel der CMS-Kollaboration aus ebenfalls rund 3000 angeführten Autoren hatte einen ähnlichen Tenor wie die ATLAS-Publikation, enthielt aber sogar noch mehr Daten. Die Auswertung bereits aller fünf Zerfallskanäle ergab bei CMS den Nachweis des neuen Bosons mit 5,0 Sigma. Seine Masse wurde mit 125,3 Gigaelektronenvolt berechnet, die statistische und systematische Unsicherheit jeweils mit rund plus/minus 0,5 Gigaelektronenvolt.

Weder Materie noch Kraft

Wenn das am CERN erzeugte neue Boson wirklich das Higgs-Teilchen ist, dann hätten Physiker zum ersten Mal in der Geschichte der Wissenschaft ein (vermutlich) fundamentales Skalarfeld nachgewiesen. Also ein Feld, das nur mit Werten im Raum beschrieben wird (ähnlich wie bei der Temperaturverteilung in einem Zimmer), nicht aber mit richtungsanzeigenden Vektoren (ähnlich wie bei Luftströmungen). Alle sonst bekannten Felder, etwa das elektromagnetische, haben auch solche Vektoren-Größen.

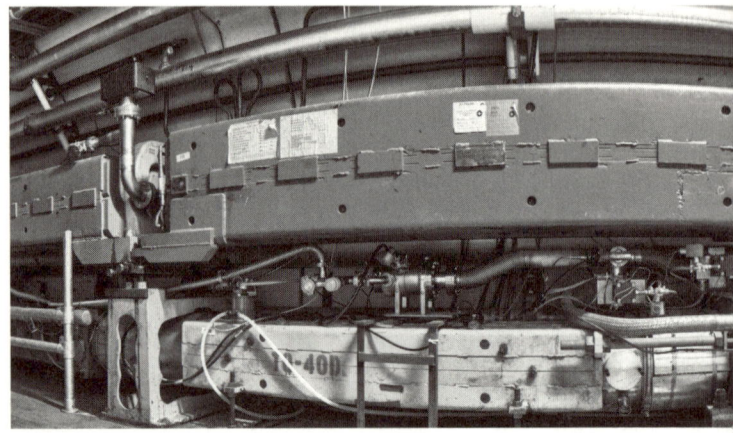

Nur zweiter Sieger: Der Teilchenbeschleuniger Tevatron (Ringumfang 6,3 Kilometer) bei Chicago fand vor dem LHC Hinweise auf das Higgs-Boson. Für eine Entdeckung reichten seine Daten aber nicht aus.

Unterstützung aus den USA

Ende Juli 2012 wurde die erste Gesamtanalyse der Tevatron-Daten publiziert (9,7 inverse Femtobarn). Dieser im Umfang 6,3 Kilometer messende Teilchenbeschleuniger des Fermilab in Batavia bei Chicago, der bis zum 30. September 2011 lief, war vor dem LHC der leistungsfähigste Beschleunigerring der Welt. In ihm wurden Protonen und Antiprotonen mit bis zu 1,96 Teraelektronenvolt aufeinander geschossen.

Die Hoffnung vor allem der US-amerikanischen Physiker, das Higgs-Teilchen hier noch vor dem LHC zu finden, erfüllte sich nicht. Aber die kombinierte Auswertung der Messdaten beider Tevatron-Detektoren – CDF (Collider Detector at Fermilab) und DØ (sprich: »D Zero«) – gibt immerhin einen guten Hinweis. Mit 3,1 Sigma (etwa 99,8 Prozent) wurde das Higgs-Boson in einem Bereich von 120 bis 135 Gigaelektronenvolt erspäht. Bei dem vom LHC favorisierten Wert von 125 Gigaelektronenvolt kam das Tevatron auf 2,8 Sigma – konsistent mit den LHC-Messungen, aber für sich genommen nicht ausreichend für eine Entdeckung.

Die Wissenschaftler schätzen, dass sie etwa 150 Higgs-Signale unter fast 10.000 Untergrund-Ereignissen am Tevatron gemessen haben. Weil unter den Bedingungen dieses Beschleunigers die Higgs-Teilchen eher in bottom-Quarks und -Antiquarks zerfallen als beim LHC, stützen die Tevatron-Resultate die LHC-Ergebnisse und sind teilweise komplementär zu diesen, für sich allein jedoch nicht signifikant.

Große Apparate für kleine Teilchen: Die beiden Riesendetektoren CDF und DØ am Tevatron haben das top-Quark entdeckt sowie Anzeichen für das Higgs-Teilchen. Beide sind rund 5000 Tonnen schwer und zwölf Meter hoch.

»Das Higgs ist weder Materie noch Kraft, es ist etwas anderes«, betont Heuer. Denn als skalares Teilchen hat es keinen Spin – also gewissermaßen keine Eigenrotation, obwohl man sich solche Quanteneigenschaften nicht wie die Drehung eines Kügelchens vorstellen sollte. Somit ist der Nachweis des Higgs-Bosons mehr als bloß der eines weiteren Partikels im Teilchenzoo: Es ist die erste Entdeckung eines fundamentalen Skalars. Und dies könnte eine neues Refugium der Physik eröffnen und sogar eine geradezu kosmische Tragweite haben. »Denn warum sollte das Higgs-Teilchen das einzige Teilchen seiner Art sein?«, fragt Heuer. »Wie das Higgs-Feld durchziehen vielleicht auch andere Skalarfelder das ganze Universum.«

Tatsächlich gehen viele Kosmologen von weiteren Skalarfeldern aus, von der Existenz

› der Quintessenz, die eine Erklärung für die ominöse Dunkle Energie ist, welche als Ursache für die anscheinend beschleunigte Ausdehnung des Weltraums favorisiert wird,

› des Inflatons, das für die jähe, exponenzielle Expansion des sehr frühen Universums kurz nach oder sogar vor dem Urknall gesorgt haben soll,

› des Dilatons und diverser anderer Felder, die sich unvermeidlich aus der Stringtheorie ergeben, des besten Kandidaten für eine vereinheitlichte Theorie aller Naturkräfte und Materieformen.

»Der LHC kann nach Skalaren suchen und sie untersuchen«, sagt Heuer und hofft sogar, dass dies »der allererste Schritt zum Verständnis der Dunklen Energie« ist.

Die entscheidenden Fragen

Die nächsten Schritte der Higgs-Forscher standen mit der Entdeckung des neuen Teilchens sofort fest. Entscheidend war und ist, nun die Eigenschaften des Bosons so genau wie möglich zu messen. Nur so lässt sich nachweisen, ob es sich wirklich um das Higgs-Teilchen des Standardmodells der Materie handelt.

Dazu müssen diverse Fragen beantwortet werden. Die ersten und vordringlichsten lauten:

› Stimmt die Art und Häufigkeit der Zerfälle des Teilchens mit den Voraussagen des Standardmodells überein?

› Tritt das Boson umso stärker mit anderen Partikeln in Wechselwirkung, desto größer deren Masse ist?

› Hat es den Spin 0, also keinen quantenmechanischen Eigendrehimpuls?

› Besitzt es eine positive Parität? (Das heißt, sehen seine Erzeugung und Zerfälle gleich aus, egal ob man sie direkt oder in einem hypothetischen Spiegel anschauen würde? Das ist für die meisten bekannten Teilchen der Fall, aber nicht für alle.)

»Hochinteressant wäre es auch, das Higgs-Potenzial selbst auszumessen«, ergänzt Thomas Müller vom CMS-Team. »Das betrifft die Selbstkopplung des Teilchens. Man kann sie in Ereignissen studieren, bei denen ein virtuelles Higgs-Boson erzeugt wurde, das ein reelles Higgs-Boson abgestrahlt hat. Aber das vermag der LHC nicht herauszufinden, dazu brauchen wir einen neuen Beschleuniger.«

Das ist noch Zukunftsmusik. Doch Müller war bereits im Sommer 2012 zuversichtlich, das Higgs-Teilchen eingefangen zu haben. »Es passt einfach alles zu gut zusammen, die Natur scheint wenig Fantasie zu haben.« Das dämpft seine Begeisterung aber nicht, sondern er freut sich, dass die Theorie der Elementarteilchenphysik auf einer so soliden Basis steht. »Ich habe schon vor Jahren ein Monatsgehalt gewettet, dass das Standardmodell-Higgs in diesem Massenbereich existiert. Leider wollte niemand dagegen halten.«

»Alle bisherigen Daten sind im Rahmen der statistischen Unsicherheiten mit dem Higgs-Teilchen des Standardmodells vereinbar«, fasst auch Sandra Kortner von ATLAS die Situation zusammen. »Aber es gibt kleine Anzeichen für mögliche Abweichungen.« Falls sich diese verfestigen, würde es hochinteressant. »Ich nehme das zwar nicht an, aber ich bin befangen«, lächelt die Physikerin. »Ich habe schon zu viele Jahre am Higgs-Nachweis mitgearbeitet.«

Die Indizien verdichten sich

»Wir tun diese Dinge nicht, weil sie leicht sind. Wir tun sie, weil sie schwierig sind«, kommentiert Aidan Randle-Conde von der Southern Methodist University in Dallas, Texas, die Anstrengungen der vielen Tausend Forscher weltweit. Der Experimentalphysiker gehört zum US-amerikanischen LHC-Team. Zum Stand der Dinge zitierte er im Herbst 2012 den britischen Premierminister Winston Churchill. Der hatte – in ganz anderem Zusammenhang – einmal gesagt: »Das ist nicht das Ende. Es ist noch nicht einmal der Anfang vom Ende, aber es ist vielleicht das Ende des Anfangs.«

Tatsächlich war bereits am 3. Juli 2012, dem Tag vor dem Higgs Dependence Day und im Hinblick auf dessen Verkündigung, am CERN die Entscheidung gefallen, den LHC 2012 gut zwei Monate länger als geplant laufen zu lassen: Bis zum 17. Dezember konnten daher Protonen-Kollisionen bei acht Teraelektronenvolt stattfinden. Das gab den Forschern eine größere Datenbasis, bevor der LHC 2013 in eine zweijährige, dringend nötige Wartungsphase ging. »Wir wollten vorher noch so viele Daten wie möglich gewinnen, aber dann braucht der LHC eine Pause«, erläuterte Heuer.

Weitere Auswertungen stellten die ATLAS- und CMS-Teams bereits am 14. November 2012 auf dem Hadron Collider Physics Symposium im japanischen Kyoto vor. Für einen Durchbruch reichten die Daten zwar nicht aus, betrugen aber fast das Doppelte wie am Higgs Dependence Day. Die Messungen bis Oktober hatten die Higgs-Hypothese gestärkt – besonders auch hinsichtlich der Zerfälle in Tauonen, bottom-Quarks und W-Bosonen. Diskrepanzen zum Standardmodell waren nach wie vor nicht zum Vorschein gekommen, obschon die Zahl der Zerfälle in Tauonen etwas niedriger ausfiel als erwartet und in Gammaquanten höher. Aber statistisch waren diese Abweichungen zu klein, um den Physikern Kopfzerbrechen zu bereiten.

Außerdem konnte die CMS-Forschergruppe eine ungerade Parität mit etwa 2,5 Standardabweichungen ausschließen. Das bedeutet eine Wahrscheinlichkeit von nur etwa 2,4 Prozent dafür, dass das neue Teilchen ein Pseudoskalar ist – sich also *nicht* wie sein Spiegelbild verhält. Anders gesagt: Die Wahrscheinlichkeit, dass es ein Skalar ist, hat sich erhärtet – und somit auch die Higgs-Hypothese. Die besten Werte für die Masse des mutmaßlichen Higgs-Bosons errechneten sich nun auf 126,0 beziehungsweise 125,8 Gigaelektronenvolt für ATLAS beziehungsweise CMS; sowohl die statistischen als auch die systematischen Unsicherheiten betrugen dabei jeweils plus/minus 0,4 Gigaelektronenvolt.

»Eine Spin-Messung auf Grundlage der kompletten Daten-Basis bis Ende 2012 wird im günstigsten Fall etwa drei Sigma erreichen«, hatte Sandra Kortner im Spätsommer geschätzt. Bis dahin waren in ATLAS und CMS nur wenige tausend Zerfälle des neuen Bosons gemessen worden – viel zu wenig, um bereits genaue Aussagen zu machen.

Doch am 13. Dezember wurden auf einer Sitzung des CERN Council in Genf, des höchsten CERN-Gremiums, die ersten Daten zur Spin-Messung vorgestellt. Und sie deuteten tatsächlich, wenn auch nur mit etwa 2,5 Sigma, auf Spin 0 hin, wie es die Higgs-Hypothese fordert.

Dass das neue Boson nicht Spin 1 hat, folgerten die Physiker bereits aus seinem Zerfall in zwei Photonen. Der ist gemäß eines gut etablierten Theorems von Lev Landau (1948) und Chen Ning Yang (1950) nicht mit einem Spin-1-Teilchen vereinbar. Doch wenn das neue Boson etwas unerwartet Exotisches wäre, könnten die Annahmen des Theorems auch unterlaufen werden – Schlupflöcher sind in der Theoretischen Physik fast immer denkbar.

Immerhin: Dass CMS und ATLAS ein neues Boson entdeckt hatten, es sich also nicht um einen Messfehler oder einen statistischen Ausreißer handeln kann, war nun kaum mehr zu bezweifeln, sondern mit dem erweiterten Datensatz ganz klar bestätigt. Die statistische Auswertung hatte inzwischen eine grandiose Zuverlässigkeit der Messungen garantiert: Dass die Forscher durch den Zufall oder einen statistischen Fehler genarrt wurden, ist so unwahrscheinlich wie bei 42 Würfen einer fairen Münze 42-mal nacheinander dieselbe Seite zu erhalten!

Bestätigung mit Bravour

»Ich denke, wir haben es«, lautete Rolf-Dieter Heuers freudiger Ausruf, nachdem die Sprecher der ATLAS- und CMS-Forschergruppen am 4. Juli 2012 ihre Messergebnisse verkündet hatten. Mit »es« meinte der CERN-Generaldirektor das prognostizierte Higgs-Boson. Doch Heuer war vorsichtig genug, seine Begeisterung lediglich als persönliche Meinung zum Ausdruck zu bringen. Denn ein wissenschaftlich akzeptabler Higgs-Nachweis bedeutete die Entdeckung noch nicht. Entsprechend vorsichtig sprachen die Forscher seitdem nur von einem »Higgs-ähnlichen Teilchen«.

Bis Dezember 2012, dem vorläufigen Ende der Protonen-Kollisionen im LHC aufgrund von dessen Generalüberholungspause, hatten die Physiker allerdings mehr als das 2,5-fache an Daten gewonnen. Sie konnten damit ihre Analysen beträchtlich verfeinern und die Resultate auf eine präzisere und statistisch besser abgesicherte Basis stellen.

Im März 2013 war es dann soweit. Die mit Spannung erwarteten Auswertungen wurden nach monatelanger harter Arbeit vorgestellt: sowohl auf der jährlichen Moriond-Konferenz im italienischen La Thuile – einem beinahe paradiesischen Ort für Teilchenphysiker, wo manche nach (oder während) der Vorträge dem Skifahren frönen –

als auch auf der Frühjahrstagung der Deutschen Physikalischen Gesellschaft in Dresden. Und dort, im größten Universitätshörsaal der Elbestadt, ließ es sich Rolf-Dieter Heuer nicht nehmen, persönlich den Forschungsstand zusammenzufassen. Anschließend wagte er eine klare Aussage: »Einer muss den Kopf ›rausstrecken: Ich schlage vor, das ›Higgs-ähnlich‹ ab jetzt zu streichen. Wir haben *ein* Higgs-Teilchen entdeckt. Ob es *das* Higgs-Teilchen ist, müssen weitere Forschungen zeigen.«

Diese Unterscheidung ist keineswegs Pedanterie. Denn von den Details hängt nichts weniger ab als Gedeih und Verderb des Standardmodells der Elementarteilchen. Diesem zufolge gibt es genau ein Higgs-Boson. Seine Eigenschaften sind hier exakt spezifiziert. Oft scherzten Physiker daher, dass sie alles über das Higgs-Teilchen wüssten – nur nicht, ob es existiert. Und das war kaum übertrieben. Denn das Standardmodell legt tatsächlich bloß eine einzige Größe nicht fest: die Masse des Bosons. Sie lässt sich mit den Gleichungen allein nicht voraussagen, sondern muss gemessen werden. Die anderen Eigenschaften selbstverständlich auch, doch nicht zwecks einer neuen Information, sondern lediglich zur Bestätigung – oder Widerlegung – der Higgs-Hypothese.

»Ich denke, die Resultate sind jetzt bombenfest. Meinem Gefühl nach ist es das Standard-Higgs«, meint Thomas Müller. Er hatte wie Heuer einen Higgs-Übersichtsvortrag in Dresden gehalten. Und er warnte vor vorschnellen Schlüssen: »Noch sind nicht alle systematischen Fehlerquellen verstanden. Aber wir können die Massen-Bestimmung beispielsweise mithilfe der Z-Bosonen eichen. Das sind gute ›Standardkerzen‹, und am LHC wurden Millionen davon registriert. Da deren Masse präzise und reproduzierbar gemessen ist, erscheinen auch andere Messungen als zuverlässig.«

Die CMS-Kollaboration hat zudem ein deutliches Signal von Higgs-Zerfällen zu Tauonen gefunden. (ATLAS zunächst noch nicht, weil nicht der gesamte Datensatz analysiert wurde.) »Das ist wohl das

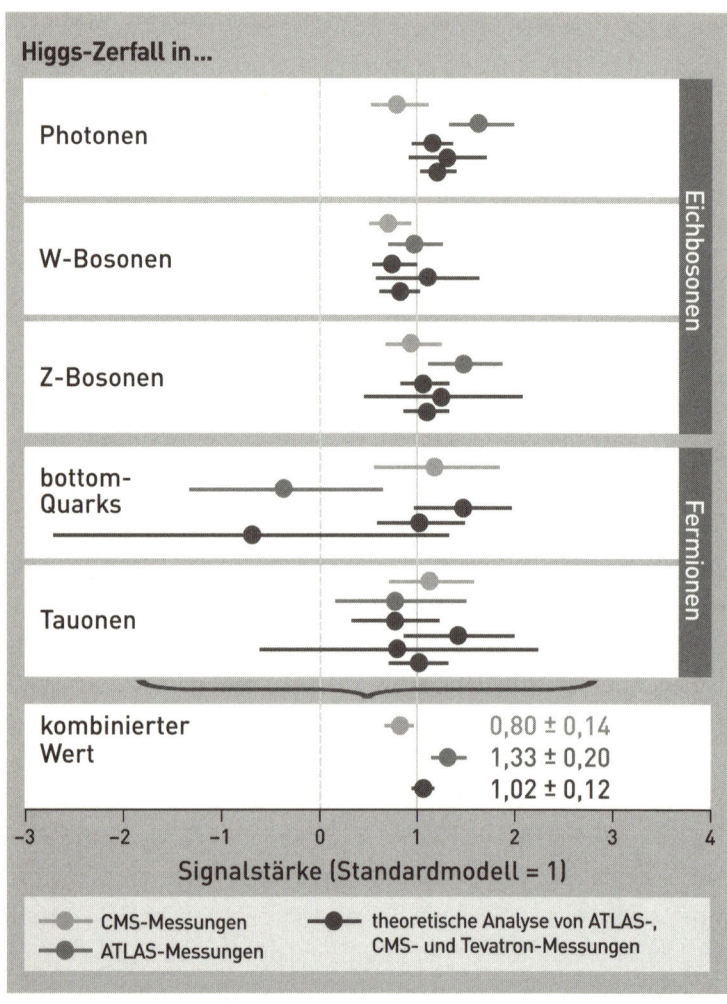

Higgs-Zerfall in...

Photonen

W-Bosonen

Z-Bosonen

bottom-Quarks

Tauonen

Eichbosonen

Fermionen

kombinierter
Wert

0,80 ± 0,14
1,33 ± 0,20
1,02 ± 0,12

-3   -2   -1   0   1   2   3   4

Signalstärke (Standardmodell = 1)

CMS-Messungen
ATLAS-Messungen

theoretische Analyse von ATLAS-,
CMS- und Tevatron-Messungen

wichtigste Resultat der letzten Monate«, freute sich Thomas Müller nach der Physik-Konferenz in Dresden. »Denn es zeigt auf direkte Weise, dass das Higgs-Boson auch an Fermionen koppelt, nicht nur an W- und Z-Teilchen, für die der Higgs-Mechanismus ja ursprünglich formuliert wurde.«

Signalstärken im Überblick: Zusammenfassung der Zerfallsstatistik des mutmaßlichen Higgs-Bosons nach Messungen der ATLAS- und CMS-Detektoren am LHC und der CDF- und DØ-Detektoren am Tevatron sowie unterschiedlichen Datenauswertungen und Modellrechnungen. Manche Zerfallsraten konnten bereits recht genau bestimmt werden, einige sind aufgrund des großen störenden Untergrunds durch andere Prozesse aber nur grob bekannt. Die Details sind entscheidend: Die Punkte in den Diagrammen zeigen die gemessenen Häufigkeiten verschiedener Zerfallsarten relativ zu den Voraussagen des Standardmodells der Materie. Die horizontalen Fehlerbalken geben die Unsicherheit an (eine Standardabweichung). Die Werte auf der Achse charakterisieren das Verhältnis der Messungen zu den theoretischen Erwartungen: 1 bedeutet eine Zerfallsrate in exakter Übereinstimmung mit dem Standardmodell – und somit der Higgs-Annahme. 0 bedeutet, dass dieser Zerfall nicht beobachtet wurde, im Gegensatz zur Voraussage. Und jeder andere Wert bedeutet, dass das neue Boson sich nicht so verhält, wie prognostiziert. Alle Daten sind im Rahmen der noch großen Messunsicherheiten mit dem Standardmodell vereinbar. Somit gibt es bislang keine signifikante Abweichung – und keinen guten Grund zur Annahme, dass das neue Boson kein Higgs-Teilchen ist.

Wegen der miterzeugten und nicht direkt nachweisbaren Neutrinos ist das Tau-Signal zwar nur mit einer recht ungenauen Massenauflösung rekonstruierbar – es zeigt sich als kleine, relativ breite »Schulter« an der Verteilung der sehr viel häufiger stattfindenden Zerfälle eines Z-Bosons in zwei Tauonen. Doch CMS sieht das Signal immerhin schon mit drei Sigma (sogar mehr als erwartet).

Würde das Higgs-Feld nicht mit Fermionen interagieren, also mit Quarks und Leptonen, dann bekämen diese dadurch keine träge Masse, sondern nur die W- und Z-Bosonen. In diesem Fall wäre zwar die Schwache Wechselwirkung erklärt, doch das Standardmodell der Elementarteilchen bliebe trotzdem unvollständig, und das Verständnis des Higgs-Mechanismus hätte Defizite. Erst die fermionische Higgs-Wechselwirkung, nach dem japanischen Physik-Nobelpreisträger Hideki Yukawa als Yukawa-Kopplung bezeichnet, ermöglicht die Existenz von Atomen.

Exkurs

Ein Photonen-Überschuss?

Noch stimmen die ATLAS- und CMS-Daten nicht exakt überein – doch das ist auch nicht unbedingt zu erwarten, zumal alle Messungen im Rahmen der statistischen und systematischen Unsicherheiten zum Standardmodell passen. »Allerdings sind weitere Tests und genauere Analysen nötig. Und daran arbeiten wir«, sagt Sandra Kortner vom Max-Planck-Institut für Physik in München. »Es war schon erstaunlich, wie gut ATLAS lief. Der Detektor hat besser funktioniert als geplant.«

Kopfzerbrechen bereitet den ATLAS-Forschern beispielsweise, dass die Zerfälle in zwei Photonen beziehungsweise in vier Leptonen auf zwei leicht unterschiedliche Massen für das Higgs-Teilchen schließen lassen. Außerdem wurden zunächst mehr Zerfälle in zwei Photonen gemessen als erwartet. Manche Physiker hofften bereits auf Abweichungen vom Standardmodell. Aber das wäre vorschnell und übertrieben.

»Wir haben viele Untersuchungen gemacht und keinen Grund dafür gefunden, dass irgendwo eine systematische Fehlerquelle steckt.« Sandra Kortner ist nachdenklich: »Ob es eine statistische Fluktuation ist oder ein physikalischer Effekt, lässt sich bislang nicht sicher sagen.« Ersteres erscheint plausibler, da die letzten ATLAS-Messungen einen geringeren Photonen-Überschuss fanden und die letzten CMS-Daten – im Gegensatz zu früheren – gar keinen mehr.

Eine gewisse Ironie ist mit dem Photonen-Überschuss, Zufall oder nicht, gleichwohl verbunden: Hätte er sich in den Daten von 2011 und den ersten Monaten 2012 nicht gezeigt, dann wären die Auswertungen bis zum Higgs Dependence Day unter den notorischen fünf Sigma geblieben. Die Entdeckung wäre damals dann strenggenommen noch keine gewesen beziehungsweise hätte erst etwas später verkündet werden können. Die sprichwörtliche »Tücke des Objekts« (eine von dem schwäbischen Philosophen und Literaturwissenschaftler Friedrich Theodor Vischer in seinem Roman *Auch Einer* von 1879 geprägte Formulierung) kann sich also manchmal auch positiv auswirken.

»Kompliziertere Kopplungen sind noch nicht komplett ausgeschlossen, da es dabei mehr Freiheitsgrade gibt. Aber mit sehr vielen Freiheitsgraden kann man ohnehin fast alles an die gemessenen Daten anpassen – auch einen Elefanten«, scherzt Sandra Kortner. »Ich denke schon, dass wir das Higgs-Teilchen des Standardmodells gefunden haben. Ganz sicher können wir das aber noch nicht sagen.«

Bei den Zerfällen und Kopplungen des neuen Bosons stärken die Daten also die Higgs-Hypothese bereits sehr gut.

Tatsächlich lassen sich mit dem Higgs-Mechanismus sehr genaue Vorhersagen über die Stärke der Wechselwirkung (Kopplung) des Higgs-Bosons mit anderen Elementarteilchen berechnen – eine entscheidende Bedingung für den Higgs-Nachweis. Für die Fermionen, also Quarks und Leptonen, wächst die Kopplung proportional zu ihrer Masse m ($\sim$ m/v), für die W- und Z-Teilchen quadratisch ($\sim$ m²/v); v bezeichnet den sogenannten Vakuumerwartungswert des Higgs-Felds, der 246 Gigaelektronenvolt beträgt. Die Kopplung bedeutet, dass Higgs-Bosonen bevorzugt in so schwere Teilchen wie möglich zerfallen.

»Ursprünglich wurde der Massenbereich um 125 Gigaelektronenvolt als besonders ungünstig für die Entdeckung des Higgs-Bosons angesehen. Inzwischen sind wir der Natur jedoch dankbar, da bei dieser Masse etwa 85 Prozent aller möglichen Zerfälle am LHC experimentell zugänglich sind. Diese Masse ist somit ideal, um die Vorhersagen der Theorie zu testen«, freuen sich der frühere ATLAS-Koordinator Klaus Jacobs von der Universität Freiburg und Thomas Müller vom CMS in einem gemeinsamen Übersichtsartikel vom November 2013.

Spin und Parität sind schwieriger zu bewerten. Sie lassen sich nicht direkt bestimmen, sondern müssen aus vielen Messungen mühsam rekonstruiert werden. Sowohl die CMS- als auch die ATLAS-Resultate zeigen aber bereits eine klare Tendenz: Alle Kombinationen der verschiedenen Messwerte sind unwahrscheinlicher als derjenige im Parameterraum, der für das Standard-Higgs spricht. Die Parität ist also wohl positiv. Und Spin 0 stimmt am besten mit den Daten überein. Spin 1 ist fast völlig aus dem Rennen – und Spin 2 für die einfachsten Fälle inzwischen auch. »Die Hypothesen von Spin 1 und Spin 2 konnten inzwischen mit noch etwas größerer Wahrscheinlichkeit ausgeschlossen werden, so dass man jetzt von einem klaren Hinweis für Spin 0 spricht«, fasst Sandra Kortner die ATLAS-Analysen bis zum Jahresende 2013 zusammen. Jacobs und Müller beziffern Spin-Paritäts-Kombinationen, die dem Higgs-Boson widersprechen würden, sogar als »mit einem Vertrauensniveau von mehr als 99 Prozent ausgeschlossen«.

Nichts spricht bislang also gegen die Higgs-Hypothese! John Ellis und Tevong You vom CERN sind nach einer Gesamtanalyse der ATLAS-, CMS- und Tevatron-Daten trotz aller Vorsicht in einer kritischen Fachpublikation denn auch ungewöhnlich deutlich. Ihre Conclusio: »Mit an Sicherheit grenzender Wahrscheinlichkeit ist das Teilchen ein Higgs-Boson.«

Atempause und Arbeitseinsatz

Schätzungsweise sind durch die Protonen-Kollisionen in ATLAS und CMS je etwa 87.000 Higgs-Bosonen im Jahr 2011 erzeugt worden und 2012 ungefähr 440.000. Gemessen werden konnte davon freilich nur ein Bruchteil, und auch dies aufgrund des Hintergrundrauschens anderer Prozesse lediglich »statistisch«. Doch auch so sind die Higgs-Signale überwältigend deutlich. Beim Gamma-Gamma-Kanal von ATLAS beispielsweise beträgt die statistische Güte 7,4 Sigma – die Wahrscheinlichkeit, dass das Signal vom Zufall vorgetäuscht wird, ist also nur 1 zu 10^{13}.

Die Higgs-Teams von ATLAS und CMS sind weiterhin schwer beschäftigt. Noch sind nicht alle Daten von 2012 ausgewertet. Auch

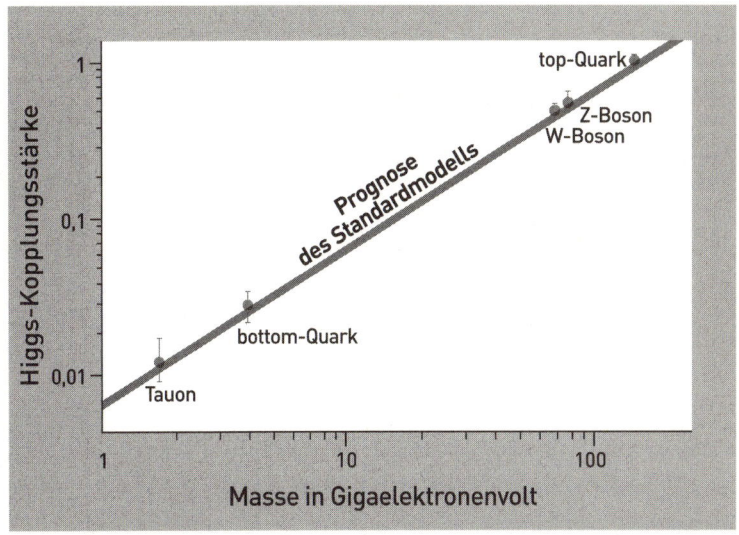

Konsistente Kopplung: Wenn das neu entdeckte Teilchen ein Higgs-Boson ist, dann wird seine Wechselwirkung mit anderen Partikeln proportional zu deren Masse stärker. Das ist eine klare Voraussage des Standardmodells der Elementarteilchen (Linie). Die ersten Messungen dieser Kopplungsstärken stimmen damit überein. Allerdings ist die statistische Unsicherheit noch sehr groß. (Die Fehlerbalken betragen eine Standardabweichung.)

am LHC herrscht emsige Betriebsamkeit. Doch rasen seit Februar 2013 keine Teilchen mehr in der 27 Kilometer langen Kreisbahn herum. Nachdem am 17. Dezember 2012 die letzten hochenergetischen Protonen miteinander kollidiert waren, fanden ab dem 20. Januar bis Februar 2013 noch Experimente statt, bei denen erstmals Protonen auf Blei-Atomkerne mit fünf Teraelektronenvolt geschossen wurden – eine technische Meisterleistung, die so vorher noch nirgendwo möglich war. Dann wurden zu Maschinentestzwecken noch einmal vier Tage lang Protonen bei 1,38 Teraelektronenvolt zur Kollision gebracht, bis zum 14. Februar, und zwei weitere Tage lang kreisten die Strahlen ohne Kollisionen. Am Samstagmorgen,

16. Februar um 8:25 Uhr, wurde der LHC abgeschaltet. »END OF RUN 1«, stand in weißen Buchstaben vor schwarzem Hintergrund auf einem der Bildschirme des Kontrollzentrums, »No beam for a while«. Die erste große Wartungspause seit Betriebsbeginn 2009 hatte begonnen – nicht nur für den LHC, sondern auch die vorgeschalteten Beschleuniger. Bis 2015 sollen die Anlagen fit gemacht werden, um Protonen mit noch höherer Energie aufeinander zu feuern – statt mit den bisher acht Teraelektronenvolt dann mit 13 und schließlich sogar 14. Das wird die Forschung noch einmal einen großen Schritt weiterbringen.

Bis dahin werden 10.170 elektrische Kontakte zwischen den supraleitenden Quadrupol- und Dipol-Magneten verstärkt. »Das ist eine delikate Angelegenheit«, kommentiert Rolf-Dieter Heuer. Außerdem werden die 1695 Verbindungen zwischen den LHC-Magneten geöffnet und kontrolliert und vier Quadrupol- sowie 15 Dipol-Magnete ausgewechselt. Sicherheitshalber werden 612 zusätzliche Druckablassventile installiert, falls sich das 1,9 Kelvin kalte Kühlmittel, flüssiges Helium, erwärmen sollte. Auch die Detektoren werden gewartet und teilweise aufgerüstet. So bekommt ATLAS zusätzliche Myonen-Spektrometer-Kammern und einen neuen Pixel-Detektor im Zentrum. Bei CMS wird dieser Detektor erst 2016 getauscht, jetzt aber luftdicht umschlossen und mit einer Kühlanlage versehen, um der künftig höheren Strahlenbelastung zu trotzen. Außerdem werden eine vierte Schicht von Myonen-Detektoren und eine 100 Tonnen schwere »Schutzkappe« ans äußere Ende von CMS angebaut, um die künftigen Messungen dieser negativ geladenen Teilchen zu präzisieren.

»Ich möchte dieses Biest gut zum Laufen bringen. Aber ohne Abkürzung. So wie wir es 2009 zum Laufen gebracht haben. Es ist quasi eine neue Maschine. Wir werden genauso vorsichtig anfangen, wie wir 2009 angefangen haben«, formuliert Heuer das Hauptziel in seinen zwei verbleibenden Jahren als Generaldirektor.

Wie geht es weiter?

»Erstens wird der LHC nach 2015 mit höherer Energie laufen. Das öffnet auch ein neues Fenster in der Forschung. Wann sich etwas in diesem zeigt, ist natürlich nicht klar. Das hängt davon ab, wie groß die Wahrscheinlichkeit ist, dass etwas Neues auftaucht. Es kann Jahre dauern, bis ein klares neues Signal kommt. Vielleicht dauert es auch noch länger, wenn die Produktionswahrscheinlichkeit sehr gering ist«, erläuterte Heuer Ende Juli 2013 in einem Hintergrundgespräch mit Journalisten in kleiner Runde am CERN. »Das Zweite ist, genau zu messen – also die Zahl der Kollisionen – sprich: Statistik – zu erhöhen. Das ist genau das, was für die Untersuchung des Higgs-Bosons wichtig ist: Mit der größeren Energie bekommt man eine höhere Erzeugungsrate, und das verbessert die Statistik.«

Wenn der LHC wieder läuft, sind die nächsten Ziele klar: Die möglichst präzise Charakterisierung des neu entdeckten Teilchens – und die Suche nach einer »neuen Physik« jenseits des Standardmodells.

»Wir haben ein Higgs-Boson gefunden, jetzt müssen wir genau feststellen: Ist es das Higgs-Boson des Standardmodells oder ist es ein Higgs-Boson von mehreren?«, fragt Heuer. »Viele Modelle, vor allem die Supersymmetrie, sagen mehrere voraus – allerdings mit der Einschränkung, dass das Higgs-Boson mit der niedrigsten Masse dem des Standardmodells sehr ähnlich sieht.« Da das Standardmodell mit der gemessenen Higgs-Masse nun alle Higgs-Eigenschaften genau festlegt, muss als Nächstes also überprüft werden, ob die Voraussagen zutreffen. »Wir werden zum Beispiel die Higgs-Kopplung zu anderen Teilchen genau bestimmen.«, betont Heuer. Für die Messung der Selbstkopplung des Higgs-Bosons ist sogar das Hundertfache der bisherigen Kollisionszahl und somit Datenmenge nötig (etwa 3000 inverse Femtobarn). Die wird – nach einem weiteren LHC-Upgrade Anfang der 2020er-Jahre – nicht vor 2030 vorliegen.

Bei der Suche nach etwas ganz Neuem gibt es zwei Strategien, die beide zum Einsatz kommen: »Man muss gezielt überprüfen, was Theoretiker vorhersagen. Und man muss offen sein für das Überraschende – also frei und ungebunden von Theorien nachschauen, was in den Daten Neues steckt«, erläutert Heuer. »Zuerst geht man stärker in Richtung Vorhersagen, darf aber das andere nicht vernachlässigen.«

Vorstoß ins Dunkle

»Wir haben 50 Jahre gebraucht, um das Standardmodell der Elementarteilchen zu konkretisieren und zu komplettieren – 50 Jahre, um fünf Prozent der Energiedichte des Universums zu beschreiben. 95 Prozent sind Dunkle Materie und Dunkle Energie. Es ist jetzt höchste Zeit, dass wir in dieses Dunkle Universum reingehen. Das ist meine Hoffnung«, antwortet Heuer auf die Frage, was für ihn nun die größten Herausforderungen der Teilchenphysik sind. Der LHC kann zur Lösung dieser Probleme einiges beitragen, auch wenn es ohne komplementäre astronomische Forschung und andere Experimente nicht geht.

Der frisch gebackene Nobelpreisträger François Englert sieht es ganz ähnlich, wie er in seinem Telefonat mit dem Nobelpreis-Komitee nach der Bekanntgabe des Preises sagte. Für die Erklärung der Dunklen Materie und Dunklen Energie sei eine noch tiefgründigere Theorie nötig – wie auch für die Verbindung mit der Schwerkraft (die mit dem Brout-Englert-Higgs-Mechanismus und den Elementarteilchenmassen nichts zu tun hat). Mit der mutmaßlichen Entdeckung des Higgs-Teilchens ist das Standardmodell der Elementarteilchen nun vollständig. Das ist der Abschluss eines wichtigen Kapitels der Grundlagenphysik, aber nicht ihr Ende. Bleibt abzuwarten, ob das Dichterwort hier zutrifft (von Hermann Hesse): »Und jedem Anfang wohnt ein Zauber inne ...«

Vorläufiges Fazit

Higgs-Boson – Übersicht und Ausblick

› Ob das 2012 entdeckte neue Teilchen wirklich das gesuchte Higgs-Boson ist, lässt sich noch nicht definitiv sagen, denn eindeutige Ergebnisse wird es erst in ein paar Jahren geben. Vorher sind die Messungen nicht genau genug. Doch die vorliegenden Daten stützen ausgezeichnet die Hypothese der Higgs-Entdeckung. Die Chancen stehen also sehr gut, dass der letzte fehlende Baustein des Standardmodells entdeckt wurde.

› Das neue Boson hat eine Masse von knapp 126 Gigaelektronenvolt. Das entspricht etwa der von 135 Protonen oder der eines Iod-Atoms. Der bislang beste Wert, errechnet aus einer gewichteten Kombination aller bisherigen Messungen, ist 125,64 plus/minus 0,35 Gigaelektronenvolt. (Er ist schon jetzt genauer als die Masse mancher Quarks!)

› Das Boson besitzt sehr wahrscheinlich den Spin 0 (also keinen Spin) im Gegensatz zu den Eichbosonen mit Spin 1. Daraus folgt, dass das Higgs-Feld keine Richtung haben kann – also ein Skalarfeld ist und kein Vektorfeld. Genau das sagt das Standardmodell voraus.

› Das Boson hat wohl eine positive Parität. Es verhält sich also gleich, egal ob es direkt oder in einem hypothetischen Spiegel »betrachtet« wird.

› Das Boson wird bei den LHC-Bedingungen entsprechend der Voraussage des Standardmodells überwiegend durch Gluonen-Fusion gebildet (gemessen mit über drei Sigma Signifikanz).

› Das Boson tritt umso stärker (genauer: linear proportional) mit anderen Partikeln in Wechselwirkung, desto größer deren Masse ist.

› Und die Art und Häufigkeit seiner Zerfälle passen exzellent zu den Voraussagen des Standardmodells; die Unsicherheiten liegen im Bereich von nur noch wenigen Prozent. Quantitativ ausgedrückt: Die Signalstärke des Bosons beträgt 0,96 plus/minus 0,11 gemäß der LHC-Daten oder 0,98 plus/minus 0,11, wenn auch noch die Tevatron-Messungen berücksichtigt werden – in hervorragender Übereinstimmung mit dem Standardmodell, das den normierten Wert 1,0 fordert.

› Alles spricht für den Nachweis des (oder eines) Higgs-Bosons und nichts dagegen. Damit kommt in gewisser Weise eine Ära der Teilchenphysik zu einem krönenden Abschluss.

Antimaterie

Vorstoß in die Gegenwelt

Antimaterie ist ein besonderer Stoff: selten, teuer und exotisch. Doch inzwischen können Physiker ihn gezielt erzeugen und manipulieren. Außerdem erforschen Astronomen die Antimaterie in der Milchstraße – und suchen nach Spuren von Spiegelgalaxien.

Einblick ins Antireich: Mit dem AEGIS-Experiment messen Wissenschaftler am CERN das Gewicht von Antiwasserstoff.

»Hör mal: Nebenan gibt's ein Wahnsinnsuniversum;
nichts wie hin.«
Edward Estlin Cummings (1894 – 1962), amerikanischer Dichter

Anschlag auf den Vatikan

»Der Zylinder enthält eine extrem brennbare Substanz, genannt Antimaterie. Wir müssen ihn sofort aufspüren – oder die Vatikanstadt evakuieren«, warnt Vittoria Vetra. Die Physikerin befürchtet, dass eine Antimaterie-Bombe kurz vor der Detonation steht. »Das wäre apokalyptisch: Eine grelle Explosion mit der Kraft von fünf Kilotonnen!« Der Kunsthistoriker Robert Langdon erwidert: »Vatikanstadt wird verschlungen vom Licht.«

Dieser kurze Dialog im Kinofilm *Illuminati* zeigt: die Antimaterie ist in den Massenmedien angekommen. In dem 2000 erschienenen Thriller (*Angels and Demons*) von Dan Brown und seiner Verfilmung aus dem Jahr 2009 plant der Geheimorden der Illuminaten, den Vatikan in die Luft zu sprengen – mit einem viertel Gramm Antimaterie. Das entspräche etwa der halben Vernichtungskraft der Hiroshima-Atombombe. (In einem Gramm stecken 9×10^{13} Joule – gemäß Albert Einsteins Formel $E = mc^2$, wobei E für die Energie, m für die Masse und c für die Lichtgeschwindigkeit steht.)

Im Prinzip wäre ein solcher Anschlag durchaus möglich. Denn wenn Materie-Teilchen mit Antimaterie-Teilchen in Kontakt kommen, lösen sich beide vollkommen in hochenergetische Strahlung auf (plus eventuell weitere energiereiche Partikel). Diese als Annihilation bezeichnete Partikelvernichtung ist die effektivste Energiefreisetzung, die es überhaupt gibt. Doch es bedarf keines göttlichen Beistands, um Entwarnung zu verkünden. Aus naturwissenschaftlicher Sicht ist der

Illuminati-Plot utopisch: Selbst mit allem Geld der Welt könnte niemand so viel Antimaterie herstellen oder speichern.

Exkurs

Die effektivste Energiequelle der Welt

Weil bei der Zerstrahlung (Annihilation) von Materie und Antimaterie die gesamte Ruhemasse in Energie umgewandelt werden kann, ist dieser Prozess die beste Art der Energieerzeugung überhaupt – viel wirkungsvoller als jede chemische Reaktion. Die Wucht eines Sprengstoffs basiert nämlich auf der großen Menge der eingesetzten Atome (rund 10^{24} pro Gramm) und dem Freiwerden von Bindungsenergie aus ihren Elektronenhüllen. Davon ernähren sich übrigens letztlich auch alle Lebewesen: Von einem Kilogramm Nahrung wird circa ein Mikrogramm in Energie umgesetzt und teilweise für Wachstum oder Bewegung genutzt. Kernreaktionen (Spaltung und Verschmelzung) entfesseln dagegen die Energie der Atomkerne – bis zu einem Prozent der Masse und bis zu zehn Millionen Mal mehr als bei chemischen Reaktionen.

Würde ein Kilogramm Antimaterie zerstrahlt, könnte man $1{,}8 \times 10^{17}$ Joule freisetzen. Das ist etwa zehn Milliarden Mal so viel Energie wie bei einer typischen chemischen Reaktion derselben Masse. Und immerhin das 1000- beziehungsweise 100-fache der Kernspaltung und -fusion. $1{,}8 \times 10^{17}$ Joule entspricht der Sprengkraft von 43 Megatonnen TNT – fast so viel wie in der stärksten Wasserstoffbombe steckte, die jemals gezündet wurde, in der sowjetischen Zar-Bombe vom 30. Oktober 1961 mit über 50 Megatonnen. (Eine Megatonne TNT entfesselt $4{,}2 \times 10^{15}$ Joule; ein Joule entspricht der kinetischen Energie einer Masse von zwei Kilogramm, die sich mit einem Meter pro Sekunde bewegt.)

Allerdings kann zwar die gesamte Masse von Positronen in Strahlungsenergie umgewandelt werden, nicht aber die von Antiprotonen. Denn bei der Annihilation von Antiprotonen bilden sich auch fermionische Teilchen, etwa Myonen, neutrale und geladene Pionen sowie Neutrinos. Erstere zerfallen weiter, doch die Neutrinos tragen rund 75 Prozent der Energie davon, die sich technisch nicht nutzen lässt.

Auch wenn der gefährliche Stoff für potenzielle Attentäter also völlig waffenuntauglich ist – seine Faszination schmälert dies kaum, und zwar nicht nur für Literaten und Cineasten. Tatsächlich hat die Antimaterie-Forschung in jüngster Zeit gewaltige Fortschritte gemacht. Und sie wird in den nächsten Jahren sicherlich noch mehrfach für Schlagzeilen sorgen. Denn zurzeit sind raffinierte Experimente in Vorbereitung, die sogar grundlegende Antworten versprechen auf die Frage, warum das Universum so ist, wie es ist – und warum wir überhaupt existieren. Fest steht: Antimaterie bleibt ein Thema – für Science, Fiction und weit darüber hinaus.

Der teuerste Stoff der Welt

Was noch in den 1990er-Jahren kaum vorstellbar war, ist heute Realität: Physiker können Antimaterie nicht nur produzieren, sondern inzwischen sogar speichern und manipulieren. Selbst Antiatome lassen sich jetzt erzeugen sowie exotische Moleküle, die es in der Natur gar nicht gibt. Damit wollen die Wissenschaftler die Naturgesetze ausloten und neue Effekte finden, die vielleicht sogar die Relativitätstheorie in Schwierigkeiten bringen oder Einblicke in eine gespenstische Parallelwelt erlauben.

Weltweit führender Ort der Antimaterie-Wissenschaft ist das Forschungszentrum CERN bei Genf. Das wissen auch die *Illuminati*-Fans, denn von dort stammt das Material für die Antimaterie-Bombe im Roman. Und tatsächlich sollen im CERN bald 10 Millionen Antiprotonen pro Minute hergestellt werden, um daraus Antiatome zu machen.

Allerdings: »Antiwasserstoff-Atome zu speichern, ist eine riesige Herausforderung«, sagt Rolf Landua vom CERN. Er hatte als Berater bei der Verfilmung von *Illuminati* mitgewirkt und war gerüchteweise sogar ein Vorbild für den Physiker und Ex-Theologen

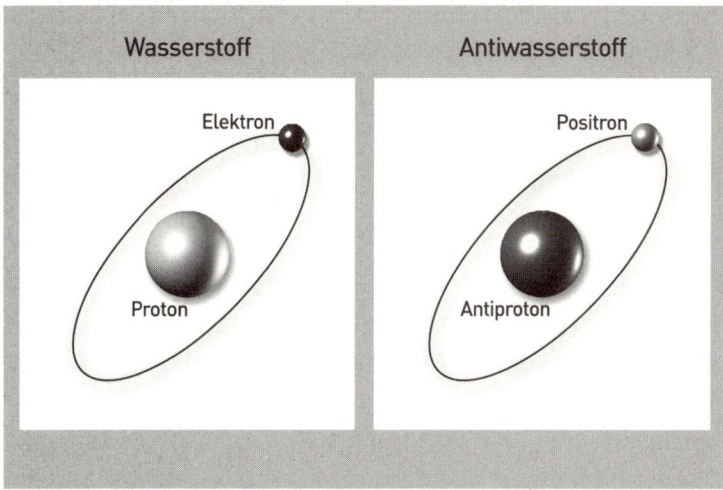

Bild und Spiegelbild: Wasserstoff besteht aus einem positiv geladenen Proton und einem negativen Elektron. Antiwasserstoff besitzt dagegen als Kern ein Antiproton mit negativer Ladung, das von einem positiven Positron umkreist wird.

Leonardo Vetra in Dan Browns Roman. Zwar haben CERN-Forscher es 2011 erstmals geschafft, ein paar Antiwasserstoff-Atome eine gute Viertelstunde lang zu speichern. Doch ein viertel Gramm Antimaterie herzustellen und in eine tragbare Bombe zu packen, ist technisch nicht möglich.

Selbst wenn man alle Antimaterie sammeln und vereinen könnte, die im Lauf der letzten vier Dekaden am CERN produziert wurde, dann wären es allenfalls zehn Milliardstel eines Gramms. Und falls sie mit Materie zur Annihilation gebracht werden würde, wäre das nicht gefährlicher, als ein Streichholz anzuzünden, und es würde nicht einmal ausreichen, um eine einzige Glühbirne ein paar Minuten lang zum Leuchten zu bringen.

»Es bräuchte Milliarden Jahre, um genug Antistoff zusammenzukratzen für eine Bombe, wie sie Dan Brown beschrieben hat«, sagt Landua. Tatsächlich würde es mit der heutigen Antimaterie-Produktionsrate des CERN 10.000-mal so lang dauern, wie unser Universum alt ist, um so viel explosives Material zusammenzubringen, dass dieses mit der Sprengkraft einer Atombombe konkurrieren könnte. Für Vatikan-Feinde gäbe es also eindeutig effizientere Mittel, um den Heiligen Stuhl in den Himmel zu fahren.

Und preiswertere: Denn Antimaterie ist wohl der teuerste Stoff auf Erden. Der Physiker Gerald Smith schätzte 2006 die Produktionskosten von zehn Milligramm Antielektronen (Positronen) auf 250 Millionen Dollar. Die Herstellung von Antiwasserstoff geht noch viel mehr ins Geld: Am CERN werden die Kosten eines Milliardstel Gramms auf einige Hundert Millionen Euro veranschlagt.

Außerdem wäre Antimaterie von der Energiebilanz her waffentechnisch völlig ineffektiv. Bei ihrer Zerstrahlung würde nämlich nur etwa ein Zehnmilliardstel der zu ihrer Produktion nötigen Energie wieder frei, obwohl die Annihilation selbst der effizienteste Energielieferant ist, den es in der Natur überhaupt gibt.

Exkurs

Winzige Mengen taugen nicht zur Bombenstimmung

Trotz emsiger Antimaterie-Forschung darf man sich nicht täuschen: Quantitäten, wie sie in der Science Fiction verschleudert werden, sind genau das: Fiktion, keine Wissenschaft. Schon ein Gramm Antiprotonen (6×10^{23} Teilchen) oder Positronen (10^{27} Teilchen) sind völlig utopisch. Die ergiebigste Quelle von Antiprotonen sprudelte am Fermilab bei Chicago, wo innerhalb eines Monats bis zu 10^{14} Antiprotonen erzeugt wurden (im Juni 2007). Das sind rund 1,5 Milliardstel Gramm. Ihre Annihilation würde etwa 270 Joule freisetzen – nicht einmal genug, um eine 40-Watt-Glühbirne sieben Sekunden leuchten zu lassen. Zum Vergleich: Der Antiproton Decelerator am CERN produziert etwa 10^{13} Antiprotonen pro Jahr.

Gleich und doch verschieden

Antimaterie bildet eine Gegenwelt – so ähnlich und zugleich verschieden zu unserer Welt wie ein Spiegelbild. Die meisten Eigenschaften der Antimaterie sind identisch mit denen der Materie, manche aber gerade entgegengesetzt. So haben Antiteilchen zwar dieselbe Masse und Lebensdauer wie ihre materiellen Pendants, jedoch die umgekehrte Ladung und Helizität (Händigkeit oder Drehsinn).

Allgemeiner: »Absolute« Eigenschaften ohne ein Vorzeichen sind gleich (wie die Masse), ladungsartige Eigenschaften mit einem Vorzeichen (wie elektrische Ladung, magnetisches Moment oder Strangeness) entgegengesetzt, wenn auch vom selben Betrag. Teilchen, die keine solchen »relativen« Eigenschaften besitzen, sind ihre eigenen Antiteilchen – etwa das Photon oder das elektrisch neutrale Pi-Meson. (Das Neutron ist zwar ebenfalls elektrisch neutral, jedoch nicht sein eigenes Antiteilchen, weil es aus Quarks besteht, nicht Antiquarks; aufgrund seiner inneren Ladungen und Dynamik besitzt es beispielsweise auch ein geringes magnetisches Moment.)

Der seltsamste Mann

Die Entdeckung der Antimaterie gehört zu den größten intellektuellen Leistungen in der Physik der ersten Hälfte des 20. Jahrhunderts – und wohl der Geschichte der Physik insgesamt. Am Anfang stand dabei nicht, wie so oft, ein zufälliger oder systematisch gesuchter experimenteller Befund (obwohl das der Fall hätte sein können, jedoch nicht erkannt wurde). Auch markierte kein origineller Einfall oder eine kühne Spekulation den Beginn (obwohl es diese gab und sie sich sogar in der Bezeichnung »Antimaterie« niederschlug). Vielmehr stieß eine wissenschaftliche Voraussage auf der Basis einer rigorosen theoretischen Ableitung die Tür zur

Gegenwelt auf. Kurzum: Es war eine erstaunliche Schöpfung der menschlichen Vernunft und Phantasie.

Der Geniestreich glückte – durchaus mit Hindernissen und Verzögerungen – einem einzelnen Mann: dem britischen Physiker Paul A. M. Dirac. Geboren wurde er 1902 in Bristol, und 1984 starb er in Tallahassee, Florida. Er gilt vielen als der größte britische Theoretiker seit Isaac Newton. Und er hatte von 1932 bis 1969 auch dessen Professur an der Cambridge University inne, den berühmten Lukasischen Lehrstuhl. (Stephen Hawking war von 1979 bis 2009 sein Nachnachfolger.)

In seiner über 500 Seiten umfassenden Biographie *The Strangest Man* von 2009, schreibt der britische Physiker Graham Farmelo über Dirac: »Die Grenze zwischen Genie und mentaler Fragilität ist dünn – ein Aspekt, der sich besonders gut bei dem brillanten, aber auch verblüffenden Geist von Paul Dirac zeigt.« Tatsächlich war er ein extrem exzentrischer Mensch (durchaus mit autistischen Zügen). Davon zeugen viele Anekdoten.

Berüchtigt war beispielsweise seine Wortkargheit – bei seinen Kollegen in Cambridge galt das »Dirac« sogar als physikalische Einheit mit dem Wert »ein Wort pro Stunde«. So ist von dem amerikanischen Physiker Bryce DeWitt überliefert, wie er während eines gemeinsamen Spaziergangs begeistert von seiner Forschung berichtete, ohne von Dirac eine Reaktion zu bekommen – und als dieser sich nach der Rückkehr doch etwas zu sagen anschickte, vernahm der erwartungsvolle DeWitt lediglich: »Wissen Sie zufällig, wo hier die Toilette ist?«. Als Dirac erstmals Niels Bohrs Institut in Kopenhagen besuchte, bestanden seine Äußerungen sogar fast ausschließlich aus drei Antworten: »Ja«, »Nein« sowie »Ist mir egal«.

Während eines Vortrags an der University of Toronto wurde Dirac höflich von einem Zuhörer unterbrochen, der fragte: »Ich verstehe nicht, wie Sie auf die Gleichung an der Tafel gekommen sind.« Dirac reagierte mit einem langen Moment der Stille, bis er vom Seminarleiter um eine Antwort gebeten wurde. Darauf erwiderte Dirac: »Es hat sich nicht um eine Frage gehandelt; es war eine Aussage.«

1929 reiste Dirac mit Werner Heisenberg von Amerika nach Japan. Heisenberg verbrachte die Abende an Bord des Schiffs oft tanzend, was Dirac verwirrte, sodass er seinen Freund schließlich fragte, warum er tanze. »Mit netten jungen Frauen ist es ein Vergnügen zu tanzen«, antwortete Heisenberg. Dirac dachte fünf Minuten nach und entgegnete: »Aber wie kannst Du zuvor wissen, dass die jungen Frauen nett sind?«

Kraftakt in der Kirche

Wer durch die Westminster Abbey in London geht, wird nicht unbedingt einen Blick in die Antiwelt erwarten – allenfalls in höllische theologische Abgründe oder Jenseitsverbindungen. Und doch kann man dort unversehens der Gleichung $i\gamma \cdot \partial\psi = m\psi$ begegnen. Eingraviert ist sie in einer Gedenkplatte für Paul Dirac in direkter Nachbarschaft von Isaac Newtons Grab.

Es ist die (verkürzt dargestellte) Gleichung, die die Antiwelt offenbart. »Sie besitzt eine seltene Schönheit, selbst für die Mehrheit der Besucher, denen die Bedeutung der Zeichen fremd ist. Doch für jene, die gelernt haben, die Hieroglyphen der Mathematik zu lesen, sind die Kreativität, Kraft und Eleganz der Dirac-Gleichung vergleichbar mit den Werken Shakespeares oder Beethovens«, kommentierte der Physiker Frank Close. Mehr noch, für diese Gleichung »erfand Dirac eine vollkommen neue mathematische Sprache. Damals erschien sie fremdartig und seltsam, doch heute gehört sie zur Standardausbildung jedes Studenten der Theoretischen Physik und wird von allen Wissenschaftlern auf diesem Gebiet verwendet.«

Fünf Jahre nach seinem mathematischen Kraftakt, 1933, erhielt Dirac mit 31 Jahren den Physik-Nobelpreis für die Formulierung dieser grundlegenden physikalischen Gleichung. Sie verbindet die berühmte Schrödinger-Gleichung der Quantenmechanik mit der Speziellen Relativitätstheorie Albert Einsteins. Das i darin steht für die imaginäre Zahl ($i^2 = -1$), m für Masse (insbesondere für die Ruhemasse des Elektrons), ψ für die Psi-Funktion, mit der Erwin Schrödinger die Wellenfunktion beispielsweise des Elektrons beschrieben hatte (sie erlaubt die Berechnung diverser Wahrscheinlichkeiten), ∂ für die mathematische Ableitung dieser Psi-Funktion nach der Zeit, und γ für die von Dirac eingeführten Gamma-Matrizen. (Eine Matrix ist in der linearen Algebra eine tabellarische Anordnung von Elementen, etwa Zahlen, die man addieren und multiplizieren kann, was für physikalische Gleichungssysteme außerordentlich nützlich ist, etwa in der Quantenmechanik.)

Nachdem Schrödinger 1926 seine ebenfalls Nobelpreis-gekürte Gleichung mehr oder weniger erraten hatte – sein Fachzeitschriften-Artikel ist bis heute der am meisten zitierte in der Physik überhaupt –, wurde bald deutlich, dass sie viele quantenphysikalische Phänomene exzellent beschreiben kann, ebenso chemische. Wenigstens im Prinzip. Und mit experimentellen Messungen steht sie sehr gut in Einklang. Sie hat allerdings auch ihre Grenzen.

So setzt die Schrödinger-Gleichung gleichsam eine absolute Zeit voraus und steht damit im Widerspruch zur Speziellen Relativitätstheorie, der zufolge raumzeitliche Abstände stets vom Bezugssystem abhängen. Für langsame Geschwindigkeiten, weit unterhalb der der Vakuum-Lichtgeschwindigkeit, spielt das praktisch zwar eine untergeordnete Rolle – die Schrödinger-Gleichung bleibt in guter Näherung anwendbar. Doch können sich beispielsweise Elektronen aufgrund ihrer geringen Ruhemasse fast lichtschnell bewegen, und das fällt unweigerlich in den »Zuständigkeitsbereich« der Relativitätstheorie.

Ein zweites Defizit der Schrödinger-Gleichung besteht darin, dass sie zwar die Aufspaltung der Spektrallinien in einem Magnetfeld beschreiben kann, dafür aber keine Erklärung liefert. Diesen Effekt hatte der holländische Physiker Pieter Zeeman bereits 1896 beobachtet: Spektroskopiert man beispielsweise Kochsalz (Natriumchlorid), erscheint die normalerweise scharf umgrenzte gelbe Spektrallinie des Natriums bei 589 Nanometer verbreitert, wenn man ein Magnetfeld anlegt. Tatsächlich zeigte sich mit besserer Auflösung bald, dass sich hinter der unscharfen Verbreiterung in Wirklichkeit eine Aufspaltung in zwei oder mehr einzelne Linien verbirgt.

Ursache dafür sind die magnetischen Eigenschaften des Elektrons, die die Emission von Photonen beeinflussen. Erklären lässt sich das mit der Vorstellung, dass ein Elektron wie ein kleiner Magnet mit einem Nord- und Südpol wirkt und somit in einem Magnetfeld eine von zwei möglichen Orientierungen einnehmen kann. Das bedeutet aber, dass das Elektron gleichsam innerlich zu rotieren scheint und dies mit oder gegen den Uhrzeigersinn tun kann. Anders gesagt: Das Elektron besitzt einen Spin, eine Art inneren Drehimpuls. Und der hat den Betrag ½ – nämlich +½ beziehungsweise -½, je nachdem, ob er sich parallel oder antiparallel zu den Magnetfeldlinien ausrichtet.

Das ist eine seltsame Vorstellung, denn das Elektron gilt als punktförmig. Es erscheint unsinnig, dass etwas Ausdehnungsloses rotiert und eine Richtung anzeigt. Kurz: So erklärungsmächtig der intrinsische Spin sein mag, es ist unverständlich, wie sich ein freies Elektron drehen kann; und bei einem gebundenen Elektron als eine Art statische Ladungswolke um einen Atomkern ist es auch nicht nachvollziehbar.

Es ist freilich nicht zu erwarten, dass physikalisch-mathematischen Beschreibungen oder Erklärungen immer eine verständliche Anschauung entspricht. Die Alltagsvorstellungen sind nun einmal sehr beschränkt, und die Evolution hat das Gehirn nicht auf den Mikrokosmos hin getrimmt – dafür gab es schlicht keine Selektionsvorteile.

Schon der Quantenpionier Wolfgang Pauli hat auf die Frage, wie ein Elektron aussehe, kurz angebunden geantwortet: »Ein Elektron sieht nicht aus.« Der Wiener Physiker Herbert Pietschmann sieht das allerdings etwas entspannter. Er schreibt: »In der Quantenwelt haben wir oft keine Wahl. Entweder wir machen uns gar keine Vorstellungen, oder unsere Vorstellungen sind einfach falsch. Der einzige Ausweg ist, sich eine Vorstellung zu machen und immer dazu zu denken, wo sie falsch ist. Sie hat nämlich auch richtige Anteile.« So gesehen ist der Gedanke an ein Elektron als kleines links oder rechts herum rotierendes Kügelchen zwar nicht korrekt, aber auch nicht ganz verkehrt.

Und neben der relativistischen Verallgemeinerung der Schrödinger-Gleichung war es genau dieser Spin, den physikalisch zu deuten die Dirac-Gleichung ermöglichte. (Dazu musste Dirac sogar eine spezielle Art von Vektor einführen, den Spinor, ein anspruchsvolles Konzept der Differentialgeometrie.) Das war ein gutes Argument für die physikalische Geltung beziehungsweise Richtigkeit der 1928 formulierten Gleichung. Denn Erklärungskraft ist ein starkes naturwissenschaftliches Erfolgskriterium.

Löcher auf offener See

Dirac jedenfalls vertraute seiner Gleichung – übrigens auch aus ästhetischen Gründen, was nicht ohne Weiteres als ein wissenschaftliches Argument durchgeht. Und er wunderte sich über eine seltsame Konsequenz bei ihrer Interpretation. Denn er erkannte, dass die Gleichung nicht nur ein Elektron mit negativer Ladung beschreibt, sondern auch ein Teilchen, das dem Elektron in vielem gleicht, aber positiv geladen ist. Zunächst unterschätzte er die Bedeutung dieser mathematischen Lösung und ignorierte sie – »aus reiner Feigheit«, wie er später sagte.

Dennoch ließ ihn das positive Gegenstück nicht los, und er ersann ein äußerst seltsames Modell der Natur. In seinem Buch

The Principles of Quantum Mechanics, das erstmals 1930 erschien und in seiner zweiten, vollkommen neu überarbeiteten Ausgabe von 1935 für Jahrzehnte ein klassisches Lehrbuch der Quantenmechanik wurde, obwohl nicht gerade einfach zu lesen, beschrieb er seine Schlussfolgerung. Er vermutete nämlich, »dass überall in der Welt eine Verteilung von Elektronen mit unendlicher Dichte vorhanden ist. Ein perfektes Vakuum ist ein Gebiet, in dem alle Zustände positiver Energie unbesetzt und alle Zustände negativer Energie besetzt sind.« Er stellte sich dieses Gebiet als eine Art Meer von Elektronen negativer Energie vor, das völlig unbeobachtbar sei, wenn es nicht gestört würde. »Das heißt, dass die unendliche Verteilung von Elektronen mit negativer Energie nichts zum elektrischen Feld beiträgt.«

Dieses »Meer« – im Englischen »Dirac Sea« genannt und dann oft fälschlich mit »Dirac-See« ins Deutsche übersetzt, was angesichts der Metaphorik des Begriffs freilich irrelevant erscheint – ist eine sonderbare Idee. »Verrückter kann wohl kaum eine Theorie ausfallen!«, kommentiert Herbert Pietschmann. »Aber in der Physik – und das ist eine ihrer großen Vorzüge – zählt nicht die anspruchsvolle Erscheinung einer Theorie, sondern ausschließlich ihre Fähigkeit, neue Phänomene zu erklären oder gar vorherzusagen. Und das gelang mittels der Dirac'schen Theorie vorzüglich!«

Dirac überlegte sich, was geschehe, wenn genug Energie in dieses Meer gelangte, quasi der Einschlag eines Blitzes – allerdings in Form von Gammastrahlung (mit einer Energie von $E = 2mc^2 = 1{,}022$ Megaelektronenvolt). Dann, so die Hypothese, müsste ein Elektron entweichen. Zurück bliebe eine Art Loch – ähnlich wie eine Luftblase in einer Flüssigkeit. Und umgekehrt: Würde ein freies Elektron in dieses Loch zurückfallen, müsste es eine bestimmte Menge von Energie abgeben.

Es ist also ähnlich wie bei einem vollbesetzten Bus: Wenn ein Fahrgast aussteigt, kann wieder einer hinein. Mehr noch: So wie sich normalerweise nicht zwei oder mehr Personen einen Platz teilen, kann ein spezifischer Quantenzustand immer nur von einem Elektron »besetzt« werden – das besagt das von Wolfgang Pauli 1925 eingeführte Ausschluss- oder Ausschließungsprinzip, das experimentell gesichert ist, zunächst aber unerklärlich blieb. »In gewisser Hinsicht verhalten sich Elektronen wie junge Kuckucke: Zwei im selben Nest ist einer zu viel«, veranschaulicht Frank Close dies mit einem anderen Bild. »In einem Verband können keine zwei Elektronen denselben Quantenzustand einnehmen.«

Doch wenn sich im Meer der negativen Energiezustände ein »Loch« zu bilden vermag, das wieder aufgefüllt werden kann, dann muss dieses Loch eine positive Ladung haben, da es mit dem Platznehmen eines negativen Elektrons verschwindet. Das war Diracs Schlussfolgerung. Und weiter: Dann müsste das »Loch« doch als eine Art Teilchen erscheinen.

»Sobald ich dieses (Loch-)Bild erdachte, fiel mir auf, dass die Theorie vollkommen symmetrisch zwischen den positiven und negativen Energien ist, so dass das Loch die gleiche Masse wie das Elektron haben sollte«, erinnerte sich Dirac später. »Aber zu jener Zeit war das einzige bekannte Teilchen mit einer positiven Ladung das Proton. Die Leute glaubten, dass die Gesamtheit der Materie mit Hilfe des Elektrons und Protons erklärt werden müsse, nur mit diesen beiden Teilchen.« Und weil Dirac der immer wiederkehrenden Fragen bei seinen Vorträgen bald überdrüssig wurde, interpretierte er das Loch eben als Proton. Und er versuchte den Massenunterschied – schon damals war bekannt, dass ein Proton rund 2000-mal schwerer ist als ein Elektron – als ein Detail abzutun, um das man sich später kümmern könne. (Der russische Physiker Peter Kapitsa behauptete später, das sei ein Scherz gewesen, um die Skeptiker ruhig zu stellen, auf dass Dirac seine eigentlichen Ideen erklären könne.)

Und so setzte Dirac als Titel seines im Dezember 1929 abgeschickten Artikels, in dem er seine Überlegungen schließlich veröffentlichte, die Überschrift *Eine Theorie der Elektronen und Protonen*. Er erschien 1930 auf sechs Seiten im 126. Band der *Proceedings of the Royal Society* in London. »Ich wagte es einfach nicht, zu jener Zeit ein neues Teilchen zu postulieren, denn das ganze Meinungsklima war damals gegen neue Teilchen. So dachte ich, das Loch müsste ein Proton sein«, berichtete Dirac später. »Ich war mir sehr wohl bewusst, dass eine enorme Massendifferenz zwischen Proton und Elektron bestand, aber ich dachte, dass die Coulomb-Kraft zwischen Elektronen im Meer zum Auftreten einer unterschiedlichen Masse für das Proton führen könnte. So publizierte ich meine Arbeit über dieses Thema als Theorie der Elektronen und Protonen.«

Die Kritik ließ nicht lang auf sich warten. Zum einen entgegnete der Physiker und Mathematiker Hermann Weyl, dass aus Symmetriegründen das Loch dieselbe Masse wie das Elektron haben müsste, und nicht das 2000-fache davon wie ein Proton. Zum anderen schickte J. Robert Oppenheimer, der spätere Leiter des Manhattan-Projekts zur Entwicklung der amerikanischen Atombombe, im März 1930 zwei Beiträge an die Zeitschrift *Physical Review*. Darin hatte er die Rate berechnet, »mit der sich Elektronen und Protonen nach Diracs Theorie gegenseitig vernichten sollten; dies ergibt eine mittlere Lebensdauer der Materie in der Größenordnung 10^{-10} Sekunden.« Kurzum: Die Löcher in Diracs Meer konnten keine Protonen sein, sonst würde sich ein Wasserstoff-Atom sofort selbst zerstören.

Dirac akzeptierte diese Kritik. Im September 1931 publizierte er seine revidierte Schlussfolgerung wiederum in den *Proceedings of the Royal Society*. Darin postulierte er, das Loch sei eine »neuartige Form von Teilchen, das der experimentellen Physik noch unbekannt ist, und das dieselbe Masse und Ladungsmenge wie das Elektron haben muss. Wir können ein solches Teilchen als Antielektron bezeichnen.« Das Proton habe damit nichts zu tun, sondern müsse selbst einen Antipartner haben, wie Dirac andeutete.

1931 war Dirac also klar geworden, dass seine Gleichung die Existenz eines neuen Partikels vorhersagt, des Antielektrons – und mehr noch, einer ganzen Gegenwelt der Materie. Er behauptete, dass jedes Teilchen ein Gegenstück besitzt, und dass auch die Verbindung dieser Antiteilchen, Atome und Moleküle, existieren könnten. Das war der theoretische Durchbruch zur Antiwelt.

Die Entdeckung des Positrons

Der experimentelle Vorstoß in das seltsame neue Revier der Physik – und erst dadurch wurde seine Realität ja erwiesen – erfolgte wenig später. Tatsächlich glaubte zunächst kaum ein Zeitgenosse Dirac, als dieser seine seltsame Idee äußerte. Und sie fand auch nicht sofort eine große Verbreitung. Schon gar nicht außerhalb der damals noch kleinen Welt der Theoretiker.

Doch bereits ein Jahr später, 1932, entdeckte der amerikanische Physiker Carl David Anderson eine ungewöhnliche Spur eines Teilchens in einer Nebelkammer. Es hatte darin einen »Kondensstreifen« hinterlassen wie von einem Elektron, doch seine Bahn war im Magnetfeld umgekehrt gekrümmt. Es besaß also die gleiche Masse, aber eine positive Ladung. Damit war es ein Antielektron, wie es Dirac vorausgesagt hatte. Anderson, der 1936 mit dem Physik-Nobelpreis ausgezeichnet wurde, nannte es Positron (abgekürzt für »positives Elektron«).

Es ist das erste Teilchen, das gleichsam dem reinen Denken entsprungen ist – eine Erfolgsstory, die sich auf ähnliche Weise noch oft in der Geschichte der Elementarteilchenphysik wiederholen sollte.

Übrigens: Paul Dirac, der die Existenz der Antimaterie doch vorausgesagt hatte, war von den Interpretationen der Partikelspuren zunächst gar nicht überzeugt. »Meine Gleichung war klüger als ich«, bereute er seine anfängliche Skepsis später lakonisch.

Spektakuläre Entdeckung: Die durch ein extern angelegtes Magnetfeld gekrümmte Spur in der Nebelkammer stammt von einem Positron. Es durchschlug eine sechs Millimeter dicke Bleiplatte (horizontaler »Balken«), wurde dabei verlangsamt und deshalb anschließend stärker abgelenkt. Mit diesem Foto und ähnlichen fand Carl David Anderson 1932 die kurz zuvor von Paul Dirac vorausgesagte Antimaterie.

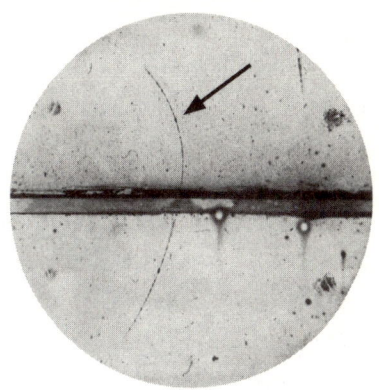

Pech, Konkurrenz und Scherzbolde

Soweit die Kurzversion der Geschichte des experimentellen Antimaterie-Nachweises. Was hier so geradlinig erscheint, war in Wirklichkeit ein verschlungener Pfad – und zwar durchaus auch wegen der gekrümmten Partikelbahnen.

Diese sah Jahre vor Anderson – und auch bevor Dirac seine Gleichung aufstellte – Dmitry Skobeltzyn. Und zwar bereits 1923. Er untersuchte in Leningrad die Auswirkung von Gammastrahlen und verwendete dazu wie später Anderson ebenfalls eine Nebelkammer. Dabei handelt es sich um einen Glasbehälter, der mit feuchter Luft gefüllt ist, die aber einen sehr geringen Druck besitzt. Dieser kann mit einem angebrachten Kolben sehr schnell erhöht werden. Dann schlägt sich der Wasserdampf an geladenen Teilchen nieder und erzeugt charakteristische Spuren. Sie ähneln den Kondensstreifen von Flugzeugen. Diese entstehen, wenn Wassertropfen an ausgestoßenen Treibstoffrückständen kondensieren und lange dünne Wollen bilden, die als Striche den Himmel verschandeln.

Skobeltzyn bemerkte, wie die Gammastrahlen viele Elektronen aus Gasatomen und dem Material der Kammerwand herausschlugen. Um die Elektronen abzuleiten, setzte er die Kammer einem Magnetfeld aus. Daraufhin verringerte sich die Zahl der Spuren. Dabei traten auch solche zum Vorschein, die in die »falsche« Richtung gekrümmt waren. Skobeltzyn konnte sich dieses Phänomen nicht erklären – und auch niemand sonst, dem er davon berichtete. Kurioserweise trug er sein Ergebnis 1928 sogar auf einer Konferenz in Cambridge vor. Die hatte Dirac aber sehr wahrscheinlich nicht besucht.

In den USA interessierte sich auch Robert Millikan für die Effekte von Gammastrahlung. Er hatte 1923 den Physik-Nobelpreis für seine Messung der elektrischen Elementarladung erhalten, also der Ladung eines Elektrons. Auf ihn geht auch die Bezeichnung »Kosmische Strahlung« zurück, die er für das beständige Bombardement von Teilchen und elektromagnetischer Strahlung aus dem All prägte. Er interpretierte sie zunächst als Gammastrahlen, die er als »Geburtswehen der Schöpfung« deutete – was auch immer das heißen sollte.

Millikan kannte die vielen fast »geradlinigen« Spuren auf Skobeltzyns Nebelkammer-Fotos. Um sie besser zu verstehen, regte er 1930 Carl Anderson an, einen seiner Mitarbeiter am California Institute of Technology, einen leistungsfähigeren Magneten zu bauen. Der tat dies und fand bei der zehnfachen Feldstärke Skobeltzyns erwartungsgemäß eine stärkere Krümmung der Kammerspuren. Doch auch hier gab es »positive« und »negative« Ablenkungen. Handelte es sich dabei um Protonen? Dann müssten die Spuren aber dicker sein. Oder doch um Elektronen? Dann müssten sich diese aber von unten durch die Kammer bewegt haben.

Um das zu überprüfen, montierte Anderson eine dünne Bleiplatte in die Nebelkammer. Sein Gedanke: Elektronen würden die Platte zwar durchdringen, dabei jedoch abgebremst werden, so dass die Krümmung ihrer Bahn hinter der Bleiplatte stärker ausgeprägt sein müsste als vor ihr. Damit wäre die Flugrichtung der Elektronen eindeutig zu bestimmen. Und das gelang. Aber zu seiner großen Überraschung stellte Anderson fest, dass es Teilchenspuren gab, die im Magnetfeld so abgelenkt wurden, dass sie eine positive Ladung besessen haben mussten (manche kamen überdies verwirrenderweise von unten, weil die Kosmische Strahlung sie bei der Wechselwirkung mit einem Atom unterhalb der Bleiplatte erzeugt hatte). Obwohl Millikan dieser Schlussfolgerung zunächst nicht zustimmte, veröffentlichte Anderson sie in der Dezember-Ausgabe der *Science News Letters* von 1931. Das war sein Glück, denn sonst wäre ihm der spätere Nobelpreis womöglich noch vor der Nase weggeschnappt worden.

Auch in England war man inzwischen den Partikeln auf der Spur. Patrick Blackett und Giuseppe Occhialini vom Cavendish Laboratory in Cambridge fotografierten ebenfalls emsig Nebelkammerspuren – und fanden im Sommer 1932 positiv geladene elektronenähnliche Signaturen. Sie sprachen sogar mit Dirac darüber, der die Tragweite aber auch nicht durchschaute. Kurioserweise fiel der Groschen erst, als sie von Andersons Forschungsergebnissen erfuhren. Immerhin konnten Blackett und Occhialini als Erste nachweisen, dass die Positronen nicht aus dem All kamen, sondern von der Kosmischen Strahlung in der Erdatmosphäre erzeugt wurden. Und dass Materie und Antimaterie aus energiereicher Strahlung entstehen kann, wie es Dirac vorausgesagt hatte.

Wie sich später zeigte, hatte der chinesische Physiker Chung-Yao Chao in Millikans Labor bereits 1930 Spuren von Positronen bei der Paarerzeugung aus Gammastrahlen in Nebelkammern gesehen. Ebenso Irène Joliot-Curie (die Tochter von Marie Curie) und ihr Mann Frédéric Joliot-Curie, die auch noch die Entdeckung des Neutrons verpassten (sie hatten es im Januar 1932 erzeugt, aber als Gammastrahlung fehlinterpretiert). Schließlich hatten sie aber doch noch Glück und erhielten den Chemie-Nobelpreis 1935 für ihre Erzeugung kurzlebiger radioaktiver Kerne – die, es klingt fast wie eine Ironie des Schicksals, teilweise spontan Positronen emittieren (etwa Kohlenstoff-11, Stickstoff-13 und Sauerstoff-15).

Von einer wissenschaftsgeschichtlichen Kuriosität hat übrigens der Physiker Louis Alvarez berichtet: Beim Nachweis der Positronen war ja die Ausrichtung des Magnetfelds entscheidend. Eine Umpolung hätte die Krümmung der Teilchen geändert. Andersons Apparatur arbeitete automatisch, auch nachts, und die Fotos der registrierten Spuren wurden erst später entwickelt. Deshalb hatte Anderson sicherzustellen, dass ihm die am Caltech verbreiteten Scherzbolde keinen Streich spielten. Er musste, wie Alvarez erzählte, »die Möglichkeit ausschließen, dass während der Nacht, als die Nebelkammer periodisch Bilder aufnahm, einige Studenten die Richtung des Felds umgedreht und später wieder in die ursprüngliche Richtung gebracht hätten. Anderson musste beweisen, dass benachbarte Bilder gewöhnliche Elektronen und keine Positronen zeigten. Erst als er davon überzeugt war, fühlte er sich befugt, öffentlich von Positronen zu sprechen.«

Immer mehr ungleiche Teilchenzwillinge

Positronen haben die gleiche Ladung wie Protonen, aber wie Elektronen nur deren 0,0005-fache Masse. Positronen entstehen beim positiven Beta-Zerfall (etwa von Kalium-40), bei der Wechselwirkung von Gammastrahlen mit Atomkernen und bei der sogenannten Paarerzeugung aus hoher Strahlungsenergie.

Inzwischen sind auch zwei schwerere »Geschwister« gut bekannt, die Antimyonen und Antitauonen, sowie ihre drei »Vettern«, die Antineutrinos, und außerdem sechs Antiquarks. Zu jedem Elementarteilchen im Standardmodell der Materie gibt es also ein Gegenstück.

Andersons Entdeckung war der Beginn einer neuen Ära. Bald kamen weitere Antiteilchen ans Licht. 1955 entdeckten Emilio Segré und Owen Chamberlain an der University of California in Berkeley die Antiprotonen (Nobelpreis 1959). 1956 fanden Bruce Cork und seine Kollegen bei Proton-Proton-Kollisionen am Bevatron am Law-

Exkurs

Von Positronen zum Sonnenschein

Etwa zehn Prozent des täglichen Sonnenlichts stammt letztlich von der Zerstrahlung von Elektronen und Positronen. Tatsächlich ist Antimaterie daran beteiligt, dass die Sonne überhaupt scheint. Bei der Kernfusion im Sonnenzentrum, wo durch die Verschmelzung von Wasserstoff zu Helium die Energie freigesetzt wird, entstehen nämlich auch Positronen: Im ersten Reaktionsschritt verbinden sich zwei Protonen zu einem Deuterium-Kern, wobei ein Positron und ein Elektron-Neutrino abgestrahlt werden. (Deuterium fusioniert dann mit einem weiteren Proton unter Abgabe von Gammastrahlung zu Helium-3, und zwei Helium-3-Kerne können schließlich zu Helium-4 verschmelzen, wobei zwei Protonen freigesetzt werden, die für weitere Fusionsprozesse zur Verfügung stehen.)

Die Positronen kommen nicht weit, sondern treffen bald auf die überall im Plasma herumschwirrenden Elektronen – und annihilieren. Die Gammaquanten brauchen, wie auch die direkt bei den Fusionsprozessen gebildeten, über 100.000 Jahre, bis sie sich durch unzählige Absorptions- und Emissionsprozesse in einer Art Zickzackkurs zur Sonnenoberfläche emporgearbeitet haben. Inzwischen hat die Strahlung Energie verloren, daher emittiert die Sonne hauptsächlich sichtbares Licht sowie Infrarot- und Ultraviolettstrahlung. Von der Sonnenoberfläche aus haben die Photonen freie Bahn und können in etwas mehr als acht Minuten die Erde erreichen, wo sie vielleicht einen Physiker treffen, der gerade über ihre weite Reise nachdenkt.

---

rence Berkeley National Laboratory die Antineutronen. Und einige Jahre später wurden auch schwerere Antiatomkerne nachgewiesen: 1965 spürte Antonino Zichichi mit seinem Team Antideuterium-Kerne am Proton Synchrotron des CERN auf, 1970 wurden Kerne von Antihelium-3 bei Kollisionsexperimenten im russischen Protvino nachgewiesen, und 1973 dort auch Antitritium-Kerne. Doch dann stagnierte die Forschung.

Neue Impulse

Bis 2010 waren die schwersten bekannten Antiteilchen Kerne von Antihelium-3. Sie setzen sich jeweils aus zwei Antiprotonen und einem Antineutron zusammen. Dann gelang es am RHIC-Beschleuniger (Relativistic Heavy Ion Collider) in Upton, New York, in dem Gold-Atome fast mit Lichtgeschwindigkeit aufeinander geschossen werden, einen neuen Typus von Antimaterie zu erzeugen und nachzuweisen: Antihypertriton. Der Stoff besteht aus einem Antiproton, einem Antineutron und einem instabilen Teilchen namens Antilambda.

Doch das Antihypertriton hielt nicht lange den Antirekord. Bereits 2011 glückte den RHIC-Physikern erstmals der Nachweis von Antihelium-4. Genau 18 dieser Kerne aus je zwei Antiprotonen und Antineutronen konnten sie identifizieren. Dazu hatten sie rund eine Milliarde Kollisionen zwischen den Gold-Atomkernen analysiert.

Auch am CERN hat sich die Antikreation inzwischen wiederholt. So hat der ALICE-Detektor am LHC ebenfalls Antihypertriton und Antihelium-4 nachgewiesen.

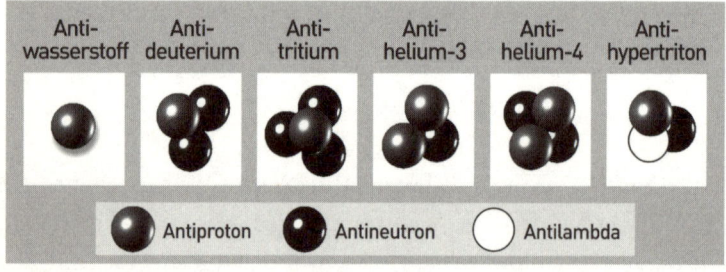

Aufmarsch der Antikerne: Antimaterie ist im bekannten Universum eine Rarität – besonders in Gestalt von Antinukleonen schwerer als Antiprotonen. In Experimenten wurden bislang drei Antiwasserstoff-Isotope erzeugt sowie schwerere Kerne, zuletzt Antihelium-4 und das extrem kurzlebige Antihypertriton.

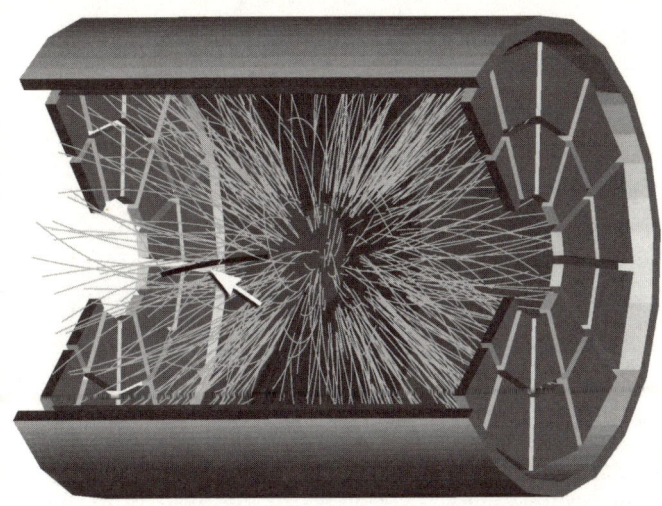

Spur des schwersten Antielements: Im Relativistic Heavy Ion Collider am Brookhaven National Laboratory wurden Gold-Atomkerne aufeinander geschossen. Dabei entstand das sehr seltene Antihelium-4 und wurde in der 4,2 Meter langen Kammer des STAR-Detektors nachgewiesen (mit Pfeil markierte dicke Linie in der Computerrekonstruktion).

»Wahrscheinlich ist Antihelium für einige Zeit das schwerste Antiteilchen in der Beschleunigerphysik«, sagt Xiangming Sun vom Lawrence Berkeley National Laboratory. Antilithium heißt der nächste stabile Antikern – und somit die nächste große Herausforderung der Antimaterie-Schöpfer. Doch Antilithium zu erzeugen ist unglaublich schwierig. Das RHIC-Team schätzt, dass dafür eine Million Mal mehr Teilchenkollisionen nötig sind als für Antihelium-4 – zu viel für das Leistungsvermögen von RHIC oder dem LHC-Beschleuniger am CERN. Dabei wäre Antilithium etwas Besonderes: Genügend Atome davon würden einen Stoff produzieren, der bei Zimmertemperatur als Festkörper vorläge.

Wird es jemals möglich sein, schwerere Antiatome oder Antimoleküle zu erschaffen? Oder sogar ein Periodensystem der Antielemente?

Das Hauptproblem dabei: Jeder Antiatomkern muss Stück für Stück aus seinen subatomaren Antipartikeln zusammengesetzt werden. Für Antideuterium beispielsweise ist zunächst ein Antiproton mit einem Antineutron zu verschmelzen. Doch Antineutronen sind elektrisch neutral, können also nicht mit elektromagnetischen Feldern bewegt und gespeichert werden. Daher muss eine große Zahl von ihnen produziert werden, damit eines von vielleicht einer Million mit einem Antiproton Kontakt knüpft. »Und für jedes weitere Antineutron oder Antiproton ist eine weitere Million Teilchen erforderlich«, so Michael Doser vom CERN.

Hinsichtlich schwererer Antikerne ist Frank Close von der Oxford University daher skeptisch: »Das könnte noch Millionen Jahre dauern – falls die Menschheit so lange existiert.« Die beste Chance, so meint er, besteht deshalb darin, in der Kosmischen Strahlung nach Antipartikeln zu suchen. Vielleicht gibt es ja irgendwo Antisterne, von denen sich schwere Antielemente zur Erde ins Sonnensystem verirrt haben.

Antimaterie in der Falle

Die Erzeugung von Antiatomkernen genügt den Physikern nicht. Inzwischen sind sie auch im Reich der Antiatome angelangt und lernen, mit diesen zu experimentieren. Das eröffnet ganz neue Möglichkeiten, um die Naturgesetze auszuloten.

Dafür muss Antimaterie allerdings erst einmal eingefangen und gespeichert werden. Das ist kein Kinderspiel: Um Antiprotonen zu erzeugen, sind Temperaturen höher als im Zentrum der Sonne nötig; dann müssen die Partikel so weit abgekühlt werden, dass sie kälter sind als der Weltraum; und schließlich sollten sie in einem Vakuum gehalten werden, das leerer ist als das auf dem Mond.

Mit Positronen glückte dieses Kunststück erstmals Hans Dehmelt an der University of Washington in Seattle im Jahr 1984. Da-

Apparatur für die Antiwelt: Im Low Energy Antiproton Ring (LEAR) im Forschungszentrum CERN wurden 1995 die ersten neun Antiwasserstoff-Atome geschaffen. Das war der Anfang einer rasanten Entwicklung.

mals hielt er ein einzelnes Antiteilchen drei Monate lang in einer Penning-Falle. Sie ist benannt nach dem holländischen Physiker Frans Penning, dessen Idee Dehmelt weiterentwickelte. (1973 hatte er damit schon Elektronen eingesperrt.) In einem evakuierten Zylinder von der Größe eines halben Daumens konnte Dehmelt das Positron mit einer raffinierten Kombination aus magnetischen und elektrischen Feldern gefangen halten. Es gelang ihm 1987 auch, die magnetischen Eigenschaften von Elektronen und Positronen äußerst genau zu messen (den sogenannten gyromagnetischen Faktor): Sie waren identisch – ein weiteres Indiz für die Spiegelnatur von Materie und Antimaterie. 1989 erhielt Hans Dehmelt für seine Fallenforschung den Nobelpreis für Physik.

Antiprotonen einzusperren, war noch schwieriger. Das gelang nach jahrelangen Anstrengungen Dehmelts Kollege Gerald

Gabrielse am CERN. Er zweigte dort Antiprotonen aus dem Low Energy Antiproton Ring (LEAR) ab und »kühlte« sie in einem »Gas« aus langsamen, also kalten Elektronen, die bei unzähligen Kollisionen die Bewegungsenergie der Antiprotonen aufnahmen. (Elektronen und Antiprotonen können sich nicht gegenseitig vernichten, da sie keine direkten Materie-Antimaterie-Gegenstücke sind.) Dann fing Gabrielse die Antiprotonen in einer 15 Zentimeter langen Penning-Falle ein. Kaum waren sie eingetreten, erhöhte er die Spannung, sodass eine elektrische Barriere entstand, die den Fluchtweg versperrte. Dies gelang erstmals 1986. Drei Jahre später konnte der Physiker immerhin schon rund 60.0000 Antiprotonen vier Tage speichern, 1991 etwa 100 mehrere Monate lang und 1995 schließlich ein einziges (nachdem alle anderen mit Variationen der Spannung und mit Laserstrahlen aus der Falle hinaus bugsiert worden waren). Damit standen auch die Antiprotonen für experimentelle Untersuchungen bereit. So konnte bestimmt werden, dass ihre elektrische Ladung mit denen der Protonen identisch ist – mit einer Messungenauigkeit von weniger als 1 zu 10 Milliarden.

Atome aus Antimaterie

Es ist möglich, dass in der gesamten Geschichte des Universums kein einziges Antiatom existiert hat – bis 1995. In diesem Jahr schuf ein Forscherteam am CERN unter der Leitung von Walter Oelert vom Forschungszentrum Jülich die ersten Antiatome (die wissenschaftliche Veröffentlichung in *Physics Letters B* erschien dann im Februar 1996). Als Rohstoff dienten Antiprotonen. Erzeugt wurden sie, indem Protonen mit dem Proton-Synchrotron auf etwa 25 Gigaelektronenvolt – also fast Lichtgeschwindigkeit – beschleunigt und auf einen Metallblock geschossen wurden. In weniger als einem von 100.000 Fällen entsteht bei diesen Atom-

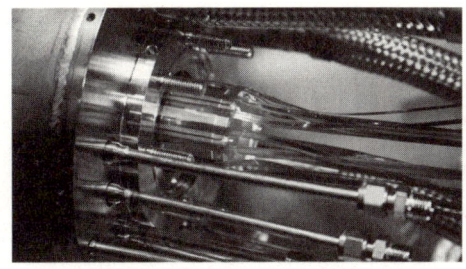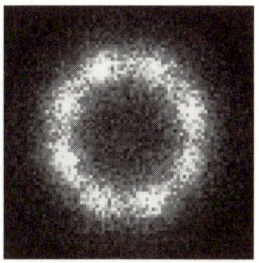

Antischöpfung: In dieser unscheinbaren Falle (links) haben Physiker Anti-wasserstoff-Atome erschaffen. Der Nachweis erfolgte durch ihre Zerstrahlung an der Innenwand des nur wenige Zentimeter großen Detektors (rechts).

Kollisionen aus der Energie ein Proton-Antiproton-Paar. Dann wurden die Antiprotonen in den Low Energy Antiproton Ring geleitet. Darin trafen sie auf Xenon-Atome. Bei sehr knappen Vorbeiflügen bildeten sich Elektron-Positron-Paare. Manche der Positronen wurden daraufhin von den Antiprotonen eingefangen. Das ist ein extrem seltener Vorgang mit einer Häufigkeit von nur etwa 1 zu 10^{19} – aber er geschah. (Bei Kollisionen in der Kosmischen Strahlung sind die Partikel zu schnell, um sich zusammen zu tun.) Neun Antiwasserstoff-Atome mit einer Geschwindigkeit von 90 Prozent der des Lichts konnten nachgewiesen werden. »Was wir hier geschaffen haben, ist das erste Element im chemischen Periodensystem der Antielemente«, freute sich Oelert. »Wir haben gezeigt, dass es Antiatome wirklich gibt.«

1997 wurde das Experiment am Fermilab in Batavia, Illinois, re-produziert. Hier detektierten die Physiker 66 Antiwasserstoff-Atome.

Im Jahr 2000 trat am CERN der Antiproton Decelerator (AD) die Nachfolge von LEAR an. Wie der Name schon sagt, dient der im Umfang 188 Meter messende Speicherring dazu, die einfliegenden Antiprotonen stark zu verlangsamen. Das geschieht sowohl durch elektrische Felder als auch durch eine Wolke aus einigen Millionen Elektronen. Dabei verlieren die Antiprotonen innerhalb von zwei

Großer Aufwand für kleine Teilchen: Der Antiproton Decelerator am CERN kann Antiprotonen abbremsen und speichern – eine Voraussetzung für die Erzeugung von Antiwasserstoff.

Minuten enorm viel Energie: Sie werden von 3500 auf 100 Megaelektronenvolt »gekühlt«.

Übrig bleibt eine knapp ein Millimeter große Wolke aus gut 10.000 Antiprotonen bei 100 Kelvin. Diese stehen dann für mehrere Experimente zur Verfügung: ACE, AEGIS, ALPHA, ASACUSA, ATHENA und ATRAP.

ACE ist medizinische Grundlagenforschung zur Krebsbekämpfung. In den anderen Experimenten geht es um Antiwasserstoff: seine Herstellung, Kühlung, Speicherung und schließlich Charakterisierung. Denn die Produktion der Atome ist kein Selbstzweck, sondern Voraussetzung für neue Einsichten in die Natur.

Die schwierige Kunst der Antiwasserstoff-Bereitstellung beherrschen die CERN-Forscher inzwischen hervorragend. Im Jahr 2002 konnte in ATHENA (ApparaTus for High precision Experiment on Neutral Antimatter) und ATRAP erstmals Antiwasserstoff in relativ großen Mengen hergestellt werden – mit einer Rate von etwa 100 Atomen pro Sekunde. ATRAP läuft bis heute erfolgreich. ATHENA – das allein 2002 rund 50.000 Antiwasserstoff-Atome produzierte – wurde 2004 abgeschlossen und Ende 2005 durch das noch effektivere Experiment ALPHA (Antihydrogen Laser Physics Apparatus) ersetzt. Es liefert seit 2010 Antiwasserstoff.

In den Experimenten werden die Antiprotonen aus dem Antiproton Decelerator mit Positronen zusammengebracht, die aus dem positiven Beta-Zerfall von radioaktivem Natrium-22 stammen. Das geschieht in einer Magnetfalle, die die Teilchen vor der

Antimaterie-Fabrik: Im Experiment ATHENA am CERN wurde erstmals »kalter« Antiwasserstoff erzeugt (aus Antiprotonen vom Antiproton Decelerator von links und Positronen aus einer Natrium-Quelle). Kurz darauf folgte Protonium – ein »Atom« aus Proton und Antiproton.

Exkurs

Antimaterie in der Anwendung

Antimaterie ist zwar vor allem für die Grundlagenforschung interessant, aber sie hat auch einen praktischen Nutzen.

So sind Positronenstrahlen bei der Untersuchung von Werkstoffen nützlich. Damit lassen sich Ermüdungserscheinungen von Metallen viel früher diagnostizieren als mit anderen Verfahren. Positronen kommen beispielsweise bei der Überprüfung von Flugzeugturbinen zum Einsatz. Somit spart die Antimaterie sogar bares Geld und erhöht die Flugsicherheit.

Gut etabliert ist auch die Messung von Stoffwechselprozessen. Dafür haben Wissenschaftler und Ingenieure die Methoden SPECT (Single-Photon Emission Computed Tomography) und PET (Positronen-Emissions-Tomographie) entwickelt: Radioaktiv markierte Moleküle werden ins Blut gespritzt, wo sie viele Millionen Positronen emittieren (positiver Beta-Zerfall). Damit kann man im Körper zum Beispiel Tumore lokalisieren oder molekulare Andockstellen für chemische Botenstoffe im Nervensystem. Auch Blutfluss und Sauerstoffverbrauch im Gehirn lassen sich verfolgen. Neurowissenschaftler haben mit PET-Scans zahlreiche Hirnfunktionen und deren Wechselspiel lokalisiert.

Künftig könnte sich mit Antimaterie sogar Krebs bekämpfen lassen. Seit 2003 erforschen Wissenschaftler aus zehn verschiedenen Instituten weltweit im Antiproton Cell Experiment (ACE) am CERN die biologischen Auswirkungen von Antiprotonen. Verglichen mit Protonenstrahlen haben Antiprotonenstrahlen die vierfache Zerstörungskraft bei Tumorzellen. Das ergaben Experimente mit Kulturen von Hamsterzellen.

Zerstrahlung mit der normalen Materie in der Umgebung schützt. Doch diese Abschirmung funktioniert nur für elektrisch geladene Teilchen. Haben sich ein Antiproton und ein Positron zu einem Antiwasserstoff-Atom verbunden, entkommt dieses neutrale Teilchen mühelos aus dem Gefängnis der Magnetlinien.

Die Antimaterie soll den Kern einer Tumorzelle treffen und ihn vernichten. Die weggesprengten Fetzen würden dann auch die benachbarten Krebszellen zerstören. Wenn sich das für die Tumortherapie anwenden lässt, kämen die Patienten mit einer wesentlich geringeren Strahlendosis bei der Behandlung und weniger Kollateralschäden im gesunden Gewebe aus. Die erste große Studie wurde 2012 veröffentlicht, weitere werden folgen. Mit einem klinischen Einsatz ist allerdings frühestens im nächsten Jahrzehnt zu rechnen.

Antimaterie-Schüsse gegen Krebs: Mit dem Antiproton Cell Experiment (ACE) wird am CERN erforscht, wie sich Antiprotonenstrahlen gegen Tumorzellen einsetzen lassen.

Doch die Physiker wollen die Antiatome so lange wie möglich behalten. Und das gelingt – wenn man sie ausreichend kühlt, das heißt verlangsamt. Das betrifft in erster Linie die Antiprotonen, bevor sie sich mit Positronen zusammentun. Und dafür haben sich die Forscher einen Trick einfallen lassen.

Die Kunst, cool zu sein

Antiprotonen und Elektronen sind beide negativ geladen und können daher in demselben elektromagnetischen »Käfig« eingesperrt werden. Durch die Kollisionen verlangsamen sie ihre Geschwindigkeit rasch. Bereits in einer Minute kommen sie ins Gleichgewicht miteinander und mit ihrer auf vier Kelvin (minus 269 Grad Celsius) gekühlten Umgebung. Aufgrund des unvermeidlichen elektrischen Rauschens, das auf Quantenprozesse zurückgeht und wie eine Wärmequelle wirkt, beträgt die Antiprotonen-Temperatur aber etwa 20 Kelvin. Gleichwohl kann die Elektronen-Kühlung die Antiprotonen-Energie um den Faktor 100.000 reduzieren.

2011 gelang es, die Antiprotonen noch weiter zu kühlen – auf lediglich 3,5 Kelvin. Dies glückte mithilfe der sogenannten adiabatischen Kühlung. Das Prinzip besteht einfach darin, dass die Temperatur eines Gases abnimmt, wenn es sich ausdehnt. Deswegen bilden sich Wolken, wenn Wasserdampf kondensiert, deswegen funktionieren Kühlschränke, und deswegen fühlt sich ein in einer Spraydose komprimierter Stoff kühl an, wenn er auf die Haut gesprüht wird.

In ATRAP besteht das »Gas« aus einer Antiprotonen-Wolke. Sie lässt sich kontrolliert ausdehnen, wenn das elektrische Feld ihres Käfigs geschwächt wird. Die Volumenerweiterung geht mit einer Temperaturabnahme einher. Die Physiker maßen dies, indem sie die Zahl der entweichenden Antiprotonen abhängig von der Käfiggröße bestimmten. Aus diesem »Schwanz« der sogenannten Boltzmann-Verteilung lässt sich die Temperatur errechnen – eine Methode, die der berühmte Wiener Physiker und Philosoph Ludwig Boltzmann schon im 19. Jahrhundert etabliert hatte. »Es ist erstaunlich, wie die Physik aus der Zeit vor über 100 Jahren, als noch keiner von Antiprotonen wissen konnte, heute an der vordersten Forschungsfront hilft«, sagt Phil Richerme vom CERN.

Tausend und eine Sekunde

Wie gut die Antimaterie-Manipulation inzwischen funktioniert, hat jüngst das ALPHA-Experiment demonstriert. Damit ist es 2011 gelungen, Antiwasserstoff-Atome für 1000 Sekunden und mehr zu speichern – immerhin rund 10.000-mal länger als zuvor möglich. Das ist eine wichtige Voraussetzung, um mit den Antiatomen zu experimentieren.

Da Antiwasserstoff elektrisch neutral ist, kann er nicht mit elektrischen Feldern bewegt und gespeichert werden. Aufgrund seines Spins – seines inneren Drehimpulses – hat Antiwasserstoff aber ein magnetisches Moment. Dadurch lässt er sich, wenn er kalt genug ist, in einer speziellen Magnetfalle einsperren. Sie besteht aus dem magnetischen Minimum eines inhomogenen Magnetfelds.

Zuerst hielt das ALPHA-Team die Antimaterie für 0,17 Sekunden in der Magnetfalle, um isolierte Antiprotonen auszusondern. Dann wurde das Magnetfeld abgeschaltet, worauf die Antiatome entwichen und mit den Atomen der Umgebung annihilierten. So ließ sich nach-

In der Falle: Mit dem ALPHA-Experiment am CERN gelang es, Antiwasserstoff eine Viertelstunde lang zu speichern. Diese Technik ist nötig, um die Antiatome für Präzisionsmessungen zugänglich zu machen.

weisen, dass überhaupt Antiwasserstoff entstanden war. Die Zerstrahlung registrierte ein dreischichtiger Silizium-Vertex-Detektor. All das musste sehr rasch geschehen, weil sonst Kollisionen mit Spurengasen aus normaler Materie in der Magnetfalle den Antiwasserstoff alsbald vernichtet oder aus der Falle herausgestoßen hätten.

Ende 2010 gelang so erstmals der Nachweis von 38 einzelnen Antiatomen. In weiteren Experimenten konnten fast zehnmal so viele Teilchen des Antiwasserstoffs in die magnetische Obhut genommen werden, gaben die Forscher im Juni 2011 bekannt. Und bis zu drei Antiatome ließen sich gleichzeitig einsperren.

Rigorose Tests

Inzwischen ist also das Ziel erreicht, genug Antiwasserstoff hinreichend lange bereitzustellen, um damit direkt zu experimentieren. Im Prinzip sollen alle Versuche wiederholt werden, die Physiker in den letzten 100 Jahren mit Wasserstoff gemacht haben. Wenn es unterschiedliche Ergebnisse gäbe, wäre das eine Sensation.

So sollen Messungen klären, ob Licht, das Antiwasserstoff emittiert, dasselbe Spektrum besitzt wie die Strahlung des Wasserstoffs. Schon der kleinste Unterschied würde das Standardmodell der Elementarteilchen in gewaltige Schwierigkeiten bringen.

Dass spektroskopische Analysen tatsächlich möglich sind, hat ein Team um Jeffrey Hangst von der Universität Aarhus in Dänemark demonstriert und 2012 in der Fachzeitschrift *nature* beschrieben. Die Forscher erzeugten im ALPHA-Experiment Antiwasserstoff, sperrten einzelne Atome in die elektrischen und magnetischen Felder einer zylindrischen Penningfalle und bestrahlten sie dann mit Mikrowellen variierender Frequenz.

In einem homogenen Magnetfeld richten sich die Spins der Positronen parallel oder antiparallel zu den Feldlinien aus. Diese Aufspaltung des Grundzustands wird Hyperfeinstruktur genannt. Antiwasserstoff mit gleichsinnigem Positronenspin driftet aus der Falle und annihiliert, der mit antiparallelem Spin nicht. Mit Mikrowellen lässt sich der Spin umkehren, sodass dann auch diese Atome entweichen. Auf diese Weise konnten die Forscher erstmals Übergangsfrequenzen zwischen den Antiwasserstoff-Energieniveaus messen. Im Rahmen der – allerdings noch großen – Messungenauigkeit erfolgt die Hyperfeinstruktur-Aufspaltung des Antiwasserstoffs bei 1420,4 Megahertz genau wie beim Wasserstoff.

Bereits erwartet: die schöne ELENA

Die Antimaterie-Forschung wird noch viele Jahre florieren. Am CERN wurde der Bau eines neuen Antiprotonen-Bremsers beschlossen, dessen Leistung die des Antiproton Decelerators übertrifft. Im gleichen Gebäude soll ELENA (Extra Low Energy Antiproton Ring) entstehen und die Antiprotonen auf nur etwa 100 Kiloelektronenvolt Energie herunterkühlen. Sie werden dabei um den Faktor 1000 verlangsamt – auf ein Fünfzigstel der Geschwindigkeit im AD. »ELENA wird die energieärmsten Antiprotonen bereitstellen, die es jemals gab«, sagt Projektleiter Stéphan Maury vom CERN. Der Antiprotonen-Einfang wird dadurch 10- bis 100-mal effektiver. »Das verbessert nicht nur die bestehenden Experimente, sondern wird auch neue ermöglichen«, sagt ATRAP-Mitglied Walter Oelert vom Forschungszentrum Jülich. ELENAs Aufbau hat bereits begonnen; im Jahr 2016 soll das Gerät einsatzbereit sein.

»1995 hatten wir nur wenige Atome aus Antiwasserstoff produziert, die sich fast mit Lichtgeschwindigkeit bewegten – entsprechend einer Temperatur 100.000-mal so heiß wie im Zentrum der Sonne. Nun können wir Antiwasserstoff fast am absoluten Nullpunkt und in viel größeren Mengen erschaffen«, beschreibt Walter

Oelert den rasanten Fortschritt der letzten Jahre. Man braucht inzwischen wohl keine so große Phantasie mehr wie der Romanautor Dan Brown, um sich vorzustellen, dass die Antimaterie noch für viele Überraschungen gut ist.

Antimaterie im freien Fall

Physiker erzählen gern die witzige Geschichte von einem Studenten, der die Höhe seines Universitätsgebäudes bestimmen soll. Sein Professor händigt ihm dazu ein Barometer aus – und erwartet, dass der Student den Luftdruck-Unterschied abliest, um daraus die Höhe zu berechnen. Doch der pfiffige Student hält das für viel zu naheliegend und schlägt andere Methoden vor: Er könnte das Barometer als Pendel verwenden, um dessen Periode zu messen, die wegen der Erdanziehungskraft von der Höhe abhängt. Oder er könnte es vom Dach des Gebäudes werfen, um die Fallzeit zu bestimmen. Doch der Professor ist damit nicht zufrieden. Schließlich klopft der Student an der Tür des Hausmeisters, um ihm das Barometer zu schenken, wenn er ihm verrät, wie hoch das Gebäude ist.

In der Realität können Physiker freilich nicht einfach an die Tür der Natur klopfen, um deren grundlegende Eigenschaften und Gesetze zu erfragen, sondern müssen experimentieren. Daher sind Versuche zum freien Fall mit Antimaterie äußerst wichtig. Solche Experimente – allerdings mit Materie – hatte Galileo Galilei im 17. Jahrhundert erstmals systematisch ausgeführt und damit die moderne Physik mitbegründet. Mit Antimaterie geht das aber nicht so geschwind, denn man kann sie nicht wie ein Barometer aus dem Fenster werfen.

Doch auch hier sind die Physiker nicht untätig. Die Fallversuche wurden bereits Anfang der 1990er-Jahre am CERN gemacht: mit Antiprotonen und Protonen im Vergleich. Doch das brachte keine Ergebnisse. Dann erfolgte ein größerer Umbau am CERN, sodass vorübergehend keine Antiprotonen mehr zur Verfügung standen. Es ist außerdem ziemlich unwahrscheinlich, dass solche Experimente genau genug sind: Elektrisch geladene Teilchen werden zu sehr von der Umgebung gestört, da die Schwerkraft etwa um den Faktor 10^{36} schwächer ist als die elektromagnetische Kraft. Für präzise Fallexperimente ist daher neutrale Antimaterie nötig – am einfachsten also Antiwasserstoff. Und den können die Wissenschaftler am CERN nun in hinreichend großen Mengen herstellen und auch lang genug speichern.

»Wenn Antimaterie schneller als Materie fällt, hätten wir mindestens eine neue Naturkraft entdeckt«, sagt Thomas Phillips von der Duke University in Durham, North Carolina. »Wenn sie langsamer fällt oder sogar steigt, wäre die Allgemeine Relativitätstheorie widerlegt.«

Negative Materie mit Antigravitation

Dass Antimaterie eine Antigravitation erzeugt, klingt so kurios wie ketzerisch. Dabei steht diese Idee ganz am Anfang der Geschichte der Gegenwelt.

Den Begriff »Antimaterie« hatte Arthur Schuster nämlich lang vor Paul Diracs theoretischer und Carl Andersons experimenteller Entdeckung geprägt. Er schrieb darüber bereits 1889 in zwei Briefen an die Fachzeitschrift *nature*, allerdings ohne ein theoretisches Fundament und ausdrücklich als *A Holiday Dream* betitelt. Der englische Physiker spekulierte einfach munter über Antiatome und sogar Antimaterie-Sonnensysteme sowie eine Vernichtung von Antimaterie und Materie, wenn sie in Kontakt kämen. Das war durchaus prophetisch – doch hatte er ein völlig anderes Konzept der Antimaterie. Denn er ging davon aus, dass Antimaterie eine negative Gravitation besitzt. Über diese Möglichkeit und »negative

Materie« hatten die Physiker William Hicks und Karl Pearson kurz zuvor spekuliert.

Ein solcher Abstoßungseffekt, also Antigravitation, ist bis heute nicht völlig ausgeschlossen. Mit ihm würden Science-Fiction-Träume wahr, denn Perry Rhodan & Co. landen schon lange mit Antigrav-Triebwerken weich auf fremden Planeten oder schweben durch Antigrav-Schächte in ihren riesigen Raumschiffen von Stockwerk zu Stockwerk.

Doch gewichtige theoretische Gründe sprechen gegen die Existenz einer Antigravitation. So hat Philip Morrison, Physik-Professor an der amerikanischen Cornell University, schon 1958 argumentiert, dass sie den Energieerhaltungssatz verletzen würde. Auch dem CPT-Theorem zufolge erscheint es sehr unwahrscheinlich, dass sich Antimaterie im freien Fall anders verhält als Materie. Gemäß diesem grundlegenden Prinzip der Elementarteilchenphysik, das eine Symmetriebeziehung zwischen Ladung (»charge«), Spiegelung (»parity«) und Zeit (»time«) beschreibt, hat Antimaterie dieselbe Masse, dasselbe magnetische Moment und dieselben Übergangsfrequenzen wie Materie.

Nachgewiesen ist dies alles jedoch nicht – noch nicht einmal ansatzweise. Es lässt sich deshalb bislang nicht ausschließen, dass Antimaterie etwas schneller oder langsamer fällt als Materie – oder sogar nach oben steigt. Letztlich muss dies experimentell geklärt werden. Es gibt eben keinen Hausmeister der Natur, dem man mit einem kleinen Geschenk die Kennzahlen der Physik entlocken könnte.

Antiwasserstoff durch Doppelspalte

Eine solche Kennzahl beschreibt das Gewicht der Antimaterie. Um es zu messen, genügt ein findiger Student, der ein Barometer fallen lässt, allerdings nicht. Aber vielleicht schafft es ein internationales Forscherteam, das am CERN das Experiment AEGIS aufgebaut hat

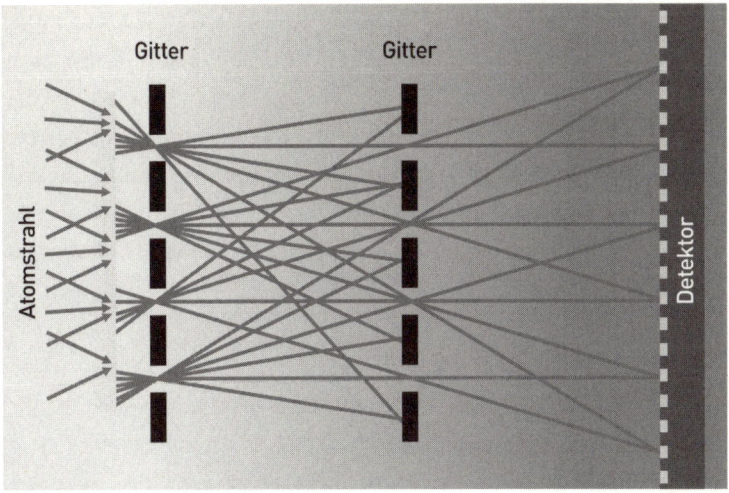

Quanten kreuz und quer: Fliegen Teilchen – oder Antiteilchen – durch mehrere Spalte, interferieren sie miteinander wie Wasserwellen. Diese Superposition (Überlagerung) hinterlässt ein charakteristisches Interferenzmuster im Detektor. Mit solchen Experimenten kann man sehr genau manche Eigenschaften der Antimaterie messen und mit denen der Materie vergleichen.

(Antihydrogen Experiment – Gravity, Interferometry, Spectroscopy). Ziel ist, mit Antiwasserstoff die Gravitationswirkung der Erde auf Antimaterie mit einer Messungenauigkeit von nur einem Prozent zu bestimmen. Die ersten Versuche haben bereits begonnen.

Zunächst wird das sehr instabile Positronium erzeugt. Diese sich umkreisende Elektron-Positron-Paare werden mit Laserstrahlen angeregt, um zu verhindern, dass sie sich zu schnell vernichten. Dann wird das Positronium auf die Antiprotonen geschossen. Einige davon schnappen sich je ein Positron – und fertig sind die Antiwasserstoff-Atome. Diese fliegen weiter und passieren mehrere Doppelspalte in einem definierten Abstand. »Das ist eine große Herausforderung«, sagt AEGIS-Sprecher Michael Doser. »Nie zuvor wurde ein solches Experiment gemacht.«

Doppelspaltversuche mit Licht gehören dagegen in jedem Physik-Praktikum am Gymnasium und an der Universität längst zum Standard. Dabei werden die Interferenz-Streifen beobachtet, die sich auf einem Bildschirm oder in einer fotografischen Aufnahme hinter den beiden Spalten bilden. Zu einer solchen charakteristischen Überlagerung kommt es auch, wenn nicht Licht die Schlitze passiert, sondern Materie: Mit Elektronen, Neutronen – und sogar mit Fulleren-Molekülen (C_{60}) und Fluorofulleren ($C_{60}F_{48}$) wurde dies schon gemacht.

Antiatome müssen ebenfalls ein Interferenzmuster hinterlassen. Daraus können Physiker Rückschlüsse ziehen, wie stark die durch den Doppelspalt geflogenen Teilchen im Schwerefeld abgelenkt wurden. Die entscheidende Frage ist: Wirkt die Gravitation auf Materie gleich stark wie auf Antimaterie – oder aber stärker oder schwächer?

Sowohl das Standardmodell der Elementarteilchen als auch Albert Einsteins Allgemeine Relativitätstheorie sagen eindeutig voraus, dass es hier keinen Unterschied zwischen Materie und Antimaterie geben dürfte. Wenn also einer gemessen würde, wäre das eine Sensation. »Dann hätten wir etwas extrem Wichtiges entdeckt«, sagt der CERN-Physiker Rolf Landua.

»Ich wette eine Kiste Champagner, dass wir keine Differenz messen werden«, meint Michael Doser. »Aber ich würde diese Wette sehr gern verlieren.«

Masse, Gewicht und Weltformel-Test

Masse ist in der Physik ein Maß der Trägheit, also des Widerstands eines Körpers gegenüber Veränderungen. Je größer die Masse eines Körpers ist, desto mehr Kraft ist erforderlich, um ihn aus der Ruhe zu bringen oder seine Bewegung zu stören. Gewicht ist dagegen ein

Maß für die gravitative Anziehung zweier Körper. Der Unterschied zwischen Masse und Gewicht besteht darin, dass Masse eine universelle Eigenschaft eines Objekts ist – also zum Beispiel auf der Erde und dem Mond den gleichen Wert hat –, Gewicht dagegen variieren kann. Ein Elektron beispielsweise hat immer und überall dieselbe Masse, doch es wiegt umso weniger, je weiter es von der Erde entfernt ist. Im gleichen Schwerefeld (oder der Schwerelosigkeit) sind träge und schwere Masse aber äquivalent.

Gewichtsmessungen einzelner Teilchen sind im Prinzip Messungen der Gravitation auf der Quantenskala – und somit ein Weg zu einer experimentellen Überprüfung von Phänomenen der Quantengravitation. Eine solche Theorie, die die beiden Säulen der modernen Physik verbindet – Quanten- und Relativitätstheorie –, ist eine Art Heiliger Gral der Physiker und das lockende Versprechen einer »Weltformel«. Es gibt verschiedene Ansätze dafür, aber noch keine Möglichkeit, sie direkt zu überprüfen. Das wird AEGIS ändern. Und darin liegt die eigentliche Brisanz des Experiments.

Tatsächlich überlegen Physiker im Rahmen von spekulativen Theorien der Quantengravitation, dass es zwei Arten von Schwerkraft geben könnte: In der gewöhnlichen Materie wären die beiden Kräfte gegenläufig und würden sich beinahe aufheben. Für Antimaterie könnten sie sich hingegen addieren und die Antiteilchen schneller fallen lassen. Denkbar ist aber auch, wie schon Ende des 19. Jahrhunderts erwogen, dass sich Antimaterie und Materie gar nicht anziehen, sondern vielmehr abstoßen. Eine solche Antigravitation könnte womöglich erklären, warum es keine Antimaterie in unserer kosmischen Nachbarschaft gibt, falls sie genauso häufig nach dem Urknall entstanden sein sollte wie die Materie (was die meisten Physiker allerdings nicht annehmen): Eine antigravitative Kraft hätte die ungleichen Geschwister dann einfach auseinander getrieben, sodass sie in sicherem Abstand voneinander bis heute ein

Eigenleben führen. Ernsthaft erwarten das aber die allerwenigsten Wissenschaftler. Letztlich ist es jedoch eine experimentelle Frage.

Exkurs

Graviton, Graviskalar und Graviphoton

Gemäß der hypothetischen Modelle einer Quantenfeldtheorie der Schwerkraft wird die Gravitation von Teilchen mit Spin 2 vermittelt, den Gravitonen (analog zu den Eichbosonen der anderen Naturkräfte, etwa dem Photon bei der Elektromagnetischen Wechselwirkung). In spekulativen Modellen mit zusätzlichen Dimensionen des Raumes gibt es auch »Partner« des Gravitons. Ein Graviskalar (Radion) hätte einen ähnlichen Effekt wie ein Graviton; doch ein Graviphoton (Gravivektor) könnte sich entgegengesetzt auswirken – also antigravitativ. Falls diese Partikel wirklich existieren und mit Materie anders wechselwirken als mit Antimaterie, könnten sie sich mit präzisen Messungen bei Freifall-Experimenten vielleicht indirekt nachweisen lassen. Dann würde sich Antiwasserstoff im Schwerefeld anders verhalten als Wasserstoff.

Das Gewicht der Antiwelt muss also konkret überprüft werden. Und genau dazu haben Joel Fajans vom Lawrence Berkeley National Laboratory und seine Kollegen 2013 erste Ergebnisse des ALPHA-Experiments veröffentlicht. In den Jahren 2010 und 2011 speicherten sie 434 Antiwasserstoff-Atome in einem starken Magnetfeld. Als sie es abschalteten, fielen die Antiteilchen aus ihrem Gefängnis und zerstrahlten an den Wänden eines Detektors. Die Physiker konnten mithilfe aufwendiger Computersimulationen inzwischen die »Fallzeiten« abschätzen. Zwar ließen sich nur für die 23 langsamsten Antiwasserstoff-Atome halbwegs zuverlässige Daten erheben, aber der erste Schritt ist gemacht – ein »proof of principle«. Allerdings sind die Messungen noch sehr ungenau. Sie zeigen bislang lediglich, dass die gravitative Masse des Antiwasserstoffs kleiner ist als das 110-fache von der des Wasserstoffs. Und: Würde der Antiwasserstoff nach oben »fallen«, dann wäre der Betrag seiner Antigravitation höchstens das 65-fache von der Schwereanziehung des Wasserstoffs.

Diese Ausschlussgrenzen sind also noch kein Erkenntnisgewinn, da viel zu grob. Doch ab 2015 werden die Messungen weiterlaufen. Auch das Experiment AEGIS startet bald. Mit hinreichender Präzision werden die Forscher in einigen Jahren mindestens auf zehn Prozent genau wissen, ob sich Antimaterie so verhält, wie es das Standardmodell der Elementarteilchen voraussagt – oder ob die Physik teilweise umgeschrieben werden muss.

Materie und Antimaterie im Paartanz

Neben Antiwasserstoff wird inzwischen auch mit anderen Verbindungen von Antiteilchen experimentiert – und sogar mit kurzlebigen Vereinigungen von Materie und Antimaterie. Positronium ist der einfachste Fall. Es wurde bereits 1932 von Carl Anderson vorhergesagt und 1951 von Martin Deutsch am Massachusetts Institute of Technology nachgewiesen. Es vernichtet sich binnen weniger als einer Millionstel Sekunde zu energiereicher Gammastrahlung.

Christoph Keitel vom Max-Planck-Institut für Kernphysik in Heidelberg und seine Kollegen haben 2011 berechnet, wie sich die Rate der Zerstrahlung (Annihilation) mit gewöhnlichen Lasern verringern lässt. Der Trick besteht darin, den Laserstrahlen genau die Energie zu geben, die nötig ist, um das Positronium in einen angeregten Zustand zu versetzen, bei dem sich das Elektron und das Positron in einem größeren Abstand voneinander umkreisen. Damit ist die Wahrscheinlichkeit einer Berührung erniedrigt. Wenn das Positronium dann ein Photon emittiert, fällt es in seinen niedrigeren Energiezustand zurück. Keitel und seine Kollegen rechneten aus, dass etwa die Hälfte des angeregten Positroniums im Durchschnitt das 28. Millionstel einer Sekunde überleben könnte – immerhin 200-mal länger als nicht angeregtes Positronium.

Dieser Zeitgewinn eröffnet neue Möglichkeiten. Er könnte genügen, um größere Mengen an Positronium in den Zustand eines Bose-Einstein-Kondensats zu versetzen. In diesem speziellen Quantenzustand sind alle Positronium-»Atome« quasi gleichgeschaltet. Annihiliert eines, folgen die anderen sofort. Diese Synchronisation ist die Voraussetzung für einen Gammastrahlen-Annihilationslaser. Damit könnte man Objekte »fotografieren«, die so klein sind wie ein Atomkern, oder in Fusionsreaktoren die Kernverschmelzung zünden.

Das ist zwar noch Zukunftsmusik, aber die ersten Schritte sind bereits getan. Im Jahr 2007 haben David Cassidy und Allen Mills von der University of California in Riverside die ersten Antimaterie-»Moleküle« aus mehr als einem Positronium-Paar geschaffen.

Anfänge der Antichemie

Ein schweres Pendant zum Positronium ist das Protonium. Dieser außergewöhnliche Stoff besteht aus Protonen und Antiprotonen, wobei sich jeweils ein Proton und ein Antiproton umkreisen. Wie Evandro Rizzini von der italienischen Universität Brescia und seine Kollegen 2006 herausfanden, hatte sich Protonium schon 2002 in CERN-Experimenten gebildet – nur war das damals niemandem aufgefallen. Inzwischen lässt es sich weniger brachial herstellen, quasi auf chemische Weise, und in größeren Mengen.

So entsteht Protonium, wenn ein Antiproton mit einem ionisierten Molekül von gewöhnlichem Wasserstoff reagiert, also mit H_2^-, und diesem dabei ein Proton entwendet. Das ist quasi der Beginn einer Antichemie. Protonium zerstrahlt allerdings äußerst rasch wieder –

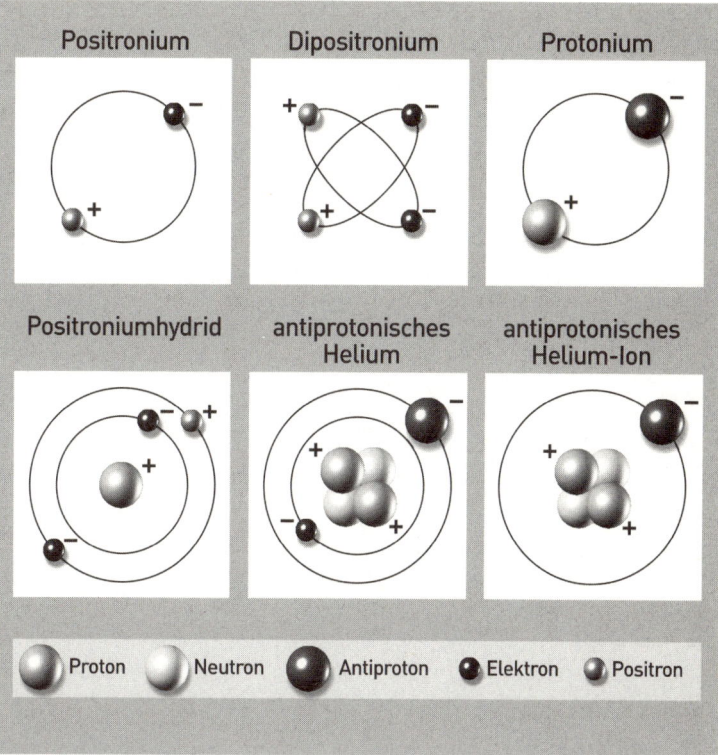

Positronium Dipositronium Protonium

Positroniumhydrid antiprotonisches Helium antiprotonisches Helium-Ion

Proton Neutron Antiproton Elektron Positron

Exotische Atome: Mit raffinierten Experimenten schufen Physiker am CERN Atome aus Antimaterie und sogar – allerdings extrem kurzlebige – Materie-Antimaterie-Verbindungen. Damit lassen sich grundlegende Naturgesetze ausloten.

binnen weniger Millionstel Sekunden. Es existiert aber lange genug, um aus der Experimentalkammer herauszudriften und sich nachweisen zu lassen.

Ein anderes Kunststück gelang mit dem hauptsächlich von japanischen Wissenschaftlern betriebenen ASACUSA-Experiment (Atomic Spectroscopy And Collisions Using Slow Antiprotons) am CERN: die Synthese von antiprotonischem Helium. Sie ist sogar einfacher als

Suche nach Anomalien: Die Experimente ASACUSA und ATRAP am CERN erforschen die Eigenschaften von Antiwasserstoff und antiprotonischem Helium. Winzige Unterschiede im Vergleich zur normalen Materie wären eine physikalische Sensation.

die von Antiwasserstoff: Die Physiker leiteten Antiprotonen aus dem Antimatter Decelerator in ein kaltes Helium-Gas. Die meisten Antiprotonen zerstrahlten, aber ein paar verdrängten Elektronen um die Helium-Kerne. So wurde eines der beiden Elektronen, die um einen Helium-Kern schwirren, durch ein Antiproton ersetzt, das ebenfalls negativ geladen ist.

Wenn dieses Materie-Antimaterie-Atom Licht abgibt, können die elektrischen und magnetischen Eigenschaften des Antiprotons sehr genau gemessen und mit denen des Protons verglichen werden. Dazu schießen die Forscher Laserstrahlen auf das antiprotonische Helium. ASACUSA wies bereits nach, dass Antiprotonen dieselbe Masse wie Protonen haben – im Rahmen der Messgenauigkeit von einem Hundertmillionstel (10^{-8}). Das steht im Einklang mit den Voraussagen des Standardmodells der Elementarteilchen.

Exkurs

Sprengstoff im Gewitter

Antimaterie entsteht sogar bei einem ganz normalen Gewitter. 1994 hatte das Compton Gamma-Ray Observatorium der NASA, das eigentlich den Himmel nach Gammastrahlen absuchte, erstmals Terrestrische Gammastrahlen-Flashs (TGFs) gemessen. Sie dauern nur 0,2 bis 3,5 Millisekunden und haben Energien bis zu 20 Megaelektronenvolt. Jeden Tag toben etwa 500 davon in der Erdatmosphäre. Ihre Ursache war lange unklar.

Nun maß das Fermi-Gammastrahlen-Observatorium der NASA zusätzlich Gammastrahlen mit einer Energie von 511 Kiloelektronenvolt. Das ist genau die Energie, die frei wird, wenn Positronen mit Elektronen vernichtet werden. Die Positronen sind anscheinend in den Gewittern entstanden und dann ins All geschleudert worden, wo einige von ihnen Fermi in seiner 550 Kilometer hohen Umlaufbahn getroffen haben. So konnte ein Ereignis vom 14. Dezember 2009 über der ägyptischen Sahara eindeutig mit einem 4000 Kilometer entfernten Gewitter über Sambia korreliert werden – die Positronen waren wohl so weit entlang einer Magnetfeldlinie geflogen.

»Die von Fermi registrierten Signale sind das erste direkte Indiz dafür, dass manche Gewitter Antimaterie-Teilchenstrahlen erzeugen«, sagt Michael Briggs vom Fermi-Team an der University of Alabama in Huntsville. Die Physiker nehmen an, dass die Gammastrahlen von Elektronen ausgestrahlt werden, die bei den hohen elektrischen Feldstärken frei werden. Es sind dieselben Elektronen, die auch die Blitze erschaffen und mit Molekülen in der Erdatmosphäre wechselwirken. Passiert ein Gammaquant einen Atomkern in der Atmosphäre, wandelt es sich in ein Elektron und ein Positron um.

Die viel wichtigere Frage ist, ob Antiprotonen auch dasselbe Gewicht haben wie Protonen. Und damit schließt sich der Kreis zum Physikstudenten-Witz: Wenn die Antiprotonen nicht kooperieren, dann lohnt es sich doch, einmal beim benachbarten AEGIS-Experiment in derselben nüchternen Werkhalle am CERN anzuklopfen – vielleicht gibt ja der Antiwasserstoff eine Antwort.

Bis es soweit ist, lohnt es sich, im Weltall nach Antimaterie Ausschau zu halten. Denn auch der steckt voller Überraschungen.

Antimaterie-Quelle in der Milchstraße

Ein enormes Energiegewitter tobt in der zentralen Region der Milchstraße. In einem Gebiet von mehr als 4.000 Lichtjahren Durchmesser vernichten sich über 10^{43} Positronen und Elektronen – in jeder Sekunde. Dabei entsteht Gammastrahlung bei einer charakteristischen Wellenlänge von 511 Kiloelektronenvolt: die Signatur dieser Art von Antimaterie-Annihilation. Die freigesetzte Energie entspricht dem 10.000-fachen der Sonnenleuchtkraft in diesem Wellenlängenbereich. Würde der Prozess seit zehn Milliarden andauern, über fast die ganze Epoche der Milchstraße hinweg, wären Positronen mit der Gesamtmasse von rund drei Sonnen in Strahlung »aufgelöst« worden. Ob das so war, weiß allerdings niemand. Fest steht jedoch: In der Zeit, die man für das Lesen dieses Satzes braucht, zerstrahlen im Inneren der Milchstraße etwa 100 Milliarden Tonnen Positronen und Elektronen.

Erste Hinweise auf die Materie-Antimaterie-Vernichtung maßen Höhenballone bereits in den 1970er-Jahren. Genaueres fanden Astrophysiker aber erst in den 1990er-Jahren mit dem Compton-Satelliten heraus, einem 1991 mit dem Space Shuttle Atlantis ins All transportierten Gammastrahlenobservatorium. Dabei zeigte sich auch, dass die Positronen nicht von einer Punktquelle stammen. Doch woher dann? Und wie können sie sich Fontänen gleich Hunderte von Lichtjahren aus der galaktischen Ebene entfernen?

»Der Ursprung dieser Antimaterie-Quelle ist ein Rätsel«, sagte William R. Purcell von der Northwestern University in Evanston, Illinois, nach der Auswertung der Compton-Daten 1997. Auch die Theoretiker, um Ideen keineswegs verlegen, kamen zu keinem Konsens.

Charles Dermer und Jeffrey Skibo vom Naval Research Laboratory in Washington mutmaßten beispielsweise, dass die Positronen von Supernovae stammen, zumal bei diesen Sternexplosionen auch Materie weit ins All geschleudert wird und so zur Annihilation zur Verfügung steht. Tatsächlich erzeugen Supernovae große Mengen an radioaktivem Kobalt-56, bei dessen Zerfall Positronen entstehen. Es ist aber unklar, ob genügend Antimaterie (rechnerisch vielleicht fünf Prozent davon) überhaupt weit genug ins All gelangen kann. Vielleicht annihiliert sie zuvor schon völlig in der Explosionswolke.

Auch andere radioaktive Betastrahler wie Aluminium-26 und Titan-44 kommen in Betracht und sind in der galaktischen Ebene nachgewiesen. Sie stammen überwiegend aus der Kernfusion in massereichen Sternen. Ferner wurden Energiegewitter bei der Sternentstehung, hochenergetische Prozesse bei Neutronensternen und Schwarzen Löchern, eine kannibalisierte Satellitengalaxie und sogar exotische Physik (supraleitende Kosmische Strings, Q-Balls oder der Zerfall Dunkler Materie) diskutiert.

Mit den Messungen des 2002 gestarteten europäischen Weltraumteleskops INTEGRAL (International Gamma-Ray Astrophysics Laboratory) klärten sich die Fragen dann zumindest teilweise. So zeigten die höher aufgelösten Aufnahmen, dass die 511-Kiloelektronenvolt-Strahlungswolke auf der einen Seite des Galaktischen Zentrums größer ist als auf der anderen – entsprechend der asymmetrischen Verteilung der sogenannten LMXB-Sterne dort (Low Mass X-Ray-Binaries). Bei diesen Röntgen-Doppelsternen stürzt Materie von einem Stern in ein Schwarzes Loch oder auf einen Neutronenstern. Bei dem Tohuwabohu könnten auch Positronen entstehen – wie genau, ist jedoch unklar. »Mit den LMXBs lässt sich mindestens die Hälfte der Strahlung erklären, vielleicht sogar alles«, meint Georg Weidenspointner vom Max-Planck-Institut für Extraterrestrische Physik. Möglicherweise haben auch energiereiche Vorgänge in der Umgebung des supermassereichen Schwarzen Lochs im Galaktischen Zentrum einen Anteil an der Antimaterie-Fabrik.

Achtung!

Wer im Zeitalter computergestützter Partnersuche hier auf Erden nicht fündig wird und sich nach einem himmlischen Wesen sehnt oder gar bereits Funkkontakt mit einem außerirdischen Traumpartner pflegt und sich intergalaktisch verliebt hat, sollte beim ersten Treffen trotzdem vorsichtig sein: Man kann einem attraktiven Alien nämlich nicht ansehen, ob er, sie oder es nicht vielleicht aus Antimaterie besteht! Dann wäre der erste Kuss zwar ungeheuer explosiv – doch wer nicht annihiliert werden und in strahlender Schönheit vergehen will, sollte eine rein platonische Liebe leben.

Dieses Gedankenspiel klingt nach längst ausgereizter Science Fiction. Aber hinter der intergalaktisch-romantischen Liebesgeschichte verbirgt sich eines der brisantesten Rätsel der Kosmologie und Physik:

Gibt es Antigalaxien?

Warum besteht die Welt, soweit wir sie kennen, aus Materie und nicht aus Antimaterie? Oder anders und gefragt: Existieren auch Galaxien, Sterne, Planeten und sogar Intelligenzen aus Antimaterie? Da sich Antimaterie analog zu Materie verhält, wäre das möglich – und dann genauso wahrscheinlich wie etwa die Evolution des Erdenlebens.

Allerdings ist Antimaterie in der Milchstraße eine Seltenheit, ebenso in der Lokalen Galaxiengruppe und in dem Superhaufen der Galaxien, zu dem die Milchstraße gehört. Wäre es anders, dann würden sich an den Kontaktzonen der Materie- und Antimaterie-Inseln verheerende Vernichtungsorgien abspielen. Dabei entstünden gewaltige Mengen an Gammastrahlen – viel mehr, als Astronomen beobachten.

Unsere weiträumige Umgebung ist also von Materie dominiert. Ob es aber in einigen Milliarden Lichtjahren Entfernung anders ist und sich Materie und Antimaterie kosmisch gesehen die Waage halten, oder ob aufgrund eines unbekannten Naturgesetzes kurz nach dem Urknall ein Materie-Überschuss entstanden war, der bis heute existiert, das ist eine der großen ungelösten Fragen der modernen Physik und Kosmologie.

Fest steht: Im beobachtbaren Universum überwiegt normale Materie also bei weitem. Warum?

› Unerklärlicher Zufall beziehungsweise eine Anfangsbedingung des Universums?

› Eine »lokale« Dominanz, die sich global ausgleicht?

› Oder eine naturgesetzlich bedingte und erklärbare Asymmetrie?

Die meisten Physiker neigen zur dritten Alternative, doch eine plausible Ableitung der Asymmetrie gibt es bislang nicht. (Die gemessene Verletzung der sogenannten CP-Symmetrie führt zu einem leichten Materie-Vorteil, ist aber viel zu schwach, um die kosmische Asymmetrie zu erklären.) Und die zweite Möglichkeit ist keineswegs widerlegt. Sie wäre wohl auch nicht widerlegbar, wenn es viele Universen gäbe, von denen manche durch Antimaterie dominiert werden, andere – wie unseres – durch Materie (insofern entspräche das der ersten Alternative) und wieder andere praktisch keine Teilchen mehr haben, da sie sich mit ihren Gegenstücken nahezu völlig vernichtet haben. Doch es könnte auch sein, dass unser eigenes Universum aus großräumigen Materie- und Antimaterie-Regionen besteht – eine Art Flickenteppich mit ungemütlichen, weil energetisch hochaktiven Rändern. Dann sollte es in großen Distanzen auch Antisterne und Antiplaneten geben. Und vielleicht grübeln dort intelligente Aliens aus Antimaterie, ob irgendwo anders Leben existiert, das aus einem gleichermaßen vertrauten und ganz fremden Stoff besteht.

Exkurs

»Göttliche« Schöpfung

Die Materie-Antimaterie-Asymmetrie in unserem Universum ist ein großes Rätsel. Aber vielleicht löst sich dieses geradezu überuniversell auf. Darüber hat John Richard Gott III von der Princeton University 1974 spekuliert – und die Symmetrie gleichsam wieder hergestellt. Seiner Hypothese zufolge brachte der Urknall nicht nur ein Universum hervor, sondern gleich drei: Unseres mit einem Überschuss an Materie sowie vorwärtslaufender Zeit; ein zweites mit einem Überschuss an Antimaterie und einem entgegengesetzten Zeitpfeil; und ein drittes, das nur aus überlichtschnellen Tachyonen besteht. Ob es solche Tachyonen überhaupt gibt, ist unklar, aber im Rahmen der Speziellen Relativitätstheorie werden sie als Teilchen mit imaginärer Masse beschrieben.

In Gotts gedanklicher Schöpfung ist unser Universum vom Tachyonen-Universum räumlich getrennt, vom Antimaterie-Universum dagegen zeitlich – weil sich Antimaterie temporal entgegengesetzt zur Materie bewegt, zumindest rein formal. Diese Zeitsymmetrie hätte den Vorteil, dass das große Rätsel der Zeitrichtung, das Physiker und Kosmologen seit vielen Jahrzehnten Kopfzerbrechen bereitet, zwar nicht völlig gelöst wäre, aber doch wesentlich entschärft: Es gäbe nicht nur einen Zeitpfeil, sondern zwei gegensinnige. Warum es überhaupt zu einem Urknall kam, hatte Gott einmal so beantwortet: »Das Modell betrachtet das Universum

---

Die nächste Antimaterie-Region müsste sehr weit entfernt sein, Milliarden Lichtjahre. Andernfalls wäre die Gammastrahlung als unvermeidliche Annihilationssignatur der Kontaktstellen zwischen Materie- und Antimaterie-Gebieten – nicht nur von Galaxien und Galaxienhaufen, sondern vor allem vom intergalaktischen Gas – längst gemessen worden. Das wurde sie nicht. Trotzdem ist die Hypothese nicht gänzlich widerlegt.

Schon in den 1960er-Jahren hat der schwedische Physiker und spätere Nobelpreisträger Hannes Alfvén diese Möglichkeit näher

als eine unwahrscheinliche statistische Fluktuation.« Es steckt also kein Plan dahinter, sondern der blanke Zufall.

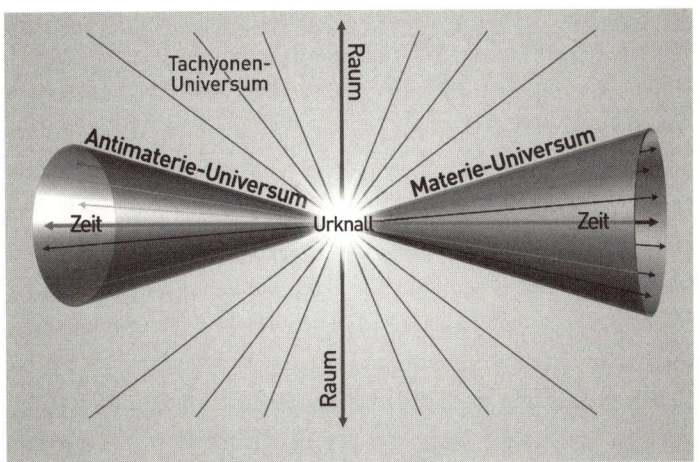

Kosmische Dreifaltigkeit: Möglicherweise sind mit dem Urknall drei getrennte Universen entstanden. Erstens unseres, das von unterlichtschneller Materie und Licht dominiert wird; zweitens ein Antimaterie-Universum, dessen Zeit relativ zu unserer rückwärts läuft; und drittens ein Tachyonen-Universum, in dem es nur überlichtschnelle Partikel gibt.

untersucht. Er fand, dass es durchaus gewisse Isolationsmechanismen geben könnte, die die spiegelbildlichen Regionen voneinander fernhalten, zumindest zeit- und stückweise. Alfvén verglich dies mit dem Leidenfrost-Effekt. Der deutsche Mediziner Johann Gottlob Leidenfrost hatte 1756 beschrieben, dass sich Wassertropfen auf einer sehr heißen Herdplatte halten können, ohne sofort zu verdampfen. Beträgt die Temperatur nämlich weit über 100 Grad Celsius, bildet sich zwischen Tropfen und heißem Untergrund eine Dampfschicht aus, die den Tropfen darüber von der Hitzequelle eine Weile isoliert. Er kann dann minutenlang lebhaft über die Herdplatte tanzen. Nur bei Temperaturen nahe 100 Grad Celsius ist die Dampfschicht so dünn, dass der Tropfen explosionsartig in Wasserdampf übergeht.

Ähnliches, so spekulierte Alfvén, könnte sich auch an der Front zwischen Koinoplasma und Ambiplasma ereignen, wie er die ionisierten Materie- und Antimaterie-Zonen nannte. Der Trennprozess verliefe natürlich anders als beim Tropfen auf der heißen Herdplatte und wäre nicht vollkommen und ewig (das ist die Leidenfrost-Schicht auch nicht). Wenn die Magnetfelder jedoch stark genug und die Plasmen nicht zu dicht sind – vergleichbar den Verhältnissen im interstellaren Raum –, dann sollte sich, so Alfvén, der Annihilationsprozess relativ langsam und örtlich begrenzt abspielen. Bei der Annihilation von Protonen und Antiprotonen entstehen neben Neutrinos und Gammastrahlung auch Mesonen, die letztlich zu Elektronen und Positronen zerfallen. Diese haben eine so hohe kinetische Energie – vielleicht das Hundertfache ihrer Ruhemasse –, dass sie durch die mutmaßlichen Magnetfelder im Koino- und Ambiplasma auf gegenläufige Spiralbahnen gezwungen werden, die so groß sind wie der Radius der Erdbahn. Die hohe Energie der Teilchen, entsprechend Temperaturen von einer Billion Grad, führt dazu, dass die Grenzschicht sich sogar noch ausdehnt und die Plasmen effektiv getrennt werden. Die große Vernichtungsorgie unterbleibt.

Alfvéns Modell sagt voraus, dass der Betrag der kosmischen Gammastrahlung moderat ist, wie beobachtet, dass zahlreiche Neutrinos von der anfänglichen Annihilation existieren müssen, die allerdings kaum zu messen sind, und dass viel Radiostrahlung (Synchrotronstrahlung) durch die beschleunigten Bewegungen der Elektronen und Positronen in den Magnetfeldern entsteht. Zwar gibt es große Mengen an Radiostrahlung im All, doch keine Anzeichen kosmischer Leidenfrost-Grenzen. Auch deshalb hat Alfvéns Hypothese nicht mehr viele Anhänger.

Das würde sich jedoch schnell ändern, wenn man Spuren ferner Antisterne und Antigalaxien fände – in Gestalt schwerer Antikerne in der Kosmischen Strahlung, die sich vom Ambiplasma zu uns verirrt hätten. Antikohlenstoff im All könnte nur in einem Antistern erbrütet worden sein (oder, wohl noch spektakulärer, von einer fortgeschrittenen Zivilisation geschaffen). Zwar gibt es keine Hinweise auf schwere Antikerne irgendwo. Doch das ist letztlich eine Frage ihrer Häufigkeit und der Genauigkeit möglicher Nachweismethoden. Und inzwischen existiert eine profunde Möglichkeit, solche mutmaßlichen Antiweltsplitter tatsächlich aufzuspüren – mit dem größten und empfindlichsten Detektor, der jemals in den Weltraum gebracht wurde: dem Alpha Magnetic Spectrometer (AMS).

Rarität oder Regel?

»Für die Abwesenheit von Antimaterie gibt es bislang keine Erklärung. Das heißt aber auch: Es gibt keinen Grund, warum sie nicht existieren sollte«, sagt Roberto Battiston von der italienischen Universität Perugia. Niemand weiß bislang, ob Antimaterie eine Rarität oder die Regel im Kosmos ist. Aber die Antwort lässt sich herausfinden: Zum einen mit den Experimenten und Theorien der Teilchenphysik, die nach einer naturgesetzlichen Asymmetrie suchen – und zum anderen mit der Erforschung der Kosmischen Strahlung, die vielleicht Antihelium- oder Antikohlenstoff-Atome enthält, was die Existenz einer Gegenwelt verraten würde. Und das ist für Astrophysiker inzwischen nicht mehr allein Gegenstand theoretischer Spekulationen: »Mit AMS haben wir jetzt die Suche nach kosmischer Antimaterie begonnen – mit einer gegenüber bisherigen Messungen 1000-fach größeren Empfindlichkeit«, schürt Battiston die Erwartungen.

AMS steht für Alpha Magnetic Spectrometer – und für eines der ehrgeizigsten Projekte der modernen Astrophysik. Das 3 mal

4 mal 5 Meter große, 7,5 Tonnen schwere und über 1,5 Milliarden Dollar teure Instrument ist das komplexeste Gerät, das jemals ins All gebracht wurde. Das Space Shuttle Endeavour hat es im Mai 2011 zur Internationalen Raumstation (International Space Station, ISS) befördert. Inzwischen hat es dort viele Milliarden kosmischer Teilchen identifiziert – und das ist erst der Anfang. Die Wissenschaftler versprechen sich davon viele neue Erkenntnisse; auch über die Antimaterie im All.

Ein Vorschlag zur rechten Zeit

AMS ist innerhalb von 17 Jahren gebaut worden: von 600 Wissenschaftlern und Ingenieuren aus 60 Institutionen in 16 Ländern – darunter Italien, Russland, China, Taiwan und den USA. Aus Deutschland wirkte ein Team um Stefan Schael von der RWTH Aachen mit.

Initiator und Projektleiter ist Samuel Chao Chung Ting. Er wurde 1936 geboren, seine Eltern studierten damals in Amerika und arbeiteten später als Professoren in Taiwan. Dort verbrachte er auch seine Kindheit und Jugend. 1956 kam er zum Mathematik- und Physik-Studium an die University of Michigan. Später forschte er unter anderem an der University of Columbia, am CERN und am DESY. Seit 1969 ist Ting Professor am Massachusetts Institute of Technology, von wo aus er das AMS-Team trotz seines Alters noch immer unermüdlich leitet.

Kosmischer Spürhund: Das Alpha Magnetic Spectrometer (AMS) – weiß verpackter Zylinder rechts oben – an Bord der Internationalen Raumstation erforscht seit Mai 2011 die Kosmische Strahlung und misst ihre Zusammensetzung, beispielsweise den Anteil an schweren Kernen und Antimaterie. Außerdem suchen Astrophysiker damit nach Vernichtungssignalen der Dunklen Materie, nach exotischen Partikeln und sogar nach Hinweisen auf Antimaterie-Galaxien.

Ting hatte das AMS trotz aller Widrigkeiten auf den Weg gebracht – dank seines Physik-Nobelpreises von 1976 und besten politischen Verbindungen. Schon 1994 hatte er unter Umgehung der üblichen Begutachtungsverfahren den damaligen NASA-Administrator Dan Goldin davon überzeugt, die ISS für das Magnetspektrometer zu nutzen. Das kam Goldin damals sehr gelegen, weil es nicht einfach war, eine wissenschaftliche Rechtfertigung für die teure Raumstation zu finden. Während für den Large Hadron Collider vier große Experimente entwickelt wurden, hatte die ISS damals noch kein einziges Großexperiment vorzuweisen, obwohl sie das Zehnfache des LHC kostete. Da kam Tings Vorschlag gerade recht.

Daraufhin ging es rasch voran: Bereits im Juni 1998 flog ein AMS-Prototyp, AMS-01, zehn Tage lang an Bord des Space Shuttle Discovery durchs All. Dies demonstrierte, dass das Gerät unter den widrigen Weltraumbedingungen funktionierte und erstklassige Daten liefern konnte. AMS-01 detektierte die Spuren von über 100 Millionen geladenen Teilchen, darunter etwa drei Millionen Helium-Kernen. Ein Antiatomkern schwerer als Antiwasserstoff, etwa Antihelium, war allerdings nicht dabei.

Dann kam der Rückschlag: Mit dem katastrophalen Absturz der Raumfähre Columbia 2003 schien auch das Ende von AMS gekommen zu sein. Zwar wurden die Shuttle-Flüge 2005 wieder aufgenommen, aber nur, um die ISS fertig auszubauen. Doch Ting schaffte es, dass die NASA einen zusätzlichen Shuttle-Start zur Raumstation einplante, um AMS dorthin zu bringen: AMS-02, wie der Detektor seither offiziell heißt.

Als sich abzeichnete, dass die ISS bis 2020 oder gar 2028 betrieben werden würde, änderte Ting den Plan. Er beschloss, das Herzstück von AMS entfernen zu lassen, einen supraleitenden Hochleistungsmagneten (Feldstärke 0,85 Tesla), da dessen Helium-Kühlung nur für gut zwei Jahre ausgereicht hätte. An seiner Stelle wurde der schwächere Neodym-Permanentmagnet (0,125 Tesla) von AMS-01 eingebaut.

Zwar bedeutet dies eine geringere Messgenauigkeit, aber diese Einbuße wird durch empfindlichere Detektoren und die längere Messzeit mehr als wettgemacht.

»Wenn die Raumstation 2015 geschlossen würde, hätten wir den Magneten nicht ausgetauscht«, sagt Ting. Doch so wird die Datenausbeute wesentlich besser sein. Außerdem erübrigten sich die Probleme und Gefahren, flüssiges Helium ins All zu bringen, da dies für den Permanentmagneten nicht nötig ist.

Allerdings erforderte der Umbau von AMS-02 eine Verschiebung des Shuttle-Starts. Doch auch dazu war die NASA bereit und stellte den vorletzten Flug überhaupt zur Verfügung. »Wenn Sie Sam wären, dürften Sie auch noch ein paar Sekunden vor einem Abflug am Flughafen erscheinen«, macht der Kosmologe Michael Turner von der University of Chicago Tings Einfluss schmunzelnd deutlich.

100 Megabit pro Sekunde

Inzwischen arbeitet AMS hervorragend. Am 19. Mai 2011 wurde das Teilchenspektrometer an die ISS angedockt. »Bereits viereinhalb Stunden später lieferte es Messergebnisse – in einer brillanten, bislang unerreichten Qualität«, erinnert sich Roberto Battiston. Seit dem 19. Juni 2011 wird AMS vom Payload Operations Control Center am CERN überwacht, wo rund um die Uhr bis zu 100 Megabit pro Sekunde an Daten eintreffen.

Das ist keineswegs selbstverständlich, denn die Bedingungen von AMS sind nicht gerade ideal. Das Spürgerät muss sich nach dem Kurs der Raumstation richten – und der bringt extreme Temperatur- und Beleuchtungsschwankungen mit sich. Entsprechend robust wurde AMS gebaut. 1118 Temperatursensoren und 298 Heizquellen sorgen für die nötige thermische Kontrolle. Es herrscht hohe Redundanz, teilweise sind die einzelnen Bauteile viermal vorhanden. Allerdings ist

Vorbereitungen zum Start: Das Alpha Magnetic Spectrometer in der Space Station Processing Facility am Kennedy Space Center in Florida im November 2010.

AMS auch sehr komplex. 650 Prozessoren sind an Bord, mit 300.000 elektronischen Kanälen – und allein in der Detektoreinheit RICH (Ring Imaging Cerenkov Counter) gibt es 11.000 Photosensoren.

Aus Deutschland stammen unter anderem Antikoinzidenz-Zähler, die seitlich einfliegende Teilchen identifizieren, die Antimaterie vortäuschen könnten, sowie ein Übergangs-Strahlungs-Detektor aus 5248 mit Xenon gefüllten Proportionalzählrohren. Damit lassen sich Positronen von den 1000-mal häufigeren Protonen äußerst zuverlässig unterscheiden.

Perfekte Performance

Trotz der technischen Komplexität ist das Prinzip von AMS einfach: Alles, was an Partikeln durchs All fliegt und zufällig den Zylinderkörper des riesigen Spektrometers passiert, wird nach seiner Masse und Ladung charakterisiert. Diese Eigenschaften werden durch die Ablenkung im Magnetfeld gemessen, durch Flugzeitbestimmungen und die Energieabgabe in den neunschichtigen Detektorscheiben. So kann AMS simultan alle Atomkerne in der

Kosmischen Strahlung mit Energien von bis zu einem Teraelektronenvolt nachweisen und dabei Atomsorten bis zu Kobalt und schwerer auseinanderhalten.

Wie gut das funktioniert, haben die Forscher in Experimenten 2010 am CERN gemessen. Dort wurde AMS mit einem 400-Gigaelektronenvolt-Teststrahl aus Protonen beschossen, womit sich die Impulsbestimmung und Proton/Positron-Unterscheidung eichen ließ. Außerdem wurden verschiedene Nuklei durch die Kollision von energiereichen Indium-Kernen mit Beryllium- und Blei-Kernen erzeugt und dann von AMS detektiert. Das sägezahnähnliche Teilchenspektrum, gut sortiert nach Häufigkeit und Atommasse, überzeugte auch Skeptiker.

Ting ist bei alledem Perfektionist. Als er 1974 ein neues Partikel entdeckt hatte, das J/Psi-Meson, war er so lange mit den Analysen, Tests und Überprüfungen beschäftigt, dass eine zweite, unabhängige Forschergruppe in der Zwischenzeit das Teilchen ebenfalls aufspürte – und Ting musste sich den Physik-Nobelpreis mit Burton Richter teilen. Doch AMS ist konkurrenzlos: Kein anderes Gerät hat diese Empfindlichkeit.

»Wir werden uns mit der Publikation unserer Ergebnisse Zeit lassen«, sagt Battiston. »Denn wir wollen sicher sein, dass die Zahlen stimmen.« Ting hat eine rigide Informationspolitik verordnet.

Dunkle und ganz seltsame Materie

Die bisherigen Resultate sind vielversprechend: AMS arbeitet zuverlässig und hochpräzise. »In den ersten neun Monaten haben wir über 13 Milliarden Ereignisse gemessen«, berichtete Roberto Battiston bereits im März 2012 auf einem Kosmologie-Symposium in Irsee, im beschaulichen Allgäu. »Jedes Jahr werden wir 16 Milliarden Teilchen registrieren, in 10 bis 20 Jahren also 160 bis 320

Exkurs

Strangelets und das Ende der Welt

In seinem Roman *Katzenwiege (Cat's Cradle)* beschrieb Kurt Vonnegut 1963 eine hypothetische Substanz, Ice-Nine, die jede Flüssigkeit, mit der sie in Berührung kommt, sofort in festes Eis verwandelt. Erst Pfützen, Tümpel und Bäche, dann Flüsse, Ströme, Seen, Meere und Ozeane, bis die Erde in einem »großen Vvraoompfh« vernichtet wird. Nicht minder fantastisch – und noch wesentlich gefährlicher – muten hypothetische Partikel an, die in einer Art Kettenreaktion sämtliche Materie ringsum völlig verändern: Strangelets. (Das erinnert an einen unlöschbaren »Atombrand«, wie ihn beispielsweise Hans Dominik in seinem Zukunftsroman *Das Erbe der Uraniden* von 1928 ersonnen hat oder Clark Darlton im *Perry-Rhodan*-Roman *Atombrand auf Mechanica* von 1964.)

Strangelets würden aus ungefähr gleich vielen up-, down- und strange-Quarks bestehen. Gemäß der spekulativen Hypothese von Arnold Bodmer (1971) und Edward Witten (1984) sollten sie – vorausgesetzt, es gibt hinreichend viele beieinander – energetisch stabiler sein als die normale Materie aus up- und down-Quarks. (Weil das strange-Quark massereicher ist, zerfällt es normalerweise mittels der Schwachen Wechselwirkung, daher sind Teilchen mit strange-Quarks, etwa Lambda- und Sigma-Baryonen, sehr kurzlebig.) Gemäß dieser

---

Milliarden. Das wird die Suche nach neuen physikalischen Effekten beispiellos voranbringen.«

Die bislang bestimmte Obergrenze des Häufigkeitsverhältnisses von Helium zu Antihelium beträgt eine Million zu eins. Das ergab der kurze Shuttle-Flug von AMS-01. In den nächsten Jahren wird AMS-02 die Empfindlichkeit um den Faktor 10.000 steigern. Sollte also mehr als ein Antihelium-Atom auf zehn Milliarden Helium-Atome kommen, dann könnten die Physiker das nachweisen.

Und das ist noch nicht alles: AMS soll auch Licht ins Rätsel der Dunklen Materie bringen. Rund vier Fünftel der Gesamtmasse

»strange matter«-Hypothese müssten sich nach langen Zeiträumen auch gewöhnliche Atomkerne in Strangelets umwandeln – und benachbarte Nuclei mitreißen.

Vielleicht lassen sich Strangelets – der Name wurde 1984 von den Physikern Edward Farhi und Robert Jaffe geprägt – sogar bei Teilchenkollisionen erzeugen, etwa im LHC. Doch das gefährdet die Erde nicht, sonst wäre sie durch Strangelets aus der viel energiereicheren Kosmischen Strahlung längst zerstört worden. Immerhin sind Strangelets, falls in großer Zahl im Urknall entstanden, ein vergleichsweise wenig exotischer Kandidat für die Erklärung der Dunklen Materie. Es könnte sogar makroskopische Körper geben, Quarksterne oder »strange stars« genannt. Allerdings sollten sich dann Neutronensterne in diese umwandeln, wofür Astronomen bislang keine Hinweise gefunden haben.

In der Science Fiction sind Strangelets immerhin schon Realität. In der Story *A Matter most Strange* (1989) von Robert L. Forward werden sie in einem Teilchenbeschleuniger erzeugt, in *Impact* (2010) von Douglas Preston treffen sie Erde und Mond, in *Phobos* (2011) von Steve Alten zerstören sie, im LHC erzeugt, sogar die Erde – ebenso in der TV-Episode *The Trouble with Harry* (2002) der Serie *Odyssey 5* von Manny Coto und im BBC-Dokudrama *End Day* (2005) von Gareth Edwards.

im All ist unsichtbar und besteht wahrscheinlich aus noch völlig unbekannten Elementarteilchen. AMS kann diese Teilchen zwar nicht direkt nachweisen, aber indirekte Indizien liefern. Wenn sich nämlich Partikel der Dunklen Materie gegenseitig vernichten, so wie Materie und Antimaterie, dann sollten dabei unter anderem Positronen entstehen.

Außerdem wird AMS die Zusammensetzung der galaktischen Kosmischen Strahlung sehr genau bestimmen. Und, wenn die Forscher Glück haben, entdeckt AMS noch völlig unbekannte Phänomene. So könnte es neben den gewöhnlichen Baryonen – also schweren Teilchen wie Protonen, Neutronen und Helium-Kernen, die alle aus up- und down-Quarks bestehen – auch sogenannte Strangelets geben. Diese »Strange Quark Matter« enthält neben up- und down- auch strange-Quarks, daher ihr Name. Einen möglichen Kandidaten dafür hatte schon AMS-01 aufgespürt, wie Vitaly Choutko vom CERN auf einer Konferenz 2003 berichtete. Aber das könnte ein Messfehler oder ein statistischer Ausreißer gewesen sein. Bislang sind Strangelets also reine Spekulation.

Fremde Inseln im All

Noch brisanter wäre der Nachweis von Antihelium oder schwereren Antikernen. Schon Antihelium entsteht in natürlichen Teilchenkarambolagen so selten, dass AMS eigentlich keinen einzigen solchen Atomkern aufspüren sollte. (Auch auf der Erde konnten die Antiteilchen erst 2011 in Teilchenbeschleunigern künstlich erzeugt werden.) Wenn AMS aber gleich mehrere Antihelium-Nuklei oder beispielsweise einen Antikohlenstoff oder -sauerstoff fände, dann wäre das ein eindeutiges Indiz dafür, dass ein solches Teilchen aus einer Region im Universum stammt, in der Antimaterie vorherrscht. Denn es könnte nur im Zentrum eines Sterns aus Antimaterie erbrütet worden sein – ähnlich wie nahezu alle Elemente schwerer als Helium und Lithium aus Kernfusionsprozessen in Sternen stammen (oder, wie Gold und Platin, bei der Kollision von Neutronensternen und Schwarzen Löchern entstanden sind). Nur die leichtesten Elemente sind bereits in der ersten Viertelstunde des Universums zusammengebacken worden. Damals war die Materie allüberall extrem heiß und dicht – wie heute nur noch im Zentrum der Sterne. Die kosmische Expansion und Abkühlung brachte die Fusionsprozesse jedoch rasch zum Erliegen. Daher konnten die schweren Elemente damals nicht mehr erzeugt werden. Abgesehen vom Wasserstoff kommen alle Atome im menschlichen Körper also aus dem Inneren längst explodierter Sterne.

Allerdings sind die meisten Kosmologen inzwischen davon überzeugt, dass sich die heutige Dominanz der Materie bereits in der ersten Sekunde nach dem Urknall herausgebildet hat. Zwar soll einst fast genau so viel Materie wie Antimaterie entstanden sein – aber mit einem winzigen Überschuss von vielleicht 1 Milliarde zu 1 Milliarde plus 1. Nachdem sich fast alle Teilchen und Antiteilchen gegenseitig annihiliert hatten – die Kosmische Hintergrundstrahlung überall im Weltraum zeugt bis heute von dieser Zerstrahlungsorgie –, blieben die überzähligen Materie-Teilchen erhalten: Sie fanden keinen Vernichtungspartner mehr und bevölkern bis heute die Welt.

Diese – ursächlich nur ansatzweise verstandene – Asymmetrie akzeptiert jedoch eine Minderheit der Teilchenphysiker nicht. Diese Forscher nehmen stattdessen an, dass in manchen Regionen des Universums zufällig mehr Materie übrig blieb, in anderen dagegen mehr Antimaterie (ähnlich wie Hannes Alfvén in den 1960er-Jahren, der die Theorie vom Urknall allerdings noch kritisch sah). Wenn das stimmt, dann sollte es ferne Antigalaxienhaufen mit Antigalaxien und Antisternen geben. Sie wären durch die intergalaktischen Leerräume zwar fast völlig isoliert voneinander. Doch wenn sich hin und wieder Antiteilchen dieser Gegenwelten zu uns verirren, könnte AMS sie finden.

Viele Wissenschaftler halten das für extrem unwahrscheinlich. Ting lässt sich jedoch nicht beirren und hofft vielleicht heimlich auf einen zweiten Nobelpreis. »Echte Entdeckungen geschehen außerhalb des Bereichs bestehenden Wissens«, sagt er. »Wenn wir nicht nach Antikernen suchen, werden wir niemals erfahren können, ob es Antisterne gibt.« Fest steht daher schon jetzt: Der Nachweis eines einzigen Antihelium-Nukleus würde unsere Auffassung vom Universum schlagartig umstürzen.

Exkurs

Kosmische Strahlung

»Um 10:45 Uhr hatten wir 5350 Meter erreicht. Trotz Sauerstoff fühlte ich mich so schwach, dass ich nur noch mit Anstrengung an zwei Apparaten die Ablesungen ausführen konnte«, berichtete der österreichische Physiker Victor Franz Hess. Aber die Tortur lohnte sich: »Mit dem wissenschaftlichen Ergebnis dieser Fahrt konnte ich sehr zufrieden sein; es war mir gelungen, mit drei Apparaten unabhängig den Verlauf der durchdringenden Strahlung bis über 5000 Meter zu verfolgen«, wo sie »mehr als doppelt so stark« wie am Erdboden war – »ein Ergebnis, welches vollkommen neue Gesichtspunkte schuf«.

Diese Messungen vom 7. August 1912, wenig später so von Victor Hess beschrieben, öffneten ein neues Fenster zum Universum: Sie bedeuteten die Entdeckung der Kosmischen Strahlung, wie sie seit den 1940er-Jahren genannt wird (zuvor war auch der missverständliche Begriff »Höhenstrahlung« geläufig). Bis dahin wurde angenommen, dass die Radioaktivität in der Umgebung umso schwächer ist, je weiter man sich vom Erdboden entfernt. Hess stellte aber fest, dass sie ab 1800 Meter Höhe wieder ansteigt. Seine Messungen erbrachten die überraschende Erkenntnis, dass »ein sehr großer Teil der durchdringenden Strahlung nicht von den bekannten radioaktiven Substanzen in der Erde und der Atmosphäre herrührt«. Für diese Einsicht, veröffentlicht in der seit 1945 nicht mehr existierenden *Physikalischen Zeitschrift*, erhielt Hess den Nobelpreis für Physik des Jahres 1936. Inzwischen ist klar, dass die Kosmische Strahlung aus energiereichen Teilchen besteht, die von der Sonne und vielen unterschiedlichen Quellen im All stammen und permanent auf die Erde prasseln. Sie ist also kein einheitliches Phänomen, sondern setzt sich aus mehreren Komponenten verschiedener Herkunft zusammen. So enthält der Partikelstrom, der aus der Milchstraße kommt, zu über 85 Prozent Protonen und zu etwa zehn Prozent Helium-Kerne. Ein Prozent sind schwerere Atomkerne und knapp ein Prozent Elektronen. Noch geringer ist der Anteil an Antimaterie: Positronen und Antiprotonen.

Dieses eine Prozent an Elementen schwerer als Helium sowie die Spuren aus Antimaterie bereiten den Astrophysikern gegenwärtig das meiste Kopfzerbrechen. Weil sich solche Partikel nur jenseits der störenden Erdatmosphäre gut erforschen lassen, ist ihre Charakterisierung und Erklärung besonders schwierig. Doch mit dem Alpha Magnetic Spectrometer auf der Internationalen Raumstation rückt eine experimentelle Antwort jetzt in gleichsam himmlische Reichweite. 100 Jahre nach Hess' bahnbrechender Entdeckung hat die Kosmische Strahlung nichts von ihrer Faszinationskraft verloren.

Herkunftsort	Entstehung und Eigenschaften
Sonnenwind	meist Protonen und Helium-Kerne; energiearm; Flussdichte 10^7
Sonneneruptionen	stark schwankende Intensität; Energien bis 10^6 Elektronenvolt; Flussdichte 10^8 bis 10^{10}
Heliosphäre	beschleunigt durch Wechselwirkung des Sonnenwinds mit dem interstellaren Medium
Galaxis	stammt von Stoßfronten bei Supernova-Überresten und von Jets bei Pulsaren und Schwarzen Löchern; Energie teils über 10^9 Elektronenvolt
außerhalb Galaxis	wird wohl von Jets bei supermassereichen der Schwarzen Löchern in Galaxienzentren frei gesetzt, vielleicht auch von noch unbekannten Prozessen; Energie bis 10^{20} Elektronenvolt; Flussdichte 10^{-22}

Teilchen aus dem All: Die Partikel – Atomkerne und Leptonen – haben ganz unterschiedliche Quellen, Energien und Flussdichten (diese Teilchenstromdichte wird angegeben in Einheiten pro Sekunde und Quadratzentimeter).

Tor zum Weltraum

»Die Internationale Raumstation ist ein Tor zum Universum und die größte Leistung der Menschheit im erdnahen Orbit.« NASA-Administrator Charles Bolden sparte nicht an Pathos und Superlativen. Tatsächlich war die Pressekonferenz Anfang April 2013 auch ein Stück Rechtfertigung und Marketing, denn die US-amerikanische Raumfahrtbehörde hatte bekanntlich schon bessere Tage, und die Kosten der ISS sind durchaus astronomisch zu nennen. Dennoch war Boldens All-täglicher Anlass ganz und gar nicht alltäglich. Und die ISS konnte nun tatsächlich dazu beitragen, einen neuen Zugang zum Weltraum zu erschließen – zumindest für die Forschung. Denn mit dem Alpha Magnetic Spectrometer spähen Astrophysiker auf eine neue und in dieser Präzision konkurrenzlose Weise in die geheimnisvollen Tiefen der Milchstraße. Und inzwischen haben sie damit tatsächlich ein weiteres Tor zum Universum geöffnet, zumindest einen Spalt breit – ein Tor zu neuen Erkenntnissen.

Über die erste dieser himmlischen Einsichten hatte das Forschungszentrum CERN, wo sich die AMS-Steuerzentrale befindet, am 3. April 2013 eigens ein Seminar veranstaltet und es im World Wide Web live übertragen. Dort ließ es sich Samuel Ting nicht nehmen, die erste große Publikation von AMS-Messungen persönlich vorzustellen, bevor sie wenige Tage später in dem renommierten Fachjournal *Physical Review Letters* publiziert wurde: die Zahl und Energieverteilung der Positronen in Erdnähe – der häufigsten Form von Antimaterie im All.

Zunächst beschrieb Ting in seinem 70 Minuten langen Vortrag im vollbesetzten großen CERN-Auditorium noch einmal ausführlich die hochpräzisen Messmethoden von AMS. Erst in den letzten zehn Minuten zeigte und erläuterte er das von vielen Forschern seit Langem mit Spannung erwartete Positronen-Spektrum.

400.000 Positronen

AMS registriert jährlich etwa 16 Milliarden Teilchen der Kosmischen Strahlung. Das Positronen-Spektrum basiert auf der Analyse von 25 Milliarden Ereignissen, die vom 19. Mai 2011 bis zum 10. Dezember 2012 gemessen wurden. 6,8 Millionen davon waren Elektronen und Positronen. Von den Antimaterie-Partikeln wurden rund 400.000 nachgewiesen – so viel wie niemals zuvor im All. Die Zahl ist ungefähr das Hundertfache aller bislang weltweit durch Ballons und Satelliten erhaschten kosmischen Positronen insgesamt. Und dies geschah vor dem »Hintergrund« der mindestens 1000-fachen Menge an Protonen, die dieselbe positive Ladung haben, wenn auch eine fast 2000-mal so große Masse. Dank der hochpräzisen Energie- und Impulsauflösung von AMS konnten die Forscher mit ihren akribischen Analysen die genaue Verteilung der Positronen im Energiebereich von 0,5 bis 350 Gigaelektronenvolt messen, also ihre Zahl relativ zu der von Elektronen gleicher Energie. Die Auswertung erfolgte zur Sicherheit in mehreren Einzelgruppen unabhängig voneinander.

Ergebnis: Bis zu einer Energie von knapp zehn Gigaelektronenvolt nimmt die Menge der Positronen immer weiter ab. Das steht im Einklang mit den gut etablierten Erklärungsmodellen der Kosmischen Strahlung. Doch dann wächst die Zahl der Positronen überraschenderweise wieder – zunächst stärker, dann schwächer. Dies ist bis etwa 250 Gigaelektronenvolt der Fall. Bei noch größeren Energien wird die Kurve des Positronen-Spektrums flacher. Weil hochenergetische Positronen sehr selten sind, wird die statistische Zuverlässigkeit der Messungen hier immer schlechter.

Die Verhältnisse jenseits von 350 Gigaelektronenvolt sind noch unklar – obschon besonders wichtig, weil davon die Erklärung des Positronen-Spektrums abhängt. Mehr Daten sind also nötig – und AMS wird diese auch beschaffen, wenn die ISS wie geplant durchhält, denn die Messungen des Detektors sollen sich noch verzehnfachen.

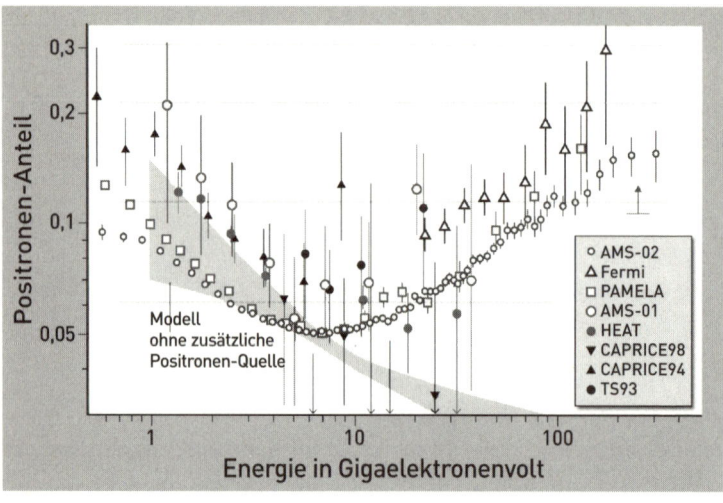

Was lange währt, wird endlich gut: Astrophysiker warteten Jahrzehnte auf ein präzises Positronen-Spektrum der Kosmischen Strahlung. Der AMS-Detektor hat die Energieverteilung dieser Antielektronen aus dem All präzise gemessen und damit Daten der Satelliten PAMELA und Fermi bestätigt und erweitert. Frühere Messungen waren sehr ungenau. Bis zu Energien von etwa acht Gigaelektronenvolt stimmt das Spektrum überein mit den theoretischen Modellen der solaren und galaktischen Produktion (graues Band). Doch für energiereichere Positronen muss es mindestens eine zusätzliche Quelle geben – vielleicht die Zerstrahlung Dunkler Materie oder brachiale Prozesse bei Neutronensternen.

Um eine erste Einschätzung gebeten, reagierte Ting nach dem CERN-Seminar reserviert: »Wir ahnen zwar, was bei den höchsten Energien geschieht, aber es ist zu früh, um darüber zu diskutieren. Wir müssen auf eine bessere Statistik warten. Beachten Sie, dass wir keines unserer Resultate als ,vorläufig' bezeichnet haben.«

Ting gilt als äußerst vorsichtig und akribisch. Und da AMS konkurrenzlos ist, besteht auch keine Eile. »Ich habe noch nie einen Fehler gemacht«, stellte Ting im CERN-Auditorium klar. »Wir veröffentlichen erst, wenn wir absolut sicher sind.«

Die Suche nach dem Ursprung

Die Messung der Positronen ist das Eine – das Andere ist die Erklärung ihrer Herkunft. Und die bereitet den Astrophysikern viel Kopfzerbrechen.

Fest steht, dass manche Antiteilchen bei Explosionen auf der Sonne erzeugt werden. Diese Eruptionen entfesseln gewaltige Energien, und dabei kommt es zu Kernreaktionen und zur sogenannten Paarbildung. Im Vergleich dazu ist die Antimaterie-Produktion beim CERN geradezu armselig. Andere Positronen sind das Nebenprodukt von Kernreaktionen im Interstellaren Medium: Wenn beispielsweise ein stark beschleunigtes Proton aus einem Supernova-Überrest auf ein anderes Proton trifft, können Pionen entstehen. Diese kurzlebigen Partikel zerfallen in Myonen, die gleich darauf in Elektron-Positron-Paare weiter zerfallen. Die galaktischen Erzeugungsraten lassen sich recht gut abschätzen. Sie liegen bei Energien über zehn Gigaelektronenvolt klar unter der von AMS gemessenen Positronen-Zahl. Die große Frage lautet also: Was ist die Ursache dieses Positronen-Überschusses?

Darüber spekulieren Ting und sein Team in ihrer Positronen-Publikation nicht. Sie betonen aber, dass die Verteilung der Partikel keine Strukturen zeigt – also keine Variationen in Raum, Zeit oder Energie. »All diese Merkmale sind zusammen ein Hinweis auf ein neues physikalisches Phänomen«, schreiben die Forscher. Ihr Fazit: »Ein signifikanter Anteil der hochenergetischen Elektronen und Positronen stammt aus einer gemeinsamen Quelle.«

Doch welche Quelle könnte das sein? Hier konkurrieren vor allem zwei Erklärungsansätze, die sich aber nicht unbedingt ausschließen: zum einen galaktische Quellen wie Supernova-Überreste, Pulsarwinde und Pulsare, zum anderen der Zerfall oder die Paarvernichtung – also Zerstrahlung oder Annihilation – bislang unbekannter Elementarteilchen.

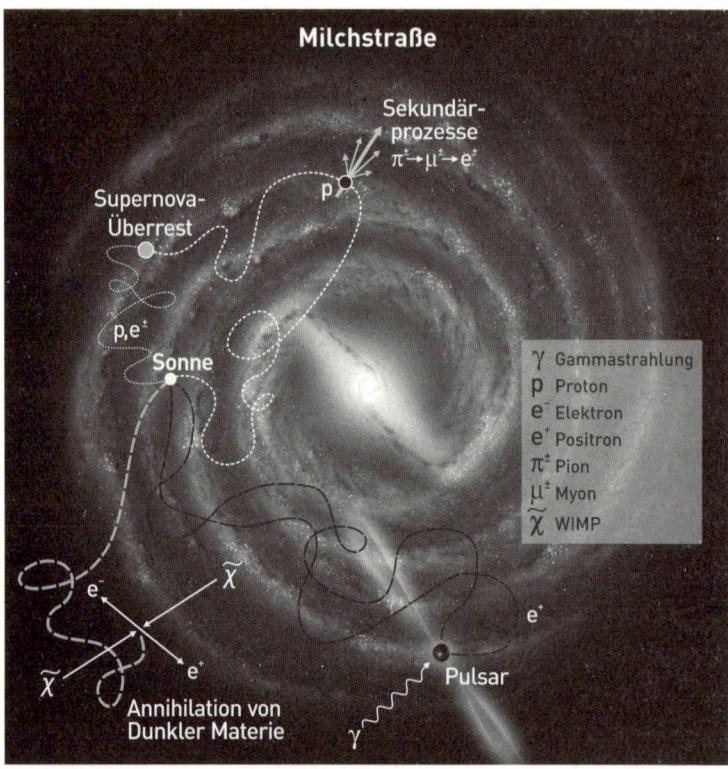

Galaktische Quellen: Positronen entstehen bei verschiedenen Prozessen im All, beispielsweise durch Explosionen auf der Sonne, durch Stoßwellen bei Supernova-Überresten sowie durch Teilchenkollisionen im interstellaren Gas. Doch es muss noch andere Erzeuger für die energiereichsten Antimateriepartikel geben. Astrophysiker spekulieren, dass sie bei der Vernichtung der ominösen Dunklen Materie gebildet werden oder durch die Wechselwirkungen von Gammastrahlung mit den ultrastarken Magnetfeldern von Pulsaren. Da galaktische Magnetfelder die positiv geladenen Positronen auf verschlungene »Umwege« führen, lässt deren Flugrichtung nicht auf ihre Herkunft schließen. Sie werden auf ihrer Bahn stark abgelenkt – wie auch andere geladene Teilchen. Im Gegensatz dazu breitet sich die elektromagnetische Strahlung weitgehend geradlinig aus.

Sternruinen als Teilchenschleudern

Pulsare sind der beliebteste Kandidat, weil sie nachweislich die Milchstraße bevölkern – zu Hunderten allein im Umkreis von einigen Tausend Lichtjahren – und zur Kosmischen Strahlung beitragen. Pulsare pulsieren nicht, wie ihr Name suggeriert, sondern »blinken« wie Leuchttürme, weil sie die Erde periodisch anstrahlen. Sie sind rasch rotierende Neutronensterne – die kollabierten Kerne ausgebrannter massereicher Riesensonnen, die ihre äußeren Hüllen als Supernova ins All geschleudert haben. Diese Exoten haben nur die Hälfte des Durchmessers von Berlin, aber mehr Masse als unsere gesamte Sonne. Und sie besitzen Magnetfelder, die das Billionenfache der Stärke des Erdmagnetfelds erreichen können. Gelangen kosmische Gammastrahlen in das Feld einer Sternruine, vor allem an ihren Polen, dann entstehen große Mengen an Elektron-Positron-Paaren.

Ein Astrophysiker-Team um Peng-Fei Yin von der Chinesischen Akademie der Wissenschaften in Peking hat ausgerechnet, dass sich das Positronen-Spektrum von AMS im Prinzip durch einen einzigen benachbarten Pulsar erklären ließe. Es könnten auch viele Pulsare sein, dann würde aber der Einfluss der nahen Sternruinen vorherrschen.

Infrage kommen die nächstgelegenen Neutronensterne Geminga und Monogem – oder ein unbekanntes unsichtbares Objekt, dessen Strahlungskegel nicht in Richtung Erde orientiert sind. Geminga im Sternbild Gemini (Zwillinge) ist etwa 800 Lichtjahre entfernt und 370.000 Jahre alt. Monogem befindet sich in einem Supernova-Überrest an der Grenze der Sternbilder Gemini und Monoceros (Einhorn), hat eine Distanz von 900 Lichtjahren und ein Alter von etwa 110.000 Jahren.

Wenn die Pulsar-Hypothese stimmt, so Peng-Fei Yin und seine Kollegen, dann sollten genauere Messungen des Positronen-Spektrums Indizien für eine Feinstruktur und eventuell auch Aniso-

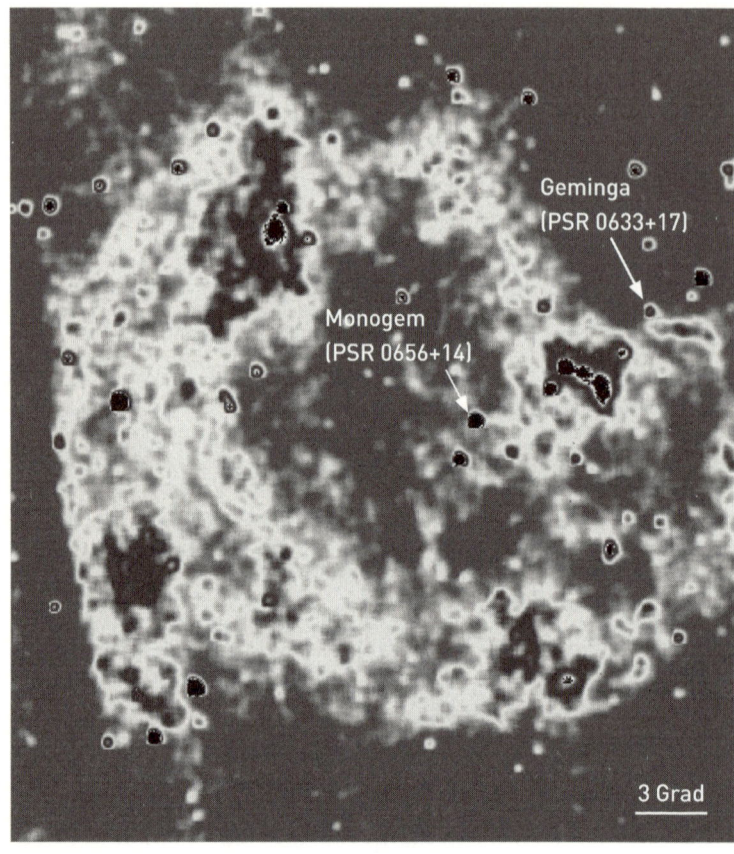

Geminga
(PSR 0633+17)

Monogem
(PSR 0656+14)

3 Grad

Ruinierte Sterne: Pulsare (strahlungsaktive Neutronensterne) und Supernova-Überreste (Trümmer explodierter Sterne) sind Quellen der Kosmischen Strahlung – Positronen vermutlich eingeschlossen. Das Bild zeigt den rund 1000 Lichtjahre fernen Supernova-Überrest Monogem, aufgenommen von dem Satelliten ROSAT in der weichen Röntgenstrahlung bei 0,1 bis 0,5 Kiloelektronenvolt. Markiert sind zwei Pulsare. Aufgrund ihrer Bewegungsrichtung können sie allerdings nicht das kollabierte Relikt des zur Monogem-Supernova gewordenen Riesensterns sein, der die kugelschalenförmig verteilten Gasfetzen ins All gesprengt hat.

tropie zeigen. Denn die Positronen-Erzeugung bei Pulsaren muss variieren. Und die Antiteilchen würden somit nicht völlig gleichmäßig aus allen Richtungen kommen. Die bisherigen AMS-Daten zeigen eine Isotropie der Herkunftsrichtung aller gemessenen Positronen und Elektronen nur auf knapp vier Prozent genau – die weiteren Messungen könnten also durchaus noch kleine Abweichungen erbringen.

Signale kosmischer Schwächlinge?

Spektakulärer wäre es freilich, wenn der Positronen-Überschuss aus dem Zerfall oder der Zerstrahlung der ominösen Dunklen Materie stammen würde. Diese »Schattenmaterie« macht sich durch ihre Schwerkraft bemerkbar, leuchtet aber nicht, weil sie nicht der elektromagnetischen Wechselwirkung unterliegt.

Einer beliebten – doch keineswegs gesicherten – Hypothese zufolge besteht die Dunkle Materie aus unbekannten Elementarteilchen, oft WIMPs genannt. Dieser Name ist ein Akronym, abgeleitet von »Weakly Interacting Massive Particles«, und bedeutet im Englischen auch »Schwächling, Winzling«. Teilchenphysiker haben zahlreiche Kandidaten für solche WIMPs vorgeschlagen. Und sie suchen sowohl mit direkten Nachweismethoden nach den Partikeln als auch indirekt mit dem Large Hadron Collider, der sie durch Protonen-Kollisionen erzeugen könnte.

Ob es WIMPs wirklich gibt, ist ungewiss. Doch wenn, dann könnten sie sich vielleicht wechselseitig vernichten – vorausgesetzt, sie sind ihre eigenen Antiteilchen und häufig genug, um sich überhaupt in signifikanter Zahl zu treffen. Diese Überlegungen haben die Physiker Michael Turner und Frank Wilczek – der spätere Nobelpreisträger und Mitentdecker der asymptotischen Freiheit der Quarks – schon 1990 vorgestellt. Trifft sie zu, dann müssten bei der WIMP-Annihilation auch beträchtliche Mengen an Gammastrahlen und Positronen entstehen. Und diese sollten sich in der Milchstraße bemerkbar machen – eine große Chance für Astrophysiker, die die Herausforderung gerne annahmen.

PAMELA und die Physik-Paparazzi

Für große Aufregung sorgte Mirko Boezio mit einem Vortrag Anfang August 2008 auf einer Hochenergie-Teilchenphysik-Konferenz in Philadelphia. Der Forscher vom Institut für Kernphysik in Triest berichtete damals über die ersten Analysen der Messungen von PAMELA (Payload for Antimatter Matter Exploration and Light-nuclei Astrophysics). Dieses in Italien gebaute 470 Kilogramm schwere, 1,30 Meter große und 25 Millionen Euro teure Instrument befindet sich an Bord des russischen Erdbeobachtungssatelliten Resurs-DK1, der am 15. Juni 2006 in eine 350 bis 600 Kilometer hohe polare Umlaufbahn geschossen wurde. PAMELA enthält mehrere Messgeräte, die um einen großen Permanentmagneten gruppiert sind und zur Analyse der Antimaterie in der Kosmischen Strahlung gebaut wurden. Boezio erläuterte, dass PAMELA einen Überschuss an Positronen im Energiebereich von 10 bis 60 Gigaelektronenvolt registriert hatte. Und dieses Signal sei mit einer WIMP-Annihilation vereinbar, obwohl dafür auch einige andere Erklärungen infrage kämen.

Boezio und seine Kollegen wollten also keineswegs suggerieren, dass dies bereits eine indirekte Entdeckung der Dunklen Materie sei. Trotzdem stürzten sich mehrere Forscher sofort auf die Daten und publizierten innerhalb von wenigen Wochen eigene Modelle und Abschätzungen – und zwar teilweise noch bevor die PAMELA-Ergebnisse überhaupt veröffentlicht waren. Es wurde sogar einfach das Diagramm als Grundlage genommen, das Boezio in Philadelphia gezeigt hatte, und das von einem Konferenzteilnehmer abfotografiert worden war.

Dies stieß sofort auf heftige Kritik. Seither sind Physiker viel vorsichtiger, in Vorträgen unveröffentlichte Daten vorzustellen. Die Beschleunigung des Informationsaustauschs im digitalen Zeitalter hat somit auch negative und sogar hemmende Folgen. Manche Wissenschaftler forderten sogar, das Fotografieren durch »Physik-Paparazzi« zu verbieten. Doch wer seine Daten zurückhalten möchte, der braucht sie ja niemandem zu zeigen. Problematischer ist, dass es manche Fachzeitschriften Forschern sogar verbieten, über ihre eingereichten, aber noch unveröffentlichten Arbeiten zu sprechen. So durften auch Mirko Boezio und PAMELA-Projektleiter Piergiorgio Picozza nichts über ihre Positronen-Resultate sagen, weil sie sonst ihre Publikation im Journal *nature* gefährdet hätten – eine unerquickliche Situation.

Als die PAMELA-Daten von den ersten beiden Jahren Messzeit dann im Oktober 2008 in drei Artikeln erschienen waren, reichte der Positronen-Überschuss sogar bis 90 Gigaelektronenvolt. Doch es gab keine Anzeichen einer erhöhten Zahl an Antiprotonen. Dies wäre aber zu erwarten, wenn die Positronen aus einer WIMP-Vernichtung stammten. Allerdings sind Antiprotonen sehr selten im All – es kommt nur eines auf über 10.000 Protonen.

Inzwischen hat die PAMELA-Forschergruppe zwar Hinweise auf Antiprotonen gefunden. Allerdings werden sie nicht als Indiz für die Existenz Dunkler Materie begriffen, weil sie wohl in Erdnähe entstanden sind: bei der Kollision Kosmischer Partikel mit der irdischen Hochatmosphäre. Außerdem bilden sie sich, wenn Protonen der Kosmischen Strahlung mit Wasserstoff und Helium-Kernen im interstellaren Medium zusammenstoßen. Es ist schwierig, diese Prozesse im Detail zu quantifizieren. Und umgekehrt gibt es auch Modelle der WIMP-Annihilation, bei denen keine oder kaum Antiprotonen entstehen.

Insgesamt lässt sich die Existenz von WIMPs mit den PAMELA-Daten weder zwingend fordern noch definitiv ausschließen.

Die gemessenen Positronen könnten auch im Energiegewitter von Sternexplosionen oder in der wilden Umgebung von Neutronensternen erzeugt worden sein. Kritikern wie David Spergel von der Princeton University ist sogar der ganze Ansatz nicht geheuer: »Kosmische Strahlen sind der schmutzigste Weg, nach Dunkler Materie zu schauen«, sagt er im Hinblick auf die vielen möglichen Quellen.

Die Situation ist also unübersichtlich. Allerdings hatte bald darauf das Fermi-Gammastrahlen-Weltraumteleskop der NASA Daten gewonnen, die zu den PAMELA-Resultaten passen – einen Überschuss an Gammastrahlung aus dem zentralen Bereich der Milchstraße. Dort sollte die Dichte Dunkler Materie besonders hoch sein. Entsprechend wären WIMP-Annihilationen häufiger als anderswo, und die Gammastrahlen würden dann bei der Vernichtung der Positronen mit den überall vorhandenen Elektronen erzeugt werden.

Der Showdown beginnt

Die PAMELA- und Fermi-Daten haben trotz aller Unsicherheit immerhin deutlich gemacht, dass es mindestens eine Quelle der Kosmischen Strahlung geben dürfte, die von den etablierten Modellen vernachlässigt oder unterschätzt wurde. Umso wichtiger sind die AMS-Messungen. Fest steht, dass sich der Positronen-Überschuss bei hohen Energien nicht mehr wegdiskutieren lässt. Doch was steckt dahinter?

Mehrere Studien haben inzwischen gezeigt, dass die AMS-Daten mit der Zerstrahlung Dunkler Materie vereinbar sind – und ebenfalls mit den früheren ungenaueren Messungen von den Satelliten PAMELA und Fermi. Diese Widerspruchsfreiheit wiesen mehrere Forschergruppen mit aufwendigen Simulationsrechnungen nach, beispielsweise ein Team um Qiang Yuan von der Chinesischen Akademie der Wissenschaften, Peking, und eines um Masahiro Ibe von der Universität Tokio. Allerdings gibt es Probleme, weil bei Annihilationen typischerweise auch Antiprotonen entstehen, die bislang nicht aufgespürt wurden. Nach ihnen hält AMS gegenwärtig ebenfalls Ausschau.

Viele WIMP-Modelle – jedoch nicht alle – prognostizieren einen relativ scharfen Abbruch des Positronen-Spektrums bei hohen Energien, abhängig von der WIMP-Masse. Wenn AMS diesen Effekt jenseits von 350 Gigaelektronenvolt fände, hier also kaum noch Partikel detektieren würde, wäre das ein gutes Argument für die Dunkle Materie als Quelle der Positronen.

Die Messungen des kosmischen Antiprotonen-Flusses wird ebenfalls weiterhelfen. Neben AMS werden außerdem bald Hochatmosphären-Langzeitballonflüge danach Ausschau halten (und nach Antideuterium, das in der Kosmischen Strahlung bislang noch nie aufgespürt wurde).

Allerdings gibt es auch Skeptiker. So hat Miguel Pato von der Universität Zürich mit zwei Kollegen schon 2010 eine Studie publiziert, die zeigt, dass die Positronen-Daten nicht zwischen Pulsaren und WIMPs unterscheiden können – falls bestimmte physikalische Annahmen über diese zutreffen, die sich mit AMS allein nicht überprüfen lassen. Dann helfen nur andere Methoden weiter: etwa die Suche nach charakteristischen Gammastrahlen-Signaturen, wie sie der chinesische Satellit DAMPE (DArk Matter Particle Explorer) ab 2015 erhaschen soll, sowie Experimente der Teilchenphysiker, die bereits im Einsatz sind.

Da schließt sich der Kreis zwischen AMS und CERN: »AMS ist ein großartiges Beispiel für die Komplementarität der Experimente auf der Erde und im Weltall«, kommentierte CERN-Generaldirektor Rolf-Dieter Heuer im Anschluss an Samuel Tings Vortrag am 3. April 2013. Und er hofft, dass der Large Hadron Collider bei seinem Neustart im Jahr 2015 hier Schützenhilfe leistet. »Wir sind zuversichtlich, mit diesem Tandem der Methoden in den nächsten paar Jahren eine Lösung des Rätsels der Dunklen Materie zu finden.«

Antifantasien

Interessant ist nicht nur Antimaterie im und aus dem All – sie könnte auch helfen, dorthin zu gelangen. Denn als Treibstoff für die Weltraumfahrt scheint sie geradezu ideal zu sein. Es verwundert daher nicht, dass dies schon lange als beliebte Idee die Science Fiction bereichert.

In dem Roman *Antimaterie* (*Seetee Ship*, 1951) von Jack Williamson beispielsweise ist Antimaterie eine selbstverständliche Energiequelle der Wahl, wobei »Seetee« für CT steht: Contra Terrene. In seinem Roman *Antimaterie-Bombe* (*Seetee Shock*, 1949) wird die Antimaterie aus dem Planetoidengürtel beschafft, der aus der Kollision eines Planeten mit einem aus den Tiefen der Galaxis eingedrungenen Antimaterie-Planeten entstand – aus heutiger astronomischer Sicht kein realistisches Szenario.

Geradezu unphysikalisch wird es, wenn Murray Leinster in seiner Kurzgeschichte *Der Wanderstern* (*Rogue Star*, 1960) einen dunklen Planeten aus Antimaterie beschreibt, der andere Köper nicht anzieht, sondern abstößt. »Er wurde auch nicht von den flammenden Sonnen angezogen, deren Planeten die Menschheit jetzt erforschte und besiedelte. Stattdessen prallte er von ihren Schwerefeldern ab und irrte weiter ziellos durch eine Galaxis, in die er nicht gehörte« – selbst die Zeit geht rückwärts auf ihm. (Immerhin: Bis heute wissen Physiker nicht, ob Antimaterie dieselbe Gravitationskraft wie Materie besitzt.) Im Universum von *Star Trek* dagegen dient »normale« Antimaterie als Treibstoff und wird je nach Bedarf an Bord kurzfristig hergestellt. Praktischerweise mit einem »quantenmechanischen Ladungsumkehrer«. Denn mit den heutigen Produktionstechniken, zum Beispiel am CERN, beträgt der Energieaufwand zur Antiproton-Erzeugung das Millionenfache der darin gespeicherten Energie. Antiprotonen für die Wohnzimmerlampe würden, umgerechnet, den Jahresetat der USA erfordern. »Um die elektrische Ladung von einem Gramm reiner Antiprotonen oder Positronen zusammenhalten zu können, benötigt man ein unvorstellbar starkes elektromagnetisches Kraftfeld«, benennt Frank Close von der Oxford University noch ein weiteres Problem. »Würde dieses Feld plötzlich zusammenbrechen, wäre die Wucht der Explosion der auseinanderfliegenden geladenen Teilchen weit größer, als die Explosion aus ihrer Annihilation.«

In Stanislaw Lems Roman *Der Unbesiegbare* (1964) wird ein Antimateriewerfer hingegen physikalisch korrekt zur Annihilation eingesetzt – als Waffe. Zwar sind Machtstreben und Zerstörungswut mancher Menschen unersättlich, und für diesen destruktiven Verwendungszweck der Antimaterie hat sich auch das US-Militär schon interessiert. Doch werden Antimaterie-Bomben auch künftig Science Fiction bleiben und über *Illuminati*-Fantasien nicht hinauskommen. »Mit den heutigen Verfahren könnte man im Verlauf eines Jahres ungefähr ein Nanogramm Antimaterie herstellen, und die Kosten dafür lägen bei rund zehn Milliarden Dollar«, sagt Frank Close. »Damit benötigten wir einige hundert Millionen Jahre und zusätzlich rund eine Billiarde US-Dollar, um ein Gramm Antimaterie zu erzeugen. Das ist sogar für das US-Militär zu viel.«

Mit Antimaterie zu den Sternen

Doch Antimaterie, die effektivste Energiequelle überhaupt, ist nicht bloß eine Steilvorlage für Science Fiction. Mit ihr ließe sich bei Ausflügen zu anderen Planeten oder gar Sternen viel Masse sparen. Das macht sie für die Raumfahrt durchaus interessant. Denn jedes Kilogramm verteuert und erschwert den Flug ins All, muss doch ein Teil des Treibstoffs für seinen eigenen Transport aufgewendet werden.

Daher dachte Eugen Sänger – er hatte in Berlin den ersten deutschen Lehrstuhl für Raumfahrttechnik inne – bereits in den 1950er-

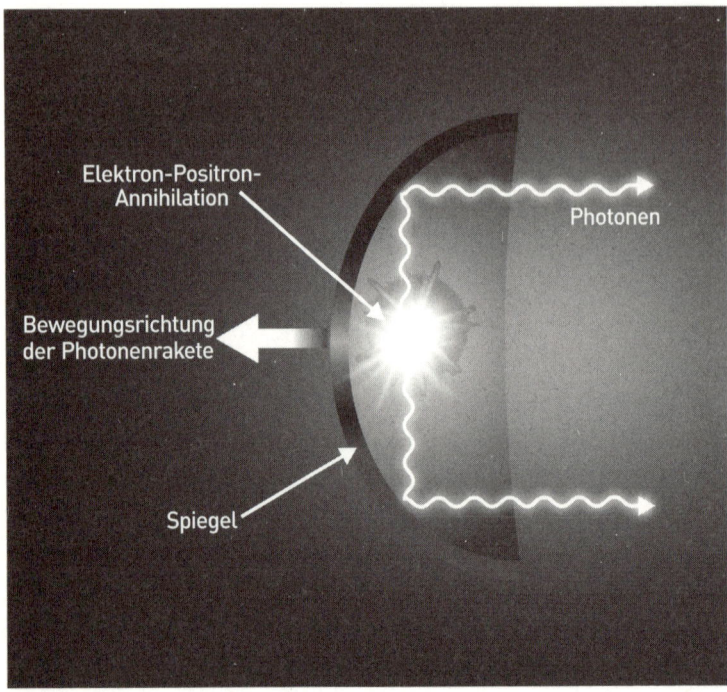

Prinzip der Photonenrakete: Wenn Gammastrahlung aus der Annihilation von Materie und Antimaterie gezielt reflektiert werden könnte, ließe sie sich als hocheffizienter Antrieb von Raumschiffen nutzen. Ob dies technisch jemals praktikabel sein kann, ist ungewiss.

Jahren über eine Photonenrakete nach: Sie sollte von Gammastrahlen ihren Schub bekommen. Würden diese durch die Annihilation von Positronen und Elektronen erzeugt, müssten die Photonen mit einem Spiegel umgelenkt werden, damit sie in die gleiche Richtung zielen. Solche wirkungsvollen Gammaquantenreflektoren können jedoch zurzeit noch nicht gebaut werden.

Die Zerstrahlung von Protonen und Antiprotonen beziehungsweise Wasserstoff und Antiwasserstoff würde aber auch Teilchen erzeugen, deren Ausstoß sich als Schubkraft nutzen ließe. Oder –

einfacher, aber ineffizienter: Die durch die Annihilation freigesetzte Energie heizt ein Trägergas auf, das durch eine Düse entweicht und das Raumschiff in die entgegengesetzte Richtung beschleunigt. Diese Methode hat im Prinzip ebenfalls einen höheren Wirkungsgrad als die chemischen Antriebe. Mit Antimaterie käme man mit einem Viertel der Masse einer herkömmlichen Rakete aus, hat Felix M. Huber an der Universität Stuttgart in den 1990er-Jahren berechnet.

Doch bei all diesen Entwürfen bleibt weiterhin das Problem, genug Antimaterie mitzuführen und zu speichern oder vor Ort zu erzeugen. Die Entwicklung großer Penning-Fallen, um mindestens 10^{14} Antiprotonen wochenlang zu speichern – von Gerald Smith an der Pennsylvania State University in den 1990ern angekündigt –, haben sich bislang nicht erfüllt.

Trotzdem ist der Flug aus dem Sonnensystem hinaus nur eine Frage der richtigen Technik, wenn es nach Gerald Jackson geht: »Eigentlich braucht man nur ein großes Netz, fast wie beim Fischen.« Damit sollen aber nicht Heringe gefangen werden, sondern kosmische Antiprotonen. Und davon gibt es eine ganze Menge im All. Etwa 80 Gramm kreisen zwischen Venus und Mars um die Sonne, und bis zu 20 Kilogramm befinden sich vermutlich innerhalb der Saturnbahn. Denn bei Explosionen auf der Sonne werden große Mengen an Positronen und Antiprotonen erzeugt. Allein bei einer gewaltigen Sonneneruption im Jahr 2002 sind schätzungsweise ein halbes Kilogramm Positronen entstanden – damit hätte man Deutschland zwei Tage mit Strom versorgen können.

Der Ingenieur von Hbar Technologies in West Chicago, Illinois, hat mit seinem Team einen mit 75.000 Dollar dotierten Preis vom NASA Institute for Advanced Concepts erhalten, das die Studien neuer Ideen unterstützt. Und avantgardistisch ist, was Jackson vorschlägt: ein System, das aus drei konzentrischen Kugelschalen aus Draht besteht. Die äußerste wäre 16 Kilometer im Durchmesser und positiv geladen, um Protonen abzulenken und die negativen

Antiprotonen anzuziehen. Diese würden durch die zweite Drahtschale abgebremst und dann in der inneren, nur 100 Meter großen Schale gefangen.

Mit dieser Antimaterie wäre interplanetare und sogar interstellare Raumfahrt möglich: Gezielt auf ein Segel aus normaler Materie gelenkt und dort zur Zerstrahlung gebracht, würde das Raumschiff in die Weiten des Alls getrieben. Um Pluto zu erreichen, wären nur 30 Milligramm Antimaterie erforderlich. Für einen Ausflug zum sonnennächsten Stern, Proxima Centauri, würden 17 Gramm benötigt. »Es ist nicht unmöglich«, sagt Jackson, »sondern nur eine Frage der Effizienz.«

Eine kurze Antigeschichte: Die Erforschung der Gegenwelt

1889: Arthur Schuster prägt den Begriff »Antimaterie«, spekuliert über Antimaterie-Materie-Annihilation sowie über Antiatome und Antisonnensysteme.

1928: Paul Dirac (Nobelpreis 1933) findet »negative« Lösungen in seiner Dirac-Gleichung der Materie.

1929: Charles Janet spekuliert über ein ganzes Periodensystem von Antimaterie.

1931: Dirac interpretiert seine Lösungen als Teilchen und sagt die Existenz von Antielektronen voraus.

1932: Carl D. Anderson (Nobelpreis 1936) entdeckt Antielektronen und nennt sie Positronen. (Wie sich später zeigte, hatten schon Dmitry Skobeltzyn 1923, Chung-Yao Chao 1930 sowie Irène und Frédéric Joliot-Curie 1932 unabhängig voneinander Spuren von Positronen in Nebelkammern gesehen.)

1932: Anderson und andere sagen die Existenz von Positronium voraus, einem »Atom« aus Elektron und Positron.

1946: John Archibald Wheeler sagt die Existenz von Dipositronium voraus, einem »Molekül« aus zwei Positronium-Atomen.

1951: Martin Deutsch kann am Massachusetts Institute of Technology Positronium erzeugen und nachweisen.

1951: Aadne Ore sagt die Existenz von Positroniumhydrid (PsH) aus einem Proton, einem Positron und zwei Elektronen voraus.

1955: Emilio Segré und Owen Chamberlain (Nobelpreis 1959) entdecken das Antiproton am BeVatron der University of California in Berkeley.

1956: Oreste Piccioni, Bruce Cork und ihre Kollegen entdecken das Antineutron am BeVatron.

1964: Ein Höhenballon-Detektor entdeckt Positronen in der Kosmischen Strahlung.

1964: James Cronin und Val Fitch (Nobelpreis 1980) entdecken am Brookhaven National Laboratory, dass der Zerfall von Kaonen die CP-Symmetrie verletzt.

1965: Antonino Zichichi und seine Kollegen finden Antideuterium-Kerne am Proton Synchroton am CERN; kurz darauf werden sie auch am Alternating Gradient Synchrotron am Brookhaven National Laboratory nachgewiesen.

1967: Andrei Sacharow schlägt vor, die Dominanz der Materie im Universum durch eine naturgesetzliche Asymmetrie im frühen Universum zu erklären. (Das ist möglich, wenn drei Bedingungen hinreichend erfüllt sind: Nichterhaltung der Baryonenzahl, CP-Verletzung und Verlust des thermischen Gleichgewichts.) Wadim Kuzmin schreibt 1970 Ähnliches.

1970: Kerne von Antihelium-3 werden in Kollisionsexperimenten im russischen Protvino erzeugt.

1973: Antitritium-Kerne werden in Protvino erzeugt.

1974: John Richard Gott III spekuliert über ein Antimaterie-Universum mit entgegengesetztem Zeitpfeil vor dem Urknall.

1975: Der Satellit OSO-7 misst die Gammastrahlung aus der Annihilation von Positronen und Elektronen auf der Sonne.

1976: Die Positronen-Emissions-Tomographie (PET) wird entwickelt.

1978: Ein Höhenballon-Detektor misst die Positronen-Elektronen-Annihilationssignatur vom Galaktischen Zentrum: Gammastrahlung bei 511 Kiloelektronenvolt (erste Hinweise darauf gab es schon 1972).

1979: Der Satellit HEAO-C misst die Gammastrahlung aus dem Zerfall von Aluminium-26 in der Milchstraße, bei dem auch Positronen entstehen.

1984: Frans Klinkhamer und Nicholas Manton beschreiben mit dem Sphaleron-Prozess (Verletzung der Baryonenzahl), wie Antimaterie wohl kosmisch unterlegen ist.

1984: Hans Dehmelt hält ein einzelnes Positron drei Monate lang in einer Penning-Falle und misst 1987 seine magnetischen Eigenschaften – sein g-Faktor hat denselben Betrag wie der des Elektrons.

1986: Gerald Gabrielse hält am CERN erstmals Antiprotonen gefangen, ab 1995 sogar ein einzelnes isoliert.

1990: Ramiro Pareja und sein Team erzeugen in Madrid Positroniumhydrid.

1991: Am Forschungszentrum KEK in Japan wird antiprotonisches Helium produziert (Helium, bei dem ein Elektron durch ein Antiproton ersetzt ist).

1995: Walter Oelert und seine Kollegen stellen mit dem PS210-Experiment am LEAR (Low Energy Antiproton Ring), CERN, Antiwasserstoff-Atome her (Antiprotonen mit Positronen).

1997: Am Fermilab werden ebenfalls Antiwasserstoff-Atome produziert.

1998: Das Experiment AMS-01 (Alpha Magnetic Spectrometer) an Bord der Raumfähre Discovery sucht zehn Tage nach kosmischen Antiatomkernen.

1999: Das TRAP-Experiment am CERN weist nach, dass das Ladung-zu-Masse-Verhältnis von Protonen und Antiprotonen gleich ist (Unsicherheit $1:10^{10}$).

1999: AD (Antiproton Decelerator) wird am CERN in Betrieb genommen und dient fortan als Grundlage für Antimaterie-Experimente dort.

2002: ATHENA (ApparaTus for High precision Experiment on Neutral Antimatter) produziert »kalten« Antiwasserstoff: rund 50.000 Atome in einem Jahr.

2002: ATHENA erzeugt Protonium (»Atom« aus Proton und Antiproton), das wird aber erst 2006 erkannt.

2002: Die Experimente BaBar in Stanford, USA, und Belle in Tsukuba, Japan, weisen nach, dass beim Zerfall von B-Mesonen die CP-Symmetrie verletzt ist.

2003: Das Antiproton Cell Experiment (ACE) beginnt Antiprotonen zur Krebstherapie zu testen.

2003: Das ASACUSA-Experiment (Atomic Spectroscopy And Collisions Using Slow Antiprotons) zeigt, mithilfe von antiprotonischem Helium erzeugt, dass die Massen von Protonen und Antiprotonen identisch sind (Unsicherheit $1:10^8$).

2005: Am CERN wird ein antiprotonisches Helium-Ion erzeugt (Helium-Kern, der von Antiproton umkreist wird).

2007: David Cassidy und Allen Mills von der University of California in Riverside kreieren Dipositronium.

2008: Das Satelliteninstrument PAMELA (Payload for Antimatter Matter Exploration and Light-nuclei Astrophysics) misst einen Positronen-Überschuss in der Kosmischen Strahlung.

2010: ALPHA (Antihydrogen Laser Physics Apparatus) speichert erstmals Antiwasserstoff-Atome (38 für 0,17 Sekunden).

2010: Am RHIC (Relativistic Heavy Ion Collider) in Upton, New York, wird Antihypertriton erzeugt (bestehend aus je einem Antiproton, Antineutron und Antilambda).

2011: Der STAR-Detektor (Solenoidal Tracker At RHIC) am RHIC weist erstmals Kerne von Antihelium-4 nach. Kurz darauf wird auch im ALICE-Detektor (A Large Ion Collider Experiment) am CERN Antihelium-4 gefunden.

2011: ALPHA speichert 309 Antiwasserstoffatome rund 1000 Sekunden lang.

2011: ASACUSA vergleicht die Masse von Protonen und Antiprotonen.

2011: Das Experiment AMS-02 wird an die Internationale Raumstation montiert, um die nächsten Jahre die Kosmische Strahlung zu analysieren und nach Dunkler Materie und Antiatomkernen im All zu suchen.

2011: Der LHCb-Detektor am CERN findet Hinweise auf eine CP-Verletzung beim Zerfall von D-Mesonen.

2012: AEGIS (Antihydrogen Experiment – Gravity, Interferometry, Spectroscopy) beginnt mit Experimenten, um das Gewicht von Antiwasserstoff zu messen.

2013: ATRAP misst erstmals das magnetische Moment eines einzelnen Antiprotons mit einer Unsicherheit von nur 1:4,4 Millionen; das Ergebnis ist vereinbar mit dem CPT-Theorem.

2013: Der LHCb-Detektor misst eine CP-Verletzung im seltenen Zerfall von B_s^0-Mesonen und -Antimesonen.

2013: Das ALPHA-Team publiziert erste Ergebnisse eines »Freifall«-Experiments mit Antiwasserstoff.

2013: Samuel Ting stellt die AMS-02-Messungen des Energiespektrums der Positronen in der Kosmischen Strahlung vor.

2013: Bekanntgabe der ersten Messungen vom seltenen Zerfall der B_s-Mesonen in zwei Myonen in den Detektoren LHCb und CMS; die Daten stimmen mit dem Standardmodell überein.

2016: ELENA (Extra Low Energy Antiproton Ring) wird mehr und »kühlere« Antiprotonen bereitstellen, als es jemals zuvor möglich war.

Fazit

Antimaterie – Übersicht und Ausblick

› Viele Elementarteilchen besitzen Gegenstücke mit teils identischen und teils genau spiegelverkehrten Eigenschaften, etwa einer entgegengesetzten elektrischen Ladung. Treffen sich die ungleichen Zwillinge, vernichten sie sich gegenseitig (Annihilation).

› Inzwischen ist die experimentelle Erforschung dieser Antimaterie geradezu explodiert. Physiker erzeugen Antiteilchen systematisch im Labor – sogar schwere Antikerne und Antiatome, wie sie in der Natur noch nie gefunden wurden.

› Die Wissenschaftler wollen herausfinden, ob es subtile Unterschiede zwischen Materie und Antimaterie gibt, womöglich sogar Antigravitation. Sie arbeiten an einem Positronen-Kondensat, mit dem sich ein Gammastrahlen-Laser bauen ließe, der Atomkerne »fotografieren« könnte. Und sie haben mit Antiwasserstoff und exotischen Materie-Antimaterie-Verbindungen ein neues Forschungsgebiet begonnen: die Antichemie.

› Auch die Antimaterie im All ist inzwischen ein großes Forschungsthema. Im Sonnensystem gäbe es genug für futuristische Raumschiffantriebe. Sie wird hauptsächlich in Sonneneruptionen gebildet. (Selbst bei irdischen Gewittern entstehen Positronen.) Und im Zentralbereich der Milchstraße zerstrahlen Myriaden von Positronen mit Elektronen – doch ihre Herkunft wirft Rätsel auf.

› Das Alpha Magnetic Spectrometer (AMS), das größte Forschungsgerät aller Zeiten im All, analysiert an Bord der Internationalen Raumstation die Kosmische Strahlung. Es hat bereits Hunderttausende von Positronen gemessen. Sind sie die lang gesuchten Vernichtungs- oder Zerfallssignale der rätselhaften Dunklen Materie oder stammen sie von unbekannten Sternruinen?

› Und warum dominiert in unserer kosmischen Umgebung die »normale« Materie so stark – Zufall oder naturgesetzliche Notwendigkeit? Gibt es womöglich Antisterne und Antigalaxien? Fest steht: Schon die Entdeckung eines einzigen Antikohlenstoff-Atoms würde die Kosmologie und Teilchenphysik revolutionieren.

Dunkle Materie

Das Weltreich der Finsternis

Der größte Teil der Masse im All ist völlig unbekannt.
Doch die Jagd nach den mysteriösen Elementarteilchen
spitzt sich jetzt zu. Wissenschaftler haben bereits Beute
gemacht. Was ist ihnen wirklich ins Netz gegangen – und
können sie es sogar bald selbst erschaffen?

Das Meiste sieht man nicht: Über 90 Prozent der rund drei Milliarden Sonnenmassen von Barnards Galaxie besteht aus Dunkler Materie.

*»Das Weltall ist voller magischer Dinge, die geduldig darauf warten,
dass sie entdeckt werden.«*
Eden Phillpotts (1862 – 1960), englischer Schriftsteller

Im Schattenkabinett der Wirklichkeit

Der antike Philosoph Platon meinte, was wir als Realität betrachten, sei nur ein Schattenreich – und wollte seine Schüler ins reine
Licht der Ideen führen, die er für die wahre Wirklichkeit hielt. In
der modernen Physik und Kosmologie ist es hingegen umgekehrt:
Alles, was sich im Licht der Welt erblicken lässt – Sterne, Staub
und Steuerbescheide –, ist in der Minderzahl. Über 80 Prozent
der Gesamtmasse im All scheint aus einer gespenstischen Dunklen Materie zu bestehen, die mit ihrer Schwerkraft die Galaxien
regiert und die kosmischen Strukturen überhaupt erst geschaffen
hat. Dennoch ist die Dunkle Materie unsichtbar, weil sie die elektromagnetische Kraft nicht spürt. Mit raffinierten Methoden sind
Wissenschaftler den unbekannten Elementarteilchen jetzt auf der
Spur. Im Kontrast zu Platons Höhlengleichnis wartet die Erkenntnis allerdings nicht im grellen Sonnenlicht nach dem Aufstieg aus
der Höhle, sondern die Forscher ziehen sich im Gegenteil in Labo-
ratorien tief unter der Erde zurück, wo sie nach Signalen aus dem
Kosmos fahnden. Diese sind der Schlüssel zu einer Schattenwelt,
die weitaus mehr ist als eine bloße Idee.

Die fehlende Masse

Dass die Welt mehr enthält, als das Auge sieht, ist ein alter Gedanke. Doch astronomiegeschichtlich ist er recht neu. Denn dass ein dunkles Reich des Daseins existiert, begann sich unter Experten erst in den 1980er-Jahren durchzusetzen. Und wirklich harte Indizien gibt es erst seit Anfang des 21. Jahrhunderts.

Dabei hatte bereits 1922 der englische Physiker und Mathematiker James Jeans aus Bewegungen zahlreicher Sterne in der Milchstraßenebene geschlossen, dass auf einen sichtbaren Stern zwei unsichtbare kommen müssen. Andere Astronomen bezweifelten jedoch diesen Befund.

1933 machte dann der Schweizer Astronom Fritz Zwicky, der am California Institute of Technology in Pasadena forschte, eine seltsame Entdeckung: Er hatte die Bewegung von 80 der über 1000 Galaxien im 300 Millionen Lichtjahre fernen Coma-Haufen bestimmt – und festgestellt, dass sie viel schneller umherflitzten, als sie eigentlich dürften, wenn die Schwerkraft den Galaxienhaufen zusammenhält. Tatsächlich müsste die Materiedichte im Haufen 400-mal so groß sein, wie es seine Leuchtkraft erschließen lässt (eine aus heutiger Sicht allerdings zu hoch gegriffene Zahl). Wenn sich diese »fehlende Masse« nicht auffinden oder anders erklären ließe, wäre die »erstaunliche Schlussfolgerung«, dass die leuchtende Materie in dem Haufen in der Minderheit ist, schrieb Zwicky.

1936 kam der Astronom Sinclair Smith beim Virgo-Galaxienhaufen zu einem ähnlichen Ergebnis und nahm die Existenz »einer großen Masse internebularen Materials innerhalb des Haufens« an. In dem ebenfalls 1936 erschienenen Buch *The Realm of the Nebulae* erwähnte der bedeutende Galaxienforscher Edwin P. Hubble diese Messungen kurz: »Der Widerspruch scheint real und wichtig zu sein.« Trotzdem fand das »Problem der fehlenden Masse«, wie Fritz Zwicky es genannt hatte, anschließend kaum noch Beachtung.

Rasende Rotation

Das änderte sich erst in den 1970er-Jahren. Nicht nur die Haufen, sondern auch einzelne Galaxien schienen das etablierte Bild zu stören. Ende der 1960er-Jahre begannen Vera Rubin und Kent Ford von der Carnegie Institution in Washington mit einem neuen, sehr empfindlichen Spektrographen die Bewegungen von Wasserstoffwolken in diversen Spiralgalaxien zu messen. Die Geschwindigkeiten waren größer, als mit der sichtbaren Masse vereinbar. 1975 gaben die beiden Astronomen bekannt, dass viele der Galaxien überraschend »flache« Rotationskurven besäßen. Entweder stimmte also etwas nicht mit

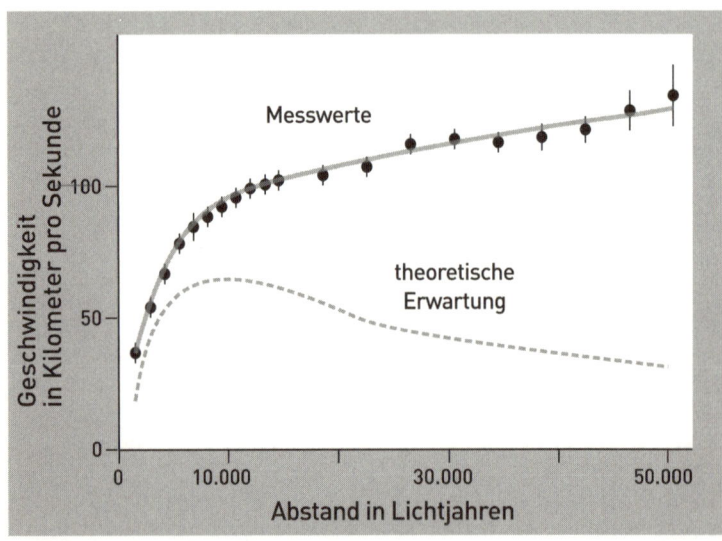

Schneller als erlaubt: Die leuchtende Materie aus Gas und Sternen bewegt sich in vielen Galaxien nicht so, wie es Isaac Newtons Gravitationsgesetz beschreibt (untere Kurve). Daher postulieren viele Astronomen einen großen Anteil an Dunkler Materie, um die Rotation der Galaxien zu erklären. – Abgebildet sind typische Messwerte am Beispiel der fast drei Millionen Lichtjahre fernen Spiralgalaxie M 33 im Sternbild Dreieck.

Isaac Newtons Gravitationsgesetz oder mehr als die Hälfte der Masse in den Galaxien ist unsichtbar.

Vera Rubin hielt sich mit Interpretationen zunächst zurück und ließ die Daten für sich sprechen – und die mussten ihre Kollegen, trotz anfänglicher Skepsis, alsbald akzeptieren. »Die Wissenschaft macht die besten Fortschritte, wenn die Beobachtungen uns dazu zwingen, unsere Vorurteile zu überwinden«, sagte Rubin später einmal.

Auch Theoretiker stießen auf Ungereimtheiten. 1973 versuchten die Astrophysiker James Peebles und Jeremiah Ostriker von der Princeton University die Dynamik von Galaxien im Computer zu simulieren. Realistische Modelle erhielten sie aber nur, wenn sie in die Gleichungen Massen-Werte einsetzten, die weit über denen der sichtbaren Materie lagen. Ein Jahr später schrieben sie im *Astrophysical Journal*, nachdem sie eine Reihe von Galaxien-Messdaten mit ihren Rechnungen verglichen hatten, »dass die Massen gewöhnlicher Galaxien möglicherweise um einen Faktor 10 oder mehr unterschätzt werden«.

Kosmisches Schaumbad

Virulent wurde das Problem der fehlenden Masse ab 1978 auch wieder im viel größeren Maßstab der Galaxienverteilung. Bis dahin herrschte unter Kosmologen die Ansicht, dass Sterneninseln – über mehr als 100 Millionen Lichtjahre große Bereiche gemittelt – ziemlich gleichmäßig durch den Weltraum treiben und dass zufällige Zusammenballungen in der Minderzahl sind.

Doch zwei voneinander unabhängige Kartierungen größerer Himmelsausschnitte – von Laird A. Thompson und Stephen Gregory in den USA und von Jaan Einasto und seinen Kollegen vom Tartu-Observatorium in Estland – kamen zu einem anderen Ergebnis: Die Galaxiengruppen und -haufen ordneten sich zu noch größeren

Strukturen an: zu band- und schalenförmigen Superhaufen, die sich um riesige Leerräume (»voids«) gruppierten. Tatsächlich gleicht die Galaxienverteilung im All einer Art Schaumbad. Das wurde ab 1986 immer deutlicher, und die neuesten Himmelsdurchmusterungen demonstrieren es eindrucksvoll.

Die blasenartige Gesamtstruktur passt allerdings nicht zu der Gleichförmigkeit der Kosmischen Hintergrundstrahlung. Das erste Licht nach dem Urknall lässt auf eine sehr homogene Materieverteilung im frühen Universum schließen – mit Schwankungen in der Größenordnung von lediglich 1 zu 100.000. Dies hätte für die Schwerkraft niemals genügt, um in der Zeit seither – rund 13,8 Milliarden Jahre, wie man inzwischen weiß – aus den Dichteunterschieden die Sterne, Galaxien, Galaxienhaufen und -superhaufen zu formen. Computersimulationen der Strukturbildung zeigten seit den 1980er-Jahren deutlich, dass etwas fehlte – und dass dieses »Etwas« sogar die Hauptsache sein musste. Spätestens damit war die Jagd auf die ominöse Dunkle Materie eröffnet.

Doch wie fängt man etwas, das sich weder greifen noch sehen lässt? Und von dem man auch gar nicht weiß, was es ist?

Forscher tappen im Dunkeln

So erdrückend die Indizien für die Dunkle Materie im Weltraum inzwischen sind, so rätselhaft bleibt es, woraus dieser unsichtbare Stoff besteht. Dabei mangelt es nicht an Vorschlägen.

Zunächst dachten viele Astronomen, dass die Dunkle Materie nur deshalb unsichtbar ist, weil sie kein oder kaum Licht ausstrahlt. Das wäre an sich nicht überraschend, denn selbst mit den besten Teleskopen ist das Wahrnehmungsvermögen begrenzt.

So gibt es Myriaden von unscheinbaren Roten Zwergen: düster glimmenden, massearmen Sternen. Auch Braune Zwerge rückten erst in den letzten Jahren ins Blickfeld der Astronomen: kaum leuchtende Zwitter zwischen Gasplaneten und echten Sternen mit einer Masse, die zu gering ist (umgerechnet etwa 13 bis 75 Jupitermassen), als dass eine Kernfusion zünden oder längere Zeit andauern könnte. Außerdem bevölkern unzählige Planetoiden und Planeten den Weltraum – und die Schwarzen Löcher von Dutzenden bis vielen Milliarden Sonnenmassen, die gar kein Licht aussenden.

Allerdings: Die Masse dieser Objekte, die sich recht gut abschätzen lässt, macht nur einen Bruchteil der Gesamtmasse im All aus. Mit ihnen besteht also keine Chance, die Dunkle Materie zu erklären. Mehr noch: Wenn die Dunkle Materie hauptsächlich in solchen Objekten lokalisiert wäre, hätten Astronomen das längst festgestellt. Sie bezeichnen diese Objekte scherzhaft als MACHOs und RAMBOs: Massive Compact Halo Objects und Robust Associations of Massive Baryonic Objects. Der Astronom Kim Griest von der University of California in San Diego hat 1991 das erste Akronym als Scherz geprägt, Ben Moore und Joseph Silk von der University of California in Berkeley erfanden 1995 das zweite.

RAMBOs sollten zwischen drei und 50 Lichtjahre große, sehr dichte Sternansammlungen mit insgesamt bis zu 100.000 Sonnenmassen sein, doch gibt es dafür keine konkreten Kandidaten. Was immer sie und die MACHOs auch sind – Schwarze Löcher, Zwergsterne oder Planeten –, sie müssten sich als Mikrogravitationslinsen bemerkbar machen: Diese Objekte würden also, sobald sie vor einem Stern vorüberziehen, dessen Helligkeit zeitweilig auf eine charakteristische Weise steigern. Deshalb haben Astronomen mithilfe moderner Digitalkamera- und Computertechnik ab 1989 begonnen, Millionen von Sternen über Monate und Jahre hinweg zu observieren und auf ihre Helligkeitszunahmen hin zu analysieren.

Vor allem drei Forschergruppen leisteten Pionierarbeit: die amerikanisch-australische MACHO-Kollaboration mit einem Teleskop in Australien sowie das französische EROS-Team (Expérience de Recherche d'Objets Sombres) und die polnische OGLE-Gruppe (Optical Gravitational Lensing Experiment) mit Teleskopen in Südamerika. Sie nahmen die Große und Kleine Magellansche Wolke sowie den galaktischen Bulge (»Bauch«, Bereich innerhalb und über der Spiralarme) ins Visier. Später kamen noch weitere Projekte hinzu, etwa das amerikanische SuperMACHO- und das japanisch-neuseeländische MOA-Team (Microlensing Observations in Astrophysics). Alle hatten Erfolg und fanden ab 1993 einige Mikrogravitationslinsen-Signaturen. Sie stammten überwiegend von Zwergsternen, teils auch von Planeten.

Doch im Hinblick auf die Dunkle Materie war das Ergebnis eindeutig und ernüchternd: Selbst nach optimistischen Modellrechnungen könnten MACHOs höchstens zehn Prozent der benötigten Halo-Masse auf die Waage bringen. Zudem fanden akribische Durchmusterungen, etwa mit dem Hubble-Weltraumteleskop, viel zu wenig Braune, Rote und Weiße Zwergsterne, als dass diese die fehlende Masse liefern können.

»Wahrscheinlich ist der Anteil der MACHOs an der Dunklen Materie sogar fast Null beziehungsweise erhöht nicht den Prozentsatz der gewöhnlichen Materie im All«, ist Kim Griest überzeugt, der Mitglied im MACHO-Team war. »Wir haben die Zehn-Prozent-Schätzung nicht widerrufen, aber weitere Forschungen lassen sie unplausibel erscheinen. Zwar ist in einigen Bereichen des Parameterraums immer noch Platz für ein paar Prozent MACHOs, denn wir kennen nicht die Masse der einzelnen Bestandteile der Dunklen Materie, sodass man jede in Erwägung ziehen muss. Klar ist jedoch, dass MACHOs nicht die Dunkle Materie liefern, wenn sie mehr als etwa eine Milliardstel Sonnenmassen haben.« Kurzum: MACHOs sind nicht mehr en vogue. »Auch für nichtbaryonische MACHOs fanden wir keine Hinweise«, ergänzt Griest. »Allenfalls winzige Schwarze Löcher lassen sich nicht völlig ausschließen, wenn sie sofort nach dem Urknall entstanden wären.«

Mikrokosmos und Makrokosmos

Das überwiegende Versagen der MACHO-Hypothese zur Erklärung der Dunklen Materie bestätigte die Annahme der Teilchenphysiker: Die Masse macht's, und zwar auch zahlenmäßig. Denn so groß das Gewicht der Dunklen Materie anscheinend ist, so winzig können doch deren Bestandteile sein.

Tatsächlich lassen die unterschiedlichen astronomischen Beobachtungen – von den Galaxien bis zu der großräumigen Struktur des gesamten Alls – konsistente Rückschlüsse zu. Und diese legen nahe: Die Dunkle Materie ist ...

› elektrisch neutral, nicht geladen, und unterliegt nicht der Elektromagnetischen Wechselwirkung – sie ist daher unsichtbar und interagiert auch mit sich selbst kaum,

› so häufig und/oder schwer, dass sie die Masse der baryonischen Materie um etwa das Fünffache überwiegt,

› weitgehend stabil, das heißt sie zerfällt und zerstrahlt nicht oder nur selten – sonst wäre sie seit dem Urknall erheblich dezimiert und aufgrund ihrer »Abbauprodukte« (etwa Gammastrahlen) auch längst entdeckt worden,

› überwiegend »kalt« – sie besteht also aus Teilchen, die sich signifikant langsamer als das Licht bewegen und eine nicht verschwindende Ruhemasse besitzen.

Man spricht daher von Kalter Dunkler Materie – im Gegensatz zur fast lichtschnellen Heißen Dunklen Materie, die in Form von Neutrinos nachgewiesen ist, aber quantitativ nicht ins Gewicht fällt. Diese Kalte Dunkle Materie, abgekürzt CDM (Cold Dark Matter) muss dieser Argumentation zufolge aus bislang unbekannten Elementarteilchen bestehen, die keinen Platz im Standardmodell der Materie haben. Sie sind stabil oder zumindest sehr langlebig, denn sie sind so alt wie das Universum, und ihre Gesamtmasse kann seit dem Urknall nicht signifikant abgenommen haben.

Kosmische Karambolage: Der größte Teil der gewöhnlichen Materie im All
– Protonen, Neutronen und Elektronen – steckt nicht in den Sternen, sondern im heißen Gas zwischen den Galaxien. Die meiste Masse aber liefert die
unsichtbare Dunkle Materie, die wohl aus unbekannten Elementarteilchen
besteht. Wenn sich Galaxienhaufen durchdringen und wieder voneinander
entfernen, hinkt ihr heißes Gas aufgrund von Reibungseffekten gleichsam
hinterher. Die Kalte Dunkle Materie fliegt dagegen ungebremst mit den
Haufen weiter, die sie einhüllt. Das lässt sich berechnen und wurde im All
tatsächlich beobachtet, beispielsweise beim Bullet Cluster (1E 0657-56). Er
befindet sich 3,8 Milliarden Lichtjahre entfernt im Sternbild Schiffskiel. Das
heiße intergalaktische Gas wurde durch seine Röntgenstrahlung identifiziert
(heller Schein in der Bildmitte). Die Verteilung der Dunklen Materie (diffuser
Schein links und rechts daneben) ließ sich anhand ihres Schwerkrafteinflusses
erschließen, denn sie verändert das Erscheinungsbild der Galaxien durch
schwache Gravitationslinseneffekte.

Das ist schon ein erstaunlicher Sachverhalt: Aus den größten Strukturen, den Galaxienhaufen und -superhaufen, schließen Astrophysiker auf die Existenz und Eigenschaften winzigster Teilchen.
Deutlicher – und ganz ohne Mystizismus – kann die Verbindung
von Makro- und Mikrokosmos kaum zum Ausdruck kommen.

»All das beruht bislang auf Messungen ihrer gravitativen Aus-wirkungen«, sagt Anne Green von der University of Nottingham. »Und hier könnte auch ein Fehler stecken. Vielleicht verhält sich die Gravitation nicht so, wie wir annehmen.« Tatsächlich gibt es eine hartnäckige Minderheit von Physikern und Astronomen, die genau das vermuten: Dass die Dunkle Materie eine Kopfgeburt ist, basierend auf der falschen Voraussetzung der klassischen Gravita-tionstheorien von Isaac Newton und Albert Einstein. »Ich glaube das nicht«, teilt die Astronomin die Mehrheitsmeinung. »Keine der bisherigen Modelle einer modifizierten Gravitationstheorie kann alle kosmologischen Indizien für die Existenz der Dunklen Materie erklären. Aber widerlegt ist dieser Ansatz auch nicht.«

Die Dunkle Materie ist also mehr als eine willkürliche Hilfs-konstruktion. Im Standardmodell der Kosmologie, das sich seit 1998 etabliert hat und die erste im Prinzip widerspruchsfreie, auf Beobachtungen und grundlegende Theorien gestützte Vorstellung des Universums als Ganzes darstellt, ist die Kalte Dunkle Materie ein wesentlicher Bestandteil. Ohne sie wäre es nicht verständlich, wie sich aus dem nach dem Urknall fast völlig gleichförmig ver-teilten Urgas innerhalb weniger Jahrmilliarden Sterne, Galaxien, Galaxienhaufen und -superhaufen herausbilden konnten. Ohne den gravitativen »Kondensationskeim« der Dunklen Materie wäre das viel langsamer geschehen.

Hinzu kommen hochpräzise Messungen der Kosmischen Hin-tergrundstrahlung. Sie ist das erste und somit älteste Licht im All, gewissermaßen das Restleuchten des primordialen Feuerballs, in dem die Materie entstand, und durchflutet noch heute den gesamten Weltraum: als äußerst kalte und schwache Mikrowel-lenstrahlung (etwa 410 Photonen pro Kubikzentimeter). Dieses physikalische Fossil kam nur 385.000 Jahre nach dem Urknall in die Welt, als die Temperatur des Universums unter 3000 Grad Celsius gefallen war. Damals bildeten sich die ersten Atome in

Exkurs

Modifizierte Schwerkraft

Die Beobachtung, dass Galaxien in ihren Außenbereichen fast genauso schnell rotieren wie nahe am Zentrum, lässt sich nur erklären, wenn man annimmt, dass es in diesen Außenbezirken viel mehr Masse gibt, als dort leuchtet – mehr noch: dass die Galaxien von einem Dunklen Halo unsichtbarer Materie eingehüllt werden. Diese wahrhaft weitreichende Schlussfolgerung ergibt sich schon aus den Gesetzen der Himmelsmechanik von Johannes Kepler. Doch sie setzt die Gültigkeit des Gravitationsgesetzes voraus – mithin die Allgemeine Relativitätstheorie, die Isaac Newtons Gravitationstheorie und somit die Keplerschen Gesetze als Spezialfall für kleine Geschwindigkeiten oder Massen enthält. Diese Annahme aber könnte für sehr geringe Beschleunigungen nicht zutreffen. Denn es lässt sich durch Laborexperimente bislang nicht ausschließen, dass die Schwerkraft nicht linear proportional zur Beschleunigung ist, wie es Newton universell postuliert hat. Im Sonnensystem ist zwar gleichsam kein Platz für so schwache gravitative Verhältnisse. Zwischen weit entfernten Sternen, wo der Schwereeinfluss gering ist, könnte das aber anders sein. Dann wäre die Existenz der Dunklen Materie schlicht ein Trugschluss – basierend auf einer falschen theoretischen Voraussetzung.

Diese kühne Spekulation ist die Grundidee der Modifizierten Newtonschen Dynamik (MOND). Sie wurde 1983 von Mordehai Milgrom am Weizmann-Institut im israelischen Rehovot vorgeschlagen. MOND kann die gemessenen Rotationskurven der Galaxien erstaunlich gut beschreiben. Dies gelingt teilweise sogar besser als mit Kalter Dunkler Materie, wo auch komplizierte galaktische Entwicklungseffekte eine Rolle spielen.

Wer es genauer wissen will: Newton zufolge errechnet sich eine Kraft F auf eine Masse m, die die Beschleunigung a erfährt, durch $F = ma$. Ist F die Schwerkraft und G die Gravitationskonstante, dann beschreibt Newtons Gravitationsgesetz die Schwerewirkung auf einen Stern mit der Masse m und dem Abstand r vom Schwerpunkt der Galaxie, die die Masse M hat, folgendermaßen: $F = GMm/r^2$. Das entspricht einer Beschleunigung des Sterns mit der Geschwindigkeit v auf einer idealisierten Kreisbahn gemäß $a = v^2/r$. Milgrom postulierte nun eine neue Naturkonstante a_0 in der

Größenordnung von 10^{-10} Meter pro Sekunde im Quadrat für sehr kleine Beschleunigungen (bei größeren gilt Newtons Gesetz). Daraus ergibt sich ein modifiziertes Bewegungsgesetz: $GM/r^2 = a^2/a_0$. Damit wird die Rotationsgeschwindigkeit der Sterne weit entfernt vom Galaxienzentrum konstant, $v = (GMa_0)^{1/4}$, hängt also nicht mehr von r ab. Folglich ist die Rotationskurve für die Außenbezirke der Galaxien flach – im Einklang mit den Messungen.

Auch andere Beobachtungen lassen sich im MOND-Paradigma beschreiben. Einige Astronomen – etwa Stacy McGaugh von der University of Maryland, Robert H. Sanders vom Kapteyn Astronomie-Institut in Groningen und Pavel Kroupa von der Universität Bonn – sind daher vehemente MOND-Verfechter und attackieren den Mainstream des kosmologischen Standardmodells mit der Dunklen Materie heftig. Kritik und Konkurrenz belebt das Geschäft – gerade auch in der Wissenschaft. Daher sind Alternativen zum exotischen Dunkle-Materie-Szenario begrüßenswert – auch wenn sie mindestens ebenso exotische neue Naturgesetze fordern und insofern radikaler sind. Letztlich wird sich die Kontroverse nur durch Beobachtungen und Experimente sowie die Erklärungs- und Voraussagekraft der Modelle entscheiden lassen.

In der Theorie steht MOND allerdings auf schwankendem Grund, da hier das Gesetz von der Impulserhaltung unterminiert wird und MOND auch nicht mit der Speziellen Relativitätstheorie kompatibel ist. Doch vielleicht ist MOND lediglich eine effektive Näherungsbeschreibung. Tatsächlich hat Jacob Bekenstein von der Universität Jerusalem im Jahr 2004 eine MOND-Erweiterung vorgeschlagen, die relativistisch ist, Erhaltungssätze respektiert und im Gegensatz zu MOND sogar Gravitationslinseneffekte beschreiben kann. Diese Tensor-Vektor-Skalar-Gravitationstheorie (TeVeS), die zahlreiche neue Felder postuliert, könnte vielleicht auch die Bildung der großräumigen Strukturen beschreiben (falls es zusätzlich Heiße Dunkle Materie in Gestalt von Teilchen mit einer Masse von rund zwei Elektronenvolt gäbe, etwa Neutrinos). TeVeS passt aber nicht zu anderen kosmologischen Daten, etwa von der Hintergrundstrahlung und den Galaxiensuperhaufen.

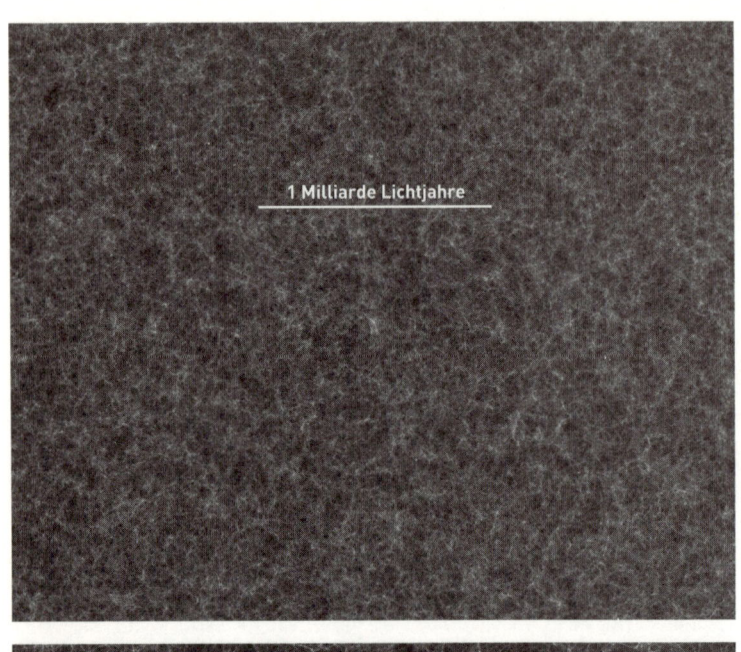

1 Milliarde Lichtjahre

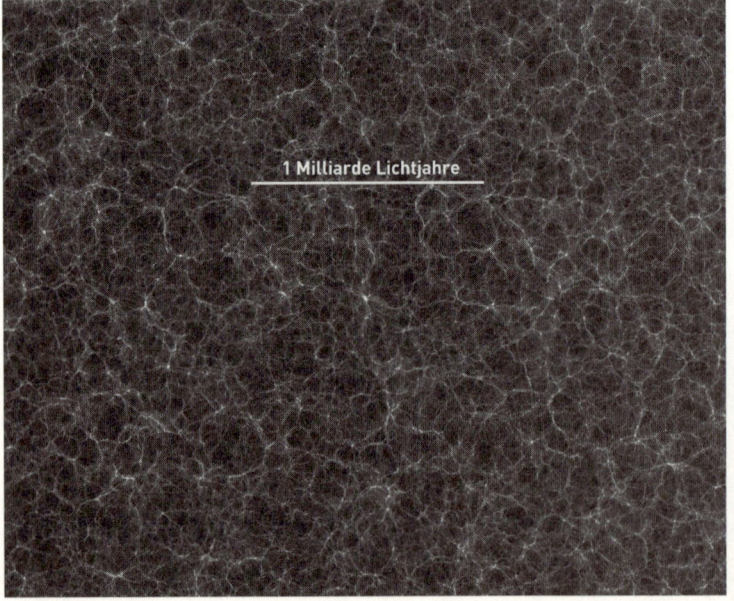

1 Milliarde Lichtjahre

dem heißen Plasma-Gemisch aus Protonen, Deuterium-, Tritium-, Helium- und Lithium-Kernen sowie freien Elektronen. Dann wurde der Weltraum durchsichtig. Zuvor waren die Photonen nicht weit gekommen, sondern ständig an Elektronen gestreut worden, absorbiert und wieder emittiert – wie heute noch im Inneren der Sterne. Allerdings war damals das ganze Universum dichter und heißer, als es die brodelnden Feuerbälle jetzt sind – und zwar überall. Als der Plasma-Nebel aufklarte und die Atome entstanden, hatte die elektromagnetische Strahlung freie Bahn. Durch die Expansion des Raums wurde sie in den Mikrowellenlängenbereich »gestreckt«, verlor also Energie.

Die Kosmische Hintergrundstrahlung kann metaphorisch, jedoch durchaus passend, als Nachhall des Urknalls bezeichnet werden. Denn das in ihr erkennbare charakteristische Muster von äußerst schwachen Temperaturschwankungen spiegelt gewissermaßen die unterschiedlichen Schallwellen im heißen Urplasma wider. Aufgrund der bis heute anhaltenden Ausdehnung des Weltraums hat sich die Hintergrundstrahlung immer weiter abgekühlt. Inzwischen liegt ihre Temperatur nur noch bei etwa minus 270 Grad Celsius. Genauer: bei 2,725 Grad über dem absoluten Nullpunkt.

Simuliertes Universum: Kurz nach dem Urknall waren die Atomkerne im gesamten Weltraum nahezu gleichförmig verteilt – eine Homogenität von fast 0,001 Prozent. Die Dunkle Materie muss aber 10- bis 1000-mal größere Dichteschwankungen besessen haben und diente daher als gravitativer »Kondensationskeim« für die Bildung von Galaxien. Diese sind in Superhaufen angeordnet, die wie Seifenblasen gewaltige Leerräume umschließen. Mit aufwendigen Computersimulationen kann die Evolution dieser großräumigen kosmischen Strukturen berechnet und dann mit astronomischen Beobachtungen verglichen werden. Ohne Dunkle Materie wären diese Strukturen nicht so schnell entstanden. Die Bilder zeigen die Verteilung der Dunklen Materie eine Milliarde Jahre nach dem Urknall (oben) und heute. Innerhalb dieser rund 13 Milliarden Jahre wurde das Universum wesentlich »klumpiger«. Die Milchstraße wäre in diesem Maßstab nur ein millimetergroßes Pünktchen.

Das erste Licht: Die Kosmische Hintergrundstrahlung erfüllt den gesamten Himmel. Das Fleckenmuster zeigt winzige Temperaturschwankungen von maximal plus/minus 1/300.000 Grad um den Mittelwert von 2,725 Kelvin.

Und sie ist bis auf wenige Hunderttausendstel Grad gleichförmig – überall am Himmel. Diese winzigen Temperaturfluktuationen und ihre Verteilung sind ein Relikt aus der Entstehungsphase des Alls, eine Art Himmelscode. Der lässt sich mathematisch entschlüsseln und verrät viele der grundlegenden Eigenschaften des Universums.

Dazu gehört auch die Zusammensetzung dessen, was das All ausfüllt. Und das Resultat ist eindeutig und unabhängig von den sonstigen astronomischen Messungen – und doch sehr gut mit ihnen im Einklang: Die gewöhnliche Materie macht heute lediglich knapp fünf Prozent der Gesamtenergiedichte des Universums aus, die Dunkle Materie dagegen rund ein Viertel – und etwa 70 Prozent besteht aus einer noch viel seltsameren Dunklen Energie. Für deren Erklärung ist die von Albert Einstein 1917 in die Allgemeine Relativitätstheorie eingeführte Kosmologische Konstante Λ die einfachste (und mit allen Messungen nach wie vor gut zu vereinbarende) Hypothese. Sie kann als Energiedichte des Vakuums interpretiert werden. Daher wird, nach den beiden Hauptbestandteilen des Weltraums, der Kalten Dunklen Materie und der Kosmologischen Konstante, das aktuelle Standardmodell der Kosmologie auch kurz ΛCDM-Modell genannt.

Exkurs

Kosmischer Cappuccino

Die prozentualen Bestandteile des Weltraums sind inzwischen sehr genau bekannt – wenn auch nicht, was sich dahinter verbirgt. Dieses Wissen ist vor allem den Präzisionsmessungen der Kosmischen Hintergrundstrahlung zu verdanken, und hier besonders den Raumsonden WMAP (Wilkinson Microwave Anisotropy Probe) und Planck, die die winzigen Temperaturschwankungen im ersten Licht des Alls zwischen 2001 und 2010 beziehungsweise 2009 und 2013 extrem genau registriert haben. Diese Fluktuationen sind gleichsam ein Fingerabdruck unseres Universums, ein Himmelscode, der die kosmischen Kennziffern verrät: grundlegende Parameter, die das All wie in einem Steckbrief charakterisieren. Die finalen Resultate von WMAP wurden im Dezember 2012 publiziert, die noch genaueren ersten Ergebnisse von Planck im März 2013.

Demnach entfallen laut Planck 68,3 Prozent der Gesamtenergiedichte auf die mysteriöse Dunkle Energie, die seit sechs Milliarden Jahren die Ausdehnung des Universums eigenartigerweise beschleunigt. Die einfachste Erklärung dafür ist die Kosmologische Konstante Λ. Den zweiten Hauptteil liefert die Kalte Dunkle Materie mit 26,8 Prozent. Die gewöhnliche Materie – überwiegend Protonen, Neutronen und Elektronen – macht lediglich 4,9 Prozent aus. WMAPs Resultate sind mit 72,1, 23,3 und 4,6 Prozent sogar noch »dunkler«. (Als die Kosmische Hintergrundstrahlung knapp 400.000 Jahre nach dem Urknall freigesetzt wurde, waren die Verhältnisse übrigens völlig anders: Prozentual dominierte die Dunkle Materie mit 63 Prozent, die normale Materie hatte einen Anteil von 12 Prozent; die Dunkle Energie war damals vernachlässigbar, dagegen trugen Photonen und Neutrinos 15 und 10 Prozent zur Gesamtenergiedichte bei.)

Diese Verhältnisse sind äußerst seltsam. Wäre das Universum heute ein Cappuccino, stünde der Espresso für die Dunkle Energie, der Milchschaum für die Kalte Dunkle Materie – und all das, was wir direkt beobachten können und woraus wir selbst bestehen, wäre bloß das Kakaopulver. Das ist der Fortschritt der modernen Kosmologie: Heute wissen wir sehr genau, was wir nicht kennen, und das sind 95 Prozent von allem.

Dunkle Materie im Fokus

Zeit für ein Zwischenfazit: Es gibt viele, teils voneinander unabhängige Indizien und Nachweismethoden für die dunkle Seite der Welt. Sie passen erstaunlich gut zusammen. Und werden sowohl durch astronomische als auch durch physikalische Messungen nun immer weiter präzisiert.

› Dynamik der Galaxien: Aus genauen Messungen der Bewegungen von Gaswolken, Kugelsternhaufen oder Spiralarmen lassen sich Rotationskurven errechnen, die die Materieverteilung in und um die Galaxien verraten. Demnach sind Galaxien wahrscheinlich von sphärischen oder ellipsoiden dunklen Halos umgeben, ausgedehnter als die Verteilung von Sternen und Gas; auch dunkle, Hunderte Lichtjahre große »Verklumpungen« sind denkbar. Zwerggalaxien besitzen besonders viel Dunkle Materie.

› Dynamik der Galaxienhaufen: Die Bewegungen von Galaxien, die wie Mückenschwärme im All herumfliegen, geben Aufschluss über die gesamte Masse im Haufen, auch die unsichtbare.

› Gravitationslinsen: Gemäß der Allgemeinen Relativitätstheorie krümmt Masse den Raum und somit auch die Bahn von Lichtstrahlen. Galaxien und Galaxienhaufen können das Licht von weiter entfernten Galaxien im Hintergrund sogar verstärken und zu Geisterbildern »aufspalten«. Aus der Rekonstruktion dieser Lichtverläufe lässt sich die Gravitationslinse im Vordergrund quasi »wiegen«.

› Schwache Linseneffekte: Der Einfluss großer Massen auf Lichtquellen in ihrer Umgebung führt auch zu leichten Verzerrungen im Erscheinungsbild von Galaxien. Dies lässt sich nicht direkt beobachten, aber mit statistischen Methoden nachweisen. Daraus kann nicht nur die Menge der Dunklen Materie in Galaxienhaufen abgeschätzt werden, sondern auch die Entwicklung ihrer räumlichen Verteilung. Aufgrund ihrer Schwerkraft sollte sie allmählich klumpiger werden – und darauf deuten Messungen der Linseneffekte tatsächlich hin.

Gespenstische Masse: Dunkle Materie ist nicht sichtbar, macht sich jedoch aufgrund ihrer Schwerkraft indirekt bemerkbar – zum Beispiel durch Gravitationslinseneffekte. Das Foto des Hubble-Weltraumteleskops zeigt den 2,2 Milliarden Lichtjahre fernen Galaxienhaufen Abell 1689 im Sternbild Jungfrau. Die aus den Messungen rekonstruierte gigantische Wolke der Dunklen Materie ist als diffuser Schein einmontiert.

› Mikrogravitationslinsen: Kompakte Objekte verstärken kurzfristig und auf eine charakteristische Weise die scheinbare Helligkeit von Sternen, die im Hintergrund vorüberziehen. Das lässt Rückschlüsse auf die Masse und Zahl dieser Objekte im All zu.

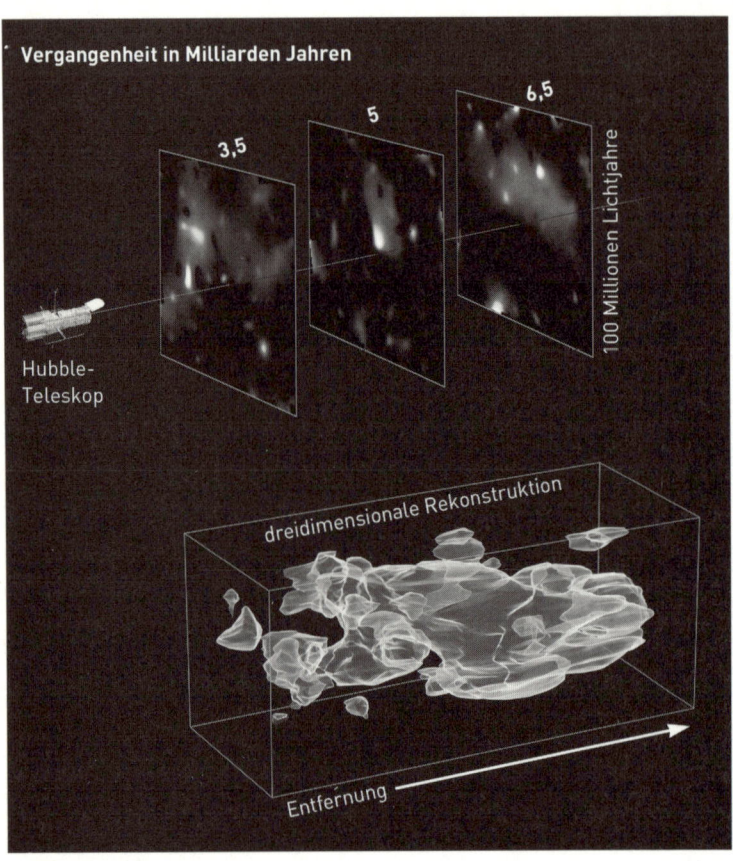

3,5

5

6,5

100 Millionen Lichtjahre

Hubble-
Teleskop

dreidimensionale Rekonstruktion

Entfernung

Kartierung des Unsichtbaren: Aus dem Erscheinungsbild von rund 450.000 Galaxien, das durch schwache Gravitationslinseneffekte leicht verzerrt wird, konnte die dreidimensionale Verteilung der Dunklen Materie in einer Himmelsregion von der neunfachen Größe des Vollmonds rekonstruiert werden. Ergebnis: Diese Verteilung wurde durch den Einfluss der Schwerkraft immer klumpiger, so im riesigen Galaxienhaufen MACSJ0717.5+3745 (unten links) – genau wie es die physikalischen Modelle vorausgesagt haben.

› Primordiale Nukleosynthese: Die Entstehung und Häufigkeit der leichten Elemente im Urknall lässt sich sehr genau berechnen. Das setzt der möglicherweise noch unentdeckten normalen Materie enge

Grenzen. Daraus folgt: Obwohl die Mehrzahl der leuchtenden Masse nicht in Sternen steckt, sondern im Gas zwischen den Galaxien, und obwohl es mehr lichtschwache Rote Zwergsterne gibt als lange gedacht, reicht die im Urknall entstandene Menge gewöhnlicher Atomkerne bei Weitem nicht aus, um das Problem der fehlenden Masse in Galaxien und Galaxienhaufen zu lösen. Daher sollte der Großteil der Dunklen Materie aus bislang unbekannten Elementarteilchen bestehen.

› Kosmische Hintergrundstrahlung: Aus der Verteilung, Größe und Stärke der winzigen Temperaturschwankungen des Restleuchtens vom Urknall lässt sich sowohl die Gesamtenergiedichte im All als auch der Anteil der einzelnen Komponenten daraus erschließen. Das erlaubt eine direkte Abschätzung der Teilmenge der Dunklen Materie. In Übereinstimmung mit anderen Messungen hat sich gezeigt: Die gewöhnliche Materie macht heute lediglich 4,4 Prozent der Gesamtenergiedichte aus, die Dunkle Materie 23 Prozent – und mehr als 72 Prozent besteht aus einer seltsamen Dunklen Energie.

› Kosmische Strukturbildung: Die Entstehung von Galaxien, Galaxienhaufen und -superhaufen aus dem fast homogenen Urgas lässt sich nur mit stärkeren Dichteschwankungen Dunkler Materie als gravitativer »Kondensationskeim« erklären. Umfangreiche Computersimulationen haben diese Entwicklung vom Urknall bis heute auf verschiedenen Größenskalen im Detail berechnet.

› Baryonische Akustische Oszillationen: Schallwellen im Urgas haben sowohl in der Kosmischen Hintergrundstrahlung als auch in der Bildung der Galaxienhaufen eine Art »Abdruck« hinterlassen, der das einstige Wechselspiel von Schwerkraft und Strahlungsdruck widerspiegelt. Diese Wellen können heute noch in Form einer charakteristischen kosmischen Längenskala der großräumigen Strukturen von etwa 500 Millionen Lichtjahren festgestellt werden. Sie wäre ohne die Annahme von Dunkler Materie und Energie nicht verständlich.

› Annihilationssignaturen: Wenn Teilchen der Dunklen Materie zerfallen oder sich wechselseitig vernichten, entstehen Gammastrahlung und/oder Antimaterie (vor allem Positronen). Deren Nachweis ist also ein indirektes Indiz für die Existenz der Dunklen Materie, falls sie nicht durch andere Prozesse erzeugt werden.

› Experimente: Mit speziellen hochreinen Kristallen und Flüssigkeiten lassen sich viele noch hypothetische Arten von massereichen Teilchen der Dunklen Materie direkt nachweisen – durch die von diesen ausgelösten Effekte im Detektormaterial (Gitterschwingungen, Ionisation, Szintillation). Wesentlich leichtere oder schwerere Partikel der Dunklen Materie könnten durch andere Experimente oder die Untersuchung der Kosmischen Strahlung identifiziert werden.

› Erzeugung: Energiereiche Teilchenkollisionen in Teilchenbeschleunigern erzeugen vielleicht Partikel der Dunklen Materie. Diese Nebenprodukte der Reaktionen würden zwar keine Spuren im Detektor hinterlassen, sich aber anhand fehlender Energie- beziehungsweise Impulsbeträge in der Gesamtbilanz bemerkbar machen und charakterisieren lassen.

Diese Aufzählung, ein beeindruckendes Dokument des Forscherfleißes, ist eine Art Ergebnisprotokoll und eine Aufgabenliste zugleich. Viele Tausend Wissenschaftler weltweit haben dazu mit großer Kreativität beigetragen und tun es weiterhin. Der Versuch, das Geheimnis des dunklen Universums zu lüften, ist ein Hauptthema der Astrophysik.

Es gibt zwar auch Kritiker und Skeptiker, die die Dunkle Materie für ein Fantasieprodukt halten und die seltsame Dynamik der Galaxien anders erklären wollen: mit einer Veränderung des Gravitationsgesetzes und einer Korrektur der Allgemeinen Relativitätstheorie. Das wäre jedoch ein Widerspruch zu anderen Beobachtungen, etwa der Gravitationslinseneffekte, der Strukturbildung und der Hintergrundstrahlung. Die meisten Kosmologen, Astronomen und Physiker favorisieren daher gegenwärtig die Hypothese von der Dominanz der Dunklen Materie und das ΛCDM-Modell. Die Entscheidung in der Kontroverse wird aber erst ein direkter experimenteller Nachweis der Schattenteilchen bringen.

Exkurs

Dunkle Fiktionen

Dunkle Materie hat sich inzwischen auch in der Popkultur materialisiert. Das liegt aber weniger an der Physik, die der Dunklen Materie ja wenig Spielraum für Komplexität lässt, als an ihrer schon im Namen spürbaren düsteren „Aura". In Computer- und Videospielen wie *Quake 4, Metroid Prime 2, Turok: Evolution* und *Final Fantasy* wird über sie als geradezu magischer Stoff für Feuerwaffen schwadroniert. In *Draglade* wird Dunkle Materie gar zur Gedankenkontrolle benutzt. Physikalisch gesehen ist das natürlich Quatsch. Genauso wie Science Fiction/Fantasy, in der der Stoff zur Tarnung von Raumschiffen dient und Menschen jähzornig macht, so in der Fernsehserie *Exosquad*, oder wenn der Schatten eines Mannes, der mit Dunkler Materie in Kontakt kam, alles zerstört, worauf er fällt, so in der *X-Files*-Episode *Soft Light*. In der Trilogie *His Dark Materials* (1995, 1997, 2000) von Philip Pullman ist Dunkle Materie sogar eine Form von Bewusstsein, das viele Welten zusammenhält – und das Material, aus dem die Engel sind. Schon »realistischer« erscheint Dunkle Materie im Universum von *Star Trek*, wo sie etwa als Nebel vorkommt, der Energiefelder unterbricht, oder als Planetoid, der eine Gravitationsanomalie bewirkt. In Stephen Baxters Roman *Ring* (1994) führt Dunkle Materie dazu, dass die Sonne bereits in wenigen Millionen Jahren ausbrennt und zum Roten Riesen wird (normalerweise wäre das erst in etwa 7,6 Milliarden Jahren der Fall). Und in *Hüter der Ringwelt* (*Ringworld's Children*, 2004) von Larry Niven gibt es ein ganzes Universum aus dem finsteren Stoff. Auch über Lebensformen aus Dunkler Materie ist fantastisch spekuliert worden: In der Folge *Good Shepherd* von *Star Trek: Voyager*, in *Ghost Legion* (1993) von Margaret Weis, praktischerweise mit Antigravitation verbunden, in Stephen Baxters *Xeelee*-Geschichten und -Romanen (ab 1991), wo etwa Photino-Vögel herumschwirren, und in der Story *Im Anfang war ... das Ende* (2010) des Autors, wo das letzte Lebewesen aus Neutrinos besteht und am Ende des Universums eine Botschaft in ein neues sendet – das via Zeitschleife sein eigenes wird und war.

Die Schattenseiten der Galaxien

Die Milchstraße, in afrikanischen Mythologien als »Rückgrat der Nacht« bezeichnet, dieses in der »Binnensicht« schimmernde Band aus Myriaden von Sternen am irdischen Himmel, ist in kosmologischer Perspektive nur eine Galaxie unter vielen. Allein im beobachtbaren Universum gibt es fast so viele dieser Sternsysteme wie Sterne in der Milchstraße: rund 100 Milliarden. Die meisten befinden sich in wahrlich astronomischen Entfernungen und erscheinen daher selbst mit den weltbesten Teleskopen nur als unscheinbare Lichtfleckchen. Doch selbst im Vorgarten der Galaxis sind die meisten Sternansammlungen nur schwer zu erkennen.

Die Milchstraße, die Galaxis, gehört zu einer Ansammlung weiterer Galaxien, die Astronomen etwas einfallslos »Lokale Gruppe« nennen. Hinsichtlich ihrer größten und massereichsten Mitglieder wird sie von der Andromeda-Galaxie und der Milchstraße dominiert, zahlenmäßig dagegen von den Zwerggalaxien. Wie viele dieser lichtschwachen Gebilde sich in der Lokalen Galaxiengruppe tummeln, weiß niemand. Das düstere Gesindel lässt sich kaum erblicken. Rund die Hälfte davon ging erst im 21. Jahrhundert in die Fänge der ausgefuchsten Beobachtungsmethoden von Astronomen. Die Sterne der Zwerggalaxien sind nämlich so spärlich, dass man sie nicht leicht von den Sternen der Milchstraße im Vordergrund unterscheiden kann. Beispielsweise ist die 260.000 Lichtjahre ferne sphäroidale Draco-Zwerggalaxie so groß am irdischen Himmel wie der Vollmond – und trotzdem lange schlicht übersehen worden.

Es sind solche Zwerggalaxien, in denen die Hauptmasse der Dunklen Materie steckt – und nicht in den prächtigen Spiralgalaxien, deren Rotationsverhalten Vera Rubin einst irritierte. Der Löwenanteil der Düsternis befindet sich also dort, wo ihn Astronomen als Letztes vermutet hätten: in unspektakulären Gebilden, die wie Wespen bei einem Apfelkuchen um die großen Galaxien schwirren. Doch

Exkurs

Unsere kosmische Heimat

Die Lokale Galaxiengruppe hat eine Ausdehnung von knapp sieben Millionen Lichtjahren. Beherrscht wird sie von der 100.000 Lichtjahre durchmessenden Milchstraße und der noch etwas größeren, rund 2,5 Millionen Lichtjahre fernen und 700 Milliarden Sonnenmassen schweren Andromeda-Galaxie (M 31, NGC 224). Diese Dominanz lässt sich in Zahlen ausdrücken: Auf die beiden prächtigen Spiralgalaxien entfallen rund neun Zehntel der gesamten Masse der Lokalen Gruppe – über zwei Billionen Sonnenmassen an Sternen, Gas, Staub sowie der Dunklen Materie.

Drittgrößtes Objekt ist mit gut 50.000 Lichtjahren Durchmesser die kleine Spiralgalaxie M 33. Sie befindet sich knapp 2,7 Millionen Lichtjahre entfernt im Sternbild Dreieck. Hinzu kommen über 60 bekannte Zwerggalaxien, die größtenteils entweder die Milchstraße oder die Andromeda-Galaxie umkreisen. Mehr als zwei Drittel davon werden als sphäroidale Zwerggalaxien klassifiziert. Sie sind deutlich größer als Kugelsternhaufen und enthalten wie diese kaum interstellares Gas, jedoch sehr viel Dunkle Materie. Außerdem gibt es vier elliptische Zwerge, die ebenfalls wenig Gas besitzen, acht irreguläre Zwerge mit relativ viel Gas sowie auch jüngeren Sternen, und schließlich noch einige Übergangstypen.

Die prominentesten Zwerggalaxien sind die Große und die Kleine Magellansche Wolke, die sich als verwaschene Lichtfleckchen leicht mit bloßem Auge am Südsternhimmel erkennen lassen. Sie sind rund 160.000 beziehungsweise 200.000 Lichtjahre entfernt und 20.000 beziehungsweise 10.000 Lichtjahre groß.

---

trotz ihrer Unscheinbarkeit – sie besitzen nur wenige Zehntausend bis Hunderttausend Sterne –, haben sie es in sich: In ihnen hausen viele Dutzend Millionen Sonnenmassen an unsichtbarer Materie.

Finsterer Weltrekordhalter ist gegenwärtig Segue 1, eine rund 75.000 Lichtjahre ferne Zwerggalaxie im Sternbild Löwe. Marla

Nachbar im All: Die Kleine Magellansche Wolke (NGC 292) im Sternbild Tukan gehört mit einer Distanz von rund 200.000 Lichtjahren zu den nahen Begleitern der Milchstraße. Die irreguläre Zwerggalaxie hat die Masse von zwei Milliarden Sonnen.

Geha von der Yale University und ihre Kollegen hatten sie ab 2009 im Visier und später mit dem 10-Meter-Keck II-Teleskop auf Hawaii sehr genau inspiziert. Im Jahr 2011 berichteten die Astronomen, dass die Zwerggalaxie, die um die Milchstraße kreist, 3400-mal mehr unsichtbare als leuchtende Masse besitzt.

Nur etwa 1000 Sterne lassen sich in Segue 1 ausmachen. Knapp die Hälfte der davon untersuchten enthält lediglich 0,04 Prozent des Eisenanteils der Sonne. »Das bedeutet, dass diese Sterne zu den ältesten und am wenigsten entwickelten bekannten Sternen gehören«, sagt Joshua Simon von der Carnegie Institution in Washington.

Exkurs

Zwerggalaxien – klein, aber oho!

Abgesehen von den schon mit bloßem Auge sichtbaren Magellanschen Wolken, die sich um die Milchstraße bewegen, sind Zwerggalaxien nur mit Teleskopen zu erspähen. Die ersten wurden entdeckt lange bevor man sie als Sternansammlungen auflösen konnte oder überhaupt die Natur der Milchstraße begriff. Schon im Jahr 1770 katalogisierte Charles Messier zwei elliptische Objekte: M 32 und M 110 (NGC 205). Einen weiteren Trabanten der Andromeda-Galaxie, NGC 185, entdeckte William Herschel 1787. Edward Emerson Barnard fand 1884 den ersten Milchstraßen-Begleiter, NGC 6822, 1,6 Millionen Lichtjahre entfernt im Sternbild Schütze. Sie ist eine der helleren Zwerggalaxien und die erste, die als extragalaktisches Objekt identifiziert wurde. Dieser Nachweis gelang Edwin Hubble 1925 mithilfe der Entfernungsbestimmung durch Cepheiden-Sterne – zwei Jahre, nachdem er den Andromeda-Nebel als eigenständige Galaxie erkannt hatte, was er ebenfalls 1925 publizierte.

Fast alle Zwerggalaxien in der Lokalen Gruppe sind nahe Satelliten der Milchstraße oder der Andromeda-Galaxie. Nur zwei sphäroidale Zwerge ziehen eine einsame Bahn in der Ferne: Die Cetus- und Tucana-Zwerggalaxie mit 2,5 beziehungsweise 2,2 Millionen Lichtjahren Distanz von der Milchstraße und 2,9 beziehungsweise 4,4 Millionen Lichtjahren von der Andromeda-Galaxie. Die meisten sphäroidalen Zwerge enthalten kaum Gas, wenig schwere Elemente und haben wahrscheinlich seit über zehn Milliarden Jahren keine neuen Sterne mehr gebildet. Sie sind also wohl archaische Fossilien aus der Urzeit der Lokalen Gruppe.

Zwerggalaxien variieren sehr stark in ihrer Masse und Leuchtkraft. Manche bringen es nur auf 1000 Sonnenmassen, andere auf zehn Millionen, manche lediglich auf die Leuchtkraft von 1000 Sonnen, andere auf 100 Millionen. Auch ihr Anteil an schweren Elementen ist unterschiedlich – bei Leo A zum Beispiel sehr niedrig, bei M 32 recht hoch –, im Durchschnitt aber aufgrund der geringeren Sternbildung beträchtlich niedriger als in der Milchstraße.

In der Milchstraße sind keine drei Dutzend solcher urtümlichen Sterne bekannt; alle anderen enthalten viel mehr von den seit dem Urknall erbrüteten schwereren Elementen. Nun hoffen die Astronomen auf den Nachweis von Gammastrahlung aus Segue 1. Diese energiereiche Strahlung könnte erzeugt werden, wenn die Dunkle Materie aus exotischen Elementarteilchen besteht, die dort so dicht beisammen sind, dass sie sich treffen und vernichten.

Selbst nahezu dunkle Galaxien sind denkbar – und von Computersimulationen auch vorausgesagt. Der beste Kandidat ist die ausgedehnte Gaswolke VIRGOHI21 tief im Virgo-Haufen, 50 Millionen Lichtjahre entfernt. Sie besteht aus 100 Millionen Sonnenmassen an Wasserstoff. Entdeckt wurde sie 2005 von Robert Minchin und seinen Kollegen mit dem Arecibo-Radioobservatorium in Puerto Rico. Aus den Bewegungen der Gasmassen errechneten die Astronomen, dass in VIRGOHI21 500-mal mehr Dunkle Materie als Gas stecken muss. Mit dem Hubble-Weltraumteleskop wurden später ein paar Hundert Sterne aufgespürt, aber das ändert nichts daran, dass VIRGOHI21 die dunkelste bekannte Galaxie ist. Allerdings könnte sie auch etwas anderes sein – eine Art Bruchstück der nahen Spiralgalaxie M 99 (NGC 4254), das einst bei deren Begegnung mit der Galaxie M 98 (NGC 4192) herausgerissen wurde.

Kosmische Evolution und düstere Winzlinge

Obwohl die Satellitengalaxien, die um die großen Galaxien kreisen, also optisch wenig auffällig sind, interessieren sich Astronomen brennend für diese Winzlinge unter den Sternsystemen. Zum einen eignen sich diese »Fossilien« im All hervorragend für die Erforschung der kosmischen Evolution, denn sie ähneln den Bausteinen, aus denen sich die großen Galaxien wie unsere Milchstraße einst gebildet hatten. Und zum anderen bieten Zwerggalaxien, weil sie von der Dunklen Materie beherrscht werden, eine glänzende Gelegenheit, Licht ins Dunkel dieser seltsamen Schattenwelt zu bringen. Beide Aspekte hängen sogar eng zusammen: Ohne die Dunkle Materie lässt sich die Entwicklung der Galaxien und der großräumigen Materieverteilung im Weltall gar nicht verstehen.

Die akribische Erforschung der Lokalen Gruppe und ihrer kleinen Mitglieder ist deshalb nicht nur kosmische Heimatkunde. Doch Beobachtungen allein können kaum verraten, wie die galaktische Geschichte verlaufen ist. Dazu sind auch theoretische Modelle und Computersimulationen nötig. Und so hat es sich inzwischen bewährt, die astronomischen Beobachtungen mit Simulationen zu erklären und umgekehrt die theoretischen Modelle anhand der Messungen zu überprüfen und zu verfeinern. Beobachtende Astronomen kooperieren dabei mit kosmologischen Theoretikern. Die letzten Jahre brachten große Fortschritte – dank neuer Präzisionsdaten, ausgefeilter Programmcodes und Hochleistungsrechnern.

Inzwischen hat sich ein umfassendes Bild der kosmischen Struktur und Entwicklung ergeben. Die Zwerggalaxien spielen dabei eine Hauptrolle. Weil die nahen Zwerge die einzigen sind, die sich genau analysieren lassen – quasi Stern für Stern –, ist die Lokale Gruppe auch ein hervorragendes Testfeld für die Entwicklungsgeschichte unseres Universums insgesamt und somit für kosmologische Modelle.

»Die Zwerggalaxien sind die häufigsten Sternsysteme im Universum«, betont Eva Grebel, Direktorin am Astronomischen Rechen-Institut der Universität Heidelberg. »Sie sind wohl die Galaxien, die am stärksten von der Dunklen Materie dominiert werden. Und sie sind sehr wahrscheinlich die Relikte der kosmischen Bausteine: die sichtbaren Gegenstücke der kleinen Halos aus Dunkler Materie, deren Existenz von Theoretikern vorhergesagt wurde.«

Dass es diese geisterhaften Halos geben muss, folgt aus dem kosmologischen Standardmodell, dem ΛCDM-Modell. Ihm zufolge gab die Kalte Dunkle Materie den Anstoß, ohne den die Galaxienentwicklung viel langsamer verlaufen wäre und das Universum heute ganz anders aussehen würde. Die räumliche Verteilung der unbekannten Elementarteilchen schwankte im frühen Universum zufällig – wie auch die der sichtbaren Materie. Massereichere Regionen verdichteten sich aufgrund ihrer Gravitation im Lauf der Zeit noch mehr. Dabei war und ist die Dunkle Materie stärker konzentriert als die sichtbare – um einen Faktor 100 bis 1000.

Solche Verdichtungen bildeten gleichsam eine unsichtbare Matrix für die Stern- und Galaxienentstehung aus dem fast homogenen Gemisch von Wasserstoff und Helium, das wie die Dunkle Materie vor 13,8 Milliarden Jahren aus dem Urknall hervorgegangen war. Fotos weit entfernter Himmelsregionen zeigen, dass sich bereits etwa 500 Millionen Jahre später klumpige Strukturen geformt hatten: die Protogalaxien. Ein Teil dieser Protogalaxien verschmolz binnen Jahrmilliarden zu den großen Spiralgalaxien und Elliptischen Galaxien. Viele Protogalaxien blieben aber mehr oder weniger isoliert und schwirren noch heute als Zwerggalaxien durch den Weltraum. So zumindest stellen sich die Kosmologen die Entwicklung des Alls vor.

Zu wenig Zwerge im Vorgarten

Es gibt jedoch ein Problem: Mehrere aufwendige Computersimulationen haben seit Ende der 1990er-Jahre unabhängig voneinander gezeigt, dass viel mehr kleinräumige Strukturen entstanden sein müssten, als bislang in Form von Zwerggalaxien beobachtet wurden, die als Satelliten die großen Galaxien umkreisen.

»Wenn das kosmologische Standardmodell stimmt, dann sind die Verklumpungen da. Das ist eine eindeutige Voraussage – andernfalls ist das ΛCDM-Modell widerlegt«, sagt Volker Springel. »Das ist auch faszinierend: Mit der Astronomie lassen sich Aussagen über die Eigenschaften von Elementarteilchen machen.« Denn ihre Geschwindigkeit

und Verteilung beeinflusst beispielsweise die kosmische Strukturbildung. Springel hatte am Max-Planck-Institut für Astrophysik in
Garching die Millenium-Simulation geleitet, eine Berechnung der gesamten kosmischen Entwicklung nach dem ΛCDM-Standardmodell.
Heute ist er Professor am Astronomischen Rechen-Institut in Heidelberg sowie Astrophysik-Gruppenleiter am Heidelberger Institut
für Theoretische Studien, das 2010 von der Klaus Tschira Stiftung
gegründet wurde.

Wie so oft sind Schwierigkeiten die Keime neuer Erkenntnisse.
Das gilt auch für das Problem der fehlenden Satelliten (Substruktur-
Problem). Den Computersimulationen der Entwicklung von Galaxi-
en und Galaxienhaufen zufolge sollte es zehn- bis hundertmal mehr
Zwerggalaxien in der Umgebung großer Galaxien geben als beob-
achtet. Die Milchstraße und die Andromeda-Galaxie besitzen weni-
ge Dutzend bislang bekannte Begleiter, doch es müssten theoretisch
Hunderte oder Tausende davon existieren.

Das Problem dieser fehlenden Satelliten ist zwar noch nicht eindeutig gelöst, hat aber inzwischen etwas an seiner ursprünglichen
Bedeutung verloren. Denn in den letzten Jahren erzielten die Wissenschaftler einige Fortschritte.

Ein hartnäckiges Rätsel
und viele Lösungsversuche

Unumstritten ist, dass die normale Materie die Verteilung der Dunklen Materie in Zwerggalaxien nicht verändert haben kann. Das macht
auch den Wert der Modelle aus, denn im Gegensatz zu den komplexen
astrophysikalischen Prozessen, etwa der Sternbildung, lässt sich das
Verhalten der Dunklen Materie sehr gut berechnen.

Der erste Lösungsvorschlag des Substruktur-Problems besteht
nun darin, die Existenz der vielen Dunklen Halos ganz zu bezwei-

feln – sodass die vielen »fehlenden« Zwerggalaxien auch gar nicht existierten und vermisst würden. Wenn nämlich die Dunkle Materie nicht überwiegend »kalt« wäre – sich ihre Partikel also langsam bewegen –, sondern im Urknall »warm« entstanden wäre, das heißt in Form sehr schneller Teilchen, dann hätten sich die vielen unbeobachtbaren Satellitengalaxien gar nicht bilden können. Denn Warme Dunkle Materie würde kleine Strukturen verwischen. Kleinräumige Verklumpungen – also die Dunklen Halos als Vorläufer von Zwerggalaxien – wären daher seltener. Die Entstehung der großen Galaxien wäre dabei kaum beeinträchtigt worden.

Allerdings passt Warme Dunkle Materie nicht zum kosmologischen Standardmodell und auch schlecht zu anderen astronomischen Beobachtungen. Die meisten Kosmologen sehen sie daher nur als einen Notnagel, an den sie die Beobachtungen »hängen« würden, wenn alle Alternativen versagen. (Heiße Dunkle Materie wie die fast lichtschnellen Neutrinos kann das Substruktur-Problem auch nicht beseitigen.)

Der zweite Lösungsvorschlag klingt einfacher: Demnach existieren viele Zwerge im Vorgarten der Milchstraße, aber die Astronomen haben sie bislang schlicht übersehen.

Tatsächlich sind mit der Himmelsdurchmusterung SDSS (Sloan Digital Sky Survey) in den letzten Jahren viele bislang unbekannte, sehr lichtschwache Zwerggalaxien entdeckt worden. Und da SDSS nur die nördliche Himmelssphäre im Visier hat und die Empfindlichkeit des SDSS-Teleskops begrenzt ist, dürften fünf- bis 20-mal mehr verborgene Nachbarn sowohl bei der Milchstraße als auch bei der Andromeda-Galaxie herumstreunen, als Astronomen zurzeit kennen. Mehrere neue Himmelsdurchmusterungen sind bereits angelaufen oder in der Vorbereitung. Ob sich künftig die Lücke zwischen Voraussage und Beobachtung wirklich schließen lässt, ist allerdings fraglich. Zumal manchen hochaufgelösten Computersimulationen zufolge die Zahl der finsteren Materie-Aggregationen noch größer sein sollte als gedacht.

Doch es gibt noch einen anderen Ausweg aus dem Problem, für den auch Volker Springel argumentiert: Die Dunklen Halos schwirren zwar durch die Lokale Gruppe, wie es die Modellrechnungen voraussagen, aber sie sind unsichtbar, weil sich darin gar keine Sterne gebildet haben. Für diesen Mangel an Sternen kommen verschiedene Möglichkeiten in Betracht:

› Zum einen die Reionisation des Alls: Als sich einige Hundert Millionen Jahre nach dem Urknall die ersten Sterne und Schwarzen Löcher gebildet haben, schlug deren energiereiche Strahlung nach und nach Elektronen aus dem neutralen Wasserstoff-Urgas überall im Weltraum heraus. Ein solchermaßen ionisiertes Plasma verdichtet sich viel schwerer zu Sternen als neutraler Wasserstoff. Vor allem in kleinen Wolken, den Proto-Zwerggalaxien, wird so die Sternbildung drastisch unterdrückt. Darauf hatte unter anderem Martin Rees von der Cambridge University schon 1986 hingewiesen.

› Eine andere, zusätzliche Möglichkeit ist das negative Feedback von Sternen: Die Stoßwellen von Supernovae können die Sternbildung in der Nachbarschaft unterdrücken, weil sie das interstellare Gas aufheizen und verschieben. So hat der Anfang der Sternentstehungsvorgänge vielleicht schon deren Ende eingeleitet. Die massereichsten Sterne verbrauchen ihren Rohstoff nämlich schnell und detonieren daher bald – schon nach einigen Dutzend Millionen Jahren. Eine solche Idee wurde von Martin Rees und Simon White bereits 1978 entwickelt; letzterer ist inzwischen Direktor am Max-Planck-Institut für Astrophysik in Garching bei München. (Es gibt zuweilen auch ein positives Feedback, wenn die Stoßwelle einer Supernova lokale Verdichtungen in Molekülwolken bewirkt und somit Sternentstehungen einleitet, doch das geschieht viel seltener.)

› Die Kosmische Strahlung, die von solchen Sternexplosionen und deren Stoßwellen erzeugt wird, behindert ebenfalls die Sternbildung. Das hat Volker Springel genauer untersucht. »Die schnellen Teilchen der Kosmischen Strahlung werden von Magnetfeldern in der Galaxie gehalten und tragen zum Druck des Gases bei«, erklärt er. »Anders als der gewöhnliche thermische Druck geht dieser Beitrag nicht schnell durch Kühlung verloren, sodass er die weitere Verdichtung des Gases und damit die Sternentstehung recht effizient verhindert.«

Die Kombination dieser verschiedenen astrophysikalischen Prozesse – so schwer sie sich im Detail auch quantifizieren lassen, und so unklar vor allem noch manche Einzelheiten der Sternentstehung sind –, scheint genügend Spielraum für eine Lösung des Problems der fehlenden Zwerggalaxien zu eröffnen. Inzwischen blicken viele Wissenschaftler daher recht zuversichtlich auf ihre Modelle.

Eine Forschergruppe um Simon White, zu der auch Volker Springel gehört, hat sich jüngst sogar daran gemacht, ein neues Szenario für die Milchstraßen-Satelliten im Rahmen der ΛCDM-Kosmologie zu entwerfen, das die verschiedenen Faktoren berücksichtigt und ohne Warme Dunkle Materie auskommt. Ausgehend von einer kompletten Reionisation der prägalaktischen Region eine halbe Milliarde Jahre nach dem Urknall reproduziert das Computermodell die beobachtbaren Verhältnisse gut: etwa die räumliche Verteilung der Zwerggalaxien, ihre Massen, Helligkeiten und Häufigkeiten an schweren Elementen. Außerdem zeigte sich, dass die kosmischen Entwicklungsprozesse eine große Variabilität aufweisen können.

Doch damit sind die Forscher keineswegs aus dem Schneider. Denn es gibt noch weitere Unstimmigkeiten.

Wenn Astronomen im Dunkeln stochern

Astronomischen Messungen lassen auf eine ähnliche Verteilung der Dunklen Materie in den Zentren aller Zwerggalaxien schließen, obwohl sich deren Leuchtkraft um bis zu fünf Größenordnungen unterscheidet. Und Computersimulationen sagen eine stark ansteigende Materiedichte hin zum Mittelpunkt voraus, die sich in den gemessenen Rotationsgeschwindigkeiten jedoch nicht widerspiegelt. »Die Interpretation der Daten ist aber noch umstritten«, kommentiert Volker Springel.

Vielleicht gibt es auch Effekte, die die Dichte der Dunklen Materie im Zentrum reduziert haben: Viele Sternexplosionen in rascher Folge könnten Materie hinausgetrieben haben; oder eine balkenartige scheibenförmige Aggregation aus Gas und Staub, wie sie auch in großen Galaxien vorkommt, wirbelt wie ein Mixer herum und befördert einen Teil der Dunklen Materie durch seine Schwerkraftwirkung in weiter außen gelegene Bereiche. »Dagegen spricht freilich, dass diese Prozesse in Zwerggalaxien kaum funktionieren dürften, da viele ihrer Dunklen Halos nur wenig oder gar keine sichtbare Materie zu besitzen scheinen«, sagt Springel.

Eine weitere Schwierigkeit macht den Forschern im Augenblick die größten Sorgen: das sogenannte Konzentrations-Problem. Es wurde von Mike Boylan-Kolchin entdeckt, der früher in Garching arbeitete und jetzt an der University of California in Irvine ist. Auch dieses Problem besteht in einer Diskrepanz zwischen Computersimulation und Beobachtungen.

Die Rechnungen sagen voraus, dass Zwerggalaxien am ehesten bei den höchsten Konzentrationen Dunkler Materie entstanden sind. »Doch wir haben festgestellt, dass viele Satellitengalaxien nicht diese hohen vorausgesagten Konzentrationen besitzen«, wundert sich Boylan-Kolchin. Es ist nicht klar, warum die konzentriertesten Vertreter der massereichen Dunklen Satelliten – Boylan-Kolchin nennt sie »massive Versager« – keine Galaxien hervorbrachten, obwohl sie dafür am besten geeignet sein sollten. Die Stoßwellen von Supernovae können hier nicht verantwortlich gemacht werden. Die Existenz Warmer Dunkler Materie würde zwar helfen, die Masseverteilung zu verwischen, aber dann wäre die ΛCDM-Kosmologie in Schwierigkeiten. Die Astronomen müssen also noch einige Hausaufgaben machen.

Intergalaktische Impression: Mit Computersimulationen erkunden Astrophysiker die Entstehung der Milchstraße und ihrer Umgebung. Die Verteilung der Dunklen Materie (nur sie ist hier dargestellt) lässt auf die zusätzliche Bildung vieler Satellitengalaxien schließen – die man in dieser Zahl aber nicht beobachtet. Dieser Widerspruch ist noch nicht aufgelöst.

Es besteht allerdings auch die Möglichkeit, dass die Lokale Gruppe nicht typisch im All ist. Die Wissenschaftler würden sich dann über eine Ausnahme den Kopf zerbrechen, die sie irrtümlicherweise für eine Regel hielten. Ist die Milchstraße mit ihrer Umgebung also ein Sonderfall und das Fehlen der vielen Zwerge bloßer Zufall?

»Das ist eine schwierige Frage«, sagt Volker Springel. »Wir haben unsere Computersimulationen in dieser Hinsicht detailliert analysiert und eine große Variationsbreite festgestellt. Die Milchstraße wirkt etwas ungewöhnlich: Sie liegt nicht im Zentrum der Galaxiengruppe und hat mit den beiden Magellanschen Wolken überdurchschnittlich schwere Begleiter. Und die Andromeda-Galaxie ist nicht ein Abbild der Milchstraße. Aber wir haben keinen guten Hinweis darauf, dass die Lokale Gruppe wirklich aus dem Rahmen des Üblichen fällt.«

Eva Grebel sieht es ähnlich: »Galaxiengruppen mit nur einer einzigen massereichen Galaxie im Zentrum sind recht selten – es gibt sie aber. Viel verbreiteter sind jedoch Systeme, die der Lokalen Gruppe ähneln und aus mehreren massereichen, ›dezentral‹ verteilten Galaxien bestehen. Auch in unserer Umgebung finden wir fast nur solche Gruppen.«

Kosmische Karambolagen

Immer wieder kommt es zu brachialen Ereignissen im All, wie Beobachtungen bei ferneren Galaxien zeigen. Dazu gehören nahe Vorbeiflüge mit wechselseitigen gravitativen Verzerrungen, Streifschüsse, gegenseitige Durchdringungen und sogar Kollisionen, die ganze Galaxien miteinander verschmelzen lassen. Besonders häufig scheinen sich große Sternsysteme ihre kleineren Nachbarn einzuverleiben. Auch in dieser Hinsicht ist die Lokale Gruppe keine kosmische Ausnahme. Von einem solchen galaktischen Kannibalismus zeugen sowohl in der Milchstraße als auch in der Andromeda-Galaxie mehrere Sternströme – die Relikte zerrissener und aufgefressener Zwerggalaxien.

Selbst die Andromeda-Galaxie, die Königin der Lokalen Gruppe, ist wahrscheinlich durch eine kolossale Kollision zweier Vorläufergalaxien entstanden – vor knapp sechs Milliarden Jahren. Das schließt ein Team französischer und chinesischer Astronomen aus numerischen Computersimulationen. Die Wissenschaftler unter der Leitung von François Hammer vom Pariser Observatorium erstellten zum ersten Mal ein detailliertes Entwicklungsmodell der bekannten Strukturen unseres großen Nachbarn im All. Ihre Simulationen konnten die Beobachtungsdaten gut reproduzieren. Zu den Strukturen gehören die dünne Scheibe der Spiralgalaxie einschließlich ihres gigantischen

Gas- und Staubrings, die »dicke« Scheibe ringsum, die massereiche Zentralregion (Bulge) und mehrere Sternströme. Außerdem wurde berücksichtigt, dass die meisten Sterne in der Andromeda-Galaxie zwischen 8,5 und 5,5 Milliarden Jahre alt sind. Alle diese Daten muss ein Modell erklären können oder darf zumindest nicht im Widerspruch dazu stehen.

Die Simulationen mit Hochleistungscomputern in Paris und Peking umfassten fast 100 einzelne, bis zu 20 Tage dauernde Modellrechnungen mit bis zu acht Millionen Elementen (Sterne, Gas, Dunkle Materie). Diese sehr aufwendigen Rechnungen ergaben, dass der galaktische Crash wohl vor etwa neun Milliarden Jahren begonnen haben muss, als eine Galaxie mit etwas mehr als der Masse unserer Milchstraße nahe an einer zweiten mit ungefähr einem Drittel der Masse vorbeiflog. Nach einem turbulenten Gravitationstanz der Sternsysteme kam es vor etwa 5,5 Milliarden Jahren zur Verschmelzung.

Eine solche kosmische Karambolage wäre das wichtigste und spektakulärste Ereignis in der Geschichte der Lokalen Gruppe gewesen. Sie müsste auch recht vehement erfolgt sein. Andernfalls wäre nicht genug Drehimpuls konzentriert worden, der erforderlich war, um die rotierende galaktische Scheibe der Andromeda-Galaxie zu bilden.

Die Simulationen sagen außerdem voraus, dass eine große Menge an Materie – etwa ein Drittel der Masse unserer Milchstraße – bei dem Galaxiencrash davon geschleudert worden ist. Wie sich bei anderen Galaxienkollisionen heute noch beobachten lässt, entstehen aufgrund der enormen Gezeitenkräfte oft riesige »Schwänze« aus Gas.

Ein besonders überraschendes Resultat der Computersimulation war, dass einer dieser Gezeitenschwänze in Richtung Milchstraße gezielt haben könnte und die Magellanschen Wolken erschuf. Wenn das stimmt, wären diese beiden ungewöhnlichen Zwerggalaxien nicht direkt aus Dunklen Halos entstanden, sondern gleichsam auf einem zweiten Bildungsweg. Mit rund 350 Kilometer pro Sekunde wäre die extragalaktische Gasschwade ins Gravitationsfeld der

Galaktischer Glanz: Die prächtige Spiralgalaxie im Sternbild Andromeda, 2,5 Millionen Lichtjahre entfernt, beherbergt rund eine Billion Sterne und beherrscht zusammen mit der Milchstraße die Lokale Galaxiengruppe. Sie wird auch von zahlreichen Zwerggalaxien umschwärmt, darunter den recht hellen Begleitern M 32 (links) und M 110 (rechts).

Milchstraße gelangt und darin eingefangen worden, zeigen Hammers Simulationsrechnungen. Dabei, und auch schon vorher, hätten sich Sterne aus Verdichtungen im Gas gebildet – ein Prozess, der stellenweise bis heute andauert.

Dieses – noch keineswegs gesicherte – Szenario kann auch erklären, warum die Große und die Kleine Magellansche Wolke die einzigen gasreichen und irregulär geformten Milchstraßen-Begleiter sind. Ihre Bahndaten, sagt Hammer, lassen sich mit einem Ursprung aus Richtung der Andromeda-Galaxie vereinbaren. Die »Reisezeit« hätte abhängig von den Randbedingungen vier bis acht Milliarden Jahre gedauert.

Das Andromeda-Ereignis wird allerdings kein Einzelfall in der Lokalen Gruppe bleiben. Vielmehr kommt der spektakuläre Höhepunkt erst noch: Gegenwärtig nähert sich die Andromeda-Galaxie unserer Milchstraße mit rund 120 Kilometer pro Sekunde. In zwei bis drei Milliarden Jahren werden die beiden großen Spiralen miteinander zu einer riesigen Elliptischen Galaxie verschmelzen. Kosmisch gesehen ist das keine allzu ferne Zukunft. Selbst die Sonne – vermutlich in einen Randbezirk geschleudert – scheint dann noch auf eine, allerdings völlig ausgetrocknete, lebensfeindliche Erde.

WIMPs und Wunder

Das Postulat von und die Suche nach unbekannten Teilchen hat in der Physik Tradition. Zwar wurden immer wieder neue Partikel entdeckt, oft zur großen Verblüffung der Wissenschaftler. »Wer hat denn das bestellt?«, rief beispielsweise der spätere Physik-Nobelpreisträger Isidor Isaac Rabi, als er 1936 von Carl Andersons Entdeckung des Myons in der Kosmischen Strahlung erfuhr. Mehrfach wurde aber auch umgekehrt die Existenz von bis dahin unbekannten Teilchen vorausgesagt – etwa des Positrons und Antiprotons, der drei Neutrinos, des Omega-minus-Teilchens, der Quarks und Gluonen, der W- und Z-Bosonen sowie des Higgs-Teilchens.

Ähnlich ist es bei der Dunklen Materie: Auch für sie haben Theoretiker einige Kandidaten – und sogar mehr, als den meisten Forschern lieb ist.

Tatsächlich vermuteten Teilchenphysiker völlig unabhängig von den astronomischen Messungen schon in den 1970er-Jahren, dass ein ganzes Schattenreich aus noch unbekannten Elementarteilchen existieren muss. Die Prognosen zur Masse und Häufigkeit dieser Schattenmaterie passen erstaunlich gut zu den astronomischen Daten, die sich ab den 1980er-Jahren herauskristallisierten.

Entsprechend überrascht waren Astrophysiker, als sie den Bedarf für eine solche seltsame Materie anmeldeten, dass diese bereits in der Theorie parat stand. Und zwar nicht als bloße Behauptung, sondern teils physikalisch gut begründet mit Symmetrieprinzipien, der Massenskala der bekannten Partikel und einer einheitlichen Beschreibung der Naturkräfte. Jonathan Feng von der University of California in Irvine und andere Forscher sprechen sogar von einem »Wunder«: Die Teilchenphysiker hatten in ihren Elfenbeintürmen genau das ersonnen, was die Astronomen dringend benötigen: Kalte Dunkle Materie.

Weil beziehungsweise wenn diese geisterhaften Teilchen schwerer als Elektronen (oder gar Protonen) und neben der Gravitation nur der kurzreichweitigen Schwachen Wechselwirkung unterworfen sind, werden sie provisorisch WIMPs genannt (Weakly Interacting Massive Particles). Das hat eine ironische Nebenbedeutung, heißt »Wimp« im Englischen ja auch »Winzling«, »Feigling« und »Schwächling«. Das Akronym wurde 1985 von Michael Turner von der University of Chicago und Gary Steigman von der Ohio State University in Columbus erfunden – wogegen sich wiederum Kim Griests »MACHO«-Schöpfung als dunkle Alternative absetzte. »Ich arbeitete als Postdoc bei Turner, was ein weiterer Teil der Ironie dabei ist«, schmunzelt Griest.

WIMPs sind gegenwärtig die beliebtesten Kandidaten für die Kalte Dunkle Materie und stehen womöglich bereits an der Schwelle ihres physikalischen Nachweises. Denn sie sind bereits mit heutigen Mitteln – wenn auch mit riesigem technischen Aufwand – durch ihre schwachen Wechselwirkungen mit normaler Materie messbar. Allerdings geizen die Forscher auch nicht mit anderen Hypothesen, etwa zu SuperWIMPs und Wimpzillas – oder verfechten als Alternative eine »WIMPless Dark Matter«. Viele der Hypothesen schließen sich nicht einmal gegenseitig aus – letztlich können nur die experimentellen Messungen Licht ins Dunkel bringen.

Finstere Gesellen: Teilchenphysiker haben zahlreiche Hypothesen entwickelt, um zu erklären, woraus die Dunkle Materie (DM) besteht. Dies geschah teilweise schon, bevor Messungen der Astronomen darauf schließen ließen, dass sie viel häufiger ist als die gewöhnliche Materie aus Quarks und Leptonen – nämlich im Fall der WIMPs und Axionen sowie SUSY-Partikeln aus rein teilchenphysikalischen Erwägungen. Die Tabelle listet die geläufigsten DM-Arten und ihre Eigenschaften auf. Wahrscheinlich steckt (mindestens) eine neue Klasse von Elementarteilchen hinter der finsteren Seite des Alls. Je nach Geschwindigkeit der postulierten Partikel unterscheidet man Heiße, Warme und Kalte Dunkle Materie (HDM, WDM, CDM). Die bislang am wenigsten favorisierte WDM bewegt sich mit zehn bis 95 Prozent der Lichtgeschwindigkeit, die HDM schneller, die CDM langsamer. Unumstritten ist inzwischen, dass die HDM weniger als ein Prozent der Gesamtmasse des Alls ausmacht und ganz oder teilweise aus den bereits bekannten Neutrinos besteht. Die DM-Massen unterscheiden sich je nach Hypothese beträchtlich und könnten im Bereich von Mikro- und Millielektronenvolt (μeV, meV) liegen, aber auch Kilo-, Giga- oder Teraelektronenvolt (keV, GeV, TeV) und mehr erreichen. Zum Vergleich: die Protonmasse entspricht knapp einem GeV. WIMPs mit typischen Massen von wenigen GeV bis einigen TeV sind die am besten studierten und am meisten favorisierten DM-Kandidaten, weil sie in vielen Theorien vorkommen, eine zu den astronomischen Daten passende Dichte und Masse besitzen sowie relativ einfach nachgewiesen werden könnten. Die meisten DM-Partikel müssen bereits mit oder kurz nach dem Urknall entstanden sein, andere könnten sich durch wechselseitige Zerstrahlung oder den Zerfall von massereicheren DM-Teilchen gebildet haben.

Kandidaten	Kommentare
Elektron-, Myon- und Tau-Neutrinos sowie deren Antiteilchen	HDM, meV bis eV; gehören zu den drei Leptonen-Generationen des Standardmodells der Materie; sind eindeutig nachgewiesen, aber nicht ausreichend für die Erklärung der DM im All
Neutrinos der vierten Generation	HDM, WDM, keV; sind nahezu ausgeschlossen
sterile Neutrinos	WDM, keV; unterliegen im Gegensatz zu normalen Neutrinos nicht der schwachen Wechselwirkung

Kandidaten	Kommentare
Axionen	CDM, µeV bis meV; diese skalaren Teilchen werden von Theorien zur Erklärung einer Symmetrie-Eigenschaft (CP: Ladung und Spiegelung) der Starken Kraft gefordert
supersymmetrische Partikel (SUSY-Teilchen)	CDM, zum Beispiel Neutralinos (Gemisch aus Photino, Zino und zwei elektrisch neutralen Higgsinos), Sneutrinos (müssten aber selten sein), Photinos, Higgsinos, schwere Gravitinos und Axinos (keV bis TeV); oder leichte Gravitinos (WDM, eV bis keV)
WIMPs (Weakly Interacting Massive Particles)	CDM, GeV bis TeV; zum Beispiel Neutralinos oder andere LSP-Kandidaten (leichteste supersymmetrische Partikel), Kaluza-Klein-Partikel, Little-Higgs-Materie, DM-Atome, Mirror DM
SuperWIMPs	CDM, WDM, GeV bis TeV; zum Beispiel Gravitinos, Axinos, Quintessinos; im Urknall entstanden oder später als stabile Zerfallsprodukte von WIMPs (etwa Sleptonen, Sneutrinos, Charginos, Neutralinos)
Little-Higgs-Materie	GeV; zum Beispiel pseudo-Goldstone-Bosonen, T-odd-Partikel
Kaluza-Klein-Partikel, Branonen	TeV; wenn es verborgene, winzige Extradimensionen des Raums gibt, hat jedes Standardmodell-Teilchen zahllose Partnerteilchen, von denen das leichteste ein DM-Kandidat ist
Wimpzillas	über 10^{12} GeV; superschwere DM, könnte für die energiereichste Kosmische Strahlung verantwortlich sein
asymmetrische DM	DM-Partikel kommen als Teilchen und Antiteilchen vor und würden, wenn sie sich treffen, zerstrahlen

Kandidaten	Kommentare
verborgene DM	unterliegt nur der gravitativen, nicht der schwachen Wechselwirkung
exotische Hypothesen	Q-balls, Spiegelpartikel, CHAMPs (CHArged Massive Particles), selbstwechselwirkende DM, D-Materie, Higgs-Monopole, Cryptonen ...
Strangelets („Quark Nuggets")	CDM, TeV; baryonische Ansammlungen aus up-, down- und strange-Quarks; könnten sogar makroskopische Größen erreichen, falls sie stabil wären; bislang nicht nachgewiesen
MACHOs (MAssive Compact Halo Objects) RAMBOs (Robust Associations of Massive Baryonic Objects)	zum Beispiel Planetoiden und Kometen, sternlose Planeten, Braune Zwerge, Rote Zwerge, Neutronensterne, Schwarze Löcher, hypothetische Quark- oder Bosonensterne; alle bestehen aus baryonischer Materie, die der Elektromagnetischen Wechselwirkung unterliegen; sie können jedoch nur einen geringen Teil der Gesamtmasse im All liefern
Schwarze Minilöcher	10^{15} bis 10^{23} Gramm; sie müssten aus Dichteschwankungen sofort nach dem Urknall kollabiert sein, vor der Entstehung der Atomkerne, oder aus einem früheren Universum stammen; wären sie leichter, hätten sie sich bereits durch Quanteneffekte aufgelöst (Hawking-Strahlung); viel schwerer können sie auch nicht sein, sonst gäbe es einen Widerspruch zu den kosmologischen Messdaten

Exkurs

Gammalicht von Dunkler Materie?

WIMPs könnten langfristig instabil sein und in baryonische Materie und Antimaterie zerfallen oder in Bosonen einschließlich energiereicher Photonen. Die von Satelliten-Instrumenten wie PAMELA und AMS gemessenen hochenergetischen Positronen in der Kosmischen Strahlung wurden bereits als solche indirekten WIMP-Signaturen gehandelt – doch es gibt dafür auch andere Erklärungsversuche.

WIMPs könnten auch ihre eigenen Antiteilchen sein und dann beim Zusammentreffen in energiereiche Photonen zerstrahlen, also in Gammaquanten. Vielleicht geschieht das sogar bei einer charakteristischen Frequenz – dies wäre ein weiterer exzellenter indirekter neuer Hinweis auf die Existenz der Dunklen Materie. Denn Astrophysiker kennen keine andere Quelle, die für mehr oder weniger scharfe Spektrallinien im Bereich der Gammastrahlung infrage kommen. Hier ist vor allem das Fermi-Gammastrahlenobservatorium gefordert, das auch bereits das Galaktische Zentrum und andere nahe Galaxien und Zwerggalaxien daraufhin ins Visier genommen hat.

Tatsächlich haben Christoph Weniger von der Universität Amsterdam und andere Forscher gute Hinweise auf eine Gammalinie bei 130 Gigaelektronenvolt aus der Richtung des Milchstraßen-Mittelpunkts gefunden (Signifikanz zwischen 3,2 und 6,6 Sigma). Das ergaben Messungen von Fermi seit 2008. Diese zuerst 2012 vorgeschlagene Interpretation ist umstritten. Es könnte sich auch um einen systematischen Fehler handeln – im Messprozess von Fermi selbst oder bedingt durch die Wechselwirkung der Kosmischen Strahlung mit der Erdatmosphäre. Immerhin haben andere Forscher, nämlich das Fermi-Team selbst, die Gammalinie mit einer unabhängigen Analyse derselben Daten bestätigt, wenn auch mit weniger Signifikanz. Zusätzliche Messungen von Fermi und dem Gammastrahlenobservatorium H.E.S.S. (High Energy Stereoscopic System) in Namibia oder auch von geplanten Satelliten-Observatorien werden die strittige Situation in den nächsten Jahren klären und dem Ursprung der Strahlung auf die Spur kommen. Vielleicht bringt die Dunkle Materie selbst Licht in das Rätsel – durch ihren eigenen Zerfall.

Der theoretische Triumph von WIMPs & Co. hat allerdings einen beträchtlichen Schönheitsfehler: Es reicht nicht, die unbekannten Elementarteilchen auf dem Papier zu postulieren – man muss sie auch finden. Das schwer zugängliche Reich der Finsternis scheint aber bald durch findige Forscher-Instrumente ans Licht zu kommen. Die Aussichten sind so fantastisch, dass sich selbst Literaten bereits von dieser lebensfremden Welt faszinieren lassen: »Schwarze Löcher, dunkle Materie, / nicht für unsere Augen bestimmt. / Lieber unterhält das Universum sich / Mit unseren Apparaten«, hat es Hans Magnus Enzensberger in einem Gedicht auf den dunklen Punkt gebracht. »Der Mensch ... das Mittelmaß / Aller Dinge.«

Die Jagd nach den Geisterteilchen

Es ist paradox, aber wahr: Um das finstere Rätsel hoch über – und sogar in – ihren Köpfen zu lösen, müssen Physiker tief in die Erde hinabsteigen. Denn die geheimnisvolle Dunkle Materie, die wahrscheinlich alles durchdringt, auch den menschlichen Körper, lässt sich sonst nicht packen. Daher ziehen sich die Forscher in Bergtunnel oder stillgelegte Minen zurück, wo die Stärke der störenden Kosmischen Strahlung um bis zu eine Million Mal geringer ist als auf der Erdoberfläche, und errichten dort ihre raffinierten Apparaturen, mit denen sie die Dunkle Materie aufzuspüren versuchen.

Denn die wissenschaftliche Spekulation über ein Weltreich der Finsternis ist das eine, ein harter Nachweis – möglichst mit verschiedenen Methoden und von unterschiedlichen Forschergruppen – ist etwas anderes. Und so hat sich in den letzten Jahren eine wachsende Schar von Physikern aufgemacht, um mit diversen, allesamt raffinierten Verfahren zu versuchen, das Unsichtbare doch irgendwie sichtbar zu machen. Die indirekten Indizien reichen nämlich nicht aus, obschon sie Astronomen inzwischen »zuhauf« geliefert haben

– bei Galaxienhaufen, einzelnen Galaxien und der kosmischen Entwicklung insgesamt. Das Ziel der Teilchenphysiker ist es daher, die Schattenmaterie ins grelle Licht der Erkenntnis zu bringen – und am besten auch selbst zu erzeugen. Wenn das gelänge, wäre ein neues Fenster zu einer völlig neuen, fremden Realität aufgestoßen.

Doch leichter gesagt als getan! Der Nachweis der Dunklen Materie ist äußerst schwierig. Denn er benötigt sehr empfindliche Detektoren an der Grenze des technisch Möglichen. Außerdem erfordert er ein höchstes Reinheitsgebot, um Dreckeffekte möglichst auszuschließen (schon ein Fingerabdruck würde alles zunichte machen), und eine genaue Kenntnis der Störquellen, besonders der Kosmischen Strahlung sowie der natürlichen Radioaktivität. Und er braucht viel Zeit und Geduld, aber auch Glück, denn die Eigenschaften der ominösen Partikel kennt man so schlecht, dass man ganz unterschiedliche Parameterwerte testen muss. Das funktioniert nicht mit einem einzigen Messverfahren.

Tatsächlich variieren die Modelle von WIMPs und Konsorten sowie die Suchprogramme nach ihnen in ihren Voraussagen beziehungsweise Suchstrategien um viele Zehnerpotenzen:

› Die Massen könnten zwischen wenigen Kiloelektronenvolt und fast 10^{16} Gigaelektronenvolt liegen, der Skala der Großen Vereinheitlichten Theorien, bei denen die Elektromagnetische, Schwache und Starke Wechselwirkung zu einer einzigen Superkraft verschmelzen, wie sie im ersten Sekundenbruchteil des Urknalls herrschte.

› Und die Kopplungsstärken können von wenig mehr als dem Betrag der Schwerkraft, der schwächsten aller Kräfte, bis fast zum Regime der Quantenchromodynamik reichen, die die Wechselwirkungen zwischen den Quarks beschreibt. Entsprechend unsicher ist der Streu- oder Wirkungsquerschnitt, das heißt die Wahrscheinlichkeit, mit der WIMPs über die Schwache Wechselwirkung mit der gewöhnlichen Materie in Kontakt treten. Allerdings: Falls die Dunkle Materie überhaupt nicht schwach interagiert, sondern nur gravitativ – wenn sie also nicht aus WIMPs besteht –, dann sind diese Experimente der Teilchenphysiker zum Scheitern verurteilt.

Die Suche nach der Dunklen Materie ist daher viel schwieriger als die nach der sprichwörtlichen Stecknadel im Heuhaufen. Denn bei dieser kennt man nicht nur den Heuhaufen, sondern auch die genauen Eigenschaften einer Stecknadel. Von der Dunklen Materie hingegen weiß man eigentlich nur, dass sie überall sein müsste, auch direkt vor und hinter diesem Buch. Viele Millionen WIMPs könnten jeden Quadratzentimeter dieser Seite durchdringen – in jeder Sekunde. (Das tun übrigens auch die Neutrinos von der Sonne: rund 66 Milliarden pro Sekunde und Quadratzentimeter.)

Direkte Nachweisversuche

Etwa 0,3 Gigaelektronenvolt an Masse Dunkler Materie sollte in jedem Kubikzentimeter Weltraum stecken – im Durchschnitt. Hier auf der Erde ist sie im Vergleich zur normalen Materie aber unterrepräsentiert: Vielleicht drei Teilchen pro Liter könnten sich in ihr angesammelt haben, wenn die beliebtesten Modelle zutreffen. Das wäre dann nicht einmal ein Kilogramm an unsichtbarem Stoff im gesamten Planeten. Doch weil beziehungsweise wenn sich die Erde wie ein Fisch durchs Wasser ständig durch die riesige Wolke aus Dunkler Materie bewegt, die die Milchstraße einhüllt, müssten dauernd viele weitere WIMPs den Planeten durchfluten. Hin und wieder sollten ein paar davon in den Detektoren der Wissenschaftler eine Spur hinterlassen. Die Partikel würden zwar nicht hängen bleiben, aber doch ein wenig von ihrer Bewegungsenergie übertragen. Die große Herausforderung besteht also darin, genau das zu messen und von den vielen bekannten – und vielleicht auch unbekannten – Störquellen zu unterscheiden. Unbestreitbar ist: Die physikalische Experimentierkunst hat in jüngster Zeit große Fortschritte gemacht. Die Empfindlichkeit der

Detektoren ließ sich in den letzten beiden Dekaden etwa alle zwei Jahre verzehnfachen. Schon jetzt ist ein großer Teil der Kombination möglicher WIMP-Massen und -Kopplungsstärken durchforstet und ausgeschlossen worden. In den nächsten Jahren wird ein weiterer beträchtlicher Bereich geprüft sein. Um die problematischsten Ecken auszuleuchten, werden aber noch zwei oder drei Jahrzehnte benötigt – falls es die wissenschaftliche Kreativität, Ausdauer, Finanzierung und nicht zuletzt die Natur überhaupt erlauben.

Im Wesentlichen sind es vier Methoden, mit denen die Forscher auf WIMP-Jagd gehen, zum Teil auch kombiniert miteinander:

› Gitterschwingungen in Kristallen: Trifft ein WIMP auf einen Atomverbund, kann es bei der Streuung etwas Energie übertragen. Dabei wird das Detektormaterial geringfügig erwärmt – zum Einsatz kommt beispielsweise Germanium, Silizium, Aluminiumoxid (Al_2O_3), Kalzium-Wolframat ($CaWo_4$) oder Tellurdioxid (TeO_2). Das lässt sich mit kryogenen Detektoren messen, die fast auf den absoluten Temperatur-Nullpunkt gekühlt sind, auf zehn bis 100 Millikelvin. Dies ist das Ziel von Experimenten, die unter Abkürzungen wie CDMS, CRESST, CUORE, EDELWEISS und EURECA firmieren.

› Ionisation: Zuweilen sollte die Energieübertragung durch die WIMPs sogar ausreichen, um das eine oder andere Elektron in Bewegung zu versetzen und seinem Atomkern zu entreißen, also ein Atom zu ionisieren. Dabei entsteht ein winziger elektrischer Strom. Darauf spezialisierte Detektoren basieren beispielsweise auf Germanium, Silizium oder Cadmiumtellurid. Das ist die Aufgabe von Experimenten wie CDMS, CoGeNT, EDELWEISS, GENIUS, HDMS, IGEX und TEXONO.

› Szintillation: Das WIMP regt manchmal ein getroffenes Atom dazu an, ein Photon auszusenden. Diese Strahlung könnten hochempfindliche Photomultiplier messen. Dazu sind große Mengen an Detektormaterial nötig, etwa aus flüssigem Xenon oder Natriumiodid. Diese Strategie verfolgen beispielsweise die Projekte ArDM, DAMA, DEAP/CLEAN, KIMS, LUX, NAIAD, WARP, XMASS, XENON und ZEPLIN.

› Phasenübergang: In einer Art Blasenkammer müsste sich bei einem Treffer in flüssigem Freon eine winzige Gasblase bilden. Das ließe sich durch einen akustischen Impuls messen. Einen solchen – bislang nicht gelungenen – Nachweis versuchen die Projekte SIMPLE und PICASSO.

Was hat DAMA entdeckt?

Eines der ältesten Experimente ist DAMA (DArk MAtter) unter der Leitung von Rita Bernabei von der Universität Rom. Es begann bereits 1996 im Untergrundlabor von Gran Sasso, 1,4 Kilometer unter dem Fels des italienischen Gebirgsmassivs. DAMA basiert auf zuerst fast 90, seit 2003 sogar 250 und künftig 1000 Kilogramm Natriumiodid.

Seit 1998 berichten die Forscher von Lichtblitzen, die sie auf WIMPs zurückführen. Diese hätten eine Masse von wenigen Giga-elektronenvolt, wären also etwas schwerer als ein Proton. Stimmt die Interpretation, dann wäre das der erste direkte Nachweis von Dunkler Materie – und der Nobelpreis nur eine Frage der Zeit. Allerdings sind sowohl die Messungen selbst als auch ihre Deutung umstritten. Etliche konkurrierende, oft sogar empfindlichere Experimente fanden nämlich bis heute keine Signale. Eine Bestätigung steht also aus. Und ohne die werden sich die DAMA-Resultate nicht durchsetzen, denn sie könnten systematische Fehler sein.

Seit einigen Jahren misst DAMA außerdem eine jahreszeitliche Variation der Szintillationen. Im Sommer sind sie etwas häufiger als im Winter. Das interpretieren die DAMA-Forscher als Folge des Um-laufs der Erde um die Sonne. Denn im Sommer bewegt sich die Erde in

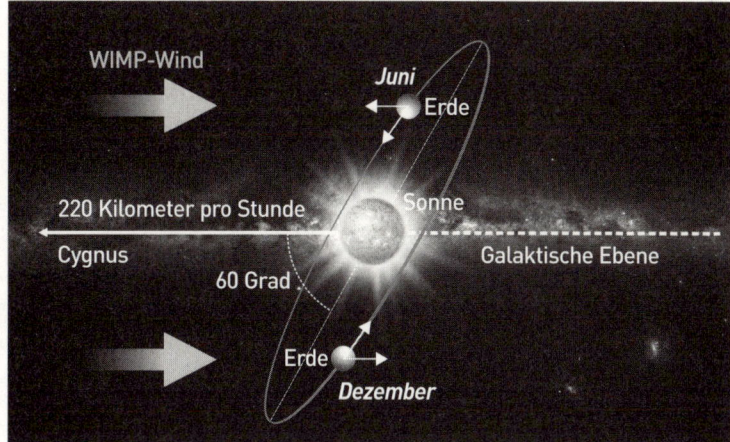

Unsichtbare Brise im All: Vermutlich besteht die Dunkle Materie aus noch unbekannten Elementarteilchen (WIMPs), die Galaxien und Galaxienhaufen einhüllen. Deshalb sollte die Erde bei ihrer Bewegung um die Sonne und mit dieser durch die Milchstraße dem »Wind« dieser Partikel ausgeliefert sein – und zwar mehr oder weniger stark, abhängig von den Jahreszeiten. Tatsächlich gibt es Laborexperimente, die eine solche jahreszeitliche Schwankung gemessen haben könnten; Aufsehen erregte besonders DAMA seit 1998.

die gleiche Richtung wie die Sonne um das Galaktische Zentrum, und die aus dem Halo der Milchstraße aufgesammelten WIMPs müssten sich demnach addieren.

Die statistische Güte des Signals ist außerordentlich groß. Doch ob es von WIMPs stammt (und nicht vielleicht doch von einem Effekt der gewöhnlichen Kosmischen Strahlung) ist eine andere Frage. Trotz vieler Kritik und sogar Anfeindungen bleiben die DAMA-Forscher zuversichtlich und beharrlich. »Die Toten, die man umbringt, sind gesund«, zitierte Graciela Gelmini von der University of California in Los Angeles auf einer Konferenz 2005 ein spanisches Sprichwort, um zu betonen: Die DAMA-Ergebnisse sollte man keineswegs abschreiben.

Noch mehr Spuren?

Alle konkurrierenden Experimente waren jedoch erfolglos – bis zum Dezember 2009. Da gaben Jodi Cooley und ihr Team von CDMS II zwei Ereignisse aus dem Jahr 2007 bekannt, die von WIMPs stammen könnten. Das Experiment CDMS II (Cryogenic Dark Matter Search) läuft in der Soudan-Mine im Norden des US-Bundesstaats Minnesota, 700 Meter unter der Erde. Es sucht nach von WIMPs verursachten Ionisationen und Schwingungen in Germanium- und Silizium-Kristallen, die fast auf den absoluten Temperaturtiefpunkt heruntergekühlt sind, auf 40 Millikelvin. Auch wenn die Daten keinen zuverlässigen Nachweis bedeuten, sind sie doch bemerkenswert, weil das Vorläuferexperiment CDMS nichts entdeckte und immer wieder als Einwand gegen die DAMA-Resultate gebracht wurde.

Ebenfalls in der Soudan-Mine befindet sich seit Ende 2009 das CoGeNT-Experiment (Coherent Germanium Neutrino Technology). Es ist winzig im Vergleich zu DAMA: Das Herzstück bildet ein 440 Gramm leichter Germanium-Kristall. In jeder Sekunde sollten 100 Millionen WIMPs durch ihn sausen und hin und wieder ein Atom ionisieren. Und genau darüber berichtete Juan Collar von der University of Chicago im Februar 2010 auf einer Konferenz in Kalifornien. Schon in den ersten 56 Betriebstagen meinten die Forscher, einige Hundert WIMP-Ereignisse gemessen zu haben. Falls ihnen der Strahlungshintergrund keinen Streich gespielt hat, besitzen die WIMPs eine Masse von etwa sieben bis elf Gigaelektronenvolt.

Seither hat sich das Resultat erhärtet. Nach 442 Tagen Messungen gab es – wie bei DAMA – sogar Anzeichen einer saisonalen Variation, berichtete Juan Collar auf einer Tagung der American Physical Society im kalifornischen Anaheim im Frühjahr 2011. Aufgrund eines Brands in der Soudan-Mine musste das Experiment allerdings unterbrochen werden. Geplant ist, bald ein Kilogramm Germanium-Kristalle einzusetzen.

Ob die CoGeNT- und DAMA-Daten zusammenpassen oder nicht, ist umstritten. Viele Physiker sind skeptisch. Auch die saisonalen Schwankungen machen Forscher stutzig, denn ein asymmetrischer WIMP-»Gegenwind« ist nicht die einzige Erklärung. David B. Cline von der University of California in Los Angeles betont, dass bei verschiedenen Experimenten immer wieder solche Variationen in Untergrundlaboratorien gemessen werden: Meistens sind es mehr Signale im Frühjahr und im Sommer. Die Ursache ist unklar – vielleicht handelt es sich um eine verstärkte Neutronen-Produktion durch kosmische Myonen.

Der Streit beginnt

Die ersten Ergebnisse des Experiments XENON100 im Gran Sasso brachten einen weiteren Wermutstropfen. Es ist mit 100 Kilogramm flüssigem Xenon als »Sensor« zurzeit der größte und empfindlichste WIMP-Detektor. Medienwirksam gab Elena Aprile an der Columbia University im April 2011 die ersten Daten bekannt: Lediglich drei unerklärte Ereignisse in 100 Tagen Messzeit, wobei mindestens zwei statistisch zu erwarten waren. Sie stammen beispielsweise vom Zerfall von Krypton-85, das in Spuren sogar in dem hochreinen Xenon vorkommt. Die Analyse weiterer 125 Tage Messzeit wurde im Juli 2012 vorgestellt – wieder nichts. »Die neuen Ergebnisse zeigen, dass XENON100 der empfindlichste Detektor ist. Das Fehlen eines Signals macht die Suche noch schwieriger und vergrößert die Diskrepanz zu anderen Experimenten«, kommentierte Elena Aprile. »Es fühlt sich einsam an, vorne an der Forschungsfront zu sein, aber auch aufregend.«

Das magere Resultat ist für die DAMA- und CoGeNT-Forscher nicht nur enttäuschend. Es bringt sie auch in ernste Schwierigkeiten, weil es mit ihren Daten schwer vereinbar ist.

Sensible Späher: Im XENON100-Detektor im Gran Sasso helfen 100 Kilogramm tiefgekühltes, flüssiges Xenon bei der WIMP-Jagd. Zahlreiche Photomultiplier (im Bild) sollen die von WIMPs erzeugten schwachen Lichtblitze messen – doch bislang registrierten sie keine.

Das gilt ebenso für die bisherigen Resultate von EDELWEISS (Expérience pour DEtecter Les Wimps En Site Souterrain) in Frankreich, 1800 Meter unter der Erde im Modane-Untergrundlabor an der Grenze zu Italien. Der 20 Millikelvin kalte Detektor misst seit dem Jahr 2000 mit zunehmender Präzision Gitterschwingungen und Ionisationen in zehn jeweils 400 Gramm schweren Germanium-Kristallen – doch von WIMPs bislang keine Spur. Aber EDELWEISS läuft noch und wird dann von EURECA (European Underground Rare Event Calorimeter Array) abgelöst, das ab 2016 mehrere Jahre lang mit einer Tonne Detektormaterial messen soll. Auch XENON100 bleibt in Betrieb – bald sogar mit der zehnfachen Xenon-Menge. CDMS II misst ebenfalls noch, hat aber im Germanium-Modus die früheren Hinweise revidieren müssen und wie XENON und EDELWEISS nur Ausschlussgrenzen auf Lager.

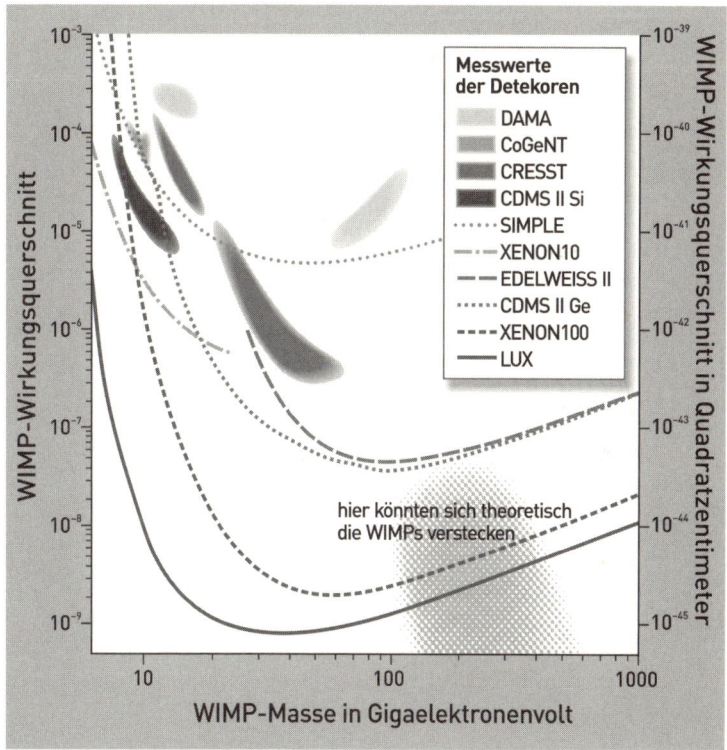

Die Suche nach den Finsterlingen: Falls die Dunkle Materie aus WIMPs (Weakly Interacting Massive Particles) besteht, müssten sich diese bislang unbekannten massereichen Elementarteilchen im Labor nachweisen lassen. Dies wird gegenwärtig mit ein paar Dutzend Experimenten versucht. Das Diagramm zeigt den mutmaßlichen Parameterbereich der WIMPs. Er hängt von ihrer Masse ab sowie von der Stärke ihrer Wechselwirkung (»Wirkungsquerschnitt«) mit der normalen Materie, die in den Detektoren eingesetzt wird. Inzwischen gibt es mehrere – allerdings noch ungesicherte, umstrittene und widersprüchliche – Hinweise (Messwerte mit einem Fehlerbereich von einer Standardabweichung oben links). Auch die Ausschlussgrenzen werden immer genauer: In den Parameterbereichen über den Linien haben die genannten Detektoren nichts gefunden. Die Voraussagen prominenter physikalischer WIMP-Modelle (Region unten rechts) können die immer empfindlicher werdenden Messgeräte bald ausloten. Diese Prognosen passen allerdings nicht zu den Hinweisen möglicher WIMP-Signale, die überraschend leichte Partikel suggerieren.

»Die Situation hat zu Spannungen geführt«, sagt Dan Hooper vom Fermi National Accelerator Laboratory in Batavia, Illinois. Schon werden die Kontroversen zuweilen »WIMP-Wars« genannt. Es gab Ärger um vorab publizierte Zwischenergebnisse, Vorwürfe über eine schlampige Datenauswertung, Frust über nicht veröffentlichte Rohdaten sowie Streit um die wahre Empfindlichkeit und Funktionsweise der Detektoren. Der Zank gipfelte im September 2011 in München in der Empfehlung von CoGeNT-Sprecher Juan Collar, die Kontrahenten sollten erst einmal ihre physikalischen Hausaufgaben machen. Keine Frage – wie überall sind auch hier Eitelkeiten, Wichtigtuerei und persönliche Antipathien im Spiel. Doch im Gegensatz zu politischen oder weltanschaulichen Streitereien werden letztlich nicht Macht und Agitation, sondern die Experimente und theoretischen Fundierungen entscheiden. Im Augenblick sind vor allem mehr und präzisere Daten gefragt. Und die sind bereits in Arbeit.

Weiter im Kandidaten-Karussell

Einen weiteren Trumpf für die WIMPs legten Forscher vom Max-Planck-Institut für Physik 2011 in München auf den Tisch. Sie berichteten davon, dass ihr Experiment CRESST II (Cryogenic Rare Event Search with Superconducting Thermometers) Gitterschwingungen und Szintillationslicht registriert habe. Insgesamt 20 Ereignisse – nach Elimination von über doppelt so vielen Störenfrieden – maßen die Wissenschaftler um Franz Pröbst mit den auf zehn Millikelvin gekühlten Kalzium-Wolframat-Kristallen, die unter dem Gran Sasso stationiert sind. Wenn WIMPs für die Signale verantwortlich waren, betrüge deren Masse etwa zwölf oder 25 Gigaelektronenvolt. Allerdings könnten die natürlichen Störquellen unterschätzt worden sein.

Das Unsichtbare im Visier: Eines der Module des CRESST-Detektors im Gran Sasso. Hunderte von tiefgekühlten, vier Zentimeter großen Kalzium-Wolframat-Kristallen werden darin genauestens überwacht. Falls ein Dunkles Materieteilchen gegen ein Atom darin stößt, erwärmt sich das Kristallgitter leicht – und dies kann gemessen werden.

Die Messungen von CRESST II sorgen aber auch dann nicht für die ersehnte Klarheit, wenn die Signale »echt« wären. Sie haben die Situation sogar noch komplizierter gemacht und dem WIMP-Krieg neue Munition geliefert. Denn die CRESST-Messungen widersprechen XENON100 ebenfalls – und liegen an etwas anderen Stellen im Parameterbereich als die Resultate von DAMA und CoGeNT.

Die vorerst letzte Bewerbung im Kandidaten-Karussell legten die CDMS-Forscher im Mai 2013 vor: Im Silizium-Modus hatte ihr Experiment zwischen Juli 2007 und September 2008 drei verdächtige WIMP-Anwärter gemessen – bei einem zu erwartenden »Hintergrund« von 0,7. Das ist also auch kein Beweis, aber ein schwaches Indiz (mit etwa zwei Sigma). Die Masse liegt recht niedrig, wie die der meisten anderen Kandidaten bislang: bei knapp zehn Gigaelektronenvolt.

»Darkness, Darkness«

Fest steht momentan nur eines: Die Situation ist unübersichtlich und unklar. »Viel mehr Daten sind nötig, bevor die Resultate als Hinweis auf Dunkle Materie betrachtet werden können«, betont Matthew R. Buckley vom Fermilab in Batavia und formuliert einen allgemeinen Konsens. Immerhin loten die laufenden und geplanten Experimente den WIMP-Parameterraum Stück für Stück weiter aus. Es ist nur eine Frage der Zeit, bis viele Bereiche hinreichend genau durchforstet sind. Bleibt abzuwarten, ob die WIMPS »schwächlich« und »feige« genug sind, um ans Licht zu treten, wenn sie umzingelt sind. Viele Forscher sind verhalten optimistisch angesichts der wachsenden Präzision der Messungen. »Vielleicht dauert es noch fünf bis zehn Jahre«, schätzt Anne Green – und ergänzt: »... wenn es die WIMPs wirklich gibt.«

Mit ihren etwa zehn Gigaelektronenvolt sind die angetretenen Kandidaten jedenfalls zehnmal leichter als erwartet – und etwa um ein Hundert- oder Tausendfaches wechselwirkungsfreudiger mit den Detektormaterialien, als die Physiker annahmen. Das bereitet vielen Kopfzerbrechen. Eine Forschergruppe um Subir Sarkar von der University of Oxford nennt das in einem 2013 veröffentlichten Artikel, schon im Titel, *Die unerträgliche Leichtigkeit des Seins* – in einer Anspielung auf den gleichnamigen Roman von Milan Kundera (1984). Die Wissenschaftler meinen damit aber keine Liebes- und Lebensnöte, sondern versuchen, die möglicherweise entdeckten, unerwartet massearmen WIMP-Kandidaten mit den XENON100-Ausschlussgrenzen zu vereinbaren.

Und seit Oktober 2013 ist die Situation noch komplizierter, nachdem die ersten Daten vom LUX-Experiment (Large Underground Xenon) bekannt wurden. Die Empfindlichkeit dieses Xenon-Detektors in South Dakota beträgt bis zum Zwanzigfachen der Konkurrenz, und er entdeckte ... nichts! Wären die drei CDMS-Signale echt, hätte LUX 1600 solche registrieren sollen – ein Signal alle 80 Minuten.

Warum also fanden LUX und XENON100 bislang nichts? Vielleicht wechselwirken WIMPs mit Protonen anders als mit Neutronen, fragt sich Jonathan Feng von der University of California in Irvine. Tatsächlich ist das Protonen-zu-Neutronen-Verhältnis von Xenon, Germanium und Silizium ja unterschiedlich, ebenso die Gesamtmasse der Atome. »Die Experimente scheinen sich zu widersprechen, aber wenn man die theoretischen Annahmen verändert, könnte alles zusammenpassen«, spekuliert Feng. Eine gute physikalische Begründung gibt es für seine Hypothese allerdings noch nicht und auch Sarkar und seine Kollegen bleiben ziemlich vage.

»Teilchenphysiker können Modelle bilden, die fast alle möglichen astrophysikalischen Daten beschreiben«, warnt allerdings Anne Green. Voraussagen und experimentelle Tests sind daher unumgänglich. Was nicht heißt, dass das Spiel der Ideen überflüssig wäre. Und so denken Forscher auch über neue Modelle der Kalten Dunklen Materie nach, etwa über eine Spiegelmaterie parallel zur normalen Materie oder über dunkle Atome, bei denen zwei verschiedene Teilchen mit einer neuen Kraft aneinander gebunden sind, und die vielleicht doch eine winzige elektrische Ladung besitzen. »Es könnte natürlich auch schwere und leichte Dunkle Materie existieren«, überlegt Dan Bauer von der CDMS-Gruppe am Fermilab. »Womöglich ist die Beschaffenheit der Dunklen Materie so kompliziert wie die der normalen.«

Noch ist die Arena der Möglichkeiten also völlig offen:

› Vielleicht gibt es keine WIMPs, sondern nur anderweitig zu klärende Messeffekte.
› Oder es gibt WIMPs, aber keines der Experimente hat sie bislang gefunden.
› Oder es gibt WIMPs, doch nicht alle »positiven« Resultate sind richtig.
› Oder es gibt sogar mehrere Arten von WIMPs, sodass die scheinbar widersprüchlichen Ergebnisse sehr wohl zusammenpassen, weil sie auf verschiedene Partikel reagiert haben.

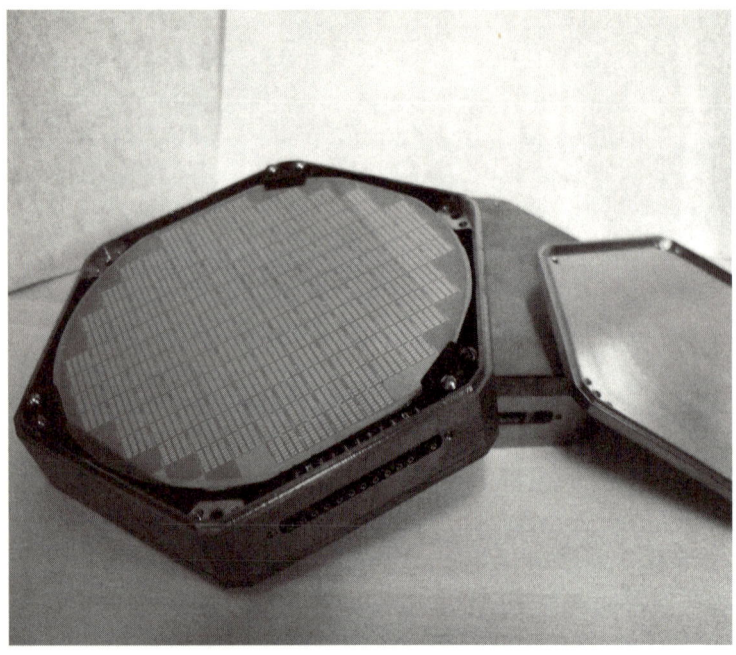

Häscher der Finsternis: Diese beiden etwa acht Zentimeter großen Module mit Germanium gehören zum CDMS-Experiment in Minnesota. Es soll mit extrem tiefgekühlten Germanium- und Quarz-Kristallen Dunkle Materie nachweisen. Stößt ein solches Teilchen gegen ein Atom, wird das ionisiert – und diese Ladungsverschiebung lässt sich mit einem supraleitenden Quantendetektor messen.

Bis zur Klärung dieser Fragen werden die Physiker noch viele schlaflose Nächte verbringen. Vielleicht hilft ihnen ein Rocksong der Youngbloods dabei, 1970 in fast schon hellsichtiger Voraussicht von Jesse Colin Young geschrieben: »Darkness, darkness, be my pillow / Take my hand and let me sleep / In the coolness of your shadow / In the silence of your deep / Darkness, darkness, be my blanket / Cover me with the endless night / Take away, take away the pain of knowing / Fill the emptiness of right now.«

Fazit

Dunkle Materie – Übersicht und Ausblick

› Das Bild der vertrauten Alltagswelt – im Himmel wie auf Erden – ist radikal unvollständig. Alles, was sich prinzipiell betrachten lässt, auch mit Mikroskop oder Teleskop und in anderen Wellenlängen des elektromagnetischen Spektrums, ist im Weltraum in der Minderheit. Sterne, Gas und Staub bilden sozusagen nur die Spitze des kosmischen Eisbergs. Die bekannte Materie macht nicht einmal ein Fünftel der Gesamtmasse im All aus. Über 80 Prozent sind dem Standardmodell der Kosmologie zufolge unsichtbar, weil diese Dunkle Materie nicht mit Photonen wechselwirkt, also weder Licht absorbiert noch aussendet.

› Zahlreiche Indizien sprechen für das Übergewicht der Kalten Dunklen Materie, die wahrscheinlich aus unbekannten Elementarteilchen besteht: Die Bewegung von Galaxien und Galaxienhaufen, die von der Allgemeinen Relativitätstheorie beschriebenen Gravitationslinseneffekte, die großräumige Entwicklung des Alls sowie Spuren im Restleuchten vom Urknall.

› Astronomen spähen nach MACHOs (Massive Compact Halo Objects) im Weltraum und nach der Vernichtungsstrahlung von Gespensterteilchen. Im Computer simulieren sie auch die Schöpfungsmacht der unsichtbaren Masse.

› Zwerggalaxien werfen besonders delikate Probleme auf: Sie enthalten prozentual die meiste unsichtbare Masse und müssten Modellrechnungen zufolge viel häufiger sein als beobachtet. Das könnte astrophysikalische Gründe haben – oder die Dunkle Materie ist »warm«.

› Für einen direkten Nachweis sind raffinierte und hochempfindliche Methoden nötig. Schon vier Experimente fanden Anzeichen für fremdartige Teilchen, aus denen die geheimnisvolle Nachtseite der Wirklichkeit hauptsächlich bestehen soll – die seltsamen WIMPs (Weakly Interacting Massive Particles). Mehrere andere große Suchprojekte gingen bislang allerdings leer aus. Der Widerspruch ist ungeklärt, doch die Techniken werden immer empfindlicher. In den nächsten Jahren kann man die WIMPs, wenn es sie wirklich gibt, wohl dingfest machen – und bei den Teilchen-Kollisionen am LHC vielleicht sogar erzeugen.

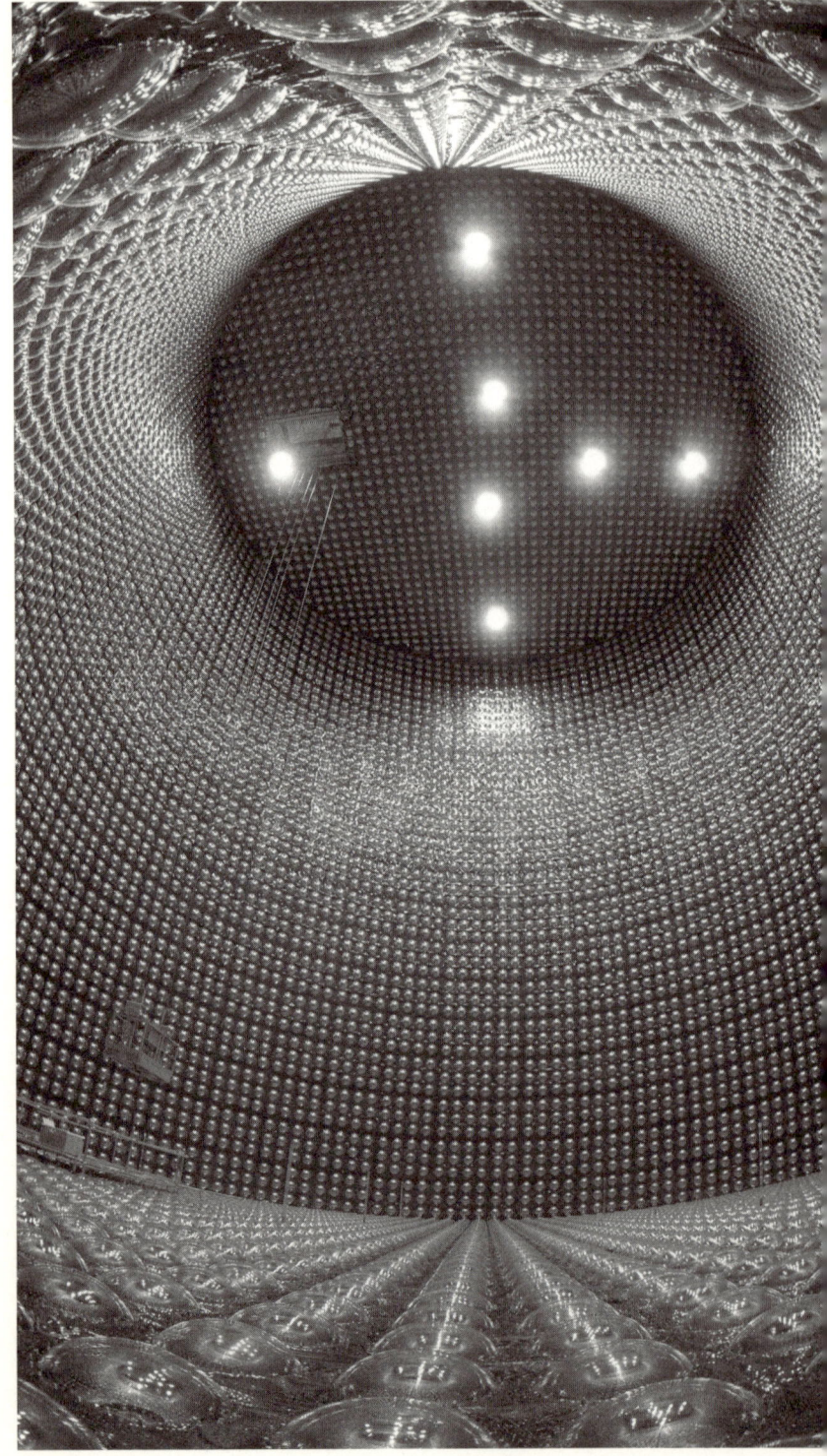

Symmetrien

Mit vereinten Kräften zur Vielfalt der Welt

Physiker haben einen Code der Natur entdeckt, der die Materie und ihre Wechselwirkungen beschreibt und den Weg zu einer Weltformel weist: Symmetrieprinzipien. Sie stecken auch hinter dem Higgs-Teilchen – und verhindern vielleicht sogar den Weltuntergang.

Großfahndung: Der 40 Meter hohe Detektor Super-Kamiokande in Japan soll mit 50.000 Tonnen reinstem Wasser den Zerfall der Protonen aufspüren.

»Stets findet Überraschung statt,
wo man sie nicht erwartet hat.«
Wilhelm Busch (1832 – 1908), deutscher Dichter und Zeichner

Die verborgene Ordnung der Natur

»Symmetrie, ob man ihre Bedeutung weit oder eng fasst, ist eine Idee, vermöge derer der Mensch durch Jahrtausende seiner Geschichte versucht hat, Ordnung, Schönheit und Vollkommenheit zu begreifen und zu schaffen«, hat der Mathematiker, Physiker und Philosoph Hermann Weyl einmal geschrieben. Dieser Gedanke zieht sich deutlich durch die Elementarteilchenphysik des 20. und 21. Jahrhunderts – er besitzt geradezu Leitbildfunktion. Die Prinzipien der Symmetrie (altgriechisch »symmetria«: Ebenmaß) können als Essenz der Denkökonomie gelten. Und sie erlauben weitreichende wissenschaftliche Voraussagen, die sich immer wieder als erstaunlich erfolgreich erwiesen haben.

Symmetrieprinzipien ermöglichten es, Ordnung in den Teilchenzoo zu bringen, bis hin zum Quark-Modell. Sie liegen dem Higgs-Mechanismus zugrunde. Und sie sind unverzichtbar für die Beschreibung der Naturkräfte – auch für deren Vereinheitlichung. Mehr noch: Wenn eine in den 1970er-Jahren ersonnene Idee richtig ist, enthüllen Symmetrieprinzipien sogar eine tiefe Verwandtschaft zwischen Materie und Kräften.

Vor diesem Hintergrund verwundert es nicht, dass der Nobelpreisträger Chen Ning Yang in einem Vortrag auf der UNESCO-Konferenz für Theoretische Physik 2002 in Paris »Symmetrie« als eine von drei »Thematischen Melodien der Physik des 20. Jahrhunderts« – so der Titel seines Vortrags – genannt hat. Die beiden anderen sind für ihn die »Quantisierung« (und somit die Entwicklung der Quantenmecha-

Exkurs

Phasenfaktor und Symmetriegruppen

Der Phasenfaktor ist $e^{i\theta}$. Dabei bezeichnet $e \approx 2{,}71828$ die Eulersche Zahl, die Basis der natürlichen Exponentialfunktion, i die imaginäre Einheit der komplexen Zahlen, $i^2 = -1$, und θ einen Winkel, der 0 bis 360 Grad betragen kann. Der Phasenfaktor ist eng mit bestimmten Symmetrien assoziiert, wie die Einführung des Eichfaktors e^θ von Hermann Weyl 1918 zeigte. Der Phasenfaktor ist quasi die einfachste Lie-Gruppe. Lie-Gruppen sind mathematische Strukturen zur Beschreibung von kontinuierlichen Symmetrien. Sie und die Lie-Algebren wurden um 1870 von dem Mathematiker Sophus Lie zur Untersuchung von Symmetrien in Differentialgleichungen eingeführt. Das Standardmodell der Elementarteilchen und seine spekulativen Erweiterungen basieren auf solchen Lie-Gruppen – beispielsweise der Unitären Gruppe U(n), der Speziellen Unitären Gruppe SU(n) und der Speziellen Orthogonalen Gruppe SO(n). Sogenannte Nichtabelsche Lie-Gruppen haben sich nämlich als entscheidend für die mathematische Beschreibung der Kräfte und ihrer Symmetrien herausgestellt und sind sozusagen Verallgemeinerungen des Phasenfaktors. Das Standardmodell ist eine Verknüpfung der Gruppen SU(3), SU(2) und U(1).

---

nik und Quantenfeldtheorien) und der »Phasenfaktor«. Dieser ist eine wichtige mathematische Größe in der Quantenphysik – Paul Dirac meinte 1972 sogar, er sei ihr Hauptmerkmal – und eng mit bestimmten Symmetrien verknüpft. »Diese drei thematischen Melodien führten zu einem neuen Verständnis der Grundkonzepte der Physik«, sagte Yang.

Unter Symmetrien verstehen Physiker Eigenschaften, die sich mit beziehungsweise nach einer Symmetrietransformation nicht ändern. Dazu gehören »äußere«, wie sie im Alltag gut bekannt sind, aber auch »innere«, die bestimmte abstrakte physikalische Größen beschreiben. Äußere Symmetrien sind um Beispiel die Rotationssymmetrie (die ein Objekt, etwa einen Kreis, bei Drehungen um einen beliebigen Winkel in sich selbst überführen), die Punktsymmetrie (hier bleiben Objekte bei einer Punktspiegelung um das Symmetriezentrum gleich, etwa Vierecke bezogen auf den Schnittpunkt ihrer Diagonalen), die Translationssymmetrie (Verschiebungen entlang periodischer Strukturen) und die Achsensymmetrie (so sind die Buchstaben V und A mit ihrem Spiegelbild identisch – auch, wenn sie entlang ihre mittigen Längsachse gespiegelt werden). Kontinuierliche Symmetrien wie die Rotationssymmetrie besitzen unendlich viele Symmetrietransformationen, diskrete wie die Achsensymmetrie nur endlich viele.

Schon im 19. Jahrhundert haben Mathematiker alle möglichen Symmetrieoperationen, etwa Drehungen, algebraisch im Rahmen der damals entwickelten Gruppentheorie zu beschreiben gelernt. Sie hat sich für die Theoretische Physik und besonders für das Standardmodell der Elementarteilchen und seine Erweiterungen als unverzichtbar herausgestellt. Denn mit Symmetrieprinzipien kann man allgemeine Naturgesetze formulieren – manchmal wird sogar behauptet, Naturgesetze *seien* Symmetrieprinzipien. Diese Gesetze sind unabhängig von räumlichen, zeitlichen und auch ganz abstrakten (und teilweise hochdimensionalen) Koordinatensystemen. Das macht sie maximal objektiv.

Eugene Wigner hatte 1939 in Princeton als einer der ersten die Symmetrie der Speziellen Relativitätstheorie genauer untersucht und auf Quantenteilchen angewandt. Er wies nach, dass die rein mathematischen, gruppentheoretischen Beschreibungen eine eindeutige Ordnung der Partikel erlauben. Entscheidend waren dabei Eigenschaften wie Ruhemasse, Spin und Ladung, die nicht der quantenmechanischen Unschärferelation unterliegen, sich also gleichzeitig sehr genau messen lassen und daher als eindeutig bestimmte und bestimmbare Eigenschaften gelten können. Das war eine wichtige Erkenntnis: Die algebraische Bedingung einer Symmetriegruppe bedeutet, dass die Teilchen einfach zu klassifizieren sind und die Grundsätze der Speziellen Relativitätstheorie erfüllen. Und dies gilt auch für Felder.

Exkurs

Symmetrie und Erhaltungsgrößen – das Noether-Theorem

Dass es ganz grundlegende Verbindungen zwischen kontinuierlichen geometrischen Symmetrien in Raum und Zeit einerseits und physikalischen Erhaltungssätzen andererseits gibt, ist eine tiefe und noch nicht völlig ausgelotete Erkenntnis. Entdeckt hat dies 1915 die Mathematikerin Emmy Noether von der Universität Göttingen und nach einigen Schwierigkeiten 1918 veröffentlicht. Eine Erhaltungsgröße eines Systems von Teilchen ist eine Funktion ihres Orts, ihrer Geschwindigkeit und der Zeit, sodass sich der Wert nicht ändert. Aus der Homogenität der Zeit (Wahl der Startzeit ist irrelevant) ergibt sich Emmy Noethers Theorem zufolge die Erhaltung der Energie. (So bleibt die Energie eines Pendels stets gleich, wenn man die Reibung vernachlässigt, nicht aber die Energie einer Schaukel, wenn ihre Länge von der Aufhängung bis zum Schwerpunkt verändert wird, weil etwa ein Kind darauf seinen Körper hebt und senkt.) Aus der Homogenität des Raums (Wahl des Startorts ist irrelevant) folgt die Erhaltung des Impulses. (So bleibt der Impuls eines freien Teilchens konstant, nicht aber der eines Teilchens im Gravitationsfeld.) Aus der Isotropie des Raums (Rotationsinvarianz, die Richtung im Raum ist irrelevant) folgt die Erhaltung des Drehimpulses. (So bleibt der Drehimpuls eines Teilchens im Schwerefeld eines Sterns unverändert, denn sein Gravitationspotential ist im Idealfall in allen Richtungen gleich.) Und die Symmetrien, die zur Erhaltung der elektrischen Ladung und anderer Ladungen von Elementarteilchen gehören, betreffen die Wellenfunktionen von Elektronen, Quarks und Neutrinos. (Diese Ladungen sind sogenannte lorentzinvariante Skalare, sie haben also in allen Bezugssystemen denselben Wert – anders als beispielsweise Energie, Impuls oder Drehimpuls.)

»Felder sind eigentlich dadurch definiert, wie sie sich in verschiedenen Symmetrieoperationen umwandeln«, schreibt der Quantenphysiker Heinz. R. Pagels, der bis zu seinem tödlichen Absturz vom Pyramid Peak an der Rockefeller University in New York City forschte. »Felder sind keine äthergleichen Substanzen, die den Raum erfüllen und sich mit der Zeit bewegen; sie sind auf nichts anderes mehr zurückzuführende Gebilde mit Masse, Spin und Ladung, samt und sonders durch Symmetrieoperationen definierten Merkmalen. Wenn sie festliegen, ist damit auch vollständig erklärt, was ein Feld *ist*.« Und weiter: »Sollte der Feldbegriff einmal überholt sein, was vielleicht irgendwann geschieht, so erfordert das eine grundlegende Umwälzung unserer Konzepte von Raum, Zeit und Symmetrie. Vorläufig ist die Feldtheorie die Sprache, in der die Physiker über die materielle Grundordnung des Kosmos reden.«

Schwache Kraft, Symmetriebrechung und ein Gewinn an Masse

Als wesentlich für Quantenfeldtheorien und die Beschreibung von Kräften haben sich die sogenannten Eichtheorien herausgestellt. Auf ihnen sowie abstrakten mathematischen Symmetrien basieren letztlich auch die bahnbrechenden Arbeiten von François Englert und Peter Higgs, die 2013 mit dem Physik-Nobelpreis ausgezeichnet wurden. Das war damals keine einfache Kost – und ist es bis heute nicht.

Eichtheorien sind Feldtheorien, die einer lokalen Eichsymmetrie genügen, so dass die Naturgesetze unter den entsprechenden Symmetrieoperationen (Eichtransformationen) invariant bleiben, also unverändert. Bestimmte Größen sind dabei lokal frei wählbar, das heißt, man kann sie ortsunabhängig festlegen oder »eichen« wie einen Maßstab. Diese lokale Symmetrie ist eine sehr starke Bedingung, die Theorien einschränkt (im Gegensatz dazu ändern Symmetrieoperationen bei einer globalen Symmetrie alles zugleich um denselben Faktor). Daher wird auch von Eichinvarianz oder Eichsymmetrie gesprochen (englisch: »gauge symmetry«). Sie kann in der Natur verborgen beziehungsweise »gebrochen« sein und ist dann nicht direkt beobachtbar.

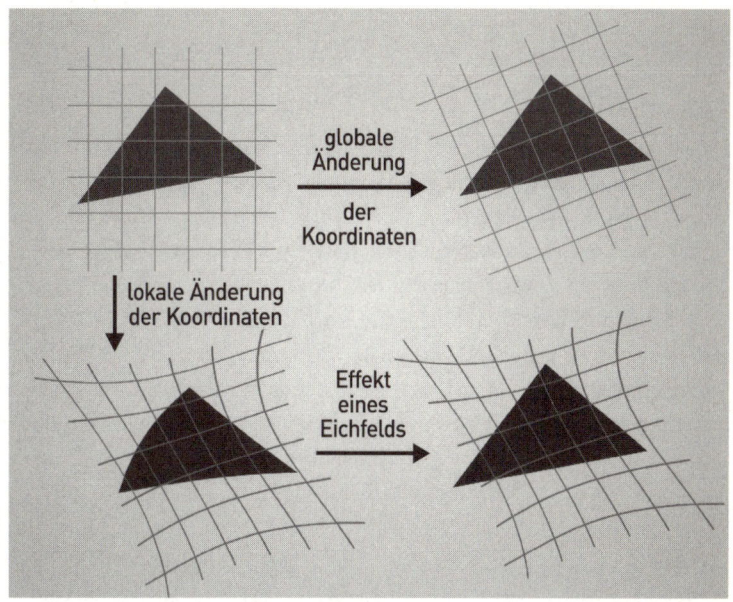

globale
Änderung
der
Koordinaten

lokale Änderung
der Koordinaten

Effekt
eines
Eichfelds

Globale und lokale Symmetrieerhaltung: Symmetrieprinzipien sind in der Theoretischen Physik ganz grundlegend. Bei einer globalen Symmetrietransformation ändert sich alles zugleich, bei einer lokalen dagegen von Ort zu Ort unterschiedlich. Daher ist eine lokale Symmetrie, die diese Veränderung nicht »spürt«, eine wesentliche stärkere Bedingung für ein Naturgesetz. Sogenannte Nichtabelsche Eichtheorien leisten genau dies. Das veranschaulicht auch die Grafik: Das Gitter dient hier als Analogie für ein Koordinatensystem, das Drehungen in einem »inneren Raum« wiedergeben kann; das Dreieck symbolisiert ein Mehrkomponentenfeld im wirklichen Raum. Bei einer globalen Drehung des Gitters ändert sich das Dreieck nicht, der physikalische Zustand bleibt erhalten. Bei einer lokalen Drehung, die sich von Punkt zu Punkt verändert, wird das Dreieck dagegen verzerrt. Das heißt: Die physikalische Situation wird eine andere, die Symmetrie ging verloren. Sie kann jedoch durch ein Eichfeld wieder hergestellt werden; es kompensiert die Symmetrietransformationen der vielen Komponenten im Mehrkomponentenfeld – »Es ist ein Geheimnis, warum Eichtheorien eine so fundamentale Rolle spielen«, meint Harald Fritzsch, der damit die Starke Wechselwirkung erklärt hat. »Ist es die Verbindung zwischen der Geometrie und der Dynamik der Naturkräfte, die durch die Eichtheorien automatisch geschaffen wird, oder gibt es ein weiteres, bislang nicht erkanntes Naturprinzip?«

Exkurs

Eichtheorien

Der Begriff »Eichtheorie« wurde 1929 von Hermann Weyl eingeführt. Er hatte entdeckt, dass die Elektrodynamik (Maxwell-Gleichungen) die Bedingung einer lokalen Symmetrie erfüllt; auf eine andere Weise tut dies auch die Allgemeine Relativitätstheorie. Daraufhin hatte Weyl versucht, beide Theorien zu vereinigen – allerdings vergeblich.

Prinzipiell werden Abelsche und Nichtabelsche Eichtheorien unterschieden (diese gruppentheoretische Eigenschaft ist nach dem Mathematiker Niels Henrik Abel benannt): Erstere sind kommutativ, das heißt die Reihenfolge der Transformationen spielt keine Rolle – vergleichbar der Addition, die zum selben Ergebnis führt, egal ob man a + b + c rechnet oder a + c + b. Nichtabelsche Eichtheorien sind nicht kommutativ – vergleichbar mit dem Drehen und Kippen eines Würfels, bei dem eine andere Zahl oben liegt, je nachdem, ob man ihn beispielsweise erst um 90 Grad um den Uhrzeigersinn dreht und dann einmal nach rechts kippt oder umgekehrt.

Dass Eichtheorien das entscheidende mathematische Werkzeug für die Konstruktion von Quantenfeldtheorien der Wechselwirkung zwischen Elementarteilchen sind, wurde 1954 von Chen Ning Yang und

Trotzdem manifestiert sie sich in den Eichfeldern, die – so die erstaunliche Entdeckung – als Kräfte in Erscheinung treten können. Das ist auch die Basis und der Hintergrund der Schwachen Wechselwirkung und des Higgs-Mechanismus.

Erste Versuche, die Schwache Wechselwirkung im Rahmen einer Quantenfeldtheorie zu beschreiben – wie es zuvor bei der Quantenelektrodynamik exzellent gelungen war –, erfolgten von mehreren Physikern in den 1950er-Jahren. Allerdings konnten diese Ansätze nicht erklären, warum diese Kraft nur eine kurze Reichweite besitzt (etwa 10^{-18} m) – im Gegensatz beispielsweise zur Elektromagnetischen Wechselwirkung,

seinem Mitarbeiter Robert Mills am Institute for Advanced Study in Princeton entdeckt, aber erst in den 1960er-Jahren richtig begriffen. Yang und Mills versuchten die Starke Wechselwirkung mithilfe einer Nichtabelschen Eichtheorien zu erklären. Das klappte nicht, aber der mathematische Ansatz sollte sich als bahnbrechend erweisen. (Ein Jahr zuvor hatte Wolfgang Pauli bereits Ähnliches probiert, jedoch nicht publiziert.) Ihnen zu Ehren werden solche Theorien inzwischen auch Yang-Mills-Theorien genannt. Eichsymmetrien zeigen, dass verschiedene Lösungen einer Gleichung denselben physikalischen Zustand beziehungsweise eine gleichbleibende Messgröße (etwa Ladung) beschreiben – im Gegensatz zu den üblichen Symmetrien.

Eine der großen Fragen in den 1950er-Jahren betraf das Verständnis der Schwachen Wechselwirkung. Sie kann Quarks ineinander umwandeln und hat nur eine sehr kurze Reichweite. Außerdem zeigten Zerfälle bestimmter Teilchen, dass die Schwache Wechselwirkung die Parität (Spiegelung) verletzt, das heißt gleichsam zwischen rechts und links unterscheidet (die Starke und Elektromagnetische Kraft tun das nicht). Daher bot sich eine Nichtabelsche Eichtheorie zur Beschreibung an, weil sie die Rechts-Links-Unterscheidung direkt mathematisch abbilden kann.

die sich ins Unendliche erstreckt. Außerdem erschienen die Modelle nicht renormierbar – das heißt, Unendlichkeiten plagten den mathematischen Formalismus, was die Möglichkeit unterminierte, mit den Gleichungen überprüfbare Voraussagen zu machen. Das galt auch für den ersten Versuch, eine einheitliche Beschreibung der Schwachen und Elektromagnetischen Wechselwirkung auf Grundlage der mathematischen Symmetriegruppen $SU(2) \times (U_1)$ zu finden. Sie wurde 1961 von Sheldon Lee Glashow formuliert, der damals mit Murray Gell-Mann am Caltech arbeitete und mit Steven Weinberg in derselben Schulklasse gewesen war.

Allmählich wurde deutlich, dass die hypothetischen Teilchen, die die Schwache Wechselwirkung vermitteln – analog zum masselosen Photon, das die Elektromagnetische Wechselwirkung überträgt –, eine Ruhemasse besitzen müssen, damit die Kraft auf eine kurze Reichweite beschränkt bleibt. Diese sogenannten intermediären Vektorbosonen heißen heute W^+, W^- und Z^0. In den theoretischen Erklärungsversuchen, auch in Glashows Modell, hatten aber nur masselose Bosonen einen Platz. Die sollte es jedoch nicht geben – ansonsten hätten sie außerdem längst hätten entdeckt werden müssen, was nicht der Fall war. Daher hatte Yoichiro Nambu 1960 dafür argumentiert, dass die Symmetrie der Theorie, die die Schwache Wechselwirkung beschreiben sollte, gebrochen sein muss. Ein solcher Prozess würde den Bosonen eine Masse verleihen. Ein Analogieschluss hierzu aus einem anderen Bereich der Physik, der Theorie der Supraleitung, hatte Philip Anderson bereits 1963 vorgeschlagen und im Prinzip schon die Idee des Higgs-Mechanismus vorweggenommen, was aber nicht erkannt beziehungsweise akzeptiert wurde. Eine Möglichkeit der Symmetriebrechung besteht in der Wechselwirkung mit einem Skalarfeld. Das hatte Jeffrey Goldstone 1961 gezeigt, auch mit der Supraleitung als Analogie. Der Mechanismus selbst blieb aber weiterhin unklar.

Dieses Problem konnte drei Jahre später gelöst werden: Es zeigte sich, dass unter bestimmten Bedingungen die Vektorbosonen der Schwachen Wechselwirkung sehr wohl eine Masse erhalten, wenn sie mit einem Skalarfeld interagieren, dessen Symmetrie auf passende Weise gebrochen ist. Das erste Modell hierzu entwickelten François Englert und Robert Brout im Rahmen einer Quantenfeldtheorie; sie reichten ihre Arbeit am 26. Juni 1964 bei der Zeitschrift *Physical Review Letters* ein. Ihr Modell formulierten sie sowohl in einer Abelschen als auch einer Nichtabelschen Eichtheorie. Unabhängig von ihnen kam Peter Higgs im Rahmen einer klassischen Feldtheorie zum selben Ergebnis. Seinen ersten Artikel hatte er am 27. Juli bei den *Physics Letters* eingereicht, einen zweiten am 31. August. Letzterer war zuvor als »irrelevant für die Physik« abgelehnt worden. Darauf fügte Higgs noch einige Sätze hinzu, darunter den eigentlich selbstverständlichen Schluss, dass es ein Quant des Skalarfelds geben müsse, wenn dieses existiert, und schickte seinen Artikel an die Konkurrenz-Zeitschrift *Physical Review Letters*. Dieses Quant – das Englert und Brout nicht explizit erwähnt hatten, das eine Quantenfeldtheorie aber impliziert – wird Higgs zu Ehren seit den 1970er-Jahren Higgs-Teilchen oder Higgs-Boson genannt (das geht auf einen wichtigen Vortrag des Physikers Ben Lee zurück, der nur mit Higgs' Arbeit gut vertraut war). Wiederum unabhängig von Englert, Brout und Higgs fanden Tom Kibble, Gerald Guralnik und Carl Hagen dieselbe Erklärung im Rahmen eines quantenmechanischen Operator-Formalismus. Sie reichten Ihren Artikel am 12. Oktober bei den *Physical Review Letters* ein und fügten, nachdem ihnen die Arbeiten von Englert, Brout und Higgs bekannt wurden, vor dem Druck noch einen Hinweis auf diese ein. Alle diese Arbeiten kamen letztlich zum selben Ergebnis, wurden zunächst jedoch kaum zur Kenntnis genommen oder sogar für falsch erachtet. Trotzdem präzisierten, ergänzten und erweiterten alle sechs Physiker ihre Modelle in weiteren Artikeln von 1966 und 1967 noch.

Im Jahr 1967 kam auch der Durchbruch. Damals formulierte Steven Weinberg eine Nichtabelsche Eichtheorie für die Elektroschwache Vereinheitlichung auf der Basis der Symmetriegruppen SU(2) × (U1). Er verwendete dabei den von Higgs vorgeschlagenen Mechanismus (die Arbeiten von Englerts und Kibbles Team kannte er nicht), um den Vektorbosonen eine Masse zu verleihen, sowie in der Folge auch den geladenen Leptonen, etwa dem Elektron. Abdus Salam kam kurz darauf unabhängig von Weinberg zum selben Ergebnis. Damit war die Elektroschwache Theorie im Prinzip vollendet; Glashow, Weinberg und Salam erhielten für diese Leistung 1979 den Physik-Nobelpreis.

Ab 1971 gelang dann Gerard 't Hooft und Martinus Veltman der Beweis, dass diese spontan gebrochene Nichtabelsche Eichtheorie entgegen skeptischer Einwände tatsächlich renormierbar ist – die Unendlichkeiten in den Störungsrechnungen ließen sich quasi umgehen. Dafür erhielten die beiden holländischen Physiker 1999 den Physik-Nobelpreis. Nachdem Anfang der 1970er-Jahre auch eine Theorie der Starken Wechselwirkung (Quantenchromodynamik) im Rahmen des Quark-Modells formuliert wurde, war das Standardmodell der Elementarteilchenphysik komplett. Seitdem wurde es mit Teilchenbeschleunigern rigoros getestet und glänzend bestätigt. Alle bekannten Teilchen werden in diesem Modell beschrieben beziehungsweise erklärt – und die meisten hat es sogar noch vor ihrem experimentellen Nachweis vorausgesagt. So auch die intermediären Vektorbosonen der Schwachen Wechselwirkung: Diese wurden 1983 am CERN mit dem Large Electron Positron Collider nachgewiesen. Ihre Ruhemasse ist riesig: 80,4 beziehungsweise 91,2 Gigaelektronenvolt.

Zusammengefasst beschreibt der Brout-Englert-Higgs-Mechanismus – oder historisch gerechter Anderson-Brout-Englert-Higgs-Guralnik-Hagen-Kibble-Mechanismus – also eine spontane Symmetriebrechung, die den Überträgerteilchen der Schwachen Wechselwirkung und in der Folge auch anderen Elementarteilchen eine träge Masse verleiht. Dies geschieht, weil sie mit einem Skalarfeld wechselwirken, dem Higgs-Feld (oder Anderson-Brout-Englert-Higgs-Guralnik-Hagen-Kibble-Feld).

Zu neuen Ufern

»Das Standardmodell scheint die richtige Theorie bis zur Elektroschwachen Energieskala zu sein und alle seine Parameter und Felder sind inzwischen bekannt«, schreibt Antonio Pich von der spanischen Universität València in einem neuen Review-Artikel. »Tatsächlich könnte das Standardmodell mit den gemessenen top-Quark- und Higgs-Boson-Massen sogar bis zur Planck-Skala gültig sein«, meint der Physiker.

Trotz aller Erfolge kann das Standardmodell aber nicht das letzte Wort in der Elementarteilchenphysik bleiben. Zwar gibt es bislang keine experimentellen Daten, die ihm widersprechen. Doch es erscheint mit seinen vielen Partikeln als zu kompliziert für eine fundamentale Theorie; es enthält zahlreiche unerklärte Größen (Parameter); und es vermag auch die Schwerkraft nicht zu beschreiben, die spätestens auf der Planck-Skala bei der Minimaldistanz von 10^{-35} Meter und Energien um 10^{19} Gigaelektronenvolt mit ihm interferiert. Daher suchen Physiker nach einer umfassenderen und grundlegenderen Theorie – und hoffen, mit dem LHC einen ersten Zipfel von ihr zu fassen zu bekommen.

Ein Wegweiser dorthin ist das Higgs-Boson. Falls es auch nur eine Eigenschaft besitzt, die dem Standard-Higgs widerspricht, oder wenn am LHC noch ein zweites Higgs mit einer anderen Masse auftauchen sollte, dann wäre das eine wissenschaftliche Sensation. Denn dann hätten die Forscher zum ersten Mal eine »neue Physik« jenseits des Standardmodells entdeckt. Danach suchen sie seit den 1970er-Jahren mit großem theoretischen und experimentellen Aufwand – bislang vergeblich. Vielleicht bringt das Higgs-Boson die seit Langem ersehnte Wende und hilft, ein neues Kapitel in der Elementarteilchenphysik aufzuschlagen.

Widerspruchsfreiheit getestet

Einen wichtigen Schritt vorwärts haben die Higgs-Daten bereits ermöglicht – auch wenn dieser nicht zu einer neuen Physik geführt hat, sondern im Gegenteil jetzt einen möglichen Pfad dorthin versperrt. Mit der nun bestimmten Higgs-Masse lässt sich nämlich das Standardmodell auf seine innere Konsistenz hin überprüfen. Da die verschiedenen Parameter in einer mathematischen Beziehung zueinander stehen, ist nicht jede denkbare Kombination »erlaubt«. Doch eine Higgs-Masse von rund 126 Gigaelektronenvolt passt gut zu den bereits etablierten

Daten, besonders zu den Massen des W-Bosons und des top-Quarks. Das berichtete Roman Kogler von der Universität Hamburg nach aufwendigen Analysen der Gfitter-Gruppe, eines Zusammenschlusses spezialisierter Theoretischer und Experimentalphysiker.

Mehr noch: Die Higgs-Daten können auch die Frage beantworten, ob es neben den bekannten drei Generationen von Quarks und Leptonen eine vierte gibt. Das ist im Standardmodell nicht von vornherein ausgeschlossen. Tatsächlich enthielt dessen erste Version von 1964 nicht sechs verschiedene Quarks und Antiquarks wie heute, sondern nur drei (up, down und strange), und wurde erst später durch theoretische und experimentelle Erkenntnisse ergänzt. Ein weiterer solcher Schritt ist durchaus denkbar – wobei die Quarks einer vierten Generation aber extrem massereich und kurzlebig wären. Doch sie könnten sich im Bereich der LHC-Energien befinden. Allerdings haben die Messdaten und deren Analysen bereits Teilchen von bis zu 400 Gigaelektronenvolt ausgeschlossen – und für manche Parameter sogar bis zu 600 Gigaelektronenvolt.

Und es scheint auch keine weiteren Partikel zu geben ...

Aller Dinge sind drei

»Allein in den letzten zehn Jahren sind über 500 Publikationen zu einer möglichen vierten Quark-Generation erschienen«, resümierte Ulrich Nierste vom Karlsruher Institut für Technologie auf der Frühjahrstagung der Deutschen Physikalischen Gesellschaft 2013 in Dresden. Nach seinen Rechnungen lässt eine kombinierte Analyse der Präzisionsdaten zur Elektroschwachen Wechselwirkung und der Higgs-Signalstärken, wie am LHC und Tevatron gemessen, aber keinen Platz für die Existenz einer vierten Generation. »Wir können diese mit großer Wahrscheinlichkeit ausschließen, mit 5,3 Sigma«, berichtete Nierste. Das entspricht einem statistischen Fehler von 1 zu

Die Suche nach einer neuen Physik

»Erwarte das Unerwartete«, soll bereits der griechische Philosoph Heraklit empfohlen haben. Genau das ist auch das Motto der Grundlagenforschung. Sie sucht, schafft und betritt neue Pfade – nicht nur in der Teilchenphysik –, um auf Phänomene zu stoßen, mit denen man nicht gerechnet hat. So vollziehen sich oft die größten Erkenntnissprünge.

Ebenfalls wichtig ist aber auch, Antworten auf gezielte grundlegende Fragen zu erarbeiten und Prognosen, Hypothesen und Spekulationen rigoros zu überprüfen. Beim LHC gehören dazu besonders die Suche nach ...

› den Eigenschaften des Higgs-Teilchens oder Alternativen zum Higgs-Mechanismus,
› Teilchen einer vierten Fermionen- und Leptonen-Generation,
› Unterstrukturen (Präquarks), aus denen – die dann nicht fundamentalen – Quarks und Leptonen zusammengesetzt sein könnten,
› Symmetrieverletzungen bei Teilchenzerfällen, die den Voraussagen des Standardmodells widersprechen,
› Leptoquarks, die sowohl an Quarks als auch an Leptonen koppeln, deren Umwandlung ineinander ermöglichen und die Entstehung der Materie sowie die Seltenheit der Antimaterie erklären könnten,
› Supersymmetrie (SUSY) – das ist eine tiefe Verwandtschaft zwischen Quarks und Leptonen,
› Dunkler Materie – vermutlich Elementarteilchen, die nicht elektromagnetisch wechselwirken und vielleicht durch die SUSY erklärt werden,
› Magnetischen Monopolen – das sind isolierte Nord- und Südpole, die eine sehr große Masse besitzen und von bestimmten Theorien zur Vereinigung der Kräfte vorausgesagt werden,
› Extradimensionen – also zusätzliche winzige Raumdimensionen, wie sie von der Stringtheorie vorausgesagt werden,
› Schwarzen Minilöchern, die sich sofort wieder durch Quanteneffekte auflösen würden,
› Indizien für eine Theorie der Quantengravitation,
› unbekannten Phänomenen, an die noch niemand gedacht hat.

10 Millionen. Bleiben die nicht besonders genauen Tevatron-Daten zum Higgs-Zerfall in bottom-Quarks und -Antiquarks unberücksichtigt, beträgt die Wahrscheinlichkeit immer noch 4,8 Sigma – also rund 1 zu 500.000.

»Je schwerer ein Teilchen ist, desto stärker koppelt es an das Higgs-Feld, das für die Massenerzeugung verantwortlich ist. Weil bislang unentdeckte schwere Teilchen durch Quanteneffekte zu den am LHC registrierten Zerfällen des Higgs-Bosons in bekannte Teilchen beitragen würden, hätte eine schwerere vierte Fermionen-Generation die gemessenen Signalstärken verändert«, erläutert Ulrich Nierste die Argumentation gegen die Existenz einer solchen vierten Generation. Laut Standardmodell können Z-Bosonen in Neutrino-Antineutrino-Paare zerfallen. »Dass es nur drei Neutrino-Arten mit dieser Eigenschaft gibt, haben Messungen des Large Electron Positron Colliders am CERN schon in den 1990er-Jahren gezeigt.«

Ein Standardmodell-Neutrino der vierten Generation müsste also mehr als halb so schwer sein wie das Z-Boson. Doch solche Neutrinos kann es aufgrund der Higgs-Zerfallsdaten nicht geben. Das zeigt die Studie von Nierste und seinen Kollegen eindeutig. »Das um eine vierte Generation erweiterte Standardmodell ist das erste populäre Modell einer neuen Physik, das mit dem LHC nun ausgeschlossen werden konnte«, fassen die Wissenschaftler ihr Resultat in der Zeitschrift *Physical Review Letters* zusammen.

Higgs-Spekulationen in der Kosmologie

Der Nachweis des – oder eines – Higgs-Teilchens hat Physiker motiviert, es auch in kosmologischen Kontexten zu betrachten. Vielleicht spielt das Higgs-Feld ja eine Rolle auf der Bühne des Alls, die bislang schlicht übersehen wurde. Dann wäre die Entdeckung des Higgs-Bosons nicht nur der Abschluss eines großen Kapitels der Theoretischen

Exkurs

Das Szenario der Kosmischen Inflation

Der Urknall kann als eine erwiesene Tatsache bezeichnet werden, denn die Standardtheorie dazu ist inzwischen exzellent bestätigt. Doch sie lässt viele Fragen offen. So bleibt unklar, was den Urknall auslöste, woher die Elementarteilchen kamen und wodurch der Weltraum so groß wurde. Eigentlich handelt die Urknall-Theorie gar nicht vom Urknall selbst, sondern von seinen Folgen. Viele Probleme wären aber mit einem überraschenden Schlag gelöst, wenn – mindestens – im ersten Sekundenbruchteil eine exponenzielle Expansion des Weltraums stattgefunden hat. Durch diese Kosmische Inflation (von lateinisch »inflare«: aufblähen) hätte sich das junge All gigantisch vergrößert. Wie schnell und weit, ist von Modell zu Modell verschieden. Ein typischer Wert: in 10^{-30} Sekunden vielleicht um das 10^{30}-fache – das ist so, als würde sich eine Münze auf das Zehnmillionenfache der Milchstraße aufblähen. Dieser Prozess hätte weder den Energieerhaltungssatz verletzt noch die Allgemeine Relativitätstheorie, in deren Rahmen sie sogar beschrieben wird, weil sich hier nicht Materie überlichtschnell bewegt hat, sondern der Raum selbst.)

Was genau die Inflation antrieb – und wieder stoppte –, ist unklar. Der Einfachheit halber wird ein Energiefeld namens Inflaton postuliert (oder mehrere). Als es durch einen Symmetriebruch spontan zerfiel, sind aus seiner freigesetzten Energie die Elementarteilchen entstanden. So lautet zumindest die Vorstellung. Fest steht, dass die Inflation kleine zufällige Irregularitäten enorm vergrößert haben musste: Winzige Quantenfluktuationen wären zu gewaltigen Dichteschwankungen im Urgas aufgeblasen worden. Ihr »Abdruck« zeichnet sich als geringfügige Temperaturunterschiede in der Kosmischen Hintergrundstrahlung ab: Wo etwas mehr Materie beisammen war, wurde es etwas wärmer. Diese regionalen Verdichtungen bildeten die gravitativen Keime der künftigen Galaxien. Inzwischen sind sie mit irdischen Teleskopen und Raumsonden sehr genau kartiert worden. Das Allerkleinste ist mit dem Allergrößten aufs Engste verbunden! Auch andere Überprüfungen hat das Szenario der Kosmischen Inflation bestanden, sodass es beinahe schon als »Standarderweiterung« der Standardtheorie vom Urknall gilt.

Physik, sondern auch der Schlüssel zu einem Portal, hinter dem ganz neue Regionen der Realität liegen. Und so haben mehrere Publikationen aus dem Jahr 2013 bereits begonnen, über Higgs-Einflüsse bei großen kosmologischen Fragestellungen zu spekulieren: Inflation, Dunkle Materie und Materie-Antimaterie-Asymmetrie.

Da das Higgs-Feld allgegenwärtig ist, könnte es mehr bewirken, als den Elementarteilchen zu einer trägen Masse zu verhelfen. Es hat vielleicht die Dynamik der Raumzeit selbst mitgestaltet – in Form der Kosmischen Inflation. Zwar glänzt dieses Szenario in seinen Grundzügen durch Einfachheit und Eleganz. Doch viele Details sind bis heute rätselhaft geblieben. Und es gibt inzwischen Hunderte konkurrierender Modelle.

Es liegt durchaus nahe, das Inflaton mit dem bislang einzig bekannten mutmaßlich fundamentalen Skalarfeld zu assoziieren: dem Higgs-Feld. Das versuchten Alan Guth und andere Pioniere des Szenarios der Kosmischen Inflation bereits in ihren ersten Arbeiten Anfang der 1980er-Jahre. Doch es funktionierte nicht: Die Eigenschaften des Higgs-Felds schienen nicht zu passen oder die kosmische Entwicklung wäre anders abgelaufen, als es die astronomischen Beobachtungen erfordern. Inzwischen arbeiten Kosmologen an Nachbesserungen. Mit hinreichend subtilen Annahmen, die allerdings noch reine Spekulation sind, könnte das Higgs-Feld doch die Rolle des Inflatons erfüllt haben, meint etwa Fedor Bezrukov von der University of Connecticut.

Aus der Tatsache, dass das Higgs-Feld ein Skalarfeld ist und das Inflaton ebenfalls so modelliert werden kann, folgt allerdings noch nichts. Higgs und Inflaton könnten identisch sein, sie könnten nah verwandt sein oder nur entfernte Ähnlichkeiten besitzen – oder gar nichts weiter miteinander zu tun haben. »Fische und Wale haben beide Flossen und schwimmen beide im Meer, aber das macht sie noch nicht zu nahen Verwandten«, bringt es Matt Strassler von der Harvard University auf den Punkt. Stutzig macht ihn zudem, dass das Higgs-Feld als Inflaton einen Billionen Mal größeren Vakuumerwartungswert haben müsste als die 246 Gigaelektronenvolt heute. »Niemand weiß, wie es sich bei solchen Energien verhält.«

Um die Inflation anzutreiben, müsste das Higgs-Feld mit dem Gravitationsfeld wechselwirken. Im Standardmodell der Elementarteilchen kommt die Schwerkraft allerdings nicht vor. Dies ist eines der größten Defizite der Theoretischen Physik. Die Welt ist eine Einheit, und das muss sich in ihrer wissenschaftlichen Beschreibung niederschlagen, also in einer einheitlichen Theorie. Dem Verständnis der Masse könnte dabei eine Schlüsselrolle zukommen. Denn diese physikalische Eigenschaft steht gleichsam im Schnittpunkt zwischen dem Standardmodell und der Allgemeinen Relativitätstheorie.

Der Higgs-Mechanismus erklärt in gewisser Hinsicht die träge Masse. Über die schwere Masse gibt er keine Auskunft, er behandelt sie gar nicht. Dem Äquivalenzprinzip der Allgemeinen Relativitätstheorie zufolge sind träge und schwere Masse jedoch identisch – warum auch immer. Und die Schwerkraft »koppelt« an alle Teilchen, egal ob sie eine Ruhemasse besitzen oder nicht. Anders gesagt: Es gibt anscheinend nichts, was vom Gravitationsfeld nicht beeinflusst wird. Zwar existiert eine Quantentheorie der Gravitation nur in spekulativen Ansätzen. Doch legt die Erfolgsstory der Quantenfeldtheorien nahe, dass auch die Schwerkraft letztlich ein Quantenfeld sein könnte (mit den Gravitonen als Bosonen). Und ein solches Feld könnte mit dem Higgs-Feld interagieren. Das würde neue kosmologische Erklärungsmöglichkeiten eröffnen.

› Wenn das Higgs-Feld als Inflaton die Kosmische Inflation angetrieben hat, könnte seine Wechselwirkung mit der Gravitation das Potenzial des Higgs-Felds so geprägt haben, dass zwei herkömmliche Schwierigkeiten ausgeräumt würden: Zum einen, dass die Inflation lang genug dauern konnte, um den Weltraum groß werden zu lassen (das sind die sogenannten »slow-roll-Bedingungen« eines flachen Potenzials). Und zum anderen, dass die Inflation auch wieder auf-

Was wird aus der Relativitätstheorie?

Albert Einsteins Allgemeine Relativitätstheorie ist eine klassische Theorie, keine Quantentheorie. Sie beschreibt die Gravitation strenggenommen nicht einmal als eine Kraft oder Wechselwirkung, sondern geometrisch: als Krümmung der Raumzeit. Das lässt sich bislang mit dem Standardmodell der Elementarteilchen nicht auf einen Nenner bringen.

Viele Teilchenphysiker nehmen deshalb an, dass die Relativitätstheorie nur eine effektive Theorie ist, sozusagen eine erfolgreiche grobe Beschreibung, und dass sie durch eine Quanten(feld)theorie der Gravitation auf eine fundamentalere Basis gestellt werden muss und kann. Die Stringtheorie ist der prominenteste Versuch hierzu. Weniger radikal – und weitreichend – sind Skalar-Tensor-Theorien der Schwerkraft. Sie versuchen, die Gravitation nicht nur mithilfe eines Tensorfelds zu beschreiben, wie es die Allgemeine Relativitätstheorie tut, sondern auch mit einem Skalarfeld. Eine theoretische Pionierleistung hierzu stammt von Robert H. Dicke, Princeton University, und seinem Doktoranden Carl H. Brans aus dem Jahr 1961. Die Brans-Dicke-Theorie postuliert ein zusätzliches Skalarfeld,

---

hörte und das Higgs-Feld am Ende den Higgs-Mechanismus in Gang gebracht hat – dass es also die Eigenschaften bekam (wie den durch Messungen erschlossenen Vakuumerwartungswert), die es ihm ermöglichten, nach dem Phasenübergang der Elektroschwachen Kraft mit W- und Z-Bosonen sowie letztlich auch den Fermionen zu interagieren und ihnen eine träge Masse zu verleihen. Wenn diese Bedingungen erfüllt wären, hätte das einen enormen Vorteil: Die Inflation wäre dann mithilfe eines bereits bekannten Felds verständlich.

› Man kann sich aber auch Modelle ausdenken, in denen das Higgs-Feld nur sehr schwach mit der Gravitation wechselwirkt und die Inflation bei extrem hohen Energien auslöste. Yuta Hamada von der Universität Tokio hat mit zwei Kollegen von der Universität

das eine variable Gravitations»konstante« ermöglicht. (Auch die TeVeS-Theorie von Jacob Bekenstein als Alternative zur Dunklen Materie gehört in diesen Kontext.)

Es ist eine bemerkenswerte Leistung, dass solche Theorien die (bestätigten) Voraussagen der Allgemeinen Relativitätstheorie imitieren können. Trotzdem werden auch Abweichungen erwartet – und das macht die Theorien überprüfbar. Tatsächlich hat die Allgemeine Relativitätstheorie alle bislang möglichen Tests bravourös bestanden. Einige ihrer Konkurrentinnen sind dagegen bereits durch Präzisionsmessungen widerlegt oder zumindest in ernste Schwierigkeiten gebracht worden. Das geschah besonders mithilfe astronomischer Daten zu den Auswirkungen starker Gravitationsfelder von Neutronensternen und Messungen von Raumsonden-Radiosignalen im Sonnensystem, die durch die Masse eines Planeten abgelenkt wurden. Wenn der Schwerkraft letztlich ein fundamentales Quantenfeld zugrunde liegt, könnte sich das durch künftige Fallexperimente in Satelliten oder mit Antimaterie bemerkbar machen: als eine leichte Verletzung des Äquivalenzprinzips.

Osaka eine solche »Minimale Higgs-Inflation« näher untersucht. Die Physiker favorisieren eine Energieskala von 10^{17} Gigaelektronenvolt und spekulieren, dass das Standardmodell bis zu diesem hohen Wert gültig sei, wo dann der Übergang zu Stringtheorie erfolgen könnte.

› Vielleicht bringen Variationen in der Kopplung zwischen Higgs-Feld und Schwerkraft eine neue Art von Teilchen hervor: die Higgs-Monopole. Sie würden sowohl gravitativ als auch mit den Standardmodell-Teilchen interagieren und könnten Massen von einigen Tonnen bis viele Millionen Tonnen besitzen. Das vermutet ein Physiker-Team um Massimiliano Rinaldi von der Universität Namur in Belgien. »Wenn diese bei der Higgs-Inflation gebildeten Monopole nicht durch die exponentielle Expansion vollkommen verdünnt wurden, könnten sie die Dunkle Materie liefern – mit Massen vergleichbar mit denen von primordialen Schwarzen Löchern«, spekulieren die Forscher.

› Womöglich steckt das Higgs-Feld sogar hinter der mysteriösen Dunklen Energie, die seit sechs Milliarden Jahren die Ausdehnung des Weltraums beschleunigt – eine Art langsame Inflation. Dann wäre neben der Dunklen Materie auch die Dunkle Energie auf etwas Bekanntes zurückgeführt, spekuliert Rinaldi.

› Und sogar der Überschuss von Materie gegenüber Antimaterie im All könnte auf dem Higgs-Feld basieren. Géraldine Servant vom CERN und Sean Tulin von der University of Michigan in Ann Arbor sprechen dabei von Higgsogenese (in Analogie zu Modellen der Baryogenese und Leptogenese, die die Asymmetrie mit Symmetrie-Verletzungen der Baryonen- oder Neutrino-Zerfälle zu erklären versuchen). »Während viele kosmologische Theorien das Higgs-Teilchen als ein Nebenprodukt betrachten, ist es für uns ein Schlüsselelement«, sagt Tulin. Die Idee ist noch ziemlich unausgegoren, besticht in ihrer Einfachheit aber durch Eleganz: Wenn das Higgs-Teilchen und ein hypothetisches Higgs-Antiteilchen im frühen Universum nicht (spiegelbildlich) gleich in Materie- und Antimaterie-Teilchen zerfallen sind, könnte die Asymmetrie einen Materie-Überschuss erzeugt haben. Oder der Higgs-Zerfall schuf eine Asymmetrie unter den Teilchen der Dunklen Materie, deren Zerfall wiederum einen Überschuss an gewöhnlicher Materie hervorbrachte. Oder das Higgs-Feld erzeugte eine Asymmetrie im Zerfall unbekannter Fermionen, was dann die Materie-Dominanz bewirkte. Einem anderen Modell zufolge, das Sacha Davidson von der Université de Lyon entwickelt hat, könnte die Materie-Antimaterie-Asymmetrie auch auf mehrere Higgs-Teilchen zurückgehen. Zwar sind alle diese Higgsogenese-Überlegungen noch spekulativ. »Aber dieser neue Ansatz ist minimalistisch, und das macht ihn interessant«, betont Manoj Kaplinghat von der University of California in Irvine den Vorteil dieser Ideen: »Wir wissen, dass das Higgs existiert. Wir wissen, dass Dunkle Materie existiert. Und wir wissen, dass eine Asymmetrie zwischen Materie und Antimaterie existiert. Vielleicht lassen sich diese drei Tatsachen zusammenbringen.« Außerdem kann der Zerfall der Dunkle-Materie-Teilchen vielleicht indirekt festgestellt werden durch astronomische Messungen (Gammastrahlung, Positronen) oder bei den Higgs-Zerfällen im LHC.

Anzeichen der Apokalypse?

Die Entdeckung des Higgs-Bosons ist ein großer Triumph für die Teilchenphysik. Doch sie bringt auch beunruhigende Neuigkeiten mit sich: Die Masse des mutmaßlichen Standard-Higgs könnte eine verheerende Konsequenz haben. Sie kündigt womöglich den Untergang des uns vertrauten Universums an – falls keine bislang unbekannten physikalischen Effekte das verhindern.

Das Problem besteht darin, dass in vielen verschiedenen Higgs-Massebereichen, auch dem nun favorisierten, grundlegende theoretische Schwierigkeiten drohen. Und diese wären, beträfen sie das Universum selbst, alles andere als erquicklich: So könnte das Higgs-Potenzial kollabieren oder ins Unermessliche wachsen. Dann würde das Universum über kurz oder lang seine Eigenschaften völlig verändern, weil das Vakuum instabil wäre oder die Naturkräfte verrückt spielen.

Solche apokalyptischen Spekulationen gibt es schon länger. Aber die Higgs-Masse und die bislang genauesten Berechnungen des Higgs-Potenzials haben die düsteren Vorahnungen nun bestätigt. Diese Rechnungen wurden von Alessandro Strumia, Universität Pisa, und mehreren Kollegen gemacht beziehungsweise kombiniert. Ergebnis: Eine Higgs-Masse von 126 Gigaelektronenvolt und eine Masse des top-Quarks von etwa 175 Gigaelektronenvolt bedeuten, dass der Vakuumzustand unseres Universums auf einem schmalen Grat der Metastabilität zu balancieren scheint.

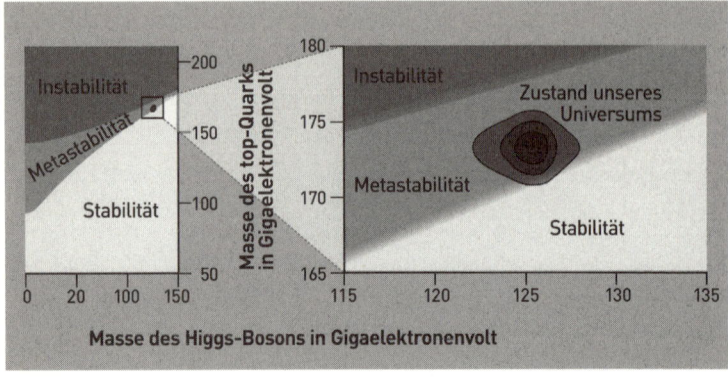

Am Rand der Vernichtung: Die Kombination der gemessenen Massen des top-Quarks und des Higgs-Bosons liegen bei oder in einem engen Bereich zwischen einem ewig stabilen physikalischen Grundzustand des Universums und einem kurzlebigen instabilen. Die ovalen Zonen markieren die Unsicherheit der Messwerte (mit ein, zwei und drei Sigma). Wenn sich das Vakuum unseres Universums ein einem solchen metastabilen Zustand befindet, also nicht im energieärmsten, wird es irgendwann zerfallen.

Wäre die Higgs-Masse etwas größer (oder die Masse des top-Quarks etwas kleiner, den bisherigen Daten zufolge liegt sie eher bei 173 Gigaelektronenvolt, aber die Unsicherheiten sind noch groß), dann würde das Vakuum nicht zerfallen. Wäre es umgekehrt, dann wäre das Universum vollkommen lebensfeindlich und strukturlos. »Und hätte das Higgs-Teilchen eine Masse von mehr als etwa 150 Gigaelektronenvolt, würde es so stark mit sich selbst wechselwirken, dass niemand berechnen kann, was dann geschieht«, sagt Strumia. »Manche Physiker denken sogar, dass die Theorie in diesem Bereich inkonsistent ist.« Vielleicht können solche Universen dann nicht einmal existieren.

Die faktische Higgs-Masse dient also im Rahmen des Standardmodells gewissermaßen als Indikator eines fernen Weltendes, weil der gegenwärtige Grundzustand des Alls nicht der energieärmste ist. Somit muss er in einem Phasenübergang zerfallen und enorme Energien freisetzen. Das kann im Prinzip jederzeit irgendwo geschehen, ausgelöst durch einen zufälligen Quanteneffekt. Dann würde sich eine lichtschnelle Woge der Vernichtung in alle Richtungen ausbreiten – und nichts bliebe so, wie es war. Alle bestehenden Strukturen würden verschwinden und selbst die Naturkonstanten bekämen andere Werte.

Es kann aber noch lang dauern, bis es dazu kommt – vielleicht 10^{100} Jahre, schätzen Strumia und seine Kollegen. Dann wären ohnehin alle Sterne erloschen und sogar die Schwarzen Löcher durch Quanteneffekte zerstrahlt. Zum Vergleich: Der Urknall ereignete sich vor 13,8 Milliarden Jahren, gegenwärtig ist das Universum also »nur« gut 10^{10} Jahre alt. Die geschätzte Vakuum-Halbwertszeit von 10^{100} Jahren ist allerdings ein statistischer Wert, sodass sich nicht ausschließen lässt, dass der Phasenübergang doch schon irgendwo begonnen hat und das Sonnensystem bald ohne jede Vorwarnung erreicht.

»Die gemessene Higgs-Masse ist etwas Besonderes, weil sie so dicht an der Grenze zwischen Stabilität und Metastabilität liegt«, meint Strumia. »Vielleicht hat das einen speziellen Grund. Es gibt viele komplexe Systeme, die sich auf ihre Instabilitätsgrenzen hin entwickeln, etwa Sandhaufen oder Finanzmärkte. Möglicherweise verhalten sich die Higgs-Masse und -Wechselwirkung ähnlich – und wären dann keine Naturkonstanten. Aber das ist nur eine vage und verrückte Idee.«

Gar nicht vage und verrückt ist die mögliche Metastabilität des Standardmodell-Vakuums. Darüber werden sich noch viele Forscher den Kopf zerbrechen. »Unsere Voraussage lautet: Wenn man das Standardmodell zu höheren Energien extrapoliert, wo es noch nicht getestet wurde, ist das Vakuum nicht völlig stabil«, fasst Strumia die Situation zusammen. »Aber niemand weiß, was das bedeutet. Vielleicht ist unsere heutige Theorie einfach noch nicht vollständig.«

Das Ende ist nah! – Vorstoß zur Supersymmetrie

»Das Ende der Welt ist nah!«, verkündete auch John Ellis vom CERN grinsend anhand eines gleichlautenden Plakats von religiösen Weltuntergangsaposteln. Er sprach auf einer Konferenz des federführend an den Münchener Universitäten angesiedelten Excellenzcluster Universe, die im Kloster Irsee im Allgäu stattgefunden hatte – ein friedlicher Ort angesichts solcher »Drohungen«. Das Weltende könnte durchaus nah sein, wenn das vom Higgs-Teilchen mitbestimmte Vakuum instabil wäre. Dann könnte die Apokalypse im Prinzip in jeder Minute über uns hereinbrechen – und nicht nur die Erde verschlingen, sondern das ganze All. Ellis zögerte allerdings nicht, das Plakat zu modifizieren: »Das Ende des Standardmodells ist nah!« Soll heißen: Eine neue Physik muss es erweitern. Und dann wäre, so ist Ellis überzeugt, auch der Weltuntergang abgewendet – jedenfalls dessen theoretische Möglichkeit.

Ellis hat schon eine recht genaue Vorstellung, was die Welt retten und das Standardmodell überwinden könnte: eine tiefe Verwandtschaft zwischen Materie und Kräften. Was so grundverschieden erscheint, wie es mehr kaum vorstellbar ist, könnte sich doch als zwei Seiten einer einzigen Medaille erweisen – einer wahrhaften Weltwährung, die das Universum regiert. Diese umfassende Beziehung, die sowohl die Raumzeit als auch Quantenfelder einschließt, wird Supersymmetrie genannt, abgekürzt SUSY. Diesem Szenario oder Theorierahmen zufolge soll eine durch Symmetrieprinzipien bestehende fundamentale Verwandtschaft zwischen den Partikeln für die Materie (Fermionen) und denen für die Wechselwirkungen (Bosonen) existieren. Daraus folgt, dass zu jedem Teilchen im Standardmodell ein supersymmetrisches »Spiegelteilchen« kommt, die Zahl der Arten von verschiedenen Partikel also (mindestens) verdoppelt wird.

Erste, noch unrealistisch vereinfachte Ansätze dazu arbeiteten unabhängig voneinander drei sowjetische Forscher-Duos 1971 und 1972 aus; sie wurden im Westen aber nicht zur Kenntnis genommen. Ebenfalls 1971 schufen Pierre Ramond, John Schwarz und André Neveu ein SUSY-Modell im Rahmen der Stringtheorie. Auch das interessierte zunächst nur wenige Spezialisten. Der eigentliche Durchbruch der Supersymmetrie, zumindest in der Theorie, erfolgte 1974, als Julius Wess von der Universität Karlsruhe mit Bruno Zumino, damals am CERN, eine vierdimensionale SUSY-Quantenfeldtheorie publizierte. Diese machten sie später mit Abdus Salam und anderen für die Teilchenphysik fruchtbar. Die Mathematik dahinter erwies sich auch als nützlich für weitere Bereiche der Physik: von der Kern- und Quantenphysik bis hin zur statistischen Physik.

Ein neues Sphysikvokabularino

Die Grundidee von SUSY ist die Annahme einer durch Symmetrieprinzipien bestehenden fundamentalen Verwandtschaft – und somit eine Verwandelbarkeit – zwischen Fermionen und Bosonen. Einst, im ersten Sekundenbruchteil des Universums nach dem Urknall, sollten sich Fermionen und Bosonen ständig ineinander umgewandelt haben; sie waren daher gar nicht voneinander unterschieden.

Freilich ist die Natur auf energiearmen Skalen nicht supersymmetrisch, sonst hätten Physiker beispielsweise die Selektronen, die supersymmetrischen Pendants der Elektronen, schon entdeckt. Außerdem würden sich Selektronen auf dem niedrigsten Energieniveau um den Atomkern scharen und dessen positive Ladung abschirmen, sodass es keine Elektronenhülle um ihn herum gäbe – und somit auch keine stabilen Atome und kein Leben.

Die Supersymmetrie muss also bereits in den ersten Sekundenbruchteilen nach dem Urknall gebrochen worden sein. Mit der Ausdehnung und Abkühlung des Universums erhielten die Teilchen der Materie und der Kräfte ihre eigenen Schicksalsbahnen. Dieser Phasenübergang lässt sich – wie ähnliche Prozesse, etwa beim Higgs-Potenzial – mit einem Bleistift illustrieren, der erst auf seiner Spitze balanciert (Symmetrie) und dann in irgendeine Richtung umfällt (Symmetriebrechung).

Wenn die Theorie der Supersymmetrie stimmt, existieren noch viel mehr Elementarteilchen als im Standardmodell der Materie. Die Namen dieser neuen Partikel-Fülle sind immerhin einfach zu merken: Die Konvention der Physiker versieht die supersymmetrischen Fermionen vorne mit einem »S-« und die Bosonen mit der Endung »-ino«. Also gibt es SUSY zufolge Sfermionen wie Squarks und Sleptonen (Selektronen, Sneutrinos) sowie Bosinos wie das Photino, Wino, Zino, Gluino und Higgsino. »Wir haben eine neue Sredeweise, gesprochen von Sphysikern«, scherzt Gordon Kane von der University of Michigan in Ann Arbor.

Phantastisches Partikel-Panorama

SUSY zufolge haben Fermionen und Bosonen mit ihren halb- beziehungsweise ganzzahligen Spins (»Eigendrehimpulsen«) supersymmetrische Partner-Teilchen mit umgekehrten Spins: Bei Sfermionen sind sie ganzzahlig, bei Bosinos halbzahlig.

Die erste realistische – und bis heute äußerst wichtige – supersymmetrische Erweiterung des Standardmodells der Elementarteilchen, Minimales Supersymmetrisches Standardmodell (MSSM) genannt, haben Howard Georgi und Savas Dimopoulos von der Harvard University 1981 im Zusammenhang mit der Grand Unified Theory SU(5) vorgeschlagen. Im MSSM existieren zwölf zusätzliche Squarks (je sechs rechts- und sechs linkshändige) und zwölf Antiquarks sowie neun Sleptonen und deren neun Antiteilchen. Es gibt nicht ein Higgs-Boson wie im Standardmodell, sondern fünf: drei neutrale, die ihr eigenes Antiteilchen sind, und je ein elektrisch positives und negatives Higgs

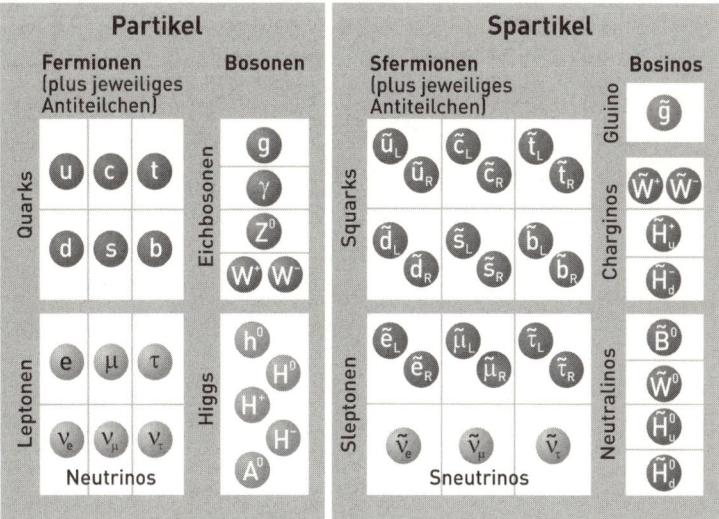

Unsere Welt und ihr Schatten: Wenn die Theorie der Supersymmetrie (SUSY) stimmt, existieren noch viel mehr Elementarteilchen als im Standardmodell der Materie. Falls das leichteste davon stabil wäre, könnte es die Dunkle Materie im All bilden und vielleicht schon bald im LHC erzeugt werden. Die Grafik zeigt das Partikel-Panorama des Minimalen Supersymmetrischen Standardmodells (MSSM) mit zahlreichen supersymmetrischen Schattenteilchen (rechts). Näheres im Text.

mit derselben Masse. Hinzu kommen noch vier Higgsinos sowie die SUSY-Partner der Eichbosonen: ein Gluino, ein Photino, ein Zino und zwei Winos.

Allerdings ist die Supersymmetrie in unserem Universum gebrochen. Das macht alles noch komplizierter und führt unter anderem dazu, dass Photinos, Winos, Zinos und Higgsinos nicht getrennt auftreten, sondern als gemischte Zustände in Form von vier verschiedenen Neutralinos (aus einem Photino, einem Zino und zwei elektrisch neutralen Higgsinos) sowie je zwei geladenen Charginos und Anticharginos (aus Winos und geladenen Higgsinos). Zieht man eine MSSM-

Bilanz, gibt es insgesamt nicht 17 Partikel mit verschiedenen Massen wie im Standardmodell, sondern 32. Zählt man die Antiteilchen dazu, sind es nicht 30, sondern 56.

Da schwirrt selbst hartgesottenen Physikern der Kopf. Und damit nicht genug: In nichtminimalen SUSY-Modellen existieren sogar noch mehr Partikel – etwa ein zusätzliches Neutralino und Higgs, ein Singlino oder weitere Quarks und Squarks.

Aber der neue Teilchenzoo macht – von seinem Nachweis natürlich abgesehen – weniger Kopfzerbrechen als etwas anderes: »Die größte Herausforderung und das härteste Problem besteht darin zu verstehen, wie genau die Supersymmetrie gebrochen wurde«, sagt der SUSY-Experte Stephen Martin, ein Theoretischer Physiker an der Northern Illinois University. »Die Schwierigkeit ist nicht, dass es keine Ideen gibt, wie das geschehen sein könnte. Im Gegenteil: Wir haben sehr viele Ideen, wir wissen jedoch nicht, welche korrekt ist. Alle anderen Probleme sind im Grunde nur unterschiedliche Aspekte dieser Schwierigkeit.«

SUSY mag WIMPs

SUSY erfordert die Existenz einer Fülle neuer Teilchen, von denen noch kein einziges nachgewiesen ist. Somit gibt es Risiken und Chancen zugleich. Ein Risiko besteht in der Falsifikation der Supersymmetrie – oder jedenfalls einzelner Modelle. Doch das ist der Lauf der Wissenschaft und eines ihrer Erfolgsrezepte. Eine große Chance ist, umgekehrt, die Bestätigung von SUSY. Das wäre ein Triumph für die Theoretische Physik. Und der hätte eine Bedeutung weit über die Teilchenphysik hinaus – eine Bedeutung von geradezu kosmischer Dimension.

Tatsächlich zeigen viele astronomische Messungen die Existenz einer gewaltigen Menge an Dunkler Materie in und zwischen den Galaxien an, die der Elektromagnetischen Wechselwirkung nicht unterliegt und somit auch nicht leuchtet. Was steckt dahinter? Das SUSY-Szenario, völlig unabhängig von den Interessen oder Verlegenheiten der Astrophysiker entwickelt, bietet hierzu eine Lösung an. Denn das leichteste supersymmetrische Partikel (LSP, Lightest Supersymmetric Particle) mit einer mutmaßlichen Masse von wenigen Dutzend Gigaelektronenvolt müsste stabil sein, kann also nicht von selbst zerfallen. (Pedantische Anmerkung: Diese Stabilität setzt voraus, dass die sogenannte R-Parität erhalten ist, eine bestimmte Symmetrie; das ist plausibel, aber nicht gesichert.) Das LSP wäre damit, falls kurz nach dem Urknall entstanden, noch immer massenhaft im All präsent. Das macht es, wie John Ellis erkannt hat, zum idealen Kandidaten für die Dunkle Materie. Genauer: für den seit langem gesuchten Typus eines neuen Elementarteilchen, das nur der Gravitation und der Schwachen Wechselwirkung unterliegt.

Ein solches Weakly Interacting Massive Particle (WIMP) gilt momentan als aussichtsreichster Anwärter für die Erklärung der Dunklen Materie. Und dafür ist auch die erstaunliche und ja keineswegs zwingende Koinzidenz von Astrophysik und Teilchenphysik ein Argument: Dass ein völlig unabhängig entwickeltes Szenario mit neuen Partikeln ziemlich genau das »liefert«, was Astronomen zur Erklärung ihrer eigenartigen Beobachtungen dringend brauchen, ist für viele Wissenschaftler kein Zufall. Kurzum: Das LSP könnte das WIMP sein (oder eines von mehreren).

Allerdings hängt es vom Modell und unbekannten Größen ab, welches SUSY-Teilchen das LSP ist – und somit der ideale WIMP-Bewerber. An Kandidaten mangelt es jedenfalls nicht: Photino, Wino, Zino oder Higgsino; oder ein Gemisch verschiedener Partikel namens Chargino oder Neutralino; auch das Gravitino oder ein Singlino werden diskutiert. Das Neutralino hat unter den Theoretikern zurzeit die meisten Fans, aber keiner der Mitbewerber ist bislang aus dem Rennen. Die Konfusion – oder Konfusino… – ist also groß.

Für Experimentalphysiker sind die Details angesichts der Modellvielfalt zurzeit zweitrangig. Wichtiger ist: Zahlreichen Supersymmetrie-Modellen zufolge sollte das LSP nicht nur stabil sein, sondern auch eine Masse haben, die im Energiebereich des Large Hadron Collider liegt. Bei den Protonen-Kollisionen im LHC lassen sich die LSPs also möglicherweise erzeugen. Sie würden sich indirekt bemerkbar machen: durch das Fehlen von Energie beziehungsweise Impuls in der Gesamtbilanz der gemessenen Kollisionstrümmer. Die LSPs können dabei also nicht direkt gemessen werden, aber ihre Existenz wäre im Ausschlussverfahren dennoch gut zu belegen.

Ein LSP-Nachweis wäre eine nobelpreiswürdige Sensation und eine der größten Entdeckungen im 21. Jahrhundert. Doch damit würden die Experimente zum direkten Aufspüren der Dunklen Materie keineswegs überflüssig – im Gegenteil. Es müsste immer noch gezeigt werden, dass das LSP ein WIMP ist, welche Eigenschaften es hat, und ob es wirklich die Dunkle Materie im All bildet, nach der die Astronomen suchen.

Was aber, wenn der LHC kein supersymmetrisches Teilchen findet – oder überhaupt keine Indizien für eine Physik jenseits des Standardmodells der Teilchenphysik? Manche Forscher sprechen hier von einem »Alptraum-Szenario«. Für die Jäger nach der Dunklen Materie wäre es allerdings keine Katastrophe. Wie eine Forschergruppe um Gianfranco Bertone von der Universität Zürich berechnet hat, können Experimente wie XENON und LUX sowie die großen Messgeräte für energiereiche Neutrinos – allen voran IceCube am Südpol – den verbleibenden Parameterbereich der WIMPs vollständig überprüfen und zumindest die einfachen supersymmetrischen Modelle hinreichend testen. Letzteres wird komplementär dazu auch der LHC tun. Bis spätestens Mitte der 2020er-Jahre, ist Bertone überzeugt, wird deshalb genügend Licht in viele finstern Ecken der Physik fallen, um zu sehen, ob die Dunkle Materie dort wirklich existiert und, wenn man sie findet, woraus sie besteht.

Die Kraft der Kräfte

Die Supersymmetrie hat noch weitere Vorteile. »SUSY schafft eine verlockende Verbindung mit den GUTs«, freut sich Guido Altarelli, ein Theoretischer Physiker am CERN. »Das öffnet uns ein Fenster zur Physik jenseits des Standardmodells bei sehr großen Energie-Skalen.« GUT ist gut – und steht für »Grand Unified Theory«. Eine solche Große Vereinheitlichte Theorie kann die drei fundamentalen Wechselwirkungen, die im Standardmodell der Elementarteilchen mithilfe dreier mathematischen Symmetriegruppen U(1), SU(2) und SU(3) beschrieben werden, in eine einheitliche Form bringen, das heißt mit einer komplizierteren Symmetriegruppe beschreiben.

Mit anderen Worten: Die Elektromagnetische Kraft sowie die Schwache und Starke Kernkraft, die nur innerhalb der Atomkerne wirken, wären letztlich eng miteinander verwandt. Eine GUT könnte sie als eine einzige Superkraft charakterisieren. Und als eine solchermaßen vereinheitliche Wechselwirkung hätte sie auch kurz nach dem Urknall existiert. Mit der Abkühlung des Universums spaltete sie sich dann aber sofort auf. Erst trennte sich die Starke Kraft, dann – und dies ist eine bereits am CERN und anderswo gemessene Tatsache – zerfiel auch die Elektroschwache Kraft in die heute bekannte Elektromagnetische und Schwache Kraft. (Nur die Schwerkraft bleibt hier unberücksichtigt, sie müsste mit der GUT-Kraft bei noch höheren Energien verschmelzen, doch das steht jenseits von SUSYs Horizont und erfordert eine Theorie der Quantengravitation, für die etwa die Stringtheorie als Kandidat infrage kommt.)

Die Idee der Großen Vereinheitlichung ist zwar brillant, für sich allein aber unzureichend. Sie braucht einen starken Partner. Und dafür steht SUSY bereit.

Im Jahr 1974 hatten Howard Georgi und Sheldon Lee Glashow die erste richtige GUT formuliert. Ihre Grundlage war die Symmetriegruppe SU(5). Das ist die einfachste GUT, die das Standardmodell enthält. Die nächsteinfachste, die bis heute recht beliebt ist, haben 1975 Harald Fritzsch und Peter Minkowski im Rahmen der Symmetriegruppe SO(10) aufgestellt. Sie passt auch zur Tatsache, dass Neutrinos sich ineinander umwandeln können und eine Masse haben. Weitere GUT-Modelle basieren auf anderen Symmetriegruppen, etwa E_8. Experimentelle Bestätigungen gibt es bislang für keine. Das Akronym GUT wurde erst 1978 geprägt: von John Ellis, Andrzej Buras, Mary K. Gaillard, und Dimitri Nanopoulos am CERN.

Zuerst hatten Howard Georgi, Helen Quinn und Steven Weinberg gezeigt, dass sich die drei Kräfte des Standardmodells bei etwa 10^{15} Gigaelektronenvolt stark annähern. Das ist ein gutes Indiz für eine Vereinigung. Allerdings treffen sich die Extrapolationen nicht ganz. Mit SUSYs Hilfe tun sie es aber doch: Supersymmetrische GUTs werden bei etwas über 10^{16} Gigaelektronenvolt eins. Die Vereinheitlichungsenergie der SUSY-GUTs ist circa 20- bis 30-mal größer als für gewöhnliche GUTs.

»Ich kann nicht glauben, dass dieser Erfolg Zufall ist. Symmetrie war in der Physik stets ein wichtiger Indikator für die Richtigkeit einer Theorie«, sagt der Physik-Nobelpreisträger Frank Wilczek. Umso wichtiger sei die Suche nach Anzeichen der Supersymmetrie am LHC. Wilczek spricht von einer »Feuerprobe für SUSY – entweder erweist sich das Modell als neuer Goldstandard, oder es löst sich in Rauch auf«

Die Grand Unification sowie einige andere Merkmale erlauben es SUSY, die offenen Flanken des Standardmodells zu schließen. »Die Supersymmetrie ist deshalb der am weitesten entwickelte und akzeptierte Ansatz jenseits des Standardmodells«, sagt Altarelli. »Insbesondere MSSM, das Minimale Supersymmetrische Standardmodell der Elementarteilchen, ist eine vollständig spezifizierte, konsistente und berechenbare Theorie, die sich mit allen bekannten Präzisionstests der Elektroschwachen Wechselwirkung vereinbaren lässt.«

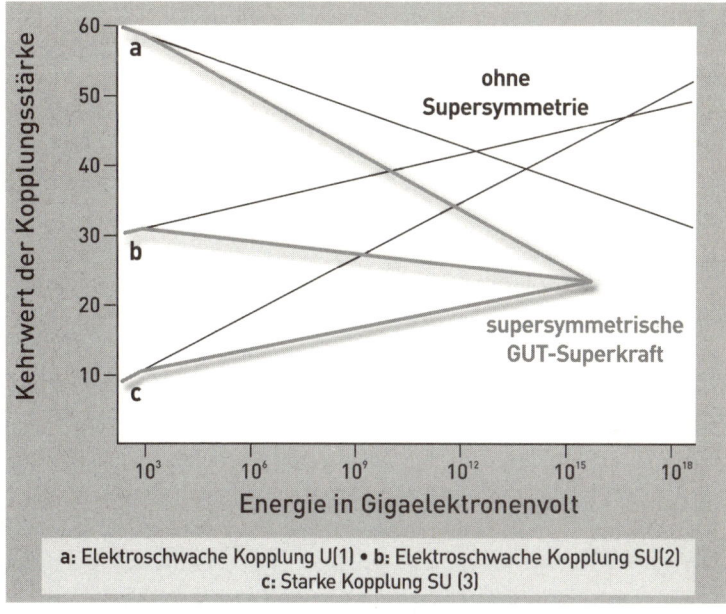

a: Elektroschwache Kopplung U(1) • **b:** Elektroschwache Kopplung SU(2)
c: Starke Kopplung SU (3)

Einheit und Dreifaltigkeit: Drei fundamentale Naturkräfte – genauer: ihre Kopplungsstärken – nähern sich bei hohen Energien einander an. Dann sollten sie von einer Großen Vereinheitlichten Theorie (GUT) beschrieben werden können. Die Kopplungsstärken der Wechselwirkungen treffen sich aber nur in einem Punkt, wenn das Standardmodell der Elementarteilchen durch die Theorie der Supersymmetrie von Materie und Kräften erweitert wird. Diese soll sich ab etwa 1000 Gigaelektronenvolt oder mehr bemerkbar machen, daher der »Knick« in den Kurven. (Hier wurde die theoretische Vereinheitlichung der Elektromagnetischen und Schwachen Kraft zu einer Elektroschwachen Kraft, durch Messungen bestätigt, bereits berücksichtigt.) Ab etwa 200 Gigaelektronenvolt sind die Kurven extrapoliert. Diese Rechnungen hängen alle stark vom konkreten GUT-Modell ab. Das einfachste mit der Symmetriegruppe SU(5) würde durch SUSY hervorragend ergänzt, wie die Abbildung zeigt, ist jedoch durch die Nicht-Entdeckung des vorausgesagten Protonenzerfalls in Bedrängnis. In anderen GUT-Modellen wie SO(10) treffen sich die Kräfte auch ohne SUSY. – Ob und bei welchen Energien sich zudem die Schwerkraft als Vierte im Bunde zur großen Einheit hinzugesellt, ist unklar (als eine supersymmetrische Gravitation vielleicht schon bei 10^{16}, spätestens aber auf der Planck-Skala bei 10^{19} Gigaelektronenvolt).

Exkurs

Der Zerfall des Protons

»Diamonds are not forever« – Diamanten sind nicht für die Ewigkeit, widerspricht Sheldon Lee Glashow einem bekannten Werbeslogan. Der Physik-Nobelpreisträger meint das ernst. Denn wenn die Ansätze für eine Große Vereinheitlichte Theorie der Elektroschwachen und Starken Kraft richtig sind, wären Vorgänge möglich, die in der bekannten Physik des Standardmodells der Elementarteilchen nicht vorkommen. Solche hypothetischen Prozesse, so selten sie auch sein mögen, sind also eine Voraussage der GUTs. In der einfachsten davon, die mithilfe der Symmetriegruppe SU(5) von Glashow und seinem Kollegen Howard Georgi 1974 formuliert wurde, könnte sich etwa ein down-Quark unter Vermittlung eines exotischen GUT-Teilchens in ein Lepton umwandeln (GUT-Teilchen können etwa sogenannte X-Bosonen, schwere Higgs-Bosonen oder auch Magnetische Monopole sein). Das Resultat: Das Proton wäre instabil und müsste im Verlauf gigantischer Zeiträume zerfallen – zum Beispiel in ein Positron und ein neutrales Pion oder in ein Antineutrino und ein positives Pion

Im Rahmen der SU(5)-GUT ist sogar eine relativ präzise Voraussage möglich: Abschätzungen von Steven Weinberg, Howard Georgi und Helen R. Quinn ergaben 1974 eine mittlere Lebensdauer von 10^{30} bis 10^{31} Jahren bei einer SU(5)-GUT-Skala von 10^{15} Gigaelektronenvolt für die Vereinheitlichung der Kräfte. Das ist ein gewaltiger Zeitraum, den selbstverständlich niemand abwarten kann (das Universum ist bislang nur gut 10^{10} Jahre alt!). Aber mit einer großen Menge an Protonen sind doch statistische Aussagen möglich. Man beobachtet einfach viele dieser Kernteilchen – in 5000 Tonnen Wasser befinden sich beispielsweise rund 10^{33} –, um gegebenenfalls einige Dutzend oder Hundert Zerfälle jährlich aufzuspüren. (Zum Vergleich: die Erde besteht aus rund 4×10^{51} Protonen und Neutronen.)

Dass das Proton mindestens 10^{16} Jahre stabil ist, bezweifelt niemand. »Die Lebensdauer des Protons steckt uns in den Knochen«, meinte Maurice Goldhaber vom Brookhaven National Laboratory einmal. Wäre die Halbwertszeit kürzer, würde der Zerfall sich als radioaktive Belastung bemerkbar machen und unweigerlich Knochenkrebs und andere Tumoren auslösen. Denn dann würden von den rund 10^{28} Protonen im menschlichen Körper jährlich im Durchschnitt eine Billion zerfallen, also über 30.000 pro Sekunde. »Wir wären eine Gefahr für unsere eigene Gesundheit«, kommentierte Steven Weinberg das lakonisch.

Die ersten experimentellen Messungen machten Goldhaber und seine Kollegen bereits 1954. Sie verwendeten 300 Liter eines Kohlenwasserstoffs als Szintillator, in dem zerfallende Protonen Lichtblitze erzeugt hätten. Doch davon keine Spur. Dies bedeutet, dass die Halbwertszeit des Protons größer als 10^{22} Jahre sein muss. Seither, und motiviert durch die GUT-Voraussagen, wurden immer größere und empfindlichere Detektoren gebaut. Dazu wurden Sensoren in Wasser oder Eisen oder Beton gesteckt, die die mutmaßlichen Zerfallsprodukte der Protonen nachweisen können – bislang jedoch ohne Erfolg. Die genauesten Messungen stammen von dem Detektor Super-Kamiokande in Japan, einen Kilometer unter der Erdoberfläche. Er misst rund 40 Meter in Höhe und Durchmesser und ist mit 11.146 je 51 Zentimeter großen Photomultipliern ausgekleidet, die nach Lichtblitzen in den 50.000 Tonnen ultrareinen Wassers spähen. Dieses bläuliche Leuchten ist die gut bekannte Tscherenkow-Strahlung – benannt nach Pawel A. Tscherenkow, der sie 1934 beschrieb. Sie entsteht, wenn sich Teilchen in einem Medium wie Wasser (nicht im Vakuum!) schneller als das Licht bewegen. (Super-Kamiokande weist so auch Neutrinos nach, die aber andere Signaturen hervorrufen.)

Bislang gibt es keine Anzeichen für einen Protonenzerfall. Die Untergrenze für die mittlere Lebensdauer eines Protons beträgt $6{,}6 \times 10^{33}$ Jahre, falls es sich in ein Antimyon und ein neutrales Pionen umwandeln würde, und $8{,}2 \times 10^{33}$ Jahre, falls es in ein Positron und ein neutrales Pion zerfiele. (Im kanadischen Sudbury Neutrino Observatory, das auch nach anderen Zerfallsprodukten Ausschau hielt, beträgt die Untergrenze 2×10^{29} Jahre.) Daraus folgt eine untere Grenze für die Masse der X-Bosonen von mindestens 10^{16} Gigaelektronenvolt. Die klassische SU(5)-GUT ist mit diesen Daten praktisch widerlegt, GUTs im Allgemeinen aber natürlich nicht.

Teilchen	Halbwertszeit	Zerfallsprodukte	verletzte Erhaltungsgröße
Proton	$> 8{,}2 \times 10^{33}$ Jahre	Positron und neutrales Pion?	Baryonenzahl
Elektron	$> 4{,}6 \times 10^{26}$ Jahre	Gammaquant und Neutrino?	elektrische Ladung
Neutrino	$> 10^{12}$ Jahre	zwei Photonen?	Lorentz-Symmetrie
Neutron	$880 \pm 0{,}9$ Sekunden	Proton, Elektron und Elektron-Antineutrino	Isospin-Symmetrie
Dunkle Materie? (LSP)	$> 10^{10}$ Jahre	Elektron-Positron-Paar? Gamma strahlung? Neutrinos?	?

Ein langes Leben: Im Rahmen des Standardmodells der Materie sind nur Protonen, Elektronen und Neutrinos völlig stabil (wobei sich letztere aber immer wieder ineinander umwandeln können). Alle anderen Teilchen zerfallen in Sekundenbruchteilen – abgesehen von freien Neutronen, die immerhin eine mittlere Lebensdauer von einer knappen Viertelstunde haben. Experimentell ist eine ewige Stabilität aber nicht erwiesen (oder überhaupt beweisbar) – die Messungen ergaben jedoch imposante Untergrenzen jenseits des Alters unseres Universums. Unklar ist auch, ob die Dunkle Materie aus unbekannten Elementarteilchen besteht und ob das leichteste davon stabil ist oder irgendwann zerfällt (und in was).

Eine Lösung auf der Suche nach einem Problem

Wissenschaftstheoretisch wie -historisch bemerkenswert ist, dass das genau untersuchte und technisch sehr ausgefeilte SUSY-Szenario zunächst als reiner Selbstzweck entwickelt wurde. »SUSY war eine Lösung auf der Suche nach einem Problem«, scherzt Gordon Kane. Denn rund 10.000 Arbeiten wurden über Jahre hinweg im scheinbar weltfremden Elfenbeinturm geschrieben, obwohl es damals in der Teilchenphysik keine konkreten experimentellen Rätsel und keine theoretischen Widersprüche gab, die SUSY knacken sollte. »Dass die Supersymmetrie Probleme lösen kann, für die sie nicht eingeführt wurde, ist für viele Physiker ein guter Hinweis, dass SUSY tatsächlich die Natur beschreibt.«

Auch John Ellis ist noch immer begeistert: »SUSY ist mit den GUTs perfekt vereinbar und tatsächlich bereits quantitativ gestützt durch die Daten von den Kopplungsstärken und Neutrinomassen. Alle anderen Hypothesen für eine Physik jenseits des Standardmodells teilen diese Synthese mit den GUTs nicht«, betont er. »SUSYs Gültigkeit ist überprüfbar, zum Beispiel mit dem LHC, und lässt sich somit durch Experimente entscheiden.« Und das ist bekanntlich ein Gütesiegel und wesentliches Kennzeichen wissenschaftlicher Theorien.

So macht SUSY auch Voraussagen zu den Zerfällen und Massen der Higgs-Bosonen. Das leichteste Higgs-Teilchen sollte dem MSSM gemäß eine Masse von weniger als 130 Gigaelektronenvolt haben – und müsste sich dann mühelos mit dem LHC nachweisen lassen. Dies passt gut zu dem am LHC entdeckten neuen Boson mit einer Masse von etwa 125 Gigaelektronenvolt. Vielleicht ist es also gar nicht das Higgs-Teilchen des Standardmodells, sondern ein ihm sehr ähnelndes SUSY-Higgs.

Und dann würden noch weitere SUSY-Higgs-Teilchen mit anderen Eigenschaften der Entdeckung harren. Denn wenn ein supersymmetrisches Modell die Natur richtig beschreibt, gibt es nicht ein Higgs-Teilchen, sondern mindestens fünf. Das leichteste würde dem Standard-Higgs ähneln – hätte beispielsweise ebenfalls Spin 0 und eine positive Parität –, müsste aber ein etwas anderes Zerfallsverhalten zeigen. Im MSSM gibt es zwei weitere neutrale Higgs-Teilchen, eines davon mit negativer Parität, sowie zwei elektrisch geladene. Im NMSSM kommen noch zwei Higgs-Bosonen hinzu.

Auch darum ist es wichtig, die Eigenschaften des neuen Bosons genau zu untersuchen – denn es könnte ein SUSY-Higgs sein. Deswegen bestehen Rolf Heuer und seine Kollegen momentan auch noch auf der Unterscheidung zwischen »einem« und »dem« Higgs-Teilchen. Anders gesagt: Ein Higgs-Boson ist entdeckt, aber welches?

Exkurs

Natürlich hierarchisch?

Wie schwach die Gravitation ist, zeigt bereits ein kleiner Magnet: Wenn er einen Nagel vom Boden hebt, überwindet er die Anziehungskraft der gesamten Masse der Erde! Das ist so alltäglich, dass selbst Physiker nur selten darüber staunen. Quantitativ ausgedrückt: Die Elektromagnetische Kraft ist rund 10^{39}-mal stärker als die Schwerkraft. Wenn sich also beispielsweise zwei Elektronen gegenseitig abstoßen, müsste ihre Masse 10^{22}-mal so groß sein, wie sie es tatsächlich ist, damit die gravitative Anziehung zwischen ihnen ihre elektrische Abstoßung kompensiert. Um so ein schweres Teilchen zu erzeugen, wären 10^{19} Gigaelektronenvolt nötig – die Planck-Energie. Kurzum: Der Faktor ist riesig, der die Elektroschwache Skala von der Planck-Skala trennt: etwa 10^{16}. Zehn Billiarden. 10.000.000.000.000.000. Weshalb macht die Natur einen solchen Unterschied?

Physiker haben dieses Rätsel mit dem unspektakulären Begriff »Hierarchie-Problem« bezeichnet. Es ist eine der größten Schwierigkeiten der Theoretischen Physik. Denn dieser Unterschied erscheint ganz und gar unnatürlich – und daher wird im Englischen auch vom »naturalness problem« gesprochen. Unnatürlichkeit meint: unwahrscheinlich, nicht erwartbar, erklärungsbedürftig. *Wie* unnatürlich, können Physiker abschätzen: Man muss die Elektroschwache Theorie quasi bis auf die 32. Stelle hinter dem Komma genau einstellen, sonst wären quantenphysikalische Instabilitäten die Folge, die die Theorie zu den extremen, aber »natürlichen« Werte der Planck-Skala treiben würde. Das ist, als betrete man ein Zimmer mit einem Tisch, auf dem einige Dutzend Bleistifte sind – die aber nicht wahllos herumliegen, sondern allesamt auf ihren Spitzen balancieren. Niemand würde glauben, dass das Zufall sein könnte, sondern nach einer Erklärung suchen. So auch beim Hierarchie-Problem.

Es gibt zwar ein paar Lösungsansätze, aber niemand weiß, ob der richtige dabei ist. Fest steht: Wenn SUSY auf der Teraelektronenvolt-Skala angesiedelt ist, würden die supersymmetrischen Felder die des Standardmodells genau ausgleichen. Das würde das Hierarchie-Problem beseitigen – quasi die Bleistifte an Fäden in aufrechter Position festhalten.

Zwischenbilanz: Super, sexy, SUSY

»SUSY ist eine der plausibelsten Erweiterungen des Standardmodells, gut motiviert vom Hierarchie-Problem, vereinbar mit den Messungen der Kopplungsstärken und damit, dass das Higgs-Boson relativ leicht ist«, fasst John Ellis zusammen die Situation zusammen, einer der prominentesten SUSY-Freunde und -Wegbereiter. »Und SUSY liefert Kandidaten für die Dunkle Materie in der Astrophysik.«

Seit den 1980er-Jahren zählt SUSY zu den erfolgversprechendsten Kandidaten für eine neue Physik. Das Supersymmetrie-Szenario ist am detailliertesten ausgearbeitet, und manche Modelle machen sehr genaue Vorhersagen. Außerdem ist SUSY für Theoretiker ausgesprochen sexy – das heißt gleich mehrfach attraktiv: SUSY kann ...

› die Existenz eines Higgs-Teilchens mit relativ niedriger Masse vorhersagen – das heißt ein Boson beschreiben, wie es 2012 entdeckt wurde,

› das Hierarchie-Problem lösen – das heißt die Frage beantworten, warum das Higgs-Teilchen so leicht beziehungsweise die Gravitation so schwach ist,

› die Gefahr der Vakuum-Instabilität beseitigen – das heißt letztlich eine Teilerklärung dafür geben, warum das Universum überhaupt so beschaffen und lebensfreundlich ist, wie es ist,

› die Vereinigung der Starken und Elektroschwachen Kraft bei hohen Energie in einer Grand Unified Theory beschreiben – das heißt eine Eigenschaft des Universums einen winzigen Augenblick nach dem Urknall erklären,

› einen Kandidaten für die rätselhafte Dunkle Materie bereitstellen – das heißt vielleicht begreiflich machen, woraus die Hauptmasse des Alls besteht,

› möglicherweise offene Fragen zu den bereits bekannten Elementarteilchen beantworten (etwa das anomale magnetische Moment des Myons oder die Ruhemassen der Neutrinos)

Supersymmetrisches Modell	Zahl der freien Parameter
Minimales Supersymmetrisches Standardmodell (MSSM)	105
phänomenologisches 19-Parameter-MSSM (p19MSSM)	19
Constrained MSSM (CMSSM)	4
Very Constrained MSSM (VCMSSM)	3
minimale Supergravitation (mSUGRA)	3
Nichtuniverselles Higgs-Massen-Modell (NUHM) 1 und 2	6 und 7
minimal Gauge-Mediated SUSY Breaking (mGMSB)	5
Anomaly-Mediated SUSY Breaking (AMSB)	3
Mixed Modulus-AMSB (MM-AMSB)	6
Next-to-MSSM (NMSSM)	108
Constrained NMSSM (CNMSSM)	6
semi-constrained NMSSM (sNMSSM)	10

Viele Gesichter von SUSY: Die Theorie der Supersymmetrie (SUSY) ist eine vollständig spezifizierte Erweiterung des Standardmodells der Elementarteilchenphysik. Sie postuliert eine fundamentale Verwandtschaft von Fermionen und Bosonen. Der Preis dafür ist hoch: eine enorme Menge an freien, das heißt zu messenden Parametern. Eingeschränkte Modelle sind aber wesentlich einfacher und lassen sich experimentell schon recht gut testen. Besonders die stark durch Zwangsbedingungen simplifizierte CMSSM-Version von SUSY ist für weite Bereiche ihres Parameterraums durch LHC-Messungen bereits widerlegt. Das beeinträchtigt das SUSY-Szenario insgesamt jedoch nicht. Fraglich ist aber, ob SUSY bei Energien auftaucht, die der LHC erreichen kann.

› und ganz generell die Physik auf ein tieferes Fundament zu stellen helfen, zumal die Supersymmetrie auch ein essentieller Bestandteil der Stringtheorie ist, dem ehrgeizigsten Kandidaten für eine Weltformel.

SUSY steht aufgrund ihrer umfassenden Symmetrie in der bewährten Tradition der Vereinheitlichung und Vereinfachung physikalischer Phänomene. Auch die Voraussage neuer Teilchen hat in der Elementarteilchenphysik eine lange Geschichte und sich häufig als korrekt erwiesen. Allerdings – und das kann schwerlich anders als ein Schönheitsfehler verstanden werden – ist SUSY nicht in jeder Hinsicht einfach oder gar einfacher als das Standardmodell. Ganz im Gegenteil: Die allgemeinen SUSY-Modelle enthalten eine unangenehm große Zahl an freien Parametern. Das macht sie nicht nur extrem unhandlich, sondern auch empirisch schwer zu testen. Immerhin reduzieren bestimmte – letztlich durchaus willkürliche, wenn auch nicht unbegründete – Einschränkungen und Annahmen die Freiheitsgrade beträchtlich. Und das rückt minimalistische Modelle bereits ins Kreuzfeuer der experimentellen Überprüfungen.

Antimaterie und der zerbrochene Spiegel

»Ich glaube nicht, dass Gott ein ›schwacher Linkshänder‹ ist. Das heißt, ich sehe keinen logischen Zusammenhang zwischen der Stärke einer Wechselwirkung und ihrer links-rechts-Invarianz«, schrieb Wolfgang Pauli in einem Brief vom 22. Dezember 1956. Das war, nachdem er von der spekulativen – und spektakulären – Voraussage erfahren hatte, dass sich die Schwache Kraft drastisch von der Elektromagnetischen und Starken unterscheiden sollte. Erst ein Jahr zuvor, 1955, hatte Pauli erkannt, dass der Ablauf des radioaktiven Zerfalls eines Atoms theoretisch derselbe bleibt, wenn man erstens die beteiligten Ladungen (englisch »charge«, abgekürzt C) umkehrt und somit Materie durch Antimaterie ersetzt, wenn man den Vorgang zweitens einer räumlichen Spiegelung unterwirft (»parity«, P) und ihn drittens in der Zeit (»time«, T) rückwärts lau-

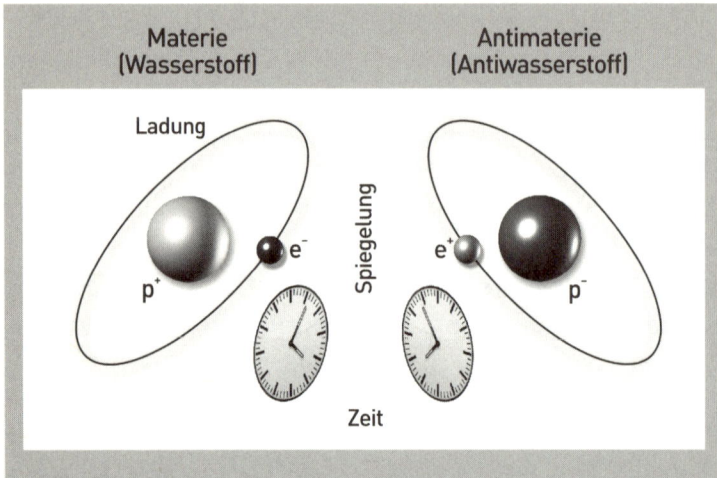

Abstrakte Symmetrie: Warum es mehr Materie als Antimaterie im All gibt, ist ein großes Rätsel. Ein Schritt zur Lösung könnte das CPT-Theorem sein. Dieses grundlegende physikalische Gesetz der Quantenfeldtheorie wurde 1955 von Wolfgang Pauli formuliert. Demnach sind alle Prozesse möglich, die einer CPT-Symmetrietransformation unterliegen. Dabei steht C (charge) für eine Vertauschung der Ladung – und somit von Materie und Antimaterie –, P (parity) für eine Spiegelung (Parität) und T (time) für eine Zeitumkehr. Schwächere Symmetrien wie C, P oder CP werden aber von manchen Teilchenzerfällen verletzt. Vielleicht sind Materie und Antimaterie also nicht ganz gleichberechtigt.

fen lässt. Dieses sogenannte CPT-Theorem hat eine fundamentale Stellung in der Physik: Wäre es nur minimal verletzt, stünden die Relativitätstheorie und das Standardmodell auf der Kippe.

Doch jede einzelne Verletzung ist möglich. Und genau das sagten 1956 Tsung-Dao Lee und Chen Ning Yang voraus – zumindest für die Parität bei Prozessen der Schwachen Kraft. Als die ebenfalls aus China stammende sowie in den USA tätige Physikerin Chien-Shiung Wu davon erfuhr, überprüfte sie es sofort mithilfe radioaktiv zerfallender Isotope von Kobalt-60 in einem Magnetfeld. Und tatsächlich: Die Elektronen werden zwar entgegengesetzt emittiert, aber nicht parallel zum Spin des Kerns – die P-Invarianz ist hier zu 100 Prozent verletzt. (Später zeigte sich auch, warum: Weil es aus unerfindlichen Gründen nur linkshändige Neutrinos und rechtshändige Antineutrinos gibt, der jeweils umgekehrte Spin wurde nie gemessen.) »Dieser Bruch im Spiegel der Natur verursachte erheblichen Wirbel unter den Physikern«, kommentierte das kürzlich der Wissenschaftsjournalist Thomas Bührke. Als Wus Messungen später in einer Konferenz im israelischen Rehovot diskutiert wurden, verfasste Pauli eine »Todesanzeige«: »Es ist uns eine traurige Pflicht, bekannt zu geben, dass unsere langjährige, liebe Freundin PARITÄT am 19. Januar 1957 nach kurzem Leiden bei weiteren experimentellen Eingriffen sanft entschlafen ist. Für die Hinterbliebenen: e, µ, ν«– und fügte resigniert hinzu: »So ist es also nun sicher, dass Gott doch ein schwacher Linkshänder ist.«(Lee und Yang erhielten übrigens schon im gleichen Jahr den Nobelpreis, doch Chien-Shiung Wu ging leer aus.)

Eine Kombination von C und P ist ebenfalls nicht ausnahmslos gültig. Das entdeckten 1964 James Cronin und Val Fitch (Nobelpreis 1978) und ihre Mitarbeiter. Sie erzeugten im Protonensynchrotron des Brookhaven National Laboratory neutrale K-Mesonen (Kaonen). Diese Teilchen, bestehend aus einem down-Quark und einem strange-Antiquark, zerfallen sofort in zwei oder drei Pionen. Ihre Spiegelpartner, die Antikanonen, tun dies auch – aber in einem zu etwa 0,2 Prozent verschiedenen Verhältnis. Mit dieser CP-Verletzung hatte niemand gerechnet – obschon Toshihide Maskawa und Makoto Kobayashi diese dann rasch mathematisch ins Standardmodell einbauen konnten (Nobelpreis 2008), und sie inzwischen gut etabliert ist.

Kurz darauf, 1967, stellte der sowjetische Kernphysiker – und spätere Dissident und Friedensnobelpreisträger – Andrei Sacharow eine gleichermaßen gewagte wie pfiffige Hypothese auf, die von der

Exkurs

Axionen: Wie ein Waschmittel ein starkes Problem bereinigt

Warum verletzt die Schwache Kraft die CP-Invarianz, die Starke Wechselwirkung aber nicht? Dieses sogenannte Starke CP-Problem bereitet Physikern viel Kopfzerbrechen, weil die Quantenchromodynamik zwar die Erhaltung dieser Symmetrie beschreiben kann, das aber eine große »Feinabstimmung«und einen»von Hand«eingeführten Parameter erfordert, was unnatürlich anmutet. Wäre die CP-Symmetrie verletzt, würde das einen elektrischen Dipol des Neutrons bewirken, der eine Billion mal stärker wäre als mit den Messungen vereinbar. Die Wechselwirkung mit einem neuen Skalarfeld mit gebrochener Symmetrie ähnlich wie beim Higgs-Mechanismus würde das Starke CP-Problem jedoch beseitigen. Diese Lösung haben Roberto Peccei und Helen Quinn 1977 vorgeschlagen. Falls sie stimmt, müsste ein neues Elementarteilchen existieren, das Quant dieses Felds. Darauf hat Frank Wilczek 1978 hingewiesen (und unabhängig von ihm auch Steven Weinberg). Er nannte es Axion – nach der Marke eines Waschmittels, das ihn in seiner Jugendzeit träumen ließ, einmal ein Partikel zu taufen. »Das Teilchen würde ein Problem bereinigen, und weil es mit axialen Strömen zu tun hat, akzeptierten die notorisch konservativen Redakteure der *Physical Review Letters* den Namen, ohne zu wissen, was ich wirklich im Kopf hatte.« Das Axion wäre zwar sehr leicht (10^{-6} bis höchstens ein Elektronenvolt), aber massenhaft im All vorhanden – und somit ein respektabler Kandidat für die Dunkle Materie. Es laufen bereits verschiedene Versuche, es nachzuweisen. Besonders gespenstisch mutet dabei ein Effekt an, bei dem Licht (beziehungsweise ein Laserstrahl im Magnetfeld) mithilfe eines Axions buchstäblich durch eine Wand tunneln und dahinter gemessen werden könnte.

---

entdeckten CP-Verletzung inspiriert war. Er meinte, die heutige Materie-Dominanz sei kein Zufall. Vielmehr könne sie naturgesetzlich erklärt werden. »Die Deutung einer Baryonen-Asymmetrie ist auf dem Weg einer tiefgehenden Analyse der Symmetrie der

Elementarteilchen und der Erhaltungssätze zu suchen«, schrieb er. Dazu müssten drei Bedingungen erfüllt sein:

› Die Zahl der Baryonen darf nicht erhalten bleiben. – Dieser Vorgang, »Sphaleron«genannt (griechisch für: bereit zu fallen), erscheint möglich; er wurde erstmals 1984 von Frans Klinkhamer und Nicholas Manton mathematisch beschrieben; experimentell bestätigt ist er aber bis heute nicht.

› Die CP-Symmetrie zwischen Teilchen und Antiteilchen muss verletzt werden. – Dadurch sollten im frühen Universum etwas mehr Quarks als Antiquarks entstanden beziehungsweise langsamer zerfallen sein; das hatten vielleicht die hypothetischen X-Bosonen der GUTs bewirkt, doch das ist bislang reine Spekulation.

› Das thermische Gleichgewicht muss gestört werden. – Deshalb konnten die laufend zerfallenden Teilchen nicht ebenso häufig wieder nachproduziert werden, und der quantitative Unterschied wurde fixiert; das war sicherlich geschehen, nämlich durch die Ausdehnung und somit Abkühlung des zunächst sehr heißen Weltalls.

Zunächst nahm kaum jemand diese These wahr oder ernst (Wadim Kuzmin argumentierte 1970 immerhin ähnlich). Aber nach und nach wurde sie zum Prototyp von Erklärungsversuchen der sogenannten Baryogenese – also der Entstehung der Baryonen. Die kam allerdings eher dem Überleben einer Massenvernichtungsschlacht gleich. Denn weniger als ein Milliardstel der Materieteilchen hätte das infernalische Massaker der Annihilation in den ersten Momenten des Universums überlebt – und nahezu kein Antiteilchen. Der winzige Unterschied macht heute alle Differenz der Welt aus. »Das ist etwa so, als würden an einem Tag alle auf der Erde lebenden Männer und Frauen heiraten – und dabei bliebe ein einziger Mensch solo«, veranschaulicht es Thomas Bührke ... wobei in diesem Szenario jede Ehe ein Desaster wäre.

Allerdings reicht die gemessene CP-Verletzung des Kaonen-Zerfalls bei weitem nicht aus, um die kosmische Materie-Dominanz zu

Schöner Teilchenfänger: LHCb (LHC-beauty), 7,6 Meter breit und 6,2 Meter hoch, ist spezialisiert auf die Analyse der Wechselwirkung von Teilchen, die b-Quarks enthalten (»beauty« oder »bottom« genannt). Das Experiment soll unter anderem das Rätsel des Materie-Überschusses gegenüber der Antimaterie lösen helfen.

erklären. Das gilt auch für die CP-Verletzung, die alsbald für die bottom-(Anti)Quark-haltigen B-Mesonen vorausgesagt und gemessen wurde. So entdeckten große Physiker-Teams in Japan und den USA mit den Belle- und BaBar-Experimenten eine CP-Asymmetrie von etwa acht Prozent bei den B^0-Mesonen. Die bestehen aus einem down-Quark und einem bottom-Antiquark und zerfallen in ein Kaon und Antipion – bei den B^0-Antimesonen ist es umgekehrt, aber etwas seltener. Am LHCb wurden dann 2012 eine Billion Paare von B- und Anti-B-Mesonen erschaffen – und im Mai 2013 erstmals eine CP-Verletzung von B^0_s-Mesonen nachgewiesen: Immerhin 27 Prozent zerfallen mehr in ein Antikaon und ein Pion als B^0_s-Antimesonen in je ein Kaon und ein Antipion. Das war ein großer Erfolg des 800-köp-

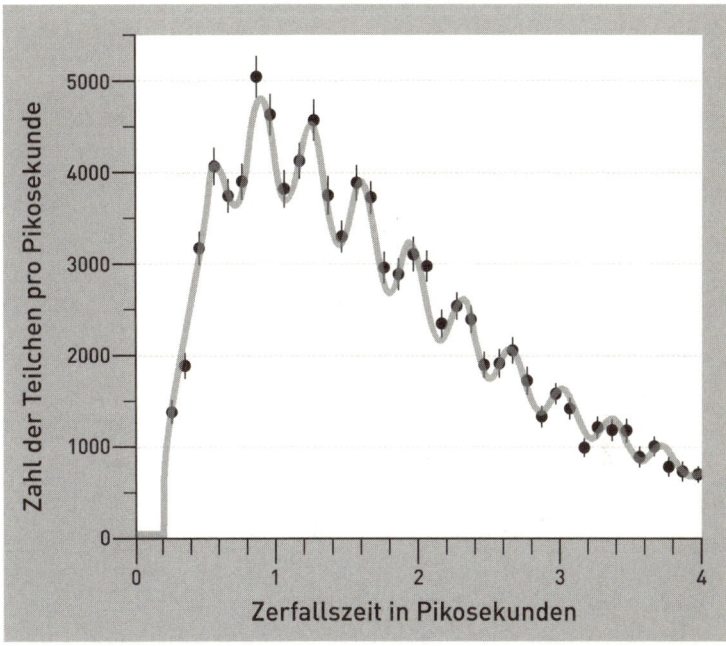

Ordentliche Oszillation: Die kurzlebigen B_s^o-Mesonen (aus einem bottom-Quark und strange-Antiquark) wandeln sich unter Vermittlung zweier W-Bosonen und eines virtuellen top-Quark-Antiquark-Zwischenstadiums rasch in ihr Antiteilchen um und wieder zurück, bevor sie in andere Teilchen zerfallen. Diese erstaunliche Schwingung hat der LHCb-Detektor am CERN über mehrere Perioden hinweg äußerst präzise gemessen. In den Messpunkten sind die Daten von 34.000 durch Proton-Proton-Kollisionen erzeugten B_s^o-Mesonen überlagert. Die daraus errechnete Kurve spiegelt den Zerfall dieser instabilen Partikel wider sowie ihre Oszillation mit einer Periode von $0{,}35 \times 10^{-12}$ Sekunden. Solche Daten sind ein Prüfstein für die Reichweite des Standardmodells der Materie, das bislang alle Tests bravourös bestanden hat.

figen LHCb-Forscherteams – doch immer noch vereinbar mit dem Standardmodell und somit viel zu wenig für die Kosmologen.

»Viele Theoretiker erwarten mittlerweile die Lösung von Sacharows Problem nicht mehr bei den Quarks, sondern bei den

Exkurs

Leptoquarks und Magnetische Monopole

Grand Unified Theories (GUTs) beschreiben, wie sich Quarks, Leptonen und ihre Antiteilchen bei 10^{16} Gigaelektronenvolt als gleichberechtigte Partikel verhalten und ineinander umwandeln. Dazu werden neuartige Austauschteilchen postuliert, oft X-Teilchen oder Leptoquarks genannt. (Die SU(5)-GUT erfordert beispielsweise die Existenz von zwölf verschiedenen X-Teilchen.) Sie haben einen ganzzahligen Spin (0 oder 1), eine elektrische Ladung und eine Farbladung. Ihre Existenz würde erklären, wenn sie asymmetrisch zerfallen, warum es mehr Materie als Antimaterie gibt, weshalb das Proton nicht stabil sein kann und warum der Betrag der Ladung des Protons und Elektrons gleich ist. Experimentelle Hinweise auf Leptoquarks gibt es nicht. Am DESY in Hamburg wurden 2011 immerhin Massen unterhalb von 800 Gigaelektronenvolt ausgeschlossen.

Von vielen GUTs wird außerdem die Existenz von Magnetischen Monopolen postuliert, die typische – gigantische – Massen von 10^{16} Gigaelektronenvolt haben müssten. Sie könnten 10^{-15} Meter groß sein und einen zwiebelähnlichen Aufbau besitzen mit einem GUT-symmetrischen Vakuum (10^{-31} Meter), einer elektroschwachen Schale mit W- und Z-Bosonen, einer Confinement-Schale mit Gluonen und Photonen (10^{-18} Meter) und einer Außenhülle aus Fermion-Antifermion-Paaren. Dass es vielleicht isolierte magnetische Ladungen gibt – bei elektrischen ja nichts Besonderes –, also quasi einzelne Nord- und Südpol-Minimagnete, ist keine neue Idee, obwohl so etwas nie gemessen wurde. Paul Dirac spekulierte 1931 über magnetische Elementarteilchen als Gegenstücke zum Elektron; damit ließe sich auch erklären, warum die elektrische Ladung nur in ganzzahligen Vielfachen der Elementarladung vorkommt. Solche Monopole müssen aber sehr selten sein, falls sie überhaupt existieren (weniger als 10^{-16} pro Quadratzentimeter, Sekunde und Steradiant oder eines pro Quadratmeter alle 30.000 Jahre). Das folgt aus direkten Suchprojekten und aus astronomischen Beobachtungen (mittlere Materiedichte des Alls; Vorkommen stabiler galaktischer Magnetfelder). Am CERN wird neuerdings mit dem Experiment MoEDAL (Monopole and Exotics Detector at the LHC) nach den Monopolen gefahndet.

Neutrinos«, meint Ulrich Uwer von der Universität Heidelberg ernüchtert. Dann wäre eine Leptogenese die Ursache der Materie-Dominanz. Aber wie sich die Asymmetrie – etwa im Zerfall schwerer, rechtshändiger, bislang unbeobachtbarer Neutrinos – auf die Quark-Häufigkeit übertragen haben könnte, ist unklar.

Tiefer in die Materie: Präquarks

Möglicherweise sind Quarks und Leptonen gar nicht elementar, sondern aus noch einfacheren, kleineren Bausteinen zusammengesetzt. Das würde die vermeintliche Komplexität und Vielfalt des Standardmodells auf eine tiefere und übersichtlichere Basis stellen (ähnlich wie das Quark-Modell Ordnung in den Teilchenzoo brachte). Es könnte zum Beispiel das »Generationenproblem« lösen, das heißt die drei wiederkehrenden Familien auf einen Ursprung zurückführen (massereichere Generationen wären Anregungsformen derselben Teilchen wie die masseärmeren). Das wäre vergleichbar mit der Erklärung der Regelmäßigkeiten im Periodensystem der chemischen Elemente durch den Aufbau der Atome.

Generell ist von Präquarks die Rede. Darüber gibt es diverse Spekulationen, aber noch keinen einzigen experimentellen Hinweis. Die einzelnen Modelle locken trotzdem schon mit eigenen Bezeichnungen. So sprachen Jogesh C. Pati und Abdus Salam 1974 von Präonen (von lateinisch »prä-«: vor). Sie postulierten drei verschiedene Typen entsprechend der drei elementaren Fermionen-Eigenschaften: geladene, farbige und die Generationenzahl bestimmende: zwei Flavonen, vier Chromonen und drei Somonen. Ein Vorschlag, den Haim Harari 1979 machte (und unabhängig von ihm Michael Shupe) und 1981 mit Nathan Seiberg erweiterte, kommt sogar mit nur zwei Typen aus (eines mit der elektrischen Ladung +⅓, das andere mit 0, sowie den Antiteilchen mit -⅓ und

Exkurs

Supergravitation

SUSY liebäugelt, und das war eine Überraschung, auch mit der Schwerkraft. Die Allgemeine Relativitätstheorie lässt sich nämlich supersymmetrisch und mit lokaler Eichinvarianz erweitern. Eine solche Theorie der Supergravitation (SUGRA) wurde erstmals 1976 von Daniel Z. Freedman, Pieter van Nieuwenhuizen und Sergio Ferrara formuliert. Was zunächst als mathematische Spielerei aussehen mag, könnte sich als Weg zu einer einheitlichen Beschreibung der Naturkräfte erweisen. Die einfachste Theorie, die minimale SUGRA (mSUGRA), beschreibt nur die Gravitation, aber komplexere bieten mehr. Sogar SUGRA-GUTs wurden vorgeschlagen. Es gibt acht SUGRA-Typen, wobei die allgemeinste und anscheinend nicht mehr erweiterbare, N=8 genannt wird, weil sie acht Gravitinos mit Spin $\frac{3}{2}$ enthält. Darüber hinaus postuliert sie zusätzlich 70, 56, 28 und 1 Teilchen mit Spin 0, $\frac{1}{2}$, 1 und 2, unter denen sich immerhin das Photon und Elektron befinden könnten. Sie ist elfdimensional! Werner Nahm zeigte, dass sich mehr Dimensionen nicht mit der etablierten Annahme eines einzigen Gravitons vereinbaren lassen. Und Edward Witten fand 1981, dass elf Dimensionen das Minimum sind, um das Standardmodell der Elementarteilchen in eine SUGRA zu integrieren. 1995 bewies er, dass diese N=8 SUGRA mit den Superstrings verwandt ist und als Teil der M-Theorie fungiert – mit SUSY und SUGRA winkt also die »Weltformel«.

ebenfalls 0). Er nannte sie Rischonen (von hebräisch »rischon«: ur-) und die beiden Teilchen Tohu und Vavohu mit Anspielung auf das biblische »wüst und leer«. Jedes Quark und Lepton besteht Hararis Modell zufolge aus drei Preonen, W- und Z-Bosonen haben sechs, Photonen zwei. Außerdem postulieren die Präquark-Modelle eine neue Kraft, die Hyperfarbkraft, die die Präquarks bindet und trennt. Das alles klingt für eine tiefere Einfachheit allerdings noch immer ziemlich kompliziert.

Möglicherweise lüftet der LHC den Schleier zu einer tieferen Ebene der Natur. Oder neue Experimente am Fermilab helfen weiter, die das magnetische Moment der Myonen und deren Zerfall genauer unter die Lupe nehmen wollen. »Wir werden unsere Pfade noch tiefer in das Dickicht des subatomaren Reichs schlagen«, sagt Don Lincoln vom Fermilab. »Denjenigen, die nach den wirklich fundamentalen Bausteinen des Universums fahnden, stehen aufregende Zeiten bevor.«Vielleicht endet der Weg ja bei den Strings – oder bei etwas anderem, etwa gewundenen Zöpfen in der Raumzeit, über die Sundance Bilson-Thompson von der University of Adelaide in Australien seit 2005 als Präquark-Konstituenten spekuliert. Gerard 't Hooft plädiert indessen schon einmal für eine unprätentiösere Nomenklatur, die im Prinzip einer ineinander geschachtelten Teilchen-Matroschka ins unendlich Kleine folgen könnte: Quarks, Quinks, Sexks, Septemks ...

Zwischenbilanz: Die großen Fragen

»Fragen Sie irgendeinen Teilchenphysiker danach, was sich auf seinem Arbeitsgebiet tut, und er wird höchstwahrscheinlich antworten: Das Standardmodell funktioniert zu gut«, sagte der Physik-Nobelpreisträger Carlo Rubbia 1993. Daran hat sich bis heute nichts geändert. Das Standardmodell der Elementarteilchen ist eine durch Experimente und überprüfte Voraussagen hervorragend bestätigte Theorie. Fest steht dennoch, dass es nicht das letzte Wort sein kann, sondern durch eine »neue Physik«erweitert werden muss. Damit hängen zahlreiche offene Fragen zusammen, über die Tausende von Physikern seit vielen Jahren grübeln:

› Gibt es mehr als die drei bekannten Teilchen-Generationen – und warum (nicht)?
› Welche Eigenschaften hat das Quark-Gluon-Plasma?

> Weshalb existiert viel mehr Materie als Antimaterie – Zufall oder naturgesetzlich bedingt?

> Was bestimmt die bislang nicht ableitbaren, sondern als gegeben hinzunehmenden mindestens 19 Parameter des Standardmodells?

> Warum haben die Neutrinos eine Masse (dies erfordert weitere neun Parameter im Standardmodell), und wie groß ist sie? Erhalten sie diese durch den Higgs-Mechanismus oder anders?

> Existieren auch sterile, rechtshändige Neutrinos, die nicht der Schwachen Wechselwirkung unterliegen?

> Sind Quarks, Leptonen und Bosonen aus kleineren Partikeln zusammengesetzt?

> Gibt es eine Vereinigung der Starken, Schwachen und Elektromagnetischen Kraft bei hohen Energien?

> Gibt es Magnetische Monopole? Zerfallen Protonen – und wie?

> Warum reichen die Gültigkeitsgrenzen des Standardmodells bis etwa 10^{-17} Zentimeter und 1000 Gigaelektronenvolt und nicht bis zur fundamentalen Planck-Skala bei 10^{-33} Zentimeter und 10^{19} Gigaelektronenvolt (oder zumindest zur GUT-Skala bei über 10^{15} Gigaelektronenvolt, entsprechend etwa 10^{-29} Zentimeter)? Was existiert im Zwischenbereich, die »Große Wüste« genannt?

> Weshalb liegen die Masse des Higgs-Bosons, der Quarks und Leptonen so weit unterhalb der Planck-Skala? Warum ist die Gravitation so viel schwächer als die anderen drei Naturkräfte?

> Was verbirgt sich hinter der Dunklen Materie und Dunklen Energie, die astronomischen Messungen zufolge rund 95 Prozent der Gesamtenergiedichte des Universums ausmachen?

Stop und Stau für SUSY

Noch immer sind die Theoretiker mit ihren kühnen Entwürfen den Experimentalphysikern weit voraus. Doch jetzt sind hauptsächlich letztere am Zug. Und sie holen auf. Mit dem LHC loten sie – Teilchen-kollision um Teilchenkollision – den Parameterraum der Hypothe-sen zu einer möglichen Physik jenseits des Standardmodells aus. Das schränkt die Räume der theoretischen Spielwiesen immer mehr ein. Und dies ist eine Situation, bei der die Physik nur gewinnen kann: Entweder lässt sich das Standardmodell der Elementarteilchen weiter erhärten und in seinen Gültigkeitsgrenzen ausdehnen – oder es wird an bestimmten Stellen überstrapaziert und eine »neue Physik« kün-digt sich an. Letzteres wäre den allermeisten Wissenschaftlern selbst-verständlich lieber. Die einfachsten Varianten supersymmetrischer Modelle sind momentan auf dem härtesten Prüfstand. Denn ihnen zufolge könnte sich eine neue Physik bereits deutlich im Teraelek-tronenvolt-Bereich zeigen. Doch noch lächelt SUSY ihren Verehrern (und Kritikern) nicht zu.

Dabei sah es mit den LHC-Daten von 2012 zunächst gar nicht so schlecht aus. Denn sowohl ATLAS als auch CMS registrierten erstaun-lich viele Gammaquanten bei den mutmaßlichen Higgs-Zerfällen. Und genau dieser Zerfallskanal eines Higgs-Bosons in zwei energiereiche Photonen ist besonders empfindlich für neue physikalische Effekte, weil hier bislang unbekannte massereiche Teilchen mitspielen könnten. Darunter sind die nur indirekt nachweisbaren stop- und stau-Partikel, also die supersymmetrischen Partner des top-Quarks und des Tauons.

Das sorgte für Unruhe und Hoffnungen – und für neue Studien. »Abweichungen vom Standardmodell um bis zu 50 Prozent in den Di-photon-Raten sind möglich«, fasst eine Physiker-Gruppe um Marcela Carena vom Fermilab die Resultate aufwendiger Modellrechnungen zusammen. »Leichte stop-Teilchen können die Raten dagegen höchs-tens um zehn Prozent erhöhen, umgekehrt aber je nach Modell so-gar um noch größere Beträge unterdrücken.« Doch SUSY-Liebhaber freuten sich zu früh. Bislang haben die Signale die Schwelle zur stati-stischen Signifikanz nicht überschritten. Im Gegenteil: Der Photonen-Überschuss nahm ab, als mehr Daten gewonnen wurden.

Aber die Suche nach SUSY ist ein weites Feld. Denn der Parameterraum der Supersymmetrie hat riesige Ausmaße. Daher konzentrieren sich die Physiker zunächst auf die einfachsten Modelle mit den wenigsten freien Parametern – diese lassen sich am leichtesten überprüfen. Besonders beliebt sind das Minimale Supersymmetrische Standardmodell (MSSM) und seine Verwandten, etwa die eingeschränkten (»constrained«) minimalen Modelle (CMSSM), denn sie machen rigide Voraussagen, die mit dem LHC relativ leicht getestet werden können. Und genau hier ist es inzwischen kritisch.

»Die Luft wird dünn für die eingeschränkte Supersymmetrie«, sagte CERN-Generaldirektor Rolf Heuer bereits im März 2012. Er sprach auf derselben Konferenz im Kloster Irsee, auf der John Ellis fast schon mit gegenteiligem Tenor das nahe Ende verkündet hatte (nicht der Welt sondern des Standardmodells). »Im CMSSM-Rahmen haben wir die Grenze überschritten, Gluinos und Squarks bis zu einem Teraelektronenvolt und mehr auszuschließen«, kommentierte er ein komplexes Diagramm mit Messkurven und Datenpunkten.

Seitdem ist der CMSSM-Platz noch knapper geworden – der größte Teil des Parameterraums, den die LHC-Messungen ausgelotet haben, scheint für diese Modelle bereits ausgeschlossen zu sein. Nur in einer kleinen Ecke gibt es noch Platz.

Dass es für die Theoretiker immer enger wird, hat Heuer schmunzelnd mit einem Foto aus dem Film *Jurassic Park III* verdeutlicht: Es zeigt einen hemdsärmeligen Mann im Dschungel, dem sich von allen Seiten Raubsaurier nähern. »Diese stehen für den LHC und seine Daten – aber im Kino hat der Forscher überlebt«, scherzt Heuer. »Bislang gibt es in den Messungen keine Anzeichen für Supersymmetrie. Doch ein Entdeckungspotenzial ist weiterhin vorhanden.«

Damals hatten sich die Analysen noch auf die LHC-Daten der Protonen-Kollisionen von 2011 bei sieben Teraelektronenvolt beschränkt. »Bislang gibt es keinen Hinweis darauf, dass Higgs-Bosonen jenseits des Standardmodells existieren«, fasste Stan Lai von der Albert-Ludwigs-Universität Freiburg dann im März 2013 neue Studien beider Detektor-Gruppen zusammen: »Die Messungen von ATLAS und CMS liefern bereits starke Eingrenzungen für den MSSM-Parameterraum.« Im selben Monat hat auch Tobias Golling von der Yale University in New Haven Ausschlussgrenzen vorgestellt. Eine Analyse der top-Quark-Ereignisse am LHC, die sich aufgrund ihrer hohen Masse und starken Higgs-Wechselwirkung besonders gut als »Sonden« für eine neue Physik eignen, macht die Existenz zusätzlicher schwerer Quarks mit Massen von bis zu 650 Gigaelektronenvolt unwahrscheinlich.

Seither hat sich nichts an dieser Schlussfolgerung geändert – im Gegenteil. »Eine große Zahl an Analysen auf der Suche nach Higgs-Bosonen außerhalb des Standardmodells sind mit den ATLAS- und CMS-Daten unternommen worden«, lautet eine Zwischenbilanz von Martin Flechl. Der Physiker von der Albert-Ludwigs-Universität Freiburg fasst den aktuellen Stand im Namen beider Detektor-Teams so zusammen: »Kein signifikantes Signal ist beobachtet worden, und verschiedene Grenzen und Ausschlussregionen im Parameterraum wurden gewonnen. Besonders das MSSM wird immer weiter eingeschränkt.« Doch Flechl betont auch: »Nur ein Teil der Analysen hat bereits den gesamten Datensatz durchforstet. Und viele Voraussagen von gut motivierten Modellen jenseits des Standardmodells sind am LHC noch nicht getestet worden.

Von Higgsinos (die einige 100 Gigaelektronenvolt schwer sein könnten) gibt es ebenfalls noch keine Spur. Ebenso wenig von leichten Gluinos, die in Quarks und Squarks zerfallen sollten, wobei sich letztere wiederum in ein Quark und ein stabiles SUSY-Teilchen umwandeln. Zumindest im CMSSM- und MSSM-Rahmen scheinen Gluinos und Squarks also nicht unterhalb von knapp 1 bis etwa 1,4 Teraelektronenvolt in der Natur realisiert zu sein. Ähnliche Schlussfolgerungen ergeben sich übrigens auch aus ganz unabhängigen Messungen von der Kosmischen Hintergrundstrahlung und aus Experimenten wie mit dem XENON100-Detektor, die Dunkle Materie direkt nachzuweisen.

Dass am CERN noch keine SUSY-Indizien gefunden wurden, ist einerseits ein Fortschritt, zeigt es doch, wie effektiv die Messungen bereits falsche Hypothesen aussondern können. Das große Entrümpeln ist gute Wissenschaft, denn so verlockend manche Vermutungen auch sein mögen: Es geht nicht darum, wie die Natur sein könnte, sondern wie sie tatsächlich ist. Andererseits mag sich nicht jeder über den Theorien-Hausputz so richtig freuen. Manche Forscher sind geradezu frustriert, dachten sie doch, dass der LHC relativ schnell eine Entdeckung jenseits des Standardmodells machen könnte. Diese Erwartungen sind enttäuscht worden. In schlecht recherchierten populärwissenschaftlichen Artikeln wurde SUSY zuweilen sogar schon »beerdigt«. Doch Totgesagte leben länger. SUSY selbst ist wohlauf. Nur die CMSSM-Modelle schwächeln inzwischen.

»Es gibt noch Spielraum«, betont aber Sandra Kortner vom Max-Planck-Institut für Physik in München, wo sie das Higgs-Team des ATLAS-Detektors koordiniert hat. Sie hofft, dass der LHC vielleicht Anzeichen für stop-Teilchen findet. Dieser SUSY-Partner des top-Quarks sollte mit bis herab zu 500 Gigaelektronenvolt Masse manchen Modellen zufolge bequem im Zugangsbereich des LHC liegen und leichter als andere Squarks sein (das top hingegen ist das schwerste Quark). »Wir werden bald mehr wissen.« Auch Stephen Martin sieht keine supersymmetrische Krise: »CMSSM ist noch immer ein gutes Modell. Persönlich bezweifle ich aber, dass es exakt stimmen kann, weil diese SUSY-Minimalversion physikalisch nicht besonders gut motiviert ist – und das dachte ich schon bevor der LHC anlief.«

Die Hauptschwierigkeit besteht darin, unter den Abermilliarden von Zerfallsspuren das scheue Lächeln von SUSY eindeutig zu identifizieren – und das allein durch seine Abwesenheit mittels fehlender Energie beziehungsweise fehlendem Impuls (im Fall eines stabilen

SUSY-Partikels) oder durch seine Zerfallsspuren in gewöhnliche Teilchen (im Fall eines instabilen SUSY-Partikels). Hindernisse und offene Fragen dabei gibt es zahlreich: Vielleicht sind die SUSY-Teilchen …

› zwar häufig, aber schwer nachweisbar (wenn etwa Gluinos nur in Quarks, Antiquarks und Gluonen zerfallen),
› leicht – in Masse und somit Nachweismöglichkeit –, aber rar (wie stop-Quarks, Charginos, Neutralinos, Sleptonen),
› schwer und somit bislang nur sehr selten bei den Teilchenkollisionen produziert und den Detektoren daher entgangen beziehungsweise statistisch nicht signifikant in Erscheinung getreten,
› sehr schwer und damit jenseits des Energiebereichs des LHC – das wäre selbstverständlich der unerquicklichste Fall.

Auch die genaue Charakterisierung der Higgs-Eigenschaften und die Suche nach weiteren Higgs-Teilchen eröffnet Wege, sich an SUSY heranzupirschen. Denn in den SUSY-Modellen gibt es nicht nur ein Higgs-Boson, sondern mindestens fünf. In erster Näherung genügen zwei weitere Parameter für die Higgs-Beschreibungen. (Für Spezialisten: Diese Werte sind zum Beispiel die Masse des CP-negativen, also spiegelasymmetrisch zerfallenden A-Teilchens und die Größe Tangens Beta, die das Verhältnis der Vakuumserwartungswerte der beiden Higgs-Dubletts beschreibt, die an die up- beziehungsweise down-Quarktypen koppeln.) Das am LHC gefundene Higgs-Teilchen sollte somit das leichteste SUSY-Higgs sein. Nicht ganz ausschließen lässt sich, dass es ein schwereres ist. Dann müsste das leichteste im Bereich von 80 bis 90 Gigaelektronenvolt liegen und bei allen bisherigen Messungen übersehen worden sein; das halten die meisten Teilchenphysiker aber für unwahrscheinlich. »Wenn es ein leichteres supersymmetrisches Higgs-Teilchen gäbe, wäre ich schockiert, denn das wäre theoretisch schwer zu erklären«, sagt Stephen Martin.

Die Higgs-Messungen schränken SUSY also bereits ein. »Diese Daten bedrohen aber noch nicht die supersymmetrischen Modelle, weil deren Voraussagen typischerweise viel näher an den Werten des Standardmodells liegen«, schreiben John Ellis und Tevong You vom CERN in einem Forschungsbericht. »Insofern kann man die Kopplungsstärken und Masse des neuen Teilchens sogar als Stütze für die Supersymmetrie interpretieren. Freilich ist diese Schlussfolgerung nicht zwingend.«

Und noch ein Pluspunkt haben SUSY-Freunde: Das Minimale Supersymmetrische Modell sagt voraus, dass die Masse des top-Quarks zwischen 140 und 200 Gigaelektronenvolt betragen soll, was klar der Fall ist, und dass das leichteste Higgs-Boson eine Masse von weniger als 130 Gigaelektronenvolt besitzen muss – was nun auch nachgewiesen wurde. »Dies mag der bislang stärkste Hinweis für SUSY sein, obschon noch keine SUSY-Teilchen beobachtet wurden«, meint Wim de Boer vom Karlsruher Institut für Technologie.

Optimisten sagen bisweilen sogar schmunzelnd: Es stimme nicht, dass man bislang keine Teilchen der SUSY-Modelle gefunden habe, sondern es sei bereits die Hälfte entdeckt worden – nämlich die Teilchen des Standardmodells, die ja ungefähr das halbe supersymmetrische Panorama ausmachen. Aber das ist eine freche Interpretation, die Skeptiker nicht teilen. Doch es geht hier nicht um Meinungen oder Wunschdenken, denn das Wort haben die Daten – die bisherigen und die kommenden.

Auf die Frage, wie optimistisch er sei, dass man bald etwas von SUSY finden werde, antwortete Rolf-Dieter Heuer: »Als Generaldirektor darf man den Optimismus nicht verlieren. Ich bin sehr zuversichtlich, weil bisher lediglich die eingeschränkten Modelle Probleme haben, und weil das Ganze ja auch eine Frage der Datenmenge ist, nicht nur der Energie. Wenn zum Beispiel die Kopplungen sehr schwach sind, dann braucht man einfach mehr Statistik und somit mehr Daten, um überhaupt etwas zu sehen. Da ist noch vieles möglich, allerdings erst nach meiner Amtszeit. Doch es geht nach der Natur und nicht nach der Amtszeit des Generaldirektors.«

Das große Sterben

»In den nächsten paar Jahren wird es zu einem großen Massaker bei den theoretischen Ideen kommen«, ist Joe Lykken vom Fermilab in Batavia überzeugt. Das betrifft sowohl die Konsequenzen des Higgs-Bosons als auch das, was der LHC bald noch finden wird – oder eben nicht. Und dies verspricht in jedem Fall einen großen Fortschritt. Denn in den letzten Dekaden hat sich geradezu ein Wildwuchs an Hypothesen und Modellen entwickelt; und mangels experimenteller Ergebnisse verselbstständigte sich die Theoriebildung immer mehr. Auf Dauer ist dies keine gute Situation. Doch dank des LHC ändert sich das jetzt: Die neuen Daten sind schon dabei, den Dschungel der Spekulationen gewaltig zu lichten.

Dieses Massaker trifft zunächst die Higgs-Alternativen. Mit dem Higgs-Boson sind nämlich andere Vorschläge zur Erklärung der Teilchenmassen passé. Dazu gehört beispielsweise die Technicolor-Hypothese. Ihr zufolge übernehmen bislang unbekannte Partikel, die Techniquarks, die Higgs-Rolle; und sie wechselwirken mit einer zusätzlichen Naturkraft, Technicolor genannt – in Erweiterung der Farbkräfte zwischen den Quarks. Auch andere konkurrierende Modelle (mit sogenannten Preonen, top-Quark-Kondensaten, W- und Z-Kompositen und so weiter) sind erledigt, wenn das Standardmodell-Higgs existiert.

»Der LHC hat bereits viele Vorschläge, das Hierarchie-Problem zu lösen, unter Druck gebracht«, sagt auch Stephen Martin, der weiter zu SUSY hält. »Als Theoretiker interessieren mich eher die allgemeinen Ansätze, nicht die einzelnen Modelle. Und in dieser Hinsicht hat sich SUSY bislang ziemlich gut geschlagen. Verschiedene Versionen der Technicolor-Hypothese oder Modelle mit top-Quark-Kondensaten sind hingegen bereits verstorben.«

Nicht völlig ausschließen lässt sich bislang zwar, dass das neue Boson kein Higgs-Teilchen ist, wie es das Standardmodell (mit oder ohne SUSY) vorsieht – oder überhaupt kein Higgs. Vielleicht ist das Partikel nicht einmal elementar, sondern zusammengesetzt. Alex Pomarol von der Autonomen Universität in Barcelona spekulierte zum Beispiel, dass das Higgs-Analog ein gebundener Zustand eines top-Quarks und -Antiquarks sei. Aber solche Mutmaßungen haben inzwischen kaum noch Anhänger.

Raritätensuche auf der Spielwiese

Das Theorien-Massaker, von dem Joe Lykken gesprochen hatte, ist auch anderweitig im Gang. Zwar sind Negativ-Nachrichten keine Schlagzeilen wert – wissenschaftlich betrachtet jedoch durchaus ein Fortschritt. So zeigen Physiker wie John Ellis, Sandra Kortner, Rolf-Dieter Heuer und andere regelmäßig eng beschriebene Balkendiagramme in ihren Vorträgen, die Ausschlussgrenzen markieren: Je länger ein Balken ist, desto härter wurde ein bestimmtes physikalisches Modell in Richtung höhere Energie bereits getestet. Der LHC arbeitet sich Stück für Stück weiter ins unbekannte Terrain vor und verschiebt so die Grenzen für die Existenz neuer Phänomene ein wenig. Einige exotische Modelle sind bereits widerlegt, weil die von ihnen für bestimmte Energien vorhergesagten Phänomene nicht gefunden wurden.

Alle diese Suchaktionen sind freilich sehr stark von den Modellvorstellungen getrieben. Etwas richtig Unerwartetes aufzuspüren, ist wesentlich aufwendiger. »Man muss alle Teilchenzerfälle verstehen und sich auf die Voraussagen verlassen. Modellunabhängige Entdeckungen sind eine Größenordnung schwieriger«, sagt Sandra Kortner. »Deswegen bin ich auch nicht überrascht, dass bislang keine Anzeichen einer neuen Physik gefunden wurden. Wir haben einfach noch nicht genug Daten für die Entdeckung von etwas völlig Neuem.« CERN-Generaldirektor Heuer ist jedoch zuversichtlich. Die

Auf die neunte Dezimalstelle bestätigt

Was eine gute oder eine schlechte Nachricht ist, hängt manchmal nur von der Einstellung ab. Wer Anzeichen einer »neuen Physik« jenseits des Standardmodells sucht, für den war es eine schlechte; wer am Standardmodell festhält, für den war es eine gute Neuigkeit, was die Forscherteams der LHCb- und CMS-Detektoren im Juli 2013 auf der Konferenz der European Physics Society in Stockholm vorstellten: die bislang genauesten Messungen des Zerfalls von Mesonen namens B_s und B_d. Sie bestehen jeweils erstens aus einem bottom-Quark und zweitens aus einem strange- oder aber einem down-Quark.

Aus dem Standardmodell lässt sich genau berechnen, wie oft diese Mesonen in zwei Myonen zerfallen, die 200-mal schwereren Geschwister der Elektronen. Das geschieht sehr selten (andere Zerfallsarten überwiegen bei weitem), nämlich 3,5- plus/minus 0,3-mal pro eine Milliarde Zerfällen bei den B_s- und weniger als einmal pro zehn Milliarden Zerfällen bei den B_d-Mesonen. Signifikante Abweichungen hiervon könnten auf bislang unbekannte Teilchen hindeuten, die diese Zerfälle statistisch beeinflussen würden.

Und tatsächlich gelang es den LHCb- und CMS-Teams 2,9 beziehungsweise 3,0 B_s-Zerfälle pro Milliarde zu messen (statistische Unsicherheit plus/minus 1,0 mit 4,0 beziehungsweise 4,3 Sigma Standardabweichung bei einer Analyse von drei beziehungsweise 25 inversen Femtobarn Kollisionsdaten). Das ist vereinbar mit den Voraussagen des Standardmodells (sowie mit weiteren Messungen der ATLAS- und DØ-Detektoren, die aber nur eine Obergrenze lieferten). Für die B_d-Mesonen gibt es bislang nur Obergrenzen ($7{,}4 \times 10^{-10}$ beziehungsweise 11×10^{-10} Zerfälle bei LHCb und CMS), doch auch diese passen zur Voraussage.

Diese Daten gehören zu den härtesten Prüfungen des Standardmodells der Elementarteilchen überhaupt. Und sie bedeuten, dass es im bekannten Energiebereich auf die neunte Stelle hinter dem Komma stimmt. Diese Messgenauigkeit ist ganz klar eine gute Nachricht. Als nächstes müssen die Experimente versuchen, auch die zehnte Dezimalstelle zu bestimmen – vielleicht hat ja die Natur hier eine Überraschung parat.

Hochenergie-Teilchenphysik vergleicht er gern mit einer Wiese. »Alle schauen auf dieselbe. Jeder sucht was anderes. Gras sieht man sofort, eine seltene Pflanze später. Um ein vierblättriges Kleeblatt zu finden, braucht man noch länger – oder noch ein größeres Stück Wiese.«

Die bekannten Elementarteilchen des Standardmodells haben die LHC-Detektoren erstaunlich schnell abgegrast. Das Higgs-Boson wäre nun eine solche seltene Pflanze. Was sich sonst noch finden lässt, weiß momentan niemand. Aber die Physiker haben mit ihrer neuen »Spielwiese« ja erst begonnen – und immerhin das richtige Instrumentarium, um auch noch ganz unbekannte Gewächse an der Wurzel zu packen.

Doch wenn die Wissenschaftler Pech haben, liegen die Antworten in einem Energiebereich verborgen, den der LHC niemals erreichen kann – und sein Nachfolger auch nicht, falls ein solcher überhaupt gebaut wird. Dann würde die Hochenergie-Teilchenphysik lange Zeit stagnieren, und allenfalls die Neutrino- und Astrophysik könnten noch einen Durchbruch zum Reich jenseits des etablierten Standardmodells bringen. Bislang hat der LHC allerdings nur einen kleinen Bereich seines Potenzials ausgeschöpft. Falls alles nach Plan läuft, wird er mindestens zehn Mal so viele Daten liefern wie 2010 bis 2012.

Eine Methode, nach einer »neuen Physik« zu suchen, ist die akribische Analyse von Teilchenzerfällen. Denn das Standardmodell ermöglicht eine sehr genaue Beschreibung davon, welches Teilchen wie häufig in welches andere zerfällt. Abweichungen würden auf eine neue Kraft oder bislang unbekannte Partikel hindeuten. Das ist vergleichbar mit einem Münzwechsel-Automaten: Er kann einen Euro nur in 1-, 2-, 5-, 10-, 20- und 50-Cent-Stücke umtauschen, denn sie bilden das Standardsortiment der Währung. Gäbe es aber beispielsweise auch ein 25-Cent-Stück, dann kämen neue Möglichkeiten ins Rollen und man könnte beim Geldwechseln andere Stückelungen erhalten (analog zu anderen Zerfallshäufigkeiten) – ein Indiz für etwas jenseits des Standardsortiments.

Fazit

Symmetrie – Übersicht und Ausblick

› In den Quantenfeldtheorien spielen Symmetrien und Symmetriebrechungen eine grundlegende Rolle: Sie beschreiben allgemeine, strenge und für Voraussagen sehr spezifische Merkmale der Naturgesetze und erlauben eine eindeutige Klassifikation der Elementarteilchen.

› Symmetrien betreffen nicht nur Raum und Zeit und die überraschenderweise damit assoziierten physikalischen Erhaltungssätze (etwa von Energie und Impuls). Sie charakterisieren auch eine oft verborgene »innere Wirklichkeit« der Materie. Das heißt, sie sind abstrahierte Gesetzmäßigkeiten, die bestimmte Eigenschaften von Feldern und ihren Quanten rigide beschreiben können – etwa die Farbladungen der Quarks.

› Dem CPT-Theorem zufolge müssen physikalische Prozesse zugleich eine Symmetriebeziehung zwischen Ladung (charge, C), Spiegelung (parity, P) und Zeit (time, T) erfüllen. Einzelne Verletzungen beziehungsweise Umkehrungen davon – C, P oder CP – sind dagegen möglich und bereits gemessen worden. Vielleicht basiert die Dominanz der Materie über die Antimaterie im Weltraum auf einer CP-Verletzung.

› Ohne Symmetrieprinzipien und deren Verletzung (»Brechung«) wären die Entstehung der trägen Masse (»Higgs-Mechanismus«) und die Vereinigung der Wechselwirkungen bei hohen Energien nicht verständlich.

› Physiker spekulieren über eine noch grundlegendere Symmetrie: zwischen Materie und Kräften. Diese Supersymmetrie (SUSY) löst Probleme des Standardmodells der Elementarteilchen (Vakuumstabilität, Hierarchie zwischen Elektroschwacher Kraft und Gravitation), erfordert aber eine Fülle neuer Teilchen.

› Fest steht, dass das Standardmodell nur eine effektive, keine fundamentale Theorie ist, denn es kann viele Eigenschaften der Materie nicht erklären. SUSY wäre ein Schritt zu einer »neuen Physik«.

› SUSY würde den Weg zu einer Großen Vereinheitlichten Theorie (GUT) bahnen und sogar zu einer »Weltformel« (Stringtheorie).

› Am Large Hadron Collider suchen Physiker nun nach Indizien für SUSY und nach dem leichtesten supersymmetrischen Partikel (LSP). Es ist ein idealer Kandidat für die Erklärung der Dunklen Materie.

Weltformel

Die Melodie des Mikrokosmos

Entsteht Materie aus den Obertönen harmonisch schwingender Saiten? Die Stringtheorie – der beste Kandidat für eine »Theorie von Allem« – soll die Komposition der kosmischen Symphonie sein. Und diese reicht womöglich weit über das Universum hinaus.

Blühende Landschaft: Neue Entwicklungen in der Stringtheorie sagen die Existenz unzähliger Universen voraus – mit abenteuerlichen Eigenschaften.

*»Eines der stärksten Motive, die zu Kunst und Wissenschaft
hinführen, ist eine Flucht aus dem Alltagsleben mit seiner schmerz-
lichen Rauheit und trostlosen Öde, aus den Fesseln der ewig wechselnden eigenen Wünsche. Es treibt den feiner Besaiteten aus dem
persönlichen Dasein heraus in die Welt des objektiven Schauens und
Verstehens; es ist dies Motiv mit der Sehnsucht vergleichbar, die den
Städter aus einer geräuschvollen, unübersichtlichen Umgebung nach
der stillen Hochgebirgslandschaft unwiderstehlich hinzieht, wo der
weite Blick durch die stille, reine Luft gleitet und sich ruhigen Linien
anschmiegt, die für die Ewigkeit geschaffen scheinen.«*
Albert Einstein (1879 – 1955), kosmopolitischer Physiker

Fröhlicher Fundamentalismus

»Dass die Elementarteilchenphysik in unseren Augen fundamentaler als andere Zweige der Physik erscheint, liegt daran, dass sie
tatsächlich fundamentaler ist«, hat der amerikanische Physik-Nobelpreisträger Steven Weinberg einmal geschrieben. Diese Art
von »Fundamentalismus« ist – im Gegensatz zu politischen oder
religiösen Ideologien – ein zutiefst von der menschlichen Neugier getriebener, aber auch selbstkritischer spekulativer Versuch
herauszufinden, was die Welt im Innersten zusammenhält. Daher
denken moderne Physiker – ähnlich wie schon die ersten griechischen Philosophen – über die grundlegenden Bausteine, Kräfte
und Prinzipien der Natur nach, auf denen die ganze Vielfalt der
Erscheinungen basiert.

John Ellis sieht es ähnlich wie Weinberg: »In gewisser Weise ist
sogar die Beschreibung des Universums bloß ein Umwelt-Problem.
Ich möchte die ihm zugrunde liegenden Naturgesetze verstehen.«

Der frühere Cheftheoretiker am CERN, wie Weinberg einer der renommiertesten Physiker der Gegenwart und sehr vielen Gebieten aufgeschlossen, legt seinen Fokus auf die fundamentalen physikalischen Gesetze, nicht die – für die Wissenschaft natürlich ebenso unverzichtbaren – Randbedingungen; sie gehören zur »Umwelt« und sind womöglich Zufall, das heißt nicht durch Gesetze erklärbar. Doch Ellis ist keineswegs ein engstirniger Kauz, der nichts neben der Physik gelten lässt. »Auch Geschichte ist zum Beispiel ein faszinierendes Gebiet, und ich lese gern darüber. Aber in einem fundamentalen Sinn ist sie nichts Neues. In der Grundlagenphysik dagegen entdecken wir neue Naturgesetze. Es ist ein fantastischer Augenblick, wenn dies geschieht. Ich erinnere mich noch gut daran, als das erste Gluon entdeckt wurde.« 1976 hatte Ellis vorgeschlagen, wie diese Überträger der Starken Kraft nachgewiesen werden können; und 1979 wurden Gluonen am Deutschen Elektronen-Synchrotron (DESY) in Hamburg tatsächlich aufgespürt. »Das war ein einzigartiger Moment.«

Solche denkwürdigen Zeiten, in denen Forscher der Natur gleichsam in die Karten schauen, könnten bald wieder bevorstehen. Denn die Daten von den fast lichtschnellen Protonen-Kollisionen im Large Hadron Collider sollen auch dabei helfen, eine Art »Weltformel« zu finden, die die Natur auf ihrer fundamentalen Ebene beschreiben kann, wie es Weinberg und Ellis vorschwebt.

Eine Theorie von Allem

Das Streben nach einer solchen »Theory of Everything«, einer Theorie von Allem, klingt nicht gerade nach einer Übung in Bescheidenheit. Und wer stattdessen »Weltformel« sagt, der macht es nicht besser. Dabei geht der Wunsch danach mindestens bis zu den vorsokratischen Philosophen vor zweieinhalb Jahrtausenden zurück. Auch Albert Einstein suchte viele Jahre seines späteren Lebens nach etwas Derartigem, »Einheitliche Feldtheorie« genannt. Nicht wenige Forscher glaubten zuweilen sogar, sie am Zipfel gepackt zu haben – der Quantenphysiker Werner Heisenberg zum Beispiel und Einstein selbst. Doch das war bislang immer ein Irrtum.

John Ellis prägte den Begriff »Theory of Everything« 1986 in einem Artikel in der Fachzeitschrift *nature*. Die Abkürzung ToE oder TOE ist durchaus hintersinnig – heißt »toe« im Englischen doch »Zeh«, aber auch »Boden«, »Fuß« und »Sohle«. Eine Theorie von Allem wäre tatsächlich der Boden oder das Fundament der Welt, auf dem dann auch eine fundamentale Physik stehen könnte. Doch danach müssen sich die Wissenschaftler (stellt man die Metapher vom Kopf auf die Füße) bislang noch auf Zehenspitzen strecken ... Jedenfalls ist eine solche »Weltformel« eine fast schon sehnsüchtige Utopie der Theoretischen Physiker: die Idee einer vereinheitlichten Theorie aller Kräfte, Teilchen und Felder sowie der Raumzeit.

Allerdings wurde die Theory of Everything auch immer wieder zu einem Gegenstand harter Kritik, heftiger Kontroversen sowie beißender Polemik. Denn ist es nicht vermessen, alle fundamentalen Erscheinungen der Welt in ein einheitliches System von Gleichungen pressen zu wollen?

Schon in den 1960er-Jahren hatte der polnische Science-Fiction-Autor Stanisław Lem den Urgroßvater seines Raumfahrer-Charakters Ijon Tichy an einer solchen Theorie von Allem herumbasteln lassen. Das tun Physiker auch heute. Nicht literarisch zwar, aber mindestens so fantasievoll – und weitaus ernsthafter. Vor allem aber, wenigstens im Prinzip, mit einer eingebauten Realitätskontrolle: Denn die schönsten, schlauesten und stärksten Theorien sind keine Naturwissenschaft, wenn Experimente zeigen können, dass sie nichts mit der Natur zu tun haben.

Die großen Sprünge der Physik

»Es ereignet sich nicht häufig, dass wir Zeugen sind, wenn eine neue Schwelle in der Physik überschritten wird. Aber jedes Mal, wenn das geschah, hatte dies eine große Veränderung in unserem Verständnis der Natur zur Folge«, sagt Hitoshi Murayama, Physik-Professor an der University of California in Berkeley. »So eine Erfahrung machen wir vielleicht zweimal im Jahrhundert. Und ich vermute, wir sind gerade dabei, wieder so einen aufregenden historischen Moment zu erleben.«

Um das Jahr 1900 wurde die Schwelle zur atomaren Größenskala überschritten. Zuvor hatten die Chemiker große Fortschritte im Verständnis der Elemente erzielt, obwohl sie die Struktur und Dynamik der Atome und Moleküle nicht kannten. Aber ihre Einsichten stießen bei etwa 10^{-8} Zentimeter an eine Grenze. Es dauerte rund drei Jahrzehnte, bis die Atomphysik in Gestalt der Quantenmechanik entwickelt war, und noch einmal zwei, bis sie mit der Speziellen Relativitätstheorie zur Quantenelektrodynamik erweitert war.

Ab etwa 1950 begann der nächste große Sprung – über die Schwelle zur Skala der Starken Wechselwirkung bei ungefähr 10^{-13} Zentimetern. Immer leistungsfähigere Teilchenbeschleuniger stießen auf einen regelrechten Partikelzoo, was zur Entwicklung des Standardmodells der Elementarteilchen mit der Theorie der Quantenchromodynamik führte: Unterhalb der subatomaren Welt der Neutronen und Protonen tauchte die Ebene der Quarks und Gluonen auf. Es dauerte bis in die 1990er-Jahre, bis Messungen von Beschleunigern wie PETRA, PEP, TRISTAN, LEP und HERA diesen Bereich ausgelotet und zahlreiche Voraussagen der Theorie bestätigt hatten.

Inzwischen steht die Beschleunigertechnologie mit dem LHC an der nächsten Schwelle – bei einer Skala von 10^{-16} Zentimetern und weniger, die von der Schwachen Wechselwirkung geprägt ist. Den

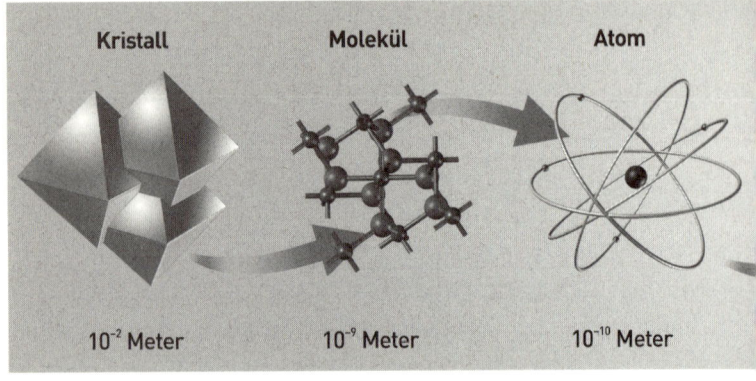

Kristall   Molekül   Atom

10^{-2} Meter 10^{-9} Meter 10^{-10} Meter

ersten Schritt dorthin machte Enrico Fermi bereits 1933 mit seinem Modell des Beta-Zerfalls. Ein Meilenstein war die Theorie der Elektroschwachen Wechselwirkung – eine mehrfach nobelpreisgekrönte Vereinheitlichung von Elektromagnetischer und Schwacher Kraft –, die 2012 mit der mutmaßlichen Entdeckung des Higgs-Teilchens experimentell vervollständigt wurde.

Was sich dahinter oder, besser, darunter befindet, ist unbekannt. »Im Augenblick können wir nur spekulieren, welche Revolution hier bevorsteht«, betont Hitoshi Murayama. »Eine neue Schicht der Materie? Neue Dimensionen des Raums? Quantendimensionen? Vielleicht die Stringtheorie? Wir wissen es einfach noch nicht.«

Der Königsweg der Vereinheitlichung

Die String- oder M-Theorie wäre die Krönung auf dem physikalischen Königsweg der Vereinheitlichung – ein Bestreben, das wesentlich zum Erfolg und der immer umfassender werdenden Erklärungskraft der Theoretischen Physik beigetragen hat. Dies ist geradezu ein Leitmotiv in der Geschichte der Physik.

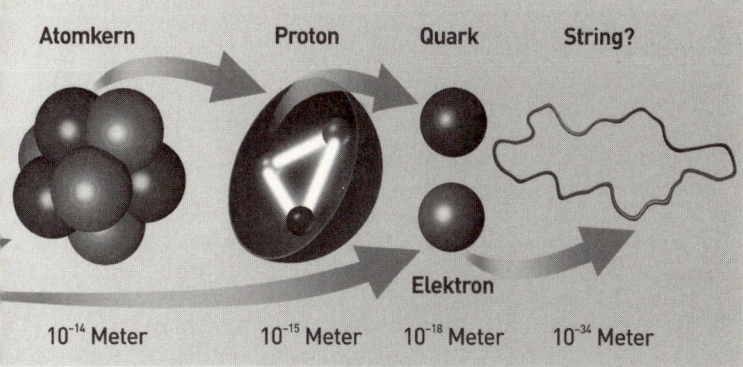

Der Aufbau der Materie: Die Grundbausteine der Welt zu verstehen, ist eine der größten Herausforderungen der Wissenschaft. Physiker dringen dabei mit Experimenten und Theorien immer tiefer in die Materie ein. Quarks und Elektronen gelten gegenwärtig als Elementarteilchen. Das muss aber nicht so bleiben. Der noch spekulativen Stringtheorie zufolge könnten alle Materie- und Energieformen aus eindimensionalen Strings bestehen. Das Universum wäre dann gleichsam eine Melodie dieser schwingenden Saiten.

› Isaac Newton hat mit seiner Gravitationstheorie gleichsam die Gesetze von Himmel und Erde vereinheitlicht. Zuvor galt die wesentlich von Aristoteles propagierte Trennung zwischen einer irdischen Schwerkraftphysik – alle Körper streben nach Ruhe und in Richtung Erdmittelpunkt – und den Gesetzen der Himmelssphären, denen zufolge sich die Fix- und Wandelsterne ewig auf Kreisbahnen um die Erde bewegen. Newton konnte dagegen zeigen, dass der Apfel, der nicht weit vom Stamm fällt, mit demselben Gesetz beschrieben werden muss, dem auch die Bewegungen von Venus, Mars und Mond »gehorchen«.

› Michael Faraday und James Clerk Maxwell entdeckten, dass die vormals getrennten Erscheinungen des Magnetismus und der Elektrizität zwei Seiten derselben Medaille sind. Die vier Maxwell-Gleichungen erklären alle Phänomene der klassischen

Elektrodynamik und bilden auch die theoretische Grundlage für die Optik und die Elektrotechnik.

› Albert Einsteins Spezielle und Allgemeine Relativitätstheorie haben Masse und Energie als äquivalent erwiesen, Raum und Zeit zur Raumzeit vereinigt und die Schwerkraft geometrisch als deren »Krümmung« beschrieben.

› Sheldon Glashow, Abdus Salam und Steven Weinberg zeigten, dass die Elektromagnetische und die Schwache Kraft zwar heute getrennt sind, sich aber einheitlich beschreiben lassen – in der Elektroschwachen Theorie –, und kurz nach dem Urknall auch eine einheitliche Kraft waren. Dies konnte bald darauf in Experimenten mit Teilchenbeschleunigern nachgewiesen werden.

› Als nächstes stehen noch umfassendere Vereinigungen auf dem Forschungsprogramm der Physiker: Mit der Supersymmetrie wird eine innige Verwandtschaft von Materie- (Fermionen) und Kräfte-Teilchen (Eichbosonen) gestiftet. Mit einer Grand Unified Theory (GUT, Große Vereinheitlichte Theorie) soll die Elektroschwache Wechselwirkung mit der Starken Wechselwirkung verheiratet werden. Und in der Stringtheorie geht auch die Gravitation mit auf in einer einheitlichen Superkraft. Die M-Theorie schließlich versucht darüber hinaus sogar (wie einige andere Ansätze einer Theorie der Quantengravitation), Raum, Zeit, Materie, Energie und Wechselwirkungen auf noch tiefere Fundamente zu stellen. Doch alle diese Modelle sind im Augenblick Zukunftsmusik. Wobei die M-Theorie den Ton angibt – jedenfalls, wenn man wissenschaftssoziologisch hinhört.

Selbstverständlich arbeitet nur ein kleiner Teil der Physiker an den großen Vereinheitlichungen – auch nur ein kleiner Teil der Theoretischen Physik. Trotzdem wird diese Richtung mitunter heftig angegriffen: als Zeit-, Geld- und Intelligenzverschwendung, als Unternehmen mit geringen Erfolgsaussichten und wenig praktischem Nutzen, manchmal sogar als esoterischer Wunschglaube oder über-

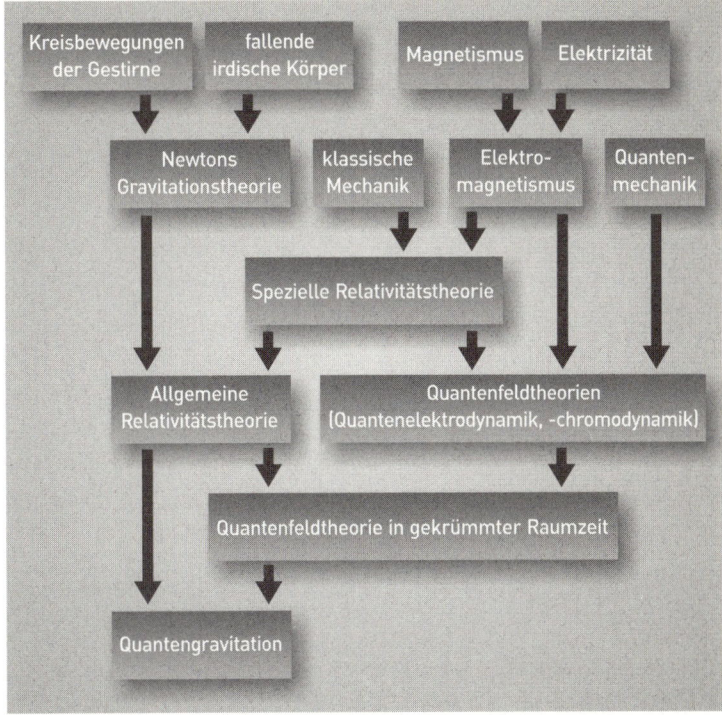

Weg zur Weltformel: Viele Durchbrüche in der Physik beruhen auf einer einheitlichen Beschreibung unterschiedlicher Phänomene und einer Vereinigung separater Hypothesen, Gesetze oder Theorien in einer umfassenderen Theorie. Diese Arbeit, die Isaac Newton mit seiner Gravitationstheorie begonnen hat, ist noch nicht vollendet. Denn eine zusammenhängende Theorie von Raum und Zeit sowie aller Kräfte und Materieformen fehlt bislang. Kandidaten für eine solche »Weltformel«, die auch die Quantentheorie und Allgemeine Relativitätstheorie im Rahmen einer Theorie der Quantengravitation verbindet, sind die String- oder M-Theorie sowie die Schleifen-Quantengravitation.

zogenes Heilsversprechen. Die Philosophin Nancy Cartwright von der London School of Economics hat das Streben nach Vereinheitlichung beispielsweise so kritisiert: »Es gibt Tausende von fehlgeschlagenen Versuchen der Unifikation. Und selbst erfolgreiche wurden später verworfen. Vereinheitlichung führt also nicht notwendig zur Wahrheit. Wir haben keinen Grund zur Annahme, dass sich dieses in Zukunft verbessert. Die Handvoll Unifikationen, die wir noch immer akzeptieren, haben kein großes Gewicht.«

Aber das ist ein sonderbares Argument. Zum einen basieren die besten physikalischen Theorien und deren praktische Anwendung größtenteils auf solchen Vereinheitlichungen. Zum anderen bedeuten Rückschläge nicht, dass es keinen Fortschritt gibt. »Beim Fußball werden auch die meisten Angriffe aufs gegnerische Tor abgewehrt. Doch daraus folgt nicht, dass man nach der ersten Halbzeit aufgeben und nach Hause gehen soll, wenn man noch kein Tor geschossen hat«, entlarvt Michael Duff vom Imperial College in London den Fehlschluss.

Kämpfende Formen

Wie ein feuriger Furor scheint das Flammengebilde zu wüten. Ein dunkler Wirbel rechts, grüne und gelbe Fetzen links und oben, bunte Linien und Flächen ringsum – das turbulente Bild macht unruhig und neugierig zugleich.

»So ist es mit den verschiedenen wissenschaftlichen Theorien, wenn sie aufeinander prallen und um die Vorherrschaft konkurrieren«, sagt Dieter Lüst. Mehr noch: So kann man sich im Mikrokosmos auch die Wechselwirkung, Vereinigung und Trennung von Strings und Branen vorstellen. Diese ominösen ein- und mehrdimensionalen Gebilde sind – zumindest in der Vorstellung von Lüst und seinen Kollegen – die Bausteine der Materie und Kräfte. Sie flattern abenteuerlich durch neun oder zehn Raumdimensionen. Und sie erschaffen womöglich sogar Raum und Zeit. Mit dieser extrem abstrakten Vorstellung beschreibt die Stringtheorie das ganze Universum – und vielleicht Myriaden andere.

Was den Alltagsverstand radikal überfordert, stand den Physikern im Jahr 2012 ganz deutlich vor Augen – wenn auch nur zweidimensional: in Gestalt des Bildes *Kämpfende Formen*. Gemalt hat es der Münchener Künstler Franz Marc. Und zwar 1914, in dem Jahr, in dem er selbst in einen irrsinnigen Krieg zog, der ihn zwei Jahre später das Leben kosten sollte.

Marcs Bild war das offizielle Signet der Strings2012-Konferenz, die an der Ludwig-Maximilians-Universität München stattfand. Die internationale Konferenz tagt seit 1989 jährlich an wechselnden Orten und ist der renommierteste Treffpunkt für alle Forscher auf diesem vielleicht grundlegendsten und zugleich spekulativsten Gebiet der Theoretischen Physik.

Fast 400 Wissenschaftler aus 35 Ländern waren zu Strings2012 nach Bayern gereist, darunter die meisten der führenden Köpfe. Fünf von ihnen wurden wenige Tage später sogar zu Millionären. Sie erhielten nämlich den neu gestifteten Fundamental Physics Prize des russischen Multimillionärs Juri Milner. Der durch Internet-Firmen reich gewordene Physiker will damit wissenschaftliche Großtaten belohnen, die in den Nobelpreis-Statuten vernachlässigt werden – wie etwa Quantengravitation und Kosmologie, die ohne Experimente keine Chance haben.

Franz Marcs *Kämpfende Formen* hängt in der Pinakothek der Moderne. Dort fand am ersten Konferenzabend auch der Empfang zur Eröffnung des kolossalen Meetings der Stringtheoretiker statt. Nachdem die Teilnehmer schon einen harten Tag im theoretischen »Kampf« mit Strings und Branen überstanden hatten, war ein exklusiver Gang durch die Galerie für viele eine Erholung. Andere diskutierten indessen noch munter weiter über ihre aktuellen Forschungen. Angesichts der Kunst des Blauen Reiters und der daneben hängenden Gemälde von Surrealisten und Kubisten wirkten die Modelle der Stringtheorie gar nicht mehr so seltsam. Abstrakte Kunst hat eben viele Facetten.

Riesenerfolg auf ungleichen Beinen

Auch die Stringtheorie ist eine hohe Kunst – und einigen kritischen Stimmen zufolge sogar nicht mehr als ein solches Fantasiegebilde. Außerdem ist sie hochambitioniert: Es gibt keinen umfassenderen und diffizileren Ansatz in der Geschichte der Wissenschaft. Der ist auch dringend erforderlich, denn die beiden Säulen des prächtigen Palasts der modernen Physik passen ohne ein verbindendes Prinzip nicht zusammen.

Da ist einerseits die Allgemeine Relativitätstheorie. In ihren Zuständigkeitsbereich fällt die Welt des Allergrößten, das Universum als Ganzes. Andererseits gibt es die Quantentheorie. Ihr Regime ist die Welt des Allerkleinsten, also der Elementarteilchen und Naturkräfte. Beide Theorien sind experimentell exzellent bestätigt. Teilweise stimmen Voraussage und Messung auf mehr als zehn Stellen hinter dem Komma überein. Es gibt keine präziseren Theorien in der Geschichte der Menschheit.

Doch bei der Beschreibung extremer Bedingungen, beispielsweise in den Schwarzen Löchern und beim Urknall, aber auch schon bei Vorgängen auf winzigen Raumzeit-Skalen, kommt es zu Widersprüchen. Die werden sich, wenn überhaupt, erst mit einer neuen Theorie ausräumen lassen, die die Quantentheorie und die Allgemeine Relativitätstheorie miteinander verbindet beziehungsweise als Spezialfälle für bestimmte, eingeschränkte Situationen enthält.

Eine solche Theorie der Quantengravitation zu finden, bedeutet eine Herkulesaufgabe. Dabei geht es um nichts weniger als um eine Art »Weltformel« oder »Theorie von Allem« – jedenfalls von allem, was fundamental ist. Denn eine solche Theorie würde Materie, Energie und alle Grundkräfte sowie Raum und Zeit einheitlich beschreiben. Noch ist dies Zukunftsmusik und Gegenstand enormer intellektueller Anstrengungen. Hätten Physiker eine »Weltformel« gefunden und könnten auch mit ihr rechnen – was genauso wichtig und keineswegs trivial ist –, dann wären womöglich sogar der Urknall und die Schwarzen Löcher nicht länger rätselhaft.

Auf großer Fahrt

Die Stringtheorie ist ein solcher Kandidat für eine Theorie der Quantengravitation, die Mikro- und Makrokosmos verknüpft. Und sie ist die bislang einzige Theorie, die alle Naturkräfte einheitlich beschreiben kann, wenigstens im Prinzip. Deshalb, und weil sie allen Schwierigkeiten zum Trotz schon zahlreiche Probleme gemeistert hat, besitzt sie viele Anhänger unter den Teilchenphysikern.

Die Geschichte der Stringtheorie steckt voller Überraschungen und Wendungen – sowohl mathematisch als auch physikalisch. Immer wieder gerieten die Wissenschaftler dabei in Sackgassen. Doch immer wieder öffneten sich auch unerwartete Auswege, die den Blick freigaben auf ein noch verwirrenderes Straßennetz. Und während sich manche Forscher darin zu verirren glaubten, entdeckten andere eine kühne Allee nach der anderen. Mitunter ist sogar von regelrechten »Wundern« die Rede. Aber auch an ätzendem Spott fehlte es nicht.

Fest steht, dass die Reise nicht zu Ende ist. Vielmehr liegt die seltsame Stringlandschaft sogar noch weitgehend unberührt da, und die Landkarten davon zeigen überwiegend weiße Flecken. Es ist, als wären die Forscher bislang nur auf ein paar Buchten, Ufer und Bergrücken gestoßen, die die Umrisse dieses gigantischen Kontinents kaum erahnen lassen – geschweige denn die Ausmaße seiner Gebirge.

Auch besitzt die Stringtheorie einen beinahe poetischen Charme: Denn den Makrokosmos gleichsam als Melodie des Mikrokosmos zu interpretieren, gebildet aus den Obertönen winziger schwingender Saiten, »klingt« durchaus harmonischer als die brachiale Druck- und-Stoß-Dynamik in den früheren Billardkugel-Vorstellungen der

Atome. Über eine solche symphonische Weltkomposition spekulierten im Prinzip schon Pythagoras und seine Philosophenschule im alten Griechenland. Die moderne Physik hat dieser Vorstellung neues Leben verliehen und den Odem komplexer mathematischer Rigorosität eingehaucht.

Ein Wohlklang des Daseins lässt sich daraus jedoch nicht ableiten, auch wenn die Architektur der Natur mitunter als große Kunst interpretiert und dankbar einem noch größeren Künstler untergeschoben wird. »Es gibt ein Ohr, für welches das Ineinanderschreien und der Zeter, die uns betäuben, ein Strom von Harmonien sind«, hat das Philippeau in Georg Büchners 1835 geschriebenem Revolutionsdrama *Dantons Tod* geradezu extradimensional überhöht. »Aber wir sind die armen Musikanten und unsere Körper die Instrumente. Sind die hässlichen Töne, welche auf ihnen herausgepfuscht werden, nur da um höher und höher dringend und endlich leise verhallend wie ein wollüstiger Hauch in himmlischen Ohren zu sterben?«, ließ der zwei Jahre später mit 23 gestorbene Dichter seinen Danton erwidern. »Sind wir Kinder, die in den glühenden Molochsarmen dieser Welt gebraten und mit Lichtstrahlen gekitzelt werden, damit die Götter sich über ihr Lachen freuen?«

Schwere Geburt

Der Startschuss der Stringtheorie erfolgte im Sommer 1968, unbemerkt zunächst selbst von den daran Beteiligten. Damals arbeitete der 26-jährige Gabriele Veneziano am Kernforschungszentrum CERN bei Genf. Es war ein kurzer Forschungsaufenthalt, bevor er eine Postdoc-Stelle am Massachusetts Institute of Technology antreten wollte. Nach dem Physik-Studium in seiner Geburtsstadt Florenz hatte Veneziano am Weizmann-Institut in Rehovot, Israel, über die Starke Kernkraft promoviert und bereits einige Artikel in Fachzeitschriften veröffentlicht. Am CERN tüftelte er, wie weltweit viele andere, an einer mathematischen Beschreibung der in den Teilchenbeschleunigern gewonnenen Daten zur Starken Kernkraft.

In diesen Jahren wurden viele zuvor unbekannte Resonanzen – das heißt Zustände und Partikel – von Hadronen gemessen. Diese Phänomene und Prozesse waren damals noch weitgehend unverstanden. Die als Quantenchromodynamik bezeichnete Quantenfeldtheorie, die die Starke Wechselwirkung zwischen den aus Quarks bestehenden Hadronen beschreibt, ein essenzieller Bestandteil des später etablierten Standardmodells der Elementarteilchenphysik, existierte noch nicht. Stattdessen versuchten die Physiker, für die Streuprozesse in den Beschleunigern eine mathematische Beschreibung zu finden, die gleichsam In- und Output miteinander in Beziehung setzte.

Mit genialer physikalischer Intuition und mathematischem Rateglück gelang es Gabriele Veneziano, eine solche Streuformel zu finden. Er verwendete dafür die Betafunktion, eine mathematische Funktion zweier komplexer Zahlen, die der Schweizer Mathematiker Leonhard Euler bereits im 18. Jahrhundert formuliert hatte. Zunächst beschrieb Veneziano damit zwei Partikel namens Pionen, die sich in ein Omega-Teilchen und ein Pion niedrigerer Energie umwandelten. In den nächsten Monaten wurde die Formel noch erweitert und schien die damaligen experimentellen Daten gut zu charakterisieren.

Tatsächlich erwies sich das Duale-Resonanz-Modell, zuweilen auch Veneziano-Modell genannt, als mathematisch äußerst robust und eindeutig. Und es stieß unter den Teilchenphysikern rasch auf großes Interesse. (Übrigens hatte der damals ebenfalls am CERN tätige junge Physiker Mahiko Suzuki unabhängig dieselbe Entdeckung gemacht. Sein Mentor hatte ihm aber davon abgeraten, sie zu publizieren.)

Ernüchterung und Überraschung

Doch dann folgte die Ernüchterung. Als bessere Messdaten vorlagen, zeigte sich, dass das Duale-Resonanz-Modell nur in erster Näherung passte. Zwar ließen sich weitere Terme hinzufügen, wie Michio Kaku an der Princeton University 1972 zeigte (der 1974 mit Keiji Kikkawa von der Universität von Osaka auch die erste Formulierung relativistischer Strings als Feldtheorie veröffentlichte; heute lehrt er als Professor für Theoretische Physik am City College in New York und hat als Wissenschaftspopularisierer einige Bekanntheit erreicht). Aber Kakus Ergänzung machte das Modell weniger elegant. Und andere Daten konnten damit gar nicht beschrieben werden. Außerdem fanden Physiker bald darauf eine bessere Theorie für die Starke Wechselwirkung – die Quantenchromodynamik, die mithilfe von Teilchenbeschleunigern alsbald grandiose Bestätigungen erfuhr. Damit wurde Venezianos Modell überflüssig.

»Auch wenn es unmöglich erschien, ein realistisches Duales-Resonanz-Modell für Pionen aufzustellen, war es dennoch eine so große Quelle der Faszination für alle, die damals in diesem Forschungsfeld aktiv waren, dass viel Energie dafür aufgewendet wurde, um das Modell wegen seiner schönen internen Struktur und Konsistenz zu erforschen und seine grundlegenden Eigenschaften zu verstehen«, erinnerte sich Paolo Di Vecchia im Rückblick in einer Festschrift zu Venezianos 65. Geburtstag. Der inzwischen am Nordischen Institut für Theoretische Physik in Stockholm tätige Physiker ist ein langjähriger Kollege und Freund Venezianos. »Es war eine große Überraschung, als sich herausstellte, dass Venezianos Modell quantenrelativistische Strings beschrieb.«

Mit anderen Worten: Hier ging es nicht um die üblichen punktförmigen Elementarteilchen, sondern um ausgedehnte, eindimensionale Objekte, die wie Saiten vibrieren und wie Federn eine Spannung besitzen. Das entdeckten 1969 unabhängig voneinander

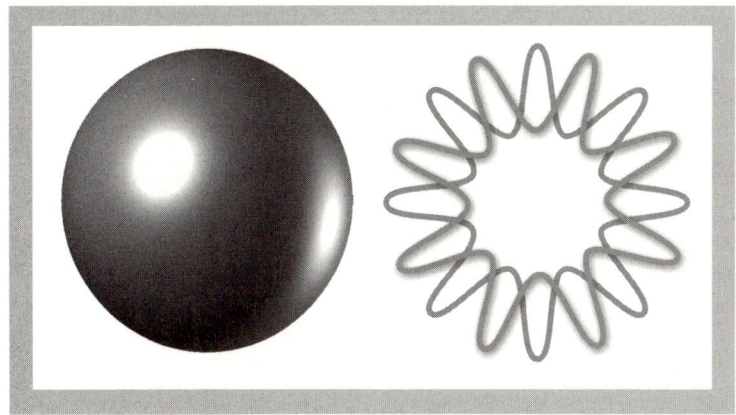

Teilchen oder Schwingung? Wenn die Stringtheorie richtig ist, sind Elementarteilchen keine winzigen Kügelchen, sondern Anregungsformen vibrierender Saiten (Strings). Sie messen vielleicht nur 10^{-32} Zentimeter.

gleich drei Physiker: Yoichiro Nambu, Holger Nielsen und Leonard Susskind. Nambu wurde übrigens 2008 mit dem Physik-Nobelpreis ausgezeichnet – allerdings nicht für seine Beiträge zur Stringtheorie, sondern für seine mathematische Beschreibung der spontanen Symmetriebrechung in der Elementarteilchenphysik – ein Phänomen, das auch in der Stringtheorie eine wichtige Rolle spielt.

Die Vorhersage der Gravitation

Es dauerte 15 Jahre, bis die kühnen gedanklichen Höhenflüge als handfeste Theorie landeten. »Im Rückblick war das eine fantastische Idee, in der sich die enorme physikalische Intuition der Beteiligten zeigte«, sagt Paolo Di Vecchia. Vor allem die Arbeiten von André Neveu, Pierre Ramond, Joël Scherk, John Schwarz und Michael Green brachten die Stringtheorie mathematisch in Form.

Die erste Version – bosonische Stringtheorie genannt – beschrieb lediglich Bosonen als Anregungszustände eines fundamentalen, nur etwa 10^{-32} Zentimeter kurzen Strings (das ist 10^{19}-mal kleiner als der Durchmesser eines Protons!). Zu diesen Teilchen mit ganzzahligem Spin gehören auch die Eichbosonen, die Überträger der Naturkräfte: das Photon für die Elektromagnetische Wechselwirkung, das Gluon für die Starke und die W- und Z-Bosonen für die Schwache Kraft. Sie haben alle den Spin 1.

1972 entdeckten Neveu und Scherk (damals an der École Normale Supérieure in Paris), dass die Stringtheorie die Existenz dieser Eichbosonen erklären kann. Und 1974 fanden Schwarz und Scherk, dass bestimmte Stringzustände einem Teilchen mit Spin 2 entsprechen. Was auf den ersten Blick als fataler Fehler erschien, war in Wirklichkeit ein Durchbruch. Denn die Allgemeine Relativitätstheorie kann keinen »Mechanismus« für die Wirkung der Schwerkraft angeben, sondern beschreibt diese als geometrische Eigenschaft der Raumzeit selbst. Im Rahmen der Quantenfeldtheorien werden Wechselwirkungen jedoch auf den Austausch von Eichbosonen zurückgeführt. Entsprechend sollte die Gravitation, genau wie die anderen Kräfte, von einem Boson vermittelt werden: dem Graviton. Und genau dieses lieferte die Stringtheorie als unerwartetes Nebenprodukt quasi frei Haus: ein Spin-2-Teilchen, das sich als Graviton interpretieren lässt. (Wie Richard Feynman als Erster gezeigt hatte, kann jede relativistische Theorie, die einen Austausch masseloser Spin-2-Teilchen enthält, die Feldgleichungen der Allgemeinen Relativitätstheorie reproduzieren.)

Damit wurde die Stringtheorie fast über Nacht zu einer Theorie der Quantengravitation – eine gewaltige Leistung! Die Theoretiker waren so begeistert, dass sie in ihrem Überschwang manchmal sogar kurioserweise behaupteten, die Stringtheorie habe die Existenz der Schwerkraft vorhergesagt – obwohl dies selbstverständlich eine »Nachhersage« war.

SUSY kommt zu Hilfe

Doch es gab einen gravierenden Schönheitsfehler: Die bosonische Stringtheorie beschrieb nur Bosonen, keine Fermionen. Deren Name geht auf den italienischen Physiker Enrico Fermi zurück, der mit Paul Dirac die Quantenstatistik ihres Verhaltens beschrieben hatte. Fermionen – etwa die Quarks und das Elektron – sind die Bausteine der Materie. Sie besitzen keinen ganzzahligen Spin, wie die Bosonen, sondern einen halbzahligen.

Wenn aber die Strings nur Partikel mit ganzzahligem Spin erzeugen würden, wäre die Natur der Materie nicht erklärt. Doch Neveu und Schwarz sowie unabhängig von ihnen Pierre Ramond von der University of Florida entdeckten 1971 im Rahmen eines zunächst »spinning Stringtheorie« genannten Modells eine mathematische Beziehung, die eine tiefe Verwandtschaft zwischen Bosonen und Fermionen enthüllte und somit auch Teilchen mit halbzahligem Spin in die Stringtheorie integrieren konnte. Dieser Ansatz wurde später unter dem Begriff der Supersymmetrie (SUSY) bekannt. Elementarteilchenphysiker wie Julius Wess und Bruno Zumino hatten ihn dann auch unabhängig von der Stringtheorie ge- oder erfunden.

1974 erkannten Schwarz und Scherk, dass die Stringtheorie tatsächlich eine richtige physikalische Lösung sein könnte, dass die Forscher mit ihr bislang jedoch auf das falsche Problem geschaut hatten. Nicht die Starke Kraft war es, wie anfangs erhofft, die die Stringtheorie beschreibt, sondern eine Verbindung von Quantentheorie und Gravitation. 1976 zeigte Scherk dann mit Ferdinando Gliozzi (Universität Turin) und David A. Olive (Imperial College, London), dass die supersymmetrische Stringtheorie frei von bestimmten mathematischen Unendlichkeiten ist, die bislang für Schwierigkeiten gesorgt hatten. Und 1981 bewiesen Schwarz und Green, dass die gesamte Stringtheorie supersymmetrisch ist. So avancierte sie mit SUSYs Hilfe endgültig zu einem respektablen Kandidaten für eine

Weltformel. Seither ist oft von Superstrings und Superstringtheorie die Rede, um deren supersymmetrische Eigenschaft zu betonen.

Trotzdem war die Entwicklung Mitte der 1970er-Jahre ins Stocken geraten, weil sich experimentelle Überprüfungen der Stringtheorie nicht absehen ließen und die theoretischen Erkenntnisse außerhalb des kleinen Kreises der Spezialisten kaum Beachtung fanden. Zugleich wurde die Quantenchromodynamik vollendet. Die wenigen Stringtheoretiker wandten sich anderen Aufgaben zu. Schwarz und Ramond erhielten, weil sie gegen den Mainstream schwammen, nicht einmal eine feste Universitätsstelle.

Die erste String-Revolution

Doch Schwarz arbeitete unverdrossen weiter, zunächst mit Joël Scherk – bis zu dessen tragischem Tod 1980 – und dann mit Michael Green. Schließlich wurde die Hartnäckigkeit von Erfolg gekrönt: 1984 schafften Schwarz und Green, der übrigens 2009 Stephen Hawkings Nachfolger auf dem Lukasischen Lehrstuhl an der University of Cambridge wurde, einen neuen Durchbruch. Dieser ging als »erste String-Revolution« in die Geschichte der Theoretischen Physik ein. Die Revolution verlief gewaltfrei und ganz ohne Kanonendonner – für Laien geradezu geräuschlos. Aber vom Standpunkt der physikalischen Theoriebildung war es dennoch ein Knaller: Das Feuerwerk bestand in dem mathematischen Nachweis, dass die Superstringtheorie frei von Unendlichkeiten und Anomalien ist.

Anomalien sind Quantenprozesse, die Symmetrieprinzipien verletzen, die jedoch erhalten bleiben sollen. Viele physikalische Modelle und Theorien werden von solchen Anomalien geplagt – ein gutes Indiz dafür, dass sie mathematisch widersprüchlich und daher zu verwerfen sind. Lässt sich aufzeigen, dass keine Anomalien existieren, hat eine Theorie die Feuertaufe bestanden.

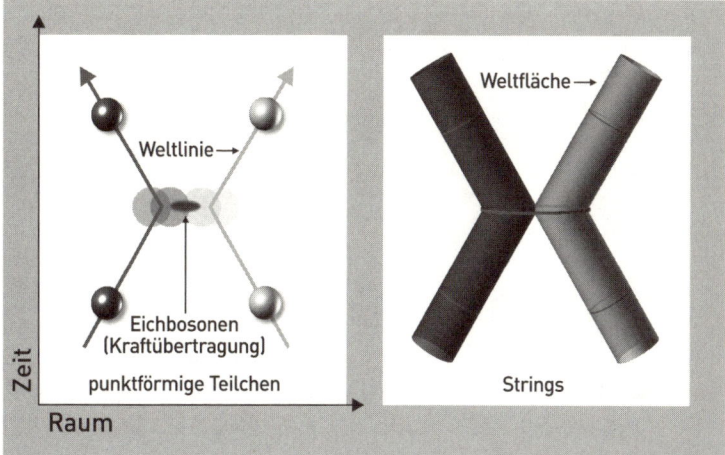

Wechselwirkung im Visier: Physikalische Interaktionen werden im Rahmen einer Quantenfeldtheorie als Austausch von Kraftteilchen (Eichbosonen) zwischen Elementarteilchen beschrieben. Laut Stringtheorie findet in Wirklichkeit eine temporäre Verschmelzung von Strings statt. Dabei treten in den Gleichungen keine Singularitäten oder Unendlichkeiten auf, wie in den Quantenfeldtheorien, weil die Wechselwirkung nicht punktförmig ist – mathematisch ein enormer Vorteil.

Ähnlich prekär wie Anomalien sind Unendlichkeiten in den Lösungen der Gleichungen – etwa unbeschränkt wachsende Energien, Wahrscheinlichkeiten oder Raumzeit-Krümmungen. Das sind ebenfalls Probleme der Theorie, nicht der von ihr beschriebenen Natur. Sie entstehen beispielsweise, wenn in den Rechnungen durch Null oder eine Zahl nahe bei Null geteilt werden muss.

Das kommt in den Quantenfeldtheorien, aber auch der Allgemeinen Relativitätstheorie vor, wenn Punktteilchen oder kleinste Raumzeit-Abstände betrachtet werden. Hier versagt dann die Theorie. Zuweilen lassen sich die Schadstellen durch mathematische Tricks umgehen, sogenannte Renormierungsverfahren. Oder der Gültigkeitsbereich wird eingeschränkt – was für eine »Theorie

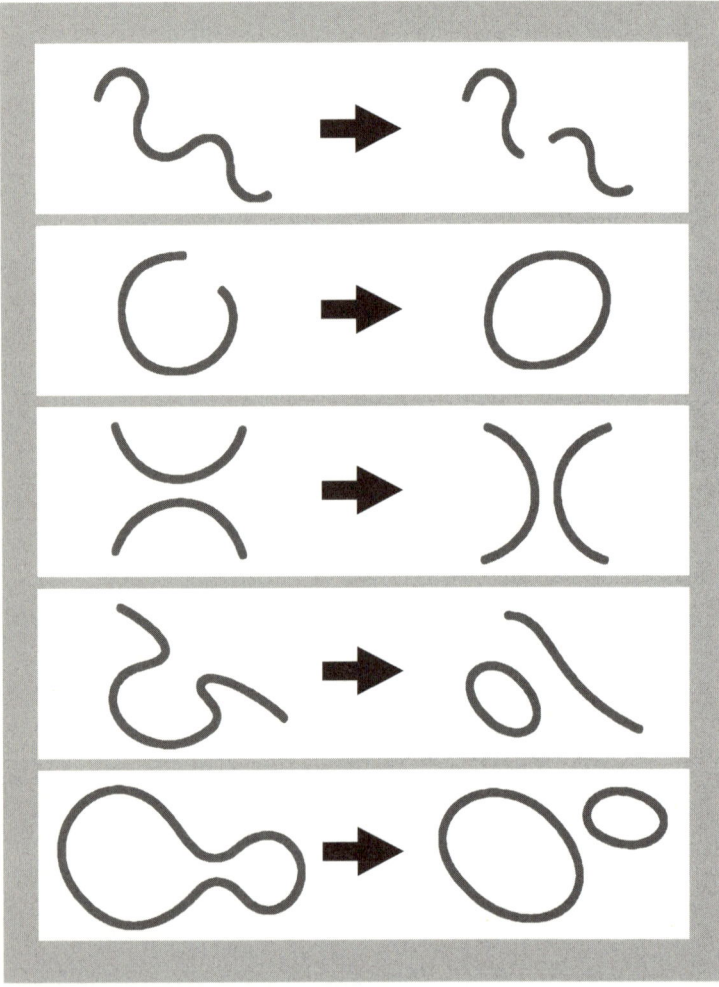

Fünf Interaktionen: Strings können auf verschiedene Weisen miteinander wechselwirken – abhängig davon, wie sie sich trennen oder verbinden. Diese wenigen und scheinbar einfachen Möglichkeiten würden dann alle Reaktionen, Zerfälle und Umwandlungen hervorbringen, die Physiker von den Elementarteilchen kennen – beispielsweise die Umwandlung eines down-Quarks in ein up-Quark mit Freisetzung eines Elektrons und Elektron-Antineutrinos beim Zerfall eines Neutrons in ein Proton.

von Allem« selbstverständlich keine Alternative ist. Doch weil die Stringtheorie nicht von ausdehnungslosen Punktpartikeln handelt, sondern von Strings mit einer zwar kleinen, aber endlichen Länge, bleiben die Rechnungen gleichsam im grünen Bereich.

»Das war mir eine große Lehre, die ich gerne schon früher gekannt hätte«, erinnerte sich John Schwarz vom California Institute of Technology in seinem Einführungsvortrag auf der Strings2012-Konferenz in München: »Wenn eine Theorie ein Problem A lösen soll, aber besser dafür geeignet ist, ein Problem B zu lösen, dann sollte man seine Ziele entsprechend ändern.« So erwies sich der von Gabriele Veneziano initiierte Ansatz zwar in der Physik der Hadronen-Streuung letztlich als unbrauchbar und wurde von der Quantenchromodynamik verdrängt. »Doch als eine Theorie der Quantengravitation und Vereinheitlichung der Kräfte funktionierte die Stringtheorie.«

Und dabei blieb es nicht, denn alsbald inspirierte die Stringtheorie auch Entwicklungen in der Geometrie und anderen mathematischen Bereichen. »Es war eine perfekte Heirat zwischen Theoretischer Physik und Mathematik«, resümiert Veneziano. »Niemals zuvor gab es eine derart wechselseitige Befruchtung zwischen zwei Feldern menschlichen Wissens. Falls es sich herausstellen sollte, dass die Stringtheorie nichts mit der Welt zu tun hat, was ich allerdings nicht annehme, dann wird sie trotzdem als große Errungenschaft der Mathematischen Physik in die Geschichte eingehen.«

»Die Superstring-Revolution hat die gesamte physikalische Landschaft verändert«, kommentieren die Physiker Andrew Zimmerman Jones und Daniel Robbins. »Ein Jahrzehnt lang wurden die Superstrings ignoriert, während andere Quantengravitationstheorien unter der Last von Unendlichkeiten und Anomalien kollabierten. Und nun erstand diese von vielen zurückgewiesene oder ignorierte Theorie aus der Asche auf wie ein mathematischer Phönix – frei von Unendlichkeiten und Anomalien.«

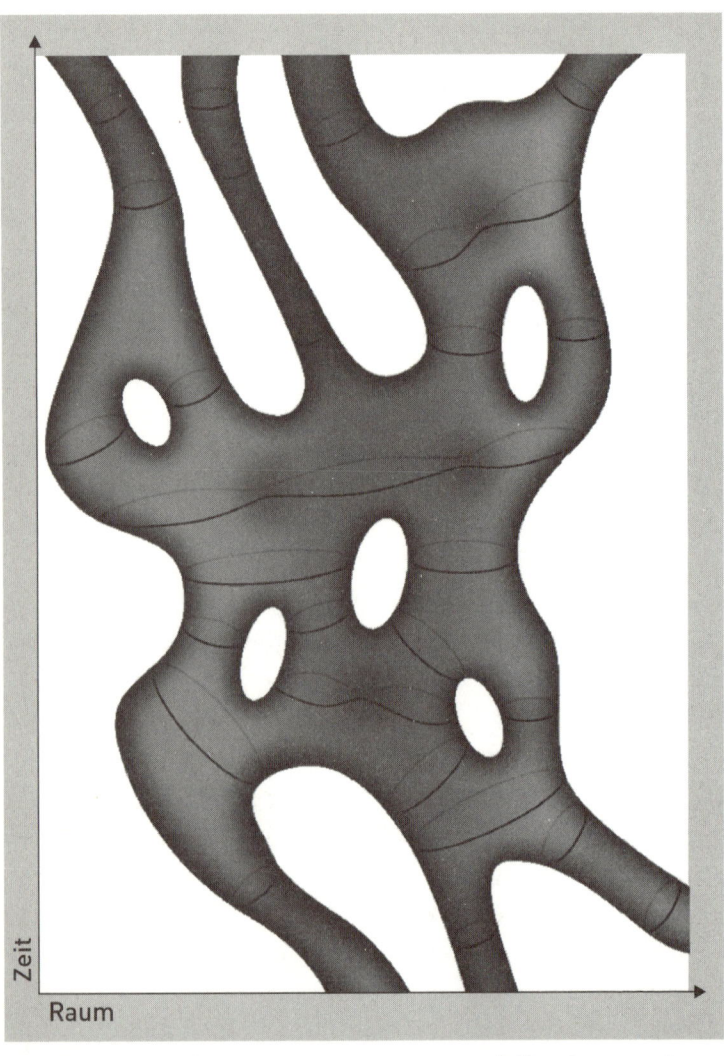

Wundersame Weltfläche: Im Raumzeit-Diagramm bilden Strings nicht wie Teilchen ein Geflecht aus Weltlinien, sondern ein topologisch komplexes Gebilde. Mit einer solchen Weltfläche beschreiben Stringtheoretiker die Bewegung, Trennung, Vereinigung und Wechselwirkung der Strings.

Superstar und neuer Einstein?

Als Edward Witten 1971 seinen Bachelor im Studium der Geschichte machte, hätte er sich nicht träumen lassen, einmal selbst Geschichte zu schreiben – vor allem in der Stringtheorie. Zunächst studierte der 1951 geborene US-Amerikaner noch ein Semester Wirtschaftswissenschaft, dann Mathematik, schließlich wechselte er zur Physik. Er promovierte 1976 bei dem späteren Nobelpreisträger David Gross und gilt seit den 1990er-Jahren als der wohl führende Stringtheoretiker weltweit. Witten schrieb außerdem wichtige Beiträge zur Relativitäts- und Quantentheorie, Supersymmetrie und Knotentheorie. Er publizierte über 350 Fachartikel und ein Lehrbuch. Seine Forschungen zur Quantenfeldtheorie und Supersymmetrie enthüllten grundlegende mathematische Einsichten. Dafür erhielt er 1990 die Fields-Medaille – die höchste Auszeichnung auf dem Gebiet der Mathematik. Sie wird von der Internationalen Mathematischen Union bloß alle vier Jahre verliehen – und nur an Menschen unter 40 Jahre. Noch bemerkenswerter: Witten ist der erste – und bislang einzige – Physiker, dem diese Ehre zuteil wurde.

»Obwohl er definitiv ein Physiker ist, beherrscht er Mathematik besser als die meisten Mathematiker«, sagt einer der größten lebenden unter ihnen, Sir Michael Atiyah, selbst Fields-Medaillist. »Immer wieder hat er uns mit brillanten Einsichten überrascht. Sein Einfluss auf die Mathematik der Gegenwart ist tiefgreifend.«

1995 stieg Witten dann zum Superstar unter den Stringtheoretikern auf und gilt nicht wenigen Experten zufolge sogar als ein neuer Albert Einstein – an dessen letzter Wirkungsstätte, dem Institute for Advanced Study im amerikanischen Princeton, New Jersey, Witten auch seit 1987 Physik-Professor ist. 1995 hielt er einen Vortrag auf der String-Konferenz in Los Angeles, der die zweite String-Revolution auslöste.

Nach der ersten Revolution 1984 war die Stringtheorie als erfolgversprechender Kandidat für eine allumfassende Theorie der Quantengravitation etabliert. Immer mehr Physiker wandten sich ihrer Erforschung zu – auch, weil das Standardmodell der Elementarteilchenphysik inzwischen weitgehend ausgelotet war und nach einer »neuen Physik« gesucht wurde, um seine Grenzen zu überwinden und die vielen offenen Fragen zu beantworten. Die Stringtheorie galt hierzu – und gilt bis heute – als ambitioniertester Vorschlag.

Doch welche Stringtheorie? In den 1980er-Jahren war nämlich klar geworden, dass mindestens fünf Varianten existieren, die keineswegs deckungsgleich sind. Diese Zersplitterung bedrohte die Aussicht auf eine einheitliche Welterklärung. Und es gab ein weiteres Problem. Es war bereits vor der ersten String-Revolution jedem Forscher schmerzlich bewusst, wurde aber zunächst regelrecht verdrängt – in die Mathematik und den Mikrokosmos. Dort sollte es auch bleiben. Aber bitteschön wohldefiniert.

Verborgene Dimensionen

Das Problem: Die Stringtheorie funktioniert nicht in den vertrauten drei Dimensionen des Raums. Sie erfordert mindestens sechs weitere. Das ist keine Science-Fiction-Idee, sondern ergibt sich zwingend aus der Theorie selbst. Andernfalls wäre die Stringtheorie mathematisch inkonsistent. Und sie könnte auch nicht bestimmte subtile Effekte der Welt beschreiben, in der wir leben. Dazu gehört eine Symmetrieverletzung bei Prozessen, die von der Schwachen Wechselwirkung vermittelt werden und sich in den Zerfallsraten mancher kurzlebiger Partikel zeigen, etwa von K- und B-Mesonen.

Wenn die postulierten Zusatzdimensionen kein mathematisches Gespenst sind, sondern wirklich unerlässlich – wo befinden sie sich dann? Denn wohin man auch schaut: Neben Höhe, Breite und Tiefe scheint keine vierte Raumrichtung zu existieren, und erst recht nicht sechs oder noch mehr. Auch gibt es keine extradimensionalen Olympia-Wettkämpfe jenseits von Weit- und Hochsprung – das Dimensionen-Tauchen ist noch nicht erfunden.

Allerdings müssen die Extradimensionen nicht groß sein. Wenn sie an jedem Punkt der vierdimensionalen Welt »kompaktifiziert« wären, wie Physiker sagen, dann blieben sie makroskopisch verborgen. Das lässt sich mathematisch konzise beschreiben – aber schwer vorstellen, denn der menschliche Verstand ist an drei Raumdimensionen angepasst.

Zur Veranschaulichung hilft vielleicht ein Strohhalm: Aus großer Distanz betrachtet gleicht er einem Strich, hat also quasi nur eine Dimension. Aus der Nähe gesehen ist er aber eine Röhre. Der Kreis ihres Querschnitts entspricht einer »aufgerollten« Extradimension. Allerdings ist es bei der Stringtheorie nicht nur eine, und diese zusätzlichen Dimensionen brauchen auch nicht kreisförmig aufgewickelt zu sein, sondern können scheinbar völlig wirre Formen annehmen. Vor allem sind sie sehr viel kleiner als der Durchmesser des Strohhalms im Vergleich zu seiner Länge. Außerdem befindet sich der Strohhalm natürlich im Raum, während die großen und kleinen Dimensionen der Stringtheorie nicht in einem Raum sind, sondern diesen erzeugen.

Einstein, Kaluza und Klein – eine fünfdimensionale Gemeinschaft

Die Idee der Extradimensionen ist keine Erfindung der Stringtheoretiker. Sie besitzt eine respektable Vergangenheit.

Die ersten Überlegungen dazu veröffentlichte der finnische Physiker Gunnar Nordström 1914. Sie wurde aber fast völlig ignoriert und vergessen. Er hatte versucht, die Spezielle Relativitätstheorie zu verallgemeinern – was Albert Einstein ein Jahr später gelang – und die Gravitation von der Elektromagnetischen Kraft abzuleiten.

Auch der Mathematiker Hermann Weyl strebte kurz darauf, bereits auf Grundlage der Allgemeinen Relativitätstheorie, sowohl Schwerkraft als auch Elektromagnetismus in einer einheitlichen Theorie zu beschreiben – mehr noch: in geometrischer Weise zu vereinigen. Dieses Programm beschäftigt in einer erweiterten Form Theoretische Physiker bis heute.

1919 schickte ein unbekannter Privatdozent der Universität in Königsberg namens Theodor Kaluza an Albert Einstein eine kurze Abhandlung mit dem Titel *Zum Unitätsproblem in der Physik*, die Weyls Ziel fortführte. Darin hatte der Mathematiker gezeigt, wie sich die Feldgleichungen der Allgemeinen Relativitätstheorie mit den Maxwell-Gleichungen der Theorie des Elektromagnetismus in einer fünfdimensionalen Raumzeit verbinden lassen. Einstein schrieb am 21. April zurück, dass er die Idee mochte, und zeigte sich in einem späteren Brief noch beeindruckter: »Ich habe großen Respekt vor der Schönheit und Kühnheit Ihres Gedankens.« Trotzdem war er zunächst skeptisch, weil ihm die Idee einer fünften Dimension doch sehr radikal vorkam, und weil Kaluzas Formalismus letztlich auch die Relativitätstheorie abändern würde. 1921 empfahl Einstein dann aber doch die Publikation von Kaluzas Arbeit in den *Sitzungsberichten der Preußischen Akademie der Wissenschaften zu Berlin*, wo sie noch im selben Jahr erschien.

Kaluza schlug darin vor, »daß man sich zu dem wohl stark befremdenden Entschluß aufrafft, eine neue, fünfte Weltdimension zu Hilfe zu rufen«, um eine einheitliche physikalische Theorie zu finden, die »zu den großen Lieblingsideen des Menschengeistes« gehöre. Formal war ihm das auch gelungen: Letztlich existiert hier nur die Gravitation als Krümmung der Raumzeit – und die elektromagnetischen Felder sollten ein Produkt der Krümmung der unsichtbaren fünften Dimension sein. Über die Gültigkeit des Ansatzes war damit freilich noch nichts entschieden. Das hatte Kaluza jedoch auch nicht behauptet. Immerhin: »Trotz voller Würdigung der geschilderten physikalischen wie auch der erkenntnistheoretischen Schwierigkeiten, die sich von der hier entwickelten Auffassung auftürmen, will es einem schwer werden, zu glauben, daß in all jenen an formaler Einheitlichkeit kaum zu überbietenden Beziehungen immer nur ein launischer Zufall sein lockendes Spiel treibt«, schrieb er am Ende seines Fachartikels. »Sollte es sich aber einmal bestätigen, daß mehr hinter den vermuteten Zusammenhängen steckt als nur ein leerer Formalismus, so würde dies entschieden einen neuen Triumph für Einsteins allgemeine Relativitätstheorie bedeuten, um deren sinngemäße Anwendung auf eine fünfdimensionale Welt es sich hier handelt.«

Kaluza verfolgte den Ansatz zwar bis zu seinem Lebensende 1954 sporadisch weiter, auch im Hinblick auf die später entdeckten subatomaren Kräfte, erzielte aber keine großen Fortschritte. Er warb auch nicht marktschreierisch dafür, sondern lebte zurückgezogen – erhielt, auch aufgrund von Einsteins Unterstützung, aber immerhin 1929 eine Professur in Kiel und dann in Göttingen. »Kaluza war ein Mann sokratischer Bescheidenheit. Seine Theorien machte er auch in Göttingen kaum jemandem bekannt«, schrieb die Wissenschaftshistorikerin Daniela Wuensch später in ihrer Kaluza-Biographie, die im Rahmen einer Dissertation an der Universität Stuttgart entstanden war. »Genauso wenig stellte er die Breite seiner Kenntnisse in Mathematik, Physik, Astronomie, Chemie, Biologie, Rechtswissenschaft, Philosophie und Literatur ins Licht. Er sprach 17 Sprachen und schrieb sogar Briefe in Arabisch, seiner Lieblingssprache.« (Übrigens soll er mit über 30 Jahren lediglich durch Lektüre eines Buchs das Schwimmen gelernt haben – und es bereits beim ersten Versuch im Wasser tatsächlich beherrscht haben.)

»Ob sich Kaluzas Idee bewähren wird, kann man noch nicht sagen, Genialität wird man ihr zuerkennen müssen«, meinte Einstein.

Mit seinem Assistenten Jakob Grommer veröffentlichte er 1923 sogar eine Ergänzung zu Kaluzas Argumentation: *Beweis der Nichtexistenz eines überall regulären zentrisch symmetrischen Feldes nach der Feldtheorie von Kaluza.*

Allerdings hatte sich mit der aufkommenden Quantentheorie die Richtung der Theoretischen Physik bereits völlig verlagert. (»Überhaupt droht ja jedem universelle Geltung heischenden Ansatz die Sphinx der modernen Physik, die Quantentheorie«, hatte Kaluza in seinem Artikel bereits hellsichtig angemerkt.) Außerdem wirkte Kaluzas Theorie wegen ihrer Zusatzdimension befremdlich. War sie nur eine Art Rechentrick? Und wenn nicht: Wieso bemerkt man nichts von dieser gleichsam außerweltlichen Richtung des Raums?

Diesen Einwand versuchte wenige Jahre später der schwedische Physiker Oskar Klein zu entkräften. 1926 veröffentlichte er einen zwölfseitigen Aufsatz *Quantentheorie und fünfdimensionale Relativitätstheorie* in der *Zeitschrift für Physik A* sowie einen zweiten, kurzen Artikel in *nature*. Von ihm stammt außerdem die Idee der Kompaktifizierung: Die fünfte Dimension sei unbeobachtbar, weil »aufgerollt« – der Strohhalm lässt grüßen. (Schon Kaluza hatte übrigens von einer »Zylinderbedingung« geschrieben.)

Klein, ein ehemaliger Student von Niels Bohr, dem Mitbegründer der Quantentheorie, wollte mit der Extradimension auch Quantenphänomene erklären, die Kaluza noch als Bedrohung des Ansatzes gesehen hatte. Sogar die quantisierte Elementarladung e – die elektrische Ladung ist ja diskret, nicht kontinuierlich verschiebbar – versuchte Klein so zu verstehen, bedingt durch die Bewegungen der Teilchen durch die fünfte Dimension und deren winzige Größe.

Das hat Quantenphysiker wie den Nobelpreisträger Louis de Broglie beeindruckt, der Kleins »kühne aber schöne Theorie« 1927 auf seine eigene Weise ableitete. Auch Einstein wandte sich dem fünfdimensionalen Ansatz wieder zu und schrieb im Februar 1927

Exkurs

Kleins kleine Dimension

Der schwedische Mathematiker Oskar Klein hat die Idee kompaktifizierter Extradimensionen 1926 vorgestellt. Die Länge l einer solchen aufgerollten Raumdimension (also eigentlich ihr »Umfang«) schätzte er auf $l = hc\sqrt{2G}/e$. Dabei bedeuten h das Plancksche Wirkungsquantum, c die Lichtgeschwindigkeit, G die Gravitationskonstante und e die elektrische Elementarladung. Somit wäre die Größe der kompaktifizierten Dimension von den Naturkonstanten bestimmt – oder würde umgekehrt diese festlegen – und betrüge etwa 10^{-30} Zentimeter. »Dieser winzige Wert und die Periodizität der fünften Dimension könnte erklären, warum sie in gewöhnlichen Experimenten nicht in Erscheinung tritt«, schrieb Klein, »es wird sozusagen über die fünfte Dimension gemittelt.«

in einem Brief an Hendrik Lorentz, dass hier die Einheit von Gravitation und Elektromagnetismus völlig zufriedenstellend erreicht sei. »Lang lebe die fünfte Dimension«, heißt es in einem Brief an einen Freund und Kollegen, Paul Ehrenfest. Und 1938 veröffentlichte Einstein mit seinem Mitarbeiter Peter Bergmann einen langen Aufsatz in den *Annalen der Mathematik*, in dem er der fünften Dimension eine hypothetische physikalische Realität zuschrieb.

Warum war der höherdimensionale Ansatz trotzdem rasch wieder weitgehend in Vergessenheit geraten? Dafür gab es viele Gründe. Zum einen blieb es unverständlich, warum die Extradimension anders war als die drei großen Dimensionen des Raumes. Auch lehnte die Mehrzahl der Quantentheoretiker die Existenz »verborgener Variablen« als tiefere Ursachen der anscheinend zufälligen Quantenprozesse ab (im Gegensatz zu Einstein), und die fünfte Dimension wäre in gewisser Hinsicht auch so eine zusätzliche Größe. Ferner gibt es in der Kaluza-Klein-Theorie fünf mathematische Zusatzterme, von denen vier den Elektromagne-

tismus beschreiben, der fünfte aber die Allgemeine Relativitätstheorie modifizieren würde, was im ersten Überschwang zunächst
ignoriert wurde. Dieser Term repräsentiert die Existenz eines weiteren masselosen Teilchens, das nie beobachtet wurde. Schließlich aber explodierte der Fortschritt in der Teilchenphysik ab den
1930er-Jahren förmlich. Immer neue Partikel wurden entdeckt sowie mit der Schwachen und Starken Wechselwirkungen auch zwei
neue Kräfte. Das machte es offensichtlich, dass eine »Weltformel«
noch wesentlich umfassender sein muss, als es Kaluza, Klein und
Einstein vorschwebten.

Immerhin war die Kaluza-Klein-Theorie der erste vielversprechende Ansatz für eine vereinheitlichte Feldtheorie oder »Weltformel«, wie sie Einstein bis an sein Lebensende gesucht hatte. In
der Stringtheorie lebt sie nun gleichsam fort und wieder auf. Edward Witten hatte ihr beispielsweise schon 1981 die Referenz erwiesen, sogar im Titel eines Fachartikels in der Zeitschrift *Nuclear
Physics B*. Er lautet: *Search for a realistic Kaluza-Klein theory*.

Angesichts des mathematischen Erfolgs sei es schwer »zu glauben, daß in all jenen an formaler Einheitlichkeit kaum zu überbietenden Beziehungen immer nur ein launischer Zufall sein lockendes Spiel treibt«, hatte Kaluza in seinem 1921 publizierten Artikel
geschrieben. Ganz ähnlich argumentieren Stringtheoretiker bis
heute: Ihre Theorie sei in den mathematischen Entsprechungen
einfach zu schön, um nicht wahr zu sein.

Abgründe der Abstraktion

Im Vergleich zum wohlgeordneten extradimensionalen Vorgarten
des Kaluza-Klein-Ansatzes ist die Stringtheorie ein wilder Dschungel. Herauszufinden, wie die zusätzlichen Dimensionen aufgewickelt
sein könnten, war eine geradezu labyrinthische Herausforderung.

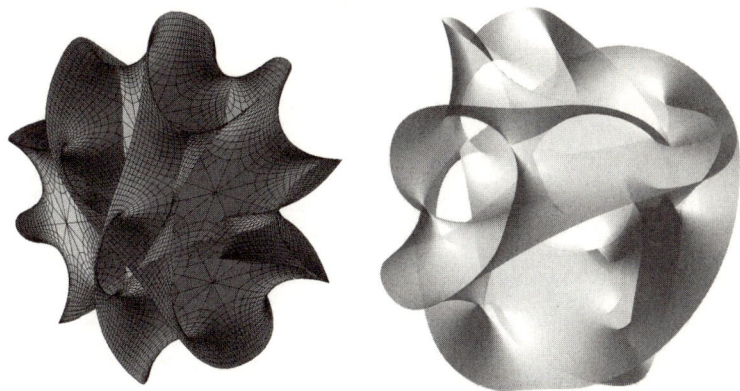

Eingeweide der Extradimensionen: 3D-Projektionen eines Schnitts durch eine sechsdimensionale Calabi-Yau-Mannigfaltigkeit. Diese hochkomplexen mathematischen Räume bilden die Grundlage für die Beschreibung der kompaktifizierten Dimensionen der Stringtheorie.

Bis Edward Witten 1985 in einer bahnbrechenden Arbeit zusammmen mit Philip Candelas, Gary Horowitz und Andrew Strominger eine Lösung fand.

Die Physiker stützten sich dabei auf mathematische Arbeiten von Eugenio Calabi (1954) von der University of Pennsylvania und Shing-Tung Yau (1977) von der University of California in San Diego. Und sie wiesen nach, dass die Calabi-Yau-Mannigfaltigkeiten tatsächlich die gewünschten Eigenschaften liefern – beispielsweise Supersymmetrie und bestimmte Symmetriebrechungen –, die das Standardmodell der Elementarteilchen und seine Erweiterungen beschreiben können (oder können sollen). Das war ein erstaunliches Resultat, auch wenn es in schwindelerregende Abgründe der mathematischen Abstraktion verwies.

(Wer es genauer wissen möchte: Ein Calabi-Yau-Raum ist eine kompakte Kähler-Mannigfaltigkeit mit verschwindender erster Chern-Klasse und äquivalent mit einer SU(n)-Holonomie oder einer global definierten, nirgends verschwindenden holomorphen (n,0)-Form oder einer flachen Metrik ohne Ricci-Krümmung – alles klar?)

Etwas anschaulicher – geht das überhaupt? – sind die Orbifolds. (Das Wort leitet sich von »manifolds« ab, mathematisch klar definierten »Mannigfaltigkeiten«, zu denen auch der vertraute euklidische Raum gehört.) Diese stark gekrümmten sechsdimensionalen Hintergrundräume, in denen sich Strings bewegen, können als Approximationen der Calabi-Yau-Räume gesehen werden. Eine impressionistische zweidimensionale Darstellung davon erinnert an ein Dreieck mit einem Loch in der Mitte, wobei die Spitzen konischen Singularitäten mit unendlicher Krümmung entsprechen – dorthin werden gleichsam alle Seltsamkeiten der Calabi-Yau-Räume verlagert, sodass sich mit dem »Rest« der Orbifolds leichter hantieren lässt. Strings können an diese Singularitäten andocken wie Kletterseile an Metallhaken in einer Felswand (eine Idee, die sich Jahre später als wichtig herausstellte, als die »Branen« entdeckt wurden). Strings wickeln sich außerdem auf verschiedene Weise um solche Orbifolds. Tun sie das um das Loch, können sie zum Beispiel schweren Teilchen mit gebrochenen elektrischen Ladungen entsprechen oder massereichen Magnetischen Monopolen. Das kommt immerhin einer physikalischen Voraussage gleich, denn solche Partikel sind bislang noch nie beobachtet worden.

Während sich die Stringtheoretiker in mathematische Räume vertieften, die dem normalen Verstand völlig abgehen, ist zumindest die Idee der Materie als einer Melodie des Mikrokosmos – Pythagoras lässt grüßen – fasslicher. Mit der Alltagswelt hat sie freilich auch wenig gemein. Und das gilt erst recht quantitativ: Die Vibrationsfrequenzen eines Superstrings werden von seiner Spannung bestimmt, die sich aus seiner Energie pro Längeneinheit und somit seiner Masse im Quadrat ergibt. »Sie muss in der Größenordnung von $(10^{19}$ Gigaelektronenvolt$)^2$ liegen, das entspricht einer Kraft von

10^{39} Tonnen«, sagt Michael Green. »Die Frequenzen sind deshalb durch riesige Lücken getrennt: Teilchen mit dem geringsten Vibrationszustand sind masselos, aber die mit dem nächsten haben schon die Masse eines Staubkörnchens, was für ein Elementarteilchen enorm ist.« Das wirft allerdings ein gewaltiges Problem auf, das bis heute nicht befriedigend gelöst ist: Wenn die bekannten Elementarteilchen Anregungsformen von Strings sind, wieso haben viele von ihnen dann eine Ruhemasse, die in allen bekannten Fällen weit geringer ist als ein Staubkörnchen?

Damit nicht genug. Nicht nur schienen die Stringtheoretiker Probleme zu haben, ihre Vorstellungen mit der Realität in Verbindung zu bringen. Sie kamen sich in gewisser Weise auch noch mit ihren Vorstellungen ins Gehege. Denn diese zerfielen bald in unterschiedliche Varianten. In den 1980er-Jahren konkurrierten bereits fünf supersymmetrische Stringtheorien miteinander, die alle Fermionen enthalten. Wobei jedoch mindestens drei die bekannte Physik nicht abzudecken in der Lage erscheinen.

Je nach Theorie gibt es sowohl offene (gestreckte) als auch geschlossene (ringförmige) oder aber nur geschlossene Strings. Ein Beispiel für letztere ist das Graviton, eine der Anregungsformen dieser vibrierenden Schleifen. An den Enden offener Strings hingegen befinden sich Ladungen, etwa die elektrische, die mit Kräften assoziiert sind. Aber auch mit geschlossenen Strings können nichtgravitative Kräfte einhergehen. Das wurde besonders in der Heterotischen $E_8 \times E_8$ Stringtheorie deutlich, die David Gross mit Jeffrey A. Harvey, Emil Martinec und Ryan Rohm an der Princeton University entwickelte (daher das »Princeton-Quartett« genannt), und die eine Weile als der beste Kandidat für eine »Weltformel« galt. Denn ihre Symmetrie umfasst die drei Symmetrien des Standardmodells und enthält somit auch dessen Eichbosonen. Im Gegensatz zu den Stringtheorien vom Typ I und IIA ist sie auch chiral, das heißt »unterscheidet« zwischen links- und rechtshändigen Teilchen, wie es die Natur ebenfalls tut. (Typ IIB ist ebenfalls chiral, kann aber keine Eichbosonen generieren.)

Die Konstruktion von Stringtheorien ist jedoch nicht nur durch bekannte physikalische Randbedingungen limitiert, sondern auch durch mathematische Konsistenzbedingungen. Man mag sich da vieles ausdenken – aber das meiste erweist sich schnell oder nach eingehender Prüfung als Unsinn.

Ein wichtiger begrenzender Faktor ist geometrischer beziehungsweise, allgemeiner, topologischer Natur. So kann ein Torus (um den sich beispielsweise Strings wickeln, mathematisch gesprochen) in zweierlei Weisen aufgeschnitten werden: einerseits vertikal wie eine Currywurst, andererseits horizontal wie ein Jojo oder ein Teigkringel (Bagle). Stellt man sich vor, eine der Schnittflächen relativ zur anderen um 360 Grad zu drehen und diese Flächen dann wieder zusammenzukleben, und war zuvor eine Art Koordinatensystem auf der gesamten Oberfläche des Torus aufgetragen, dann kann sich dieses nach der Operation nicht kontinuierlich zur ursprünglichen Form zurückjustieren lassen. Der Torus ist quasi ein anderer. Eine Anforderung an die Stringtheorie besteht jedoch darin, gegenüber solchen Operationen nicht sensitiv zu sein, denn sonst wäre eine konsistente Beschreibung der Kräfte nicht möglich. Und das erlegt

Stringtheorien im Überblick: Es gibt nicht nur eine Stringtheorie, sondern mindestens sechs verschiedene. Die bosonische war die erste. Sie erfordert die Existenz von 22 räumlichen Dimensionen zusätzlich zu den drei bekannten des Raums und der der Zeit; und sie beschreibt nur Bosonen (Kraftüberträger-Teilchen). Die fünf anderen Theorien sind realistischer, da sie auch Fermionen (Materie-Teilchen) enthalten, aber kein Tachyon mit imaginärer Masse, das zur Instabilität führt und das Modell inkonsistent macht. Diese Theorien benötigen »nur« sechs Extradimensionen und weisen alle eine Supersymmetrie (SUSY) zwischen Bosonen und Fermionen auf. Diese fünf Superstringtheorien haben sich einige Jahre nach ihrer Formulierung überraschenderweise als mathematisch verwandt erwiesen – und als Teil einer umfassenderen Theorie, der M-Theorie.

Name der Stringtheorie	Eigenschaften
Bosonisch	mit geschlossenen und offenen Strings; keine Fermionen und SUSY; instabil
Typ I	mit geschlossenen und offenen Strings, Symmetriegruppe SO(32), masselose Fermionen sind nicht chiral (haben zwei »Dreh-Richtungen«); isolierend, nicht orientiert; mit Starker und Schwacher Kraft, SUSY mit einer Superladung
Typ IIA	mit geschlossenen und offenen Strings, letztere enden auf D-Branen (mit 0, 2, 4, 6 oder 8 Raumdimensionen); asymmetrisch vibrierend, masselose Fermionen sind nicht chiral; isolierend; ohne Starke und Schwache Kraft; SUSY mit zwei Superladungen
Typ IIB	mit geschlossenen und offenen Strings, letztere enden auf D-Branen (mit -1, 1, 3, 5 oder 7 Raumdimensionen); asymmetrisch vibrierend, masselose Fermionen sind chiral (nur eine »Dreh-Richtung«); isolierend; ohne Starke und Schwache Kraft; SUSY mit zwei Superladungen
Typ HO = Heterotisch SO(32)	nur geschlossene Strings, deren Rechts- und Links-Bewegung sich unterscheiden (sie sind heterotisch); supraleitend, orientiert; mit Starker und Schwacher Kraft; SUSY mit einer Superladung
Typ HE = Heterotisch $E_8 \times E_8$	nur geschlossene Strings, deren Rechts- und Links-Bewegung sich unterscheiden (sie sind heterotisch); chiral, supraleitend, orientiert; mit Starker und Schwacher Kraft; SUSY mit einer Superladung

Exkurs

Vierdimensionale Extravaganz

Eine Stringtheorie erfordert nicht notwendigerweise zusätzliche Dimensionen. Sie lässt sich widerspruchsfrei auch für eine vierdimensionale Raumzeit formulieren. Das hat allerdings einen hohen Preis.

Seit Ende der 1980er-Jahre werden hin und wieder vierdimensionale Stringtheorien vorgeschlagen. Sie firmieren unter Bezeichnungen wie Kovariante Gitter-Technik, Asymmetrische Orbifolds, Freie Fermionen, vierdimensionale N=2-Strings und Nichtgeometrische Kompaktifizierungen. Größere Beliebtheit oder Rezeption haben sie nicht erhalten.

Das gilt auch für die Hypothese von S. James Gates jr. Der Physiker von der University of Maryland hat, teils in Zusammenarbeit mit Warren Siegel von der Stony Brook University, auf Arbeiten des britischen Physikers Nicolas Kemmer aus dem Jahr 1938 zurückgegriffen. Der hatte vorgeschlagen, dass die Quanteneigenschaften Ladung und Spin zwei Manifestationen derselben Sache seien: Dann wären auch Protonen und Neutronen identisch und würden in einer Extradimension nur unterschiedlich rotieren, was sich so auswirkt, dass das Proton positiv geladen ist und das Neutron nicht. Das ergibt sich aus einem schon von Werner Heisenberg und Wolfgang Pauli entwickelten mathematischen Ansatz, dessen zugehöriger Ladungsraum lediglich formal existiert. Gates kehrte Kemmers Idee um und interpretierte die Extradimensionen der Stringtheorie als imaginär und die zugehörigen Ladungen als real. Auf diese Weise konnte er die Heterotische Stringtheorie umformulieren – benötigte dafür allerdings 496 verschiedene Ladungen. Außerdem müsste es mehr Teilchenfamilien geben als die drei bekannten im Standardmodell der Elementarteilchen. Dagegen sprechen allerdings theoretische Argumente sowie indirekt kosmologische Beobachtungsdaten und die neuen LHC-Messungen. Außerdem ist Gates vierdimensionale Stringtheorie mathematisch viel komplizierter als die zehndimensionalen.

Auch wenn solche Ideen von den meisten Physikern bislang ignoriert wurden, machen sie doch deutlich, dass die Extradimensionen keine unumgängliche Notwendigkeit sind. Und sie zeigen, dass die Stringtheorie noch viel komplexer ist, als es ohnehin den Anschein hat.

den möglichen Symmetriegruppen der Theorie starke Einschränkungen auf. Bei aller mathematischer Raffinesse gibt es nur wenige Gruppen, die das erfüllen (insbesondere SO(32) und $E_8 \times E_8$).

Branen, Dualitäten und andere Seltsamkeiten

Als wäre alles nicht schon kompliziert genug, dampften Ende der 1980er- und Anfang der 1990er-Jahre immer bizarrere Düfte aus den mathematischen String-Gerichten. Metaphorisch: Statt nur Spaghetti lagen plötzlich auch Bandnudeln und Ravioli auf dem Teller.

Die extradimensionale Welt ist nicht zugänglich – oder zumindest nicht so einfach. Wäre sie es, hätte sie sich ja auch schwerlich so lange verbergen können. Aus der Quantentheorie folgt, dass die Erforschung eines Bereichs mit der Länge r eine Energie E in der Größenordnung von $E \sim hc/r$ nötig macht. Dabei steht h für das Plancksche Wirkungsquantum und c für die Lichtgeschwindigkeit. Ist r in der Größenordnung der Planck-Länge, etwa 10^{-33} Zentimeter, dann bräuchte man einen Teilchenbeschleuniger größer als die Milchstraße und mehr Energie als die aller Sterne in der Galaxis zusammen, um in diesen Mikrokosmos hineinzuspähen. Extradimensionen auf der Planck-Skala zu vermessen ist für Menschen, als würden sie mit ihren Teleskopen einzelne Atome im Staub der Andromeda-Galaxie unterscheiden wollen – ein ziemlich utopisches Unterfangen. Somit bleibt nur die Suche nach indirekten Indizien. Und zunächst einmal der Sachverstand der Theoretiker. Der hat immerhin schon Erstaunliches zutage gefördert.

Dass die Stringtheorie mit ihren eindimensionalen Saiten in neun Raumdimensionen Platz bietet für höherdimensionale Objekte, sollte eigentlich nicht verwundern. Doch wenn alles aus Strings bestünde, wären andere Dinge bloß abgeleitet. Aber diese Auffassung war ein Vorurteil. Nach der ersten String-Revolution mussten die Physiker lernen, dass die Theorie viel reichhaltiger ist als gedacht. Neben eindimensionalen Strings beschreiben die Stringtheorien mehrdimensionale Gebilde, so genannte p-Branen. Das p steht dabei für die Anzahl ihrer Dimensionen, und »Bran« kommt von »Membran«, da zweidimensionale 2-Branen an solche flatternden Gebilde erinnern. (Außerdem blitzt der Schalk durch den Begriff, denn p-Bran spricht sich englisch wie »pea brain«, also Erbsenhirn.)

Dabei ist diese Idee nicht neu. Schon 1962 hatte Paul A. M. Dirac, einer der Begründer der Quantenmechanik und Prognostiker der Antimaterie, ein Membran-Modell entwickelt: Er versuchte, sich das Elektron nicht als Punkt vorzustellen, sondern als kleine Blase – eine in sich abgeschlossene Membran. Damit wollte er das viel schwerere Myon erklären: Es sei ein Schwingungszustand dieser Membranblase.

»Diracs Ansatz endete zwar in einer Sackgasse; aber die Membran-Gleichungen, mit denen wir heute arbeiten, sind im Wesentlichen dieselben, die er benutzte«, sagt Michael Duff vom Imperial College in London. »Die Membran kann die Form einer Blase annehmen, sich aber auch in zwei Raumrichtungen ausbreiten wie ein Gummituch.« Paul K. Townsend von der Cambridge University fand mit zwei Kollegen eine mathematische Darstellung für eine zweidimensionale Membran, die wie eine Fahne im Wind einer elfdimensionalen Raumzeit flattert. Und Duff entdeckte mit zwei anderen Kollegen, dass sich dabei eine Beziehung zu Strings ergibt: »Ist eine der elf Dimensionen zu einem Kreis eingerollt, so können wir die Membran entlang dieser Dimension einmal aufrollen und an den Kanten zusammenkleben, sodass ein Schlauch entsteht. Wird der Radius des Kreises immer kleiner, wird die schlauchförmige Membran zu einem String in zehn Dimensionen, und zwar vom Typ IIA.«

Und das sollte nicht die einzige Verbindung zwischen scheinbar grundverschiedenen Phänomenen bleiben. Stringtheoretiker nennen diese Symmetrie-Beziehungen Dualitäten. So können schwach wechselwirkende Teilchen in einer Stringtheorie stark wechselwir-

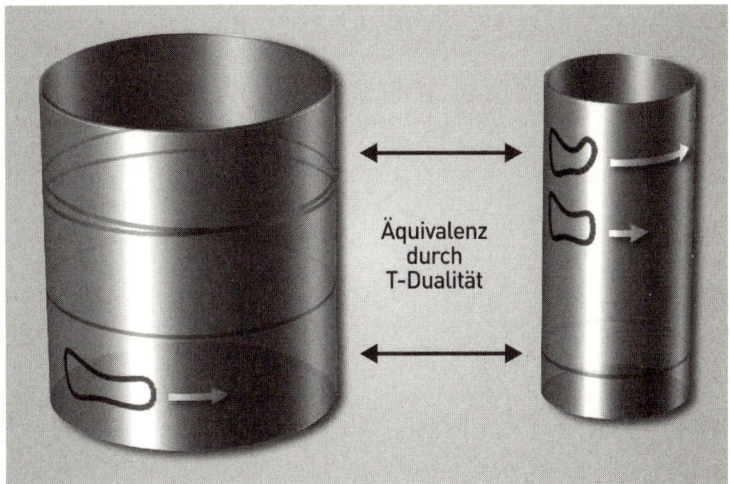

Abstrakte Beziehung: Langsame Strings, die um eine große Extradimension (mit Radius r) gewickelt sind, entsprechen Strings gleicher Masse, die sich in einer kleinen Extradimension (mit 1/r) sehr schnell bewegen. Diese sogenannte T-Dualität (von »topologisch« oder »toroidal«) verbindet also unterschiedlich große Extradimensionen. Mit dieser sonderbaren Dualität und anderen sind verschiedene Stringtheorien ineinander transformierbar.

kenden Partikeln in einer anderen entsprechen (S-Dualität, von »stark/schwach«) – das heißt, diese Teilchen oder Theorien sind letztlich gleich. Ähnliches gilt für die T-Dualität (von »topologisch« oder »toroidal«): Die Entdeckung, dass Strings in einem extradimensionalen Raum mit dem Radius r identisch sind mit solchen in einem anderen Raum mit dem Halbmesser 1/r, nur dass die Serien der Vibrationen und Windungszustände vertauscht sind.

Etwas ausführlicher: Ist eine Extradimension auf einen Kreis »aufgerollt«, hängt die Energie der Strings von zwei Faktoren ab: zum einen davon, wie oft sie um den imaginären Zylinder der winzigen Raumdimension gewickelt sind, und zum anderen von ihren Oszillationen (wobei nur bestimmte Wellenlängen möglich sind, sonst würden die Schwingungen miteinander interferieren und sich auslöschen). Daraus ergibt sich eine Serie diskreter Zustände – eben das potenzielle Teilchenspektrum. Es zeigte sich nun, dass sich unterschiedlich große Extradimensionen, gemessen an ihrem »inneren« Radius, ineinander überführen lassen. Langsam bewegliche Strings mit kleinem Impuls, die sich um eine große Extradimension winden (mit Radius r), entsprechen somit schnellen Strings gleicher Masse in einer kleinen Extradimension (mit $1/r$).

Ein verwandtes Beispiel: Veranschaulicht man zwei der Zusatzdimensionen als Kreise um einen Ring, dann erzeugt ein String, der sich um den ganzen Torus schlängelt, ein schweres Teilchen, und ein String »senkrecht« dazu ein leichteres Teilchen. Die kompaktifizierten Dimensionen der Stringtheorie sind zwar wesentlich komplizierter als ein Ring, aber die Idee, dass eine Länge gewissermaßen einer Masse entspricht, ist mathematisch äußerst elegant.

Eine erste duale Beschreibung hatten bereits 1977 Claus Montonen, inzwischen an der Universität Helsinki, und David Olive, damals am Imperial College in London, formuliert: Sie spekulierten im Rahmen eines vierdimensionalen Supersymmetrie-Modells, dass Solitonen dual zu den bekannten Teilchen seien, zu Quarks und Leptonen, und in gewissem Sinn genauso fundamental oder sogar fundamentaler. Solitonen sind unauflösliche Knoten in einem Bündel von Feldlinien – ähnlich wie Knoten in einem Schnürsenkel, die man zwar verschieben, nicht aber »aufziehen« kann. Sie verhalten sich fast wie Teilchen. Ein klassisches Beispiel sind Magnetische Monopole, quasi isolierte Süd- oder Nordpole. Ihre Existenz sagen verschiedene Feldtheorien voraus, nachgewiesen wurden sie aber bislang nicht. Wenn Montonen und Olive Recht hätten, können elektrische und magnetische Ladungen gleichsam ihre Rollen tauschen und auf Symmetrien basierende Erhaltungsgrößen wären mit topologischen identisch oder zumindest auswechselbar. Einem Elementarteilchen mit der Ladung e entspräche dann ein Soliton mit $1/e$.

Diese Hypothese wurde zunächst nicht sonderlich beachtet oder ernst genommen. Umso kurioser mutete es daher an, als Andrew Strominger von der University of California in Santa Barbara 1990 vorschlug, auch p-Branen ließen sich als Solitonen auffassen – und ein zehndimensionaler String wäre dual zu einem Soliton, das eine 5-Bran sei. Tatsächlich zeigten eine Reihe von Arbeiten, unter anderem von Ashoke Sen, Nathan Seiberg, Edward Witten und Michael Duff, dass dies korrekt ist. Und 1994 erkannte Paul Townsend zusammen mit Christopher M. Hull vom Queen Mary and Westfield College in London, dass sich ein schwach wechselwirkender heterotischer String dual zu einem stark wechselwirkenden String vom Typ IIA verhält.

»Die Fronten zwischen den verschiedenen Stringtheorien begannen zu bröckeln«, erinnert sich Duff. Und damit nicht genug: »Mir fiel auf, dass die String-String-Dualität ein weiteres unerwartetes Bonbon bereithält. Reduzieren wir die sechsdimensionale Raumzeit auf vier Dimensionen, indem wir zwei weitere Dimensionen einrollen, so erwerben beide Strings – der fundamentale wie der solitonische – eine T-Dualität; erstaunlicherweise ist die S-Dualität des fundamentalen Strings gerade die T-Dualität des solitonischen, wie auch umgekehrt.« Es gibt also sogar eine Dualität von Dualitäten.

Philosophische Irritationen und praktischer Nutzen

Die Dualitäten werfen viele Fragen auf, auch philosophische. Ist das Konzept wirklich sinnvoll? Wie können zwei völlig verschiedene Beschreibungen gleichermaßen wahr sein? Ist diese »Komplementarität« nicht einfach nur esoterisch?

Außerdem argumentieren manche Forscher, etwa Leonard Susskind, dass durch die Dualitäten sogar der Gegensatz von elementar und zusammengesetzt sowie klein und groß fraglich wird. »Wenn wir uns durch die Landschaft bewegen, von einem Ort zum anderen, geschehen seltsame Dinge. Die Bausteine tauschen ihre Plätze mit den zusammengesetzten Objekten. Manche von diesen schrumpfen und verhalten sich immer einfacher, andere werden zu elementaren Bausteinen. Gleichzeitig beginnen die ursprünglichen Bausteine zu wachsen und zeigen Anzeichen von zusammengesetzten Strukturen. Die Stringlandschaft ist eine Traumlandschaft, in der Backsteine und Häuser graduell ihre Rollen wechseln. Alles ist fundamental und nichts ist fundamental.«

Das könnte das Limit des Reduktionismus sein, der so lange die Elementarteilchenphysik beherrscht hat. Aber das ist alles umstritten und philosophisch noch keineswegs hinreichend rezipiert und reflektiert.

Bei aller Abstraktion haben die Dualitäten allerdings auch eine praktische Relevanz: Wenn in bestimmten Kontexten Berechnungen nicht funktionieren, weil etwa starke Kräfte wirken und störungstheoretische Näherungen unmöglich sind, dann kann man zur dualen Beschreibung wechseln, in der die Kräfte schwach sind, und in dieser das Problem lösen. Das ist zum Beispiel für ein besseres Verständnis der Starken Wechselwirkung zwischen den Quarks interessant, einschließlich des Quark-Gluon-Plasmas, weil hier die Näherungsrechnungen in vieler Hinsicht versagen. (Überhaupt führte die Stringtheorie, unabhängig von ihrem physikalischen Wahrheitsgehalt, zu einigen Fortschritten in der Mathematik; und sie ist auch ein hervorragendes Werkzeug, etwa zu Berechnungen von Störungsserien bis hin zu einer effektiveren Software – ohne diese wäre wahrscheinlich sogar das Higgs-Boson nicht so schnell im Datendschungel der Detektoren gefunden worden.)

Die überraschenden mathematischen Einsichten der Dualitäten konnten kein Zufall sein. Mehr noch: Dem ursprünglichen Austausch von elektrischen und magnetischen Ladungen entsprach in der dualen Formulierung ein Austausch von Schwingungs- und Windungsteilchen samt Übergang zum Kehrwert des Radius. Das stellte die bis dahin spekulative S-Dualität auf eine vergleichbar feste Grundlage wie die bereits etablierte T-Dualität. Außerdem offenbarte sich eine Beziehung zwischen der Größe der unsichtbaren Dimensionen und der Ladung der Elementarteilchen und somit auch der Stärke ihrer Wechselwirkungen: Was in der einen Beschreibung als Ladung erscheint, kann in der dualen eine Länge sein.

Das alles war außerordentlich verwirrend. Und ist es zum Teil bis heute geblieben. Aber es begann sich bis 1995 auch eine neue Einheitlichkeit herauszuschälen. Und dann kam Edward Wittens Befreiungsschlag.

Das mysteriöse M und eine neue Revolution

1995 fand die internationale String-Konferenz in Los Angeles statt. Dort hielt Edward Witten einen Vortrag, der die Stringtheorie-Community als Erdbeben, Gewitter und Tusch gleichermaßen erschütterte. Seither ist von der zweiten Superstring-Revolution die Rede.

Witten wies nach, dass Strings und p-Branen, T-, S- und String-String-Dualitäten, Calabi-Yau-Mannigfaltigkeiten und die fünf verschiedenen Versionen der Stringtheorie sowie sogar die von manchen schon abgeschriebene elfdimensionale Supergravitationstheorie zusammenpassten, als ob sie Teile eines riesigen Puzzles seien. Mehr noch: die so verschiedenen Stringtheorien besitzen eine abenteuerliche Verwandtschaft und sind mathematisch gleichberechtigte Teile einer höheren elfdimensionalen Theorie. Witten hat sie M-Theorie genannt. (Der Stringtheoretiker Ashoke Sen, wie Witten 2012 mit dem mit drei Millionen Dollar dotierten Fundamental Physics Prize ausgezeichnet, favorisiert dagegen den Namen »U-Theorie« für »ur, über, ultimativ, underlying, unified«.)

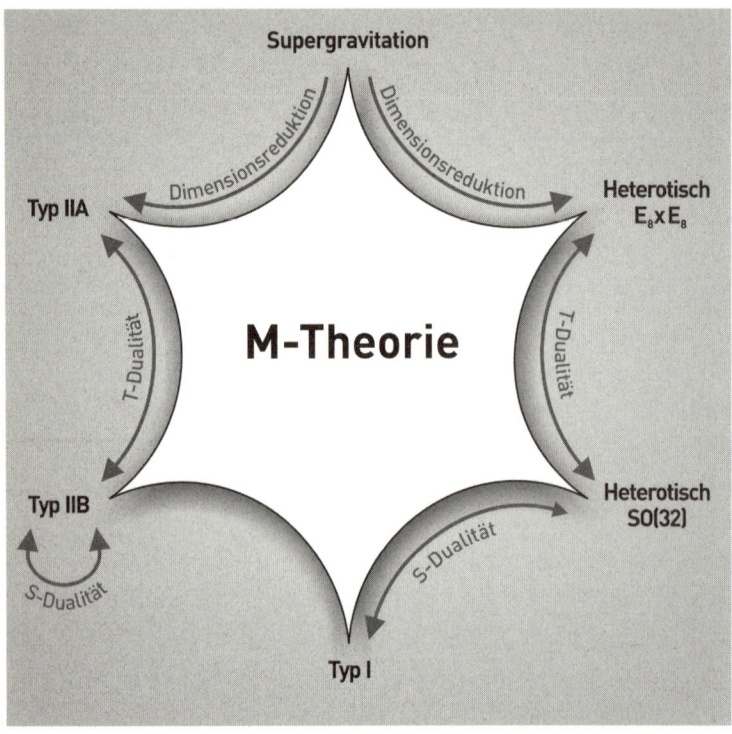

Supergravitation

Dimensionsreduktion

Dimensionsreduktion

Typ IIA

Heterotisch $E_8 \times E_8$

M-Theorie

T-Dualität

T-Dualität

Typ IIB

Heterotisch SO(32)

S-Dualität

S-Dualität

Typ I

Die Meister-Theorie: Noch lassen sich die Konturen einer »Theorie von Allem« – zumindest von allen fundamentalen Erscheinungen der Physik – nur vage erahnen. Ein Durchbruch auf dem Weg zu einer solchen »Weltformel« gelang mit dem Nachweis, dass die fünf bekannten zehndimensionalen Superstringtheorien und die elfdimensionale Supergravitationstheorie – eine klassische supersymmetrische Theorie der Schwerkraft, also keine Quanten- oder Stringtheorie – mathematisch miteinander verbunden sind (über sogenannte Dualitäten). Sie bilden gleichsam Grenzfälle einer umfassenderen Theorie. Diese elfdimensionale M-Theorie beschreibt neben Strings auch mehrdimensionale Branen, beispielsweise zweidimensionale Membranen. Sie ist bislang der einzige Kandidat einer Theorie von Allem, aber noch weitgehend spekulativ.

»Wir gleichen den Seefahrern, die im 16. Jahrhundert entdeckten, dass ihre Landeplätze jenseits des Atlantischen Ozeans die Karte eines einzigen riesigen Kontinents ergaben, den sie Amerika nannten«, veranschaulicht der Stringpionier Pierre Ramond den Durchbruch zur M-Theorie. »Ähnlich begreifen wir heute, dass unsere Forschungen zu einer einzigartigen mathematischen Struktur vorstoßen.« Er spart nicht mit großen Analogien: »Wir tasten uns zu einem unerwarteten und folgenreichen Gebilde vor, das für die Physik so bedeutsam und grundlegend sein dürfte wie die DNA-Struktur für die Biologie.« Aber er gibt auch zu: »Die exakten Zusammenhänge haben wir noch nicht verstanden. Wir fahren also fort, die fundamentale Struktur durch ihre Projektionen auf eine zehndimensionale Raumzeit zu erforschen – wie die Höhlenbewohner in Platons berühmtem Gleichnis, die von der Welt nur deren Schatten an den Höhlenwänden sehen.«

Über die Bedeutung des Buchstaben »M« gibt es seit Jahren ein munteres Rätselraten. Es steht den unterschiedlichen Interpretationen zufolge wahlweise für »Membranen«, »Master«, »Matrix«, »majestätisch«, »Mysterium«, »Magie« oder »Mutter aller Theorien« (oder, zumindest für Kritiker, auch »Murks«). Manche spekulierten sogar, dass Witten das W in seinem Nachnamen einfach umgedreht hatte (worüber er herzlich lachen musste).

»Ich wollte damals kein Geheimnis daraus machen, obwohl einige Journalisten so tun, als hätte ich 1995 die M-Theorie erfunden«, erzählt Witten im Interview-Gespräch auf der Strings2012-Konferenz in München. »Es existierten Vorarbeiten schon viele Jahre früher, etwa zur elfdimensionalen Supergravitation. Und manche Kollegen dachten, es gäbe eine elfdimensionale Theorie, die auf Membranen basiert. Doch ich war nicht davon überzeugt, dass sie vollständig funktioniert. Ich wusste aber auch nicht, ob sie falsch ist, und ich wollte ihrer Terminologie nicht widersprechen. Daher behielt ich das M von Membran und meinte, dass es sich mit der Zeit schon zeigen würde, ob das M für Magie, Mysterium oder Membran steht«, verrät Witten. »Später wurden die Membranen dann von Matrizen abgeleitet, und zufällig

Exkurs

Die F-Theorie

Wo eine Mutter weilt, ist ein Vater meistens nicht weit. Wer an eine M-Theorie (wie »mother«) nicht glaubt, kann es ja einmal mit der F-Theorie versuchen (wie »father«, auch wenn das natürlich kein wissenschaftlicher Begriff ist, sondern das F auf »elliptically fibered Calabi-Yau four-folds« zurückgeht, weil die Theorie auf ein Faserbündel aus einem zweidimensionalen Torus kompaktifiziert ist, auch elliptische Kurve genannt). Die Theorie wurde 1996 von Cumrun Vafa vorgeschlagen. Der in Teheran geborene Physiker, der bei Edward Witten promoviert hat und an der Harvard University forscht, argumentierte, dass Lösungen der Stringtheorie IIB in zwölf Dimensionen besser beziehungsweise einfacher beschreibbar seien. Zwei der Dimensionen müssen dabei immer »aufgerollt« sein, haben also eine Sonderstellung im Gegensatz zur elfdimensionalen M-Theorie. Die F-Theorie soll alles beschreiben können, was eine Stringtheorie wie IIB oder $E_8 \times E_8$ auch kann, und zudem festlegen, welche Branen existieren und wie sich Grand Unified Theories und das Standardmodell einbinden lassen. Für viel F...urore hat sie aber nicht gesorgt, auch wenn es Hinweise darauf gibt, dass die Stringlandschaft von F-Kompaktifikationen dominiert sein könnte.

---

fängt die Matrix-Theorie auch mit M an. Je nach Geschmack kann das M also für Magie, Mysterium oder Matrix stehen. Aber ich erwartete, dass meine Kollegen verstanden, dass es von Membran abgeleitet wurde und ich einfach skeptisch war, ob das der richtige Ansatz ist. Daher sprach ich nicht von Membran-Theorie.«

Die Matrix-Theorie wurde 1997 von Stringtheorie-Pionier Leonard Susskind mit Tom Banks und Steven H. Shenker von der Rutgers University sowie Willy Fischler von der University of Texas in Austin formuliert. Danach könnten Punktteilchen – in Form von 0-Branen – wiederum fundamental sein und vielleicht sogar die Raumzeit konstituieren. Dagegen sprechen aber die Dualitäten.

Immerhin: Die Koordinaten der unendlich vielen 0-Branen sind hier nicht wie meist üblich Zahlen, sondern Matrizen – also mathematische Objekte, bei deren Multiplikation es auf die Reihenfolge ankommt (xy ist im Allgemeinen nicht gleich yx). Wenn jeder Punkt der Raumzeit nicht mehr durch Zahlen, sondern durch Matrizen gegeben ist, verschwimmt der Begriff der Raumzeit selbst. Er wird unscharf, wie man es von der Heisenbergschen Unbestimmtheitsrelation der Quantentheorie kennt. Das kann als bestätigendes Indiz für die lange gesuchte Theorie der Quantengravitation sein, zu deren »Bewerbern« die String/M-Theorie ja zählt.

Auch vereinigt sich die Schwerkraft mit den drei anderen Wechselwirkungen vielleicht zu einem Zeit- beziehungsweise Energie- oder Längenpunkt, wie es die supersymmetrischen GUTs für die nichtgravitativen Kräfte postulieren – je nach Größe der Extradimensionen vielleicht schon bei 10^{16} Gigaelektronenvolt, das heißt drei Größenordnungen über der Planck-Skala. Das hätte Konsequenzen für die Kosmologie und würde den indirekten Nachweis von Quantengravitationseffekten möglicherweise erleichtern.

Überhaupt könnte sich das Bild vom Kosmos und unserem Universum darin radikal ändern. Ein weiterer Erfolg der M-Theorie ist nämlich: Auch der $E_8 \times E_8$-String, dessen Chiralität nicht aus elf Dimensionen ableitbar schien, konnte auf die M-Theorie zurückgeführt werden. Witten und Petr Hořava von der Princeton University fanden heraus, dass die zusätzliche Raumdimension der M-Theorie statt zu einem Kreis auch zu einer begrenzten Linie zusammenzuschnurren vermag. Dann befinden sich an ihren beiden Enden zehndimensionale Branen, die durch eine elfdimensionale Raumzeit verbunden sind, also eine Extradimension zwischen sich haben. Sowohl Teilchen als auch Strings existieren nur in den beiden parallelen Universen an den Enden, die ausschließlich durch die Gravitation aufeinander einwirken können.

»In dem, was physikalischen Laien als groteskes Glasperlenspiel erscheinen mag, schimmert sogar ein Bezug zur vertrauten Welt durch. Es ist nämlich vorstellbar, dass wir uns mit der gesamten sichtbaren Materie in dem Universum am einen Ende befinden, während in jenem am anderen Ende, der end-of-the-world-brane, die hypothetische Dunkle Materie liegt«, erläutert Michael Duff.

Das Konzept der p-Bran, also p-dimensionaler Unterräume eines Basisraums von neun oder mehr Dimensionen, eröffnet noch weitere Perspektiven. Das hat besonders Joseph Polchinski vom Kavli Institute for Theoretical Physics im kalifornischen Santa Barbara ab 1995 erschlossen. Branen wie Basisraum können im Prinzip sogar unendlich groß sein. Unser Universum wäre dann eine 4-Bran, die wie eine gigantische Fahne in einer höheren Dimension flattert. Die Materie ist dieser Bran verhaftet, ebenso die drei Kräfte des Standardmodells. Diese Bosonen wären dann, wie die Fermionen, Strings, die in der Bran gefangen sind, sich aber darin bewegen können. Offene Strings »kleben« mit ihren Enden förmlich fest. (Man spricht auch oft von Dirichlet- oder D-Branen, zu Ehren des deutschen Mathematikers Johann Peter Gustav Lejeune Dirichlet, der im 19. Jahrhundert mathematische Beschreibungen von bestimmten Randbedingungen formulierte, insbesondere der Reflexion von Wellen an Hindernissen, wie sie Polchinski zufolge bei D-Branen mit angehefteten Strings vorkommen.)

Doch mindestens eine Sorte von Strings können das niedrigdimensionalere Gefängnis verlassen – beziehungsweise durchschreiten wie ein Gespenst ein altes Gemäuer: Es sind die geschlossenen Strings, die die Gravitonen bilden. Sie entweichen in die extradimensionale Umgebung und können dort wie Rauchringe durch die Luft flottieren. Das würde auch erklären, warum die Schwerkraft viel schwächer ist als die anderen Wechselwirkungen: Sie ist es gar nicht, aber sie verdünnt sich extradimensional im Gegensatz zu den anderen Kräften.

Branen, Strings und Gravitonen: Der M-Theorie zufolge gibt es nicht nur eindimensionale Strings, sondern auch mehrdimensionale Branen. Offene Strings, die die Materie bilden, sind an ihren Enden mit solchen Branen verknüpft. Geschlossene Strings können von den Branen entweichen in den extradimensionalen Raum (»Bulk« genannt). Vielleicht ist deshalb die Gravitation so viel schwächer als die anderen Naturkräfte – wenn sie von Gravitonen übertragen wird, die als geschlossene Strings nicht unserer vierdimensionalen Raumzeit (einer 4-Bran) verhaftet sind, sondern in weitere Dimensionen »abstrahlen«, was die Stärke der Schwerkraft entsprechend »verdünnt«.

Eine dritte Superstring-Revolution?

»Witten malt sich gern aus, wie die Physik auf einem anderen Planeten aussehen müsste, auf dem die Allgemeine Relativitätstheorie, die
Quantenmechanik und die Supersymmetrie in anderer Reihenfolge
entwickelt wurden. Auf ähnliche Weise stelle ich mir vor, dass die
Wissenschaftler auf einem fernen Planeten, wo man logischer denkt
als wir, gleich mit einer elfdimensionalen Raumzeit anfangen und
die zehndimensionale Stringtheorie als relativ einfache Folgerung
daraus herleiten würden«, schreibt Michael Duff und spielt auf einen
berühmten Satz von Isaac Newton an, den er so modifiziert: »Vielleicht werden irdische Historiker der Zukunft das späte 20. Jahrhundert als eine Zeit beurteilen, in der die theoretischen Physiker wie
Kinder am Strand spielten und sich an den glatten Kieselsteinen und
hübschen Muschelschalen der Strings erfreuten, während der große
Ozean der M-Theorie unentdeckt vor ihnen lag.«

Nach Wittens bahnbrechender Arbeit von 1995 bekam die Stringtheorie jedenfalls einen gewaltigen Schub. Entsprechend explodierte
auch die Produktivität. Das äußerte sich in einigen hundert Publikationen im Lauf weniger Monate, aber bald auch in Form neuer
Lehrstühle an Universitäten, mehr Forschungsgeldern und einem
erstaunlich großen Zustrom an Doktoranden.

Die Theorie, die einst ein Nischendasein im Schatten anderer
physikalischer Disziplinen fristete, war plötzlich ins grelle Licht der
Aufmerksamkeit geraten. Sogar für einen großen Kreis interessier-
ter Laien und Zaungäste – woran populärwissenschaftliche (aber
keineswegs einfache) Bücher wie *Das elegante Universum* (1999) des
Stringtheoretikers Brian Greene und *Das Universum in der Nußscha-
le* (2001) von Stephen Hawking einen großen Anteil hatten (letzterer
widmete schon in seinem Bestseller *Eine kurze Geschichte der Zeit*
von 1988 der Stringtheorie ein paar Seiten und feierte die M-Theorie
in seinem Buch *Der Große Entwurf* von 2010 fast schon als das Maß

Exkurs

M-Theorie und Schwarze Löcher

So obskur die M-Theorie auch sein mag: Mehrere Tests hat sie bereits bravourös bestanden. Ein Meilenstein war, als es Andrew Strominger und Cumrun Vafa 1996 gelang, im Rahmen der M-Theorie die Entropie Schwarzer Löcher abzuschätzen (zumindest in einem speziellen Fall). Die Entropie ist ein Maß für die Unordnung eines physikalischen Systems. Das Ergebnis war zur großen Freude der Forscher identisch mit dem, was Stephen Hawking bereits 1974 in einer bahnbrechenden Arbeit auf einem ganz anderen, konservativeren Weg entdeckt hatte, ohne dass er aber über eine mikroskopische Beschreibung des »Informationsgehalts« eines Schwarzen Lochs verfügt hätte. (Die Schleifen-Quantengravitation, ein konkurrierender Ansatz für eine Quantentheorie der Schwerkraft, kam inzwischen zum selben Resultat.) Das beflügelte die Zuversicht der Physiker, auf der richtigen Spur zu sein und die Schwarzen Löcher bald auf fundamentale Weise zu verstehen.

Außerdem eröffnete die String- beziehungsweise M-Theorie mehrere Möglichkeiten, das von Hawking 1976 formulierte Informationsverlust-Paradox Schwarzer Löcher zu lösen. Das Problem besteht darin, dass Schwarze Löcher in ferner Zukunft durch Quantenprozesse verdampfen, wie es Hawking berechnet hatte. Und dabei, so scheint es, werden alle physikalischen Informationen vernichtet, die ein Schwarzes Loch einst verschluckt hat – etwa, ob es sich um Elektronen oder Protonen handelte, um Materie oder Antimaterie, um Liebesbriefe oder Steuererklärungen. Ein solcher Informationsverlust würde fundamentale Naturgesetze verletzen, etwa den Energieerhaltungssatz. Doch im Rahmen der String/M-Theorie lässt sich zeigen, dass die Informationen doch erhalten bleiben. Auch Hawking hat sich inzwischen dieser Auffassung angeschlossen.

Interpretiert man bestimmte p- beziehungsweise D-Branen als Schwarze Löcher, ergeben sich außerdem interessante neue Perspektiven. So könnten offene Strings geschlossene sein, die teilweise von einer schwarzen Membran (black brane) verdeckt sind. Schwarze Löcher wären dann schwarze Branen, die siebendimensional eingerollt sind.

aller Dinge). Und wenn Hawking die Chance hätte, dass ihm eine allwissende Fee eine beliebige Frage verständlich beantworten könnte, dann würde er von ihr wissen wollen, ob die M-Theorie vollständig sei: »Is M-Theory complete?«

Doch trotz einer unüberschaubaren Zahl von Arbeiten, trotz einiger überraschender Einsichten (etwa zu Schwarzen Löchern, zu den sogenannten D-Branen und der AdS/CFT-Korrespondenz) sowie vielen kreativen Anwendungen in der Kosmologie blieb der große Durchbruch, den die M-Theorie versprach, leider aus. Bis heute.

»Wir können seither wesentlich mehr berechnen und verstehen«, sagt Witten. »Etwa, was die Dualitäten betrifft, die die Stringtheorien mit der M-Theorie verbinden. Wir können mehr Aussagen aus der M-Theorie ableiten. Wir verstehen jetzt beispielsweise das Verhalten der zweidimensionalen Membranen. Das war vor wenigen Jahren noch nicht der Fall. Doch das fundamentale Prinzip der M-Theorie ist weiterhin unbekannt.«

Tatsächlich ist die M-Theorie nach wie vor eher eine Skizze oder eine Forschungsrichtung und keine wirklich ausgearbeitete Theorie. Das räumt auch Witten offen ein – und beklagt sogar die Ambiguität des Begriffs: »Es gibt eine Bezeichnung, aber eigentlich zwei Dinge: Da ist der Grenzfall der Stringtheorien, der zuweilen M-Theorie genannt wird, und da ist auch das allumfassende Bild, das die Stringtheorien enthält – und vieles mehr. Es wäre besser gewesen, zwei verschiedene Begriffe zu prägen, um die sprachliche Zweideutigkeit zu vermeiden.«

Auf die Frage, ob die dritte Revolution der Stringtheorie nahe sei, und somit die Entdeckung eines neuen fundamentalen Prinzips, antwortet er: »Ich hoffe es – aber ich kann nicht sagen, dass es Anzeichen dafür gibt. Allerdings bin ich mit der etablierten Zählung auch nicht recht einverstanden. Ich finde, die Zeit vor meiner Mitarbeit, als die Stringtheorie sich in den 1970er-Jahren entwickelte, sollte als erste Superstring-Revolution bezeichnet werden. Persönlich meine ich also, dass es schon drei Revolutionen gab.«

Wie fundamental ist die Raumzeit?

Die String/M-Theorie ist der prominenteste Kandidat für eine Theorie der Quantengravitation, die die Quantenphysik mit der Allgemeinen Relativitätstheorie verbindet. Es gibt aber auch andere Ansätze. Das ist auch gut so, denn Konkurrenz belebt nicht nur das Geschäft, sondern darf als unverzichtbarer Bestandteil der Wissenschaft gelten: Alternativlosigkeit geht nicht, und ohne Kritik kann es schon auf mittlere Sicht keinen Fortschritt geben.

Mitunter kommt der Einwand, dass Kritiker der Stringtheorie keine Alternative zu bieten hätten – was bezogen auf eine »Weltformel« durchaus stimmt, nicht aber im Hinblick auf eine Theorie der Quantengravitation. Die Stringtheorie sei eben konkurrenzlos, »the only game in town«, und daher bis auf Weiteres zu forcieren. (Manche wie Lawrence Krauss räumen immerhin ein: »Die M-Theorie ist das einzige Spiel im Rennen, auch wenn momentan keiner weiß, was die Regeln sind.«) Doch das ist ein Fehlschluss. Der Mathematische Physiker John Baez hat ihn so veranschaulicht: »Einst fuhr ich durch Las Vegas, wo es wirklich nur ein Spiel in der Stadt gab: das Glücksspiel. Ich schaute mich um und erblickte die großen schicken Kasinos. Ich sah die Alten, wie sie mit glänzenden Augen Münzen in die Spielautomaten warfen und hofften, eines Tages reich zu werden. Es war klar: Alle Chancen standen gegen mich. Aber ich reagierte nicht mit der Bemerkung ›Oh well – it's the only game in town‹ und begann zu spielen. Stattdessen verließ ich diese Stadt.«

Doch mit Einschränkungen gibt es sehr wohl konkurrierende Hypothesen. Unter diesen ist die Theorie der Schleifen-Quantengravitation (Loop Quantum Gravity, Quantengeometrie) besonders wichtig. Sie wurde maßgeblich von Abhay Ashtekar, Lee Smolin, Carlo Rovelli, Jerzy Lewandowski und Thomas Thiemann entwickelt (Smolin und Rovelli sind daher nicht zufällig auch besonders hartnäckige Kritiker der Stringtheorie). Sie liefert zwar keine »Große Vereinigung« aller Kräfte und Teilchen, hat aber andere Vorzüge. Viele Forscher sind sich einig, dass eine »Weltformel« letztlich die Vorteile und Leistungen beider Theorien in sich tragen muss. Vielleicht nähern sich Stringtheorie und Quantengeometrie diesem selben Ziel lediglich aus verschiedenen Richtungen.

Tatsächlich könnte selbst die String/M-Theorie nicht kühn genug sein – zumal die Anzahl der von ihr postulierten Dimensionen paradoxerweise wohl sogar von der jeweils gewählten physikalischen Beschreibung abhängt (das ist auch eine Folge der Dualitäten). Möglicherweise ist die vierdimensionale Raumzeit gar nicht fundamental, sondern emergent. Sie wäre dann aus grundlegenderen Entitäten aufgebaut (was ja auch die Matrix-Theorie andeutet). So wird im Rahmen der Schleifen-Quantengravitation ein »Gewebe« namens Spin-Netzwerk aus eindimensionalen Strukturen diskutiert; und in verwandten Theorien sind es Spin-Schäume oder Dreiecksflächen (»kausale dynamische Triangulation«).

Das sprengt jede anschauliche Vorstellung. Ein empirischer Nachweis ist extrem schwierig, da sich diese diskrete oder »körnige« Eigenschaft der emergenten Raumzeit wohl erst in der Nähe der Planck-Skala bemerkbar macht, wo das klassische Raumzeit-Kontinuum durch Quantengravitationseffekte zusammenbricht – bei einer Größenordnung von 10^{-35} Metern und 10^{-43} Sekunden. Sollte sich ein solcher Ansatz als tragfähig erweisen, wären weder »Elementarteilchen« noch Strings elementar, sondern beispielsweise Anregungszustände des Spin-Netzwerks.

Besichtigung der Stringlandschaft

»You know I lose, you know I win / You know I call for the shape I'm in. … / Although the answer is not unknown, / I'm searchin', searchin', … / And the world on a string / Doesn't mean a thing.«

Als der kanadische Rockmusiker Neil Young diese Verse erstmals 1973 auf einem Konzert in Los Angeles sang, konnte niemand ahnen, wie prophetisch sie waren. Doch genau 30 Jahre später, und nicht weit entfernt vom Ort des Debüts, ließen Physiker die verschiedenen Akkorde der Stringwelten gegeneinander anklingen – und streiten sich seither um Sieg und Niederlage, um Ziel und Sinnlosigkeit ihrer neuen Modelle. So harmonisch wie in Neil Youngs Song *World on a String* geht es dabei allerdings nicht zu.

Den Grundton setzte Leonard Susskind, Professor für Theoretische Physik an der Stanford University, auf einer internationalen, hochkarätig besuchten Konferenz im kalifornischen Davis im Jahr 2003. Bei seinem Vortrag bekamen viele Zuhörer lange Gesichter und anschließend herrschte ratlose Stimmung. Denn bis dahin galten die Stringtheorie und ihre Erweiterung, die M-Theorie, als eindeutig – mit definitiven Vorhersagen und Lösungen. Doch Susskind verkündete, dass die String/M-Theorie die Existenz vieler anderer Universen erlaubt – oder sogar erzwingt.

»Das Problem ist nicht der Mangel an Reichtum, sondern das Gegenteil: Die Stringtheorie enthält zu viele Möglichkeiten«, resümierte Susskind später. »Für die meisten Physiker ist die ideale physikalische Theorie eine, die einzigartig und perfekt ist, sodass sie alles determiniert, was sich determinieren lässt, und die logisch nicht anders sein kann. Mit anderen Worten: Sie ist nicht nur eine Theorie von Allem, sondern die einzige Theorie von Allem. Für den orthodoxen Stringtheoretiker ist das Ziel, die eine wahre konsistente Version der Theorie zu entdecken und zu zeigen, dass die Lösung die bekannten Gesetze der Natur ergeben – wie etwa das Standardmodell der Materie.« Susskind scheute sich nicht vor anschaulichen Vergleichen: »Es ist ein fantastischer Heuhaufen, der unzählige Strohhalme und nur eine Nadel enthält. Noch schlimmer: Die Theorie gibt uns keinen Hinweis, wie sich aus diesen Möglichkeiten die passende Lösung auswählen lässt.« Wenn dies

Eigenschaften und Merkmale	Stringtheorie	Quantengeometrie
grundlegende Objekte	Raum, Zeit, Strings und Branen	Spin-Netzwerk oder Spin-Schaum
Zahl der Raumdimensionen	9 oder 10 (oder mehr)	3 (mehr möglich)
Zahl der Zeitdimensionen	1	1
Raumzeit als Hintergrund-Metrik	ja	nein
Modifikation von Quanten- und Relativitätstheorie	ja	ja
konzeptuelle Verschmelzung von Quanten- und Relativitätstheorie	nein	ja
neue physikalische Prinzipien nötig	ja	nein
Natur der Materie	Anregungsformen der Strings/Branen	Zustände des Spin-Netzwerks
Erklärung des Standardmodells der Materie	nur ansatzweise	nicht beansprucht
unbekannte Elementarteilchen vorausgesagt	ja	nein
Erklärung für die Dunkle Materie im Weltraum	vielleicht	nein
Erklärung für die Dunkle Energie im Weltraum	vielleicht	vielleicht
Unendlichkeitsprobleme im Formalismus	nein (?)	nein (?)

Eigenschaften und Merkmale	Stringtheorie	Quantengeometrie
Vereinheitlichung der Quantisierung	nicht von Raum und Zeit	ja
Vereinigung aller Naturkräfte	ja	nein, aber erlaubt
Supersymmetrie erfordert und vorausgesagt	ja	nein
Eindeutigkeit	nein (viele Stringvakua)	nein (Vieldeutigkeit im Hamilton-Operator)
Existenz vieler anderer Universen	möglich	möglich
Erklärung für die Entropie Schwarzer Löcher	eingeschränkt	ja
Erklärungsmöglichkeit für den Urknall	ja (mehrere)	ja (mehrere)
Erklärungsmöglichkeit für die Kosmische Inflation	ja	ja
Kontakt zur Alltagswelt-Physik	nur ansatzweise	nur ansatzweise
Beschreibung von Streuexperimenten	ja	noch nicht gelungen
überprüfbare Vorhersagen	nur ansatzweise, teilweise widerlegt	nur ansatzweise

Kontrahenten im Vergleich: Die String/M-Theorie konkurriert mit anderen Ansätzen, Quantenphysik und Allgemeine Relativitätstheorie zu verbinden. Dazu gehört die Theorie der Schleifen-Quantengravitation, auch Quantengeometrie genannt.

zutrifft und einer Vielzahl von Universen theoretisch Tür und Tor geöffnet würden, dann wäre die String/M-Theorie mit ihrem Anspruch, eine fundamentale und eindeutige Weltbeschreibung zu liefern, in ernsten Schwierigkeiten.

Tatsächlich war Susskind nicht der erste Stringtheoretiker, der solche Ansichten vertrat – wobei »Ansichten« nicht bloße Meinungen sind, vergleichbar mit subjektiven Geschmacksurteilen, sondern auf begründeten Argumenten mit dem Anspruch der Objektivierbarkeit beruhen. Bereits 1987 publizierten Wolfgang Lerche, Dieter Lüst und Bert Schellekens eine Analyse, die auf eine gigantische Anzahl von Vakua hindeutete – in diesem Fall rund 10^{1500} vierdimensionale Stringtheorien. »Diese Zahl übersteigt bei Weitem alles, was man bisher in der Physik an Größenordnungen kennengelernt hatte«, kommentiert Lüst. Das fand aber nicht die gebührende Beachtung. Ebenso wenig Andrew Stromingers Überlegungen zur dimensionalen Kompaktifizierung 1986, als er schon den Verlust der Voraussagefähigkeit befürchtete, und ein Artikel von Joseph Polchinski und Ralph Bousso im Jahr 2000. Letztere untersuchten die Geometrie eines bestimmten Calabi-Yau-Raums und fanden eine astronomische Vielfalt an Formen. Sie prägten deshalb sogar einen eigenen Begriff: »Diskretuum« für diskret, aber fast kontinuierlich. Abgeleitet ist er aus »Kontinuum« (für zusammenhängend, lückenlos, unendlich wie die Zahlen auf einem Zahlenstrahl) und »diskret« (für gequantelt, abzählbar, hier auch: endlich). Doch Susskind nahm die Argumente für die ungeheure Vielfalt, die sich in den Abgründen der Stringdimensionen zu entfalten scheint, ernster als seine Vorgänger. Und er trat vehementer für die Implikationen ein, die sich daraus ergeben. Außerdem hat sein Wort als einer der Väter der Stringtheorie besonderes Gewicht und konnte schlecht ignoriert werden.

Susskinds Argumentation lässt sich schwer von der Hand weisen. Kurz gefasst lautet sie so: Wenn die von der String/M-Theorie postulierten Extradimensionen wirklich existieren, dann können sie auf ganz unterschiedliche Weise aufgerollt sein. Es gibt quasi keine bevorzugte »Wahl« bei der Kompaktifizierung dieser sechs oder sieben zusätzlichen Dimensionen des Raums. Warum nun sollte die Natur zufällig eine einzige der Möglichkeiten realisiert haben? Und warum gerade diese? Also ausgerechnet jene, die zu einem Universum führte, das im Gegensatz zu vielen denkbaren beziehungsweise physikalisch möglichen Alternativen fähig war, komplexe Strukturen zu entwickeln, etwa Sterne, Stachelschweine und Stringtheoretiker?

Susskinds Antwort: Die Natur ist nicht so einseitig und wählerisch, wie es scheinen mag, sondern ungeheuer verschwenderisch. Sie wählt gar nicht aus, sondern wirft gleichsam alles ins Dasein, was überhaupt möglich ist. Sie feuert quasi aus vollen Rohren: Urknall um Urknall. Wenn nämlich die Gleichungen der Stringtheorie wirklich eine riesige Menge von physikalischen Lösungen besitzen, entsprechend der ungeheueren Vielfalt der kompaktifizierten Calabi-Yau-Räume, dann müsste jede ein Universum mit eigenen Naturgesetzen und -konstanten realisieren. Damit wären – etwas grobschlächtigen Abschätzungen zufolge – die meisten dieser Universen leer, langweilig und lebensfeindlich: kosmische Einöden ohne Materie, rasant expandierende Räume ohne eine Chance, Moleküle hervorzubringen, oder Welten strotzend vor Energie, die unter ihrer eigenen Gravitationslast sofort wieder kollabieren würden. Aber hier und da müsste eben doch ein mehr oder weniger »lebensfreundliches« Universum entstehen – Stringtheoretiker, Stachelschweine sowie notgedrungen auch Stolperfallen und Strafzettel eingeschlossen.

Susskind zufolge existiert dieses Multiversum wirklich – ein Markt von Myriaden Möglichkeiten. Er hat es Stringlandschaft genannt, kurz »Stringschaft« (stringscape) oder einfach nur »Landschaft«. (Den Namen inspirierte die Redeweise von »Energielandschaft« und »Konfigurationsraum« bei der Physik und Chemie der Bildung großer Moleküle aus Hunderten von Atomen.) Somit wäre

»unser« Universum nur eines von unzähligen. Und alles, was von den Naturgesetzen her »erlaubt« ist, würde dann von der Natur auch unweigerlich realisiert worden sein, vielleicht sogar unendlich oft. Kurzum: Alles Mögliche wäre auch wirklich. Das ist eine radikale These.

Tatsächlich haben Kosmologen ganz unabhängig von der Stringtheorie einen Mechanismus beschrieben, der alle diese Möglichkeiten zwingend Realität werden lässt: das inzwischen gut etablierte (aber noch keineswegs »bewiesene«) Szenario der Kosmischen Inflation. Es erklärt, wie sich Universen mit jeweils einem Urknall aus einem rasant expandierenden »falschen Vakuum« bilden – ähnlich wie Gasblasen im kochenden Wasser – und ganz unterschiedliche Naturgesetze haben können.

»Manche Leute sind geschockt von dieser Komplexität, und mehr noch von der Idee eines Multiversums, das von Blasenuniversen bevölkert ist, die die Landschaft füllen«, räumt Susskind ein. »Andere finden die Idee aufregend, weil sie gut zu den kosmologischen Spekulationen über eine Ewige Inflation und ein Selektionsprinzip passen. Gegenwärtig ist es zu früh, um zu entscheiden, wer Recht hat. Doch wenn sich das Multiversum-Konzept als korrekt herausstellt, wird dies ein riesiger Erfolg für die Stringtheorie sein.« Das große Organisationsprinzip der Stringkosmologie bringt er so auf den Punkt – analog zur darwinistischen Biologie, wo die Evolution allein durch Mutation und Selektion auch eine ungeheuere Vielfalt schafft: »Es ist eine Landschaft von Possibilitäten, bevölkert von einem Megaversum von Aktualitäten.« Die Stringlandschaft stellt sozusagen den Raum der Möglichkeiten dar, und die Kosmische Inflation macht ihn real.

Daher versucht Susskind, aus der Not – der Verlegenheit mangelnder Eindeutigkeit und Voraussagen – eine Tugend zu machen. »Die enorme Zahl der Möglichkeiten der Vakuumlösungen, die der Fluch der Teilchenphysiker ist, könnte gerade das sein, was der Doktor für die Kosmologie verordnet.«

Weltenfülle: Wenn sich die von der Stringtheorie postulierten Extradimensionen auf vielfältige Weise aufwickeln können, dann sollte ein Multiversum aus Myriaden mehr oder weniger getrennter Universen existieren, in denen ganz unterschiedliche Naturgesetze realisiert sind.

Wie viele naturgesetzlich verschiedene Universen in der Landschaft »herumliegen« können, ist unklar. Die Schätzungen sind jedenfalls schockierend. Sie nennen wahrhaft astronomische Zahlen: von etwa 10^{100} bis 10^{1500}, typischerweise etwa 10^{500} – also eine Zahl mit einer 1 gefolgt von 500 Nullen. Das ging selbst vielen hartgesottenen Physikern zu weit.

Quantenfische und andere Universen

Derartige Spekulationen gab es schon in den 1980er-Jahren. Einer der ersten »Spekulanten« war Dieter Lüst. Er ist inzwischen Physik-Professor an der Ludwig-Maximilians-Universität München, wo er auch als Cheforganisator der Strings2012-Konferenz fungiert hat. In seinem populärwissenschaftlichen Buch *Quantenfische* veranschaulicht er die Stringlandschaft mit vielen benachbarten Tümpeln, in denen ganz unterschiedliche Bedingungen herrschen können. Nur dort, wo bestimmte Eigenschaften zusammenkommen, leben beispielsweise Fische. Ein Fisch, der von all diesen Tümpeln wüsste, bräuchte sich also nicht zu wundern, dass sein eigener Teich bestimmte »lebensfreundliche« Eigenschaften besitzt. Andernfalls könnte er ja gar nicht existieren und über die Welt nachsinnen.

Diese – nicht unumstrittene – Argumentation wird als »Anthropisches Prinzip« auch in der Kosmologie verwendet. Es soll beispielsweise verständlich machen, warum der Wert von Albert Einsteins seltsamer Kosmologischer Konstante so klein ist, wie er aktuellen Messungen zufolge zu sein scheint. Wäre er größer, hätte sich der Weltraum seit dem Urknall so schnell ausgedehnt, dass sich keine Galaxien hätten bilden können. Wäre er Null, gäbe es vielleicht kleinere Galaxien als beobachtet, und Leben hätte sich seltener entwickeln können. Und wäre er negativ, dann hätte das Universum längst in einem Endknall zusammenstürzen müssen und würde uns keine Rätsel mehr aufgeben. Wenn also all diese zahllosen Universen in der Stringlandschaft existieren, die durch Raum und Zeit von unserem getrennt und somit selbst mit den besten Teleskopen nicht zu erspähen sind, dann dürften die meisten unwirtliche Eigenschaften haben. Aber zufällig sind eben auch welche darunter, die die Evolution von Leben ermöglichen – von Fischen bis zu Stringtheoretikern, die nach abenteuerlichen Erkenntnissen angeln.

Das Anthropische Prinzip – welches nicht mit einem Anthropozentrismus oder Mittelpunktswahn zu verwechseln ist – wird seit den 1970er-Jahren sehr kontrovers diskutiert. Ein Grund besteht darin, dass es in vielen verschiedenen Varianten vorkommt, teils mit schwerem philosophischen Gepäck beladen. In der Kosmologie und Stringtheorie wird aber in der Regel nur das Schwache Anthropische Prinzip gemeint, das keine Erklärungsansprüche hat. Es ist eher eine Tautologie – aber keine triviale. Es besagt, dass Menschen, oder Kosmologen, sich nicht zu wundern brauchen, ein

Universum oder ein Stück davon zu beobachten, das mit ihren eigenen Lebensbedingungen kompatibel ist. Denn wäre es das nicht, gäbe es die Menschen überhaupt nicht. Diese Logik ist eigentlich ganz klar und unproblematisch – wird aber interessant, wenn die Multiversum-Hypothese hinzu kommt (die mit dieser Logik freilich nicht bewiesen werden kann).

Trotzdem gibt es heftigen Gegenwind. »Das Anthropische Prinzip ist eine der dümmsten Ideen, die jemals die wissenschaftliche Gemeinschaft infiziert haben«, ätzte beispielsweise Burton Richter, der frühere Direktor des Linearbeschleuniger-Zentrums in Stanford. »Es ist eine Beobachtung, keine Erklärung. Wenn wir keine Erklärung für eine Konstante finden, ist sie eben zufällig.« Aber dieser Einwand geht eigentlich an der Sache vorbei. Einen Punkt trifft er trotzdem. Lawrence Krauss von der Arizona State University in Tempe hat dies so ausgedrückt: »Das Anthropische Prinzip ist etwas, mit dem Physiker herumspielen, wenn sie nicht mit einer grundlegenden Theorie arbeiten können, und das sie, wenn sie eine finden, fallen lassen wie eine heiße Kartoffel.«

Unter vielen Stringtheoretikern und Kosmologen ist das Prinzip dennoch beliebt, weil sie die Multiversum-Hypothese für plausibel halten. Aber es gibt auch prominente Skeptiker und Kritiker, darunter Edward Witten, David Gross, Juan Maldacena, Tom Banks und Paul Steinhardt. Sie favorisieren eine eindeutige Theorie mit großer Erklärungs- und Vorhersagekraft und möglichst wenig Spielräumen. Ein knock-out-Argument gegen die Stringlandschaft, die diesen Traum zu zerstören droht, haben sie aber nicht. Sie meinen allenfalls, die String/M-Theorie oder die Kosmische Inflation sei noch nicht gut genug verstanden beziehungsweise sogar falsch.

»So gern ich auch die Dinge ausbalanciert darstellen und die Gegenargumente erklären wollte, ich konnte sie schlichtweg nicht finden«, konstatierte Susskind 2005 in seinem Buch *The Cosmic Landscape*. »Die Opposition reduziert sich auf viszerale Ableh-

Trennung	Aspekte	Beispiele
raumzeitlich	**räumlich**	*(siehe auch: kausale Trennung)*
	• exklusiv	Ewige Inflation, Stringlandschaft, verschiedene Quantentunnel-Universen
	• inklusiv	*Einbettung:* Universen in Atomen, Schwarzen Löchern oder Computersimulationen; ein unendliches Universum in einer endlichen Quantenfluktuation
	temporal	oszillierendes Universum, zyklisches Universum, Recycling-Universum, Universum (oder Teilbereiche) mit verschiedenen Zeitpfeilen
	• linear	*in einer kausalen oder akausalen Reihe*
	• zyklisch	*in einer kreisförmigen Zeit oder bei exakter globaler Wiederkehr*
	• verzweigend	viele Quantenwelten/-historien
	dimensional	meistens räumlich, aber es gibt auch zweidimensionale Zeit-Szenarien
	• strikt	Tachyonen-Universum?
	• inklusiv	*niedrigerdimensionale Welt als Teil oder Rand einer höherdimensionalen Welt:* Flachland, Branen-Welten, große Extradimensionen, holographisches
	• abstrakt	Superspace, in dessen mathematischer Beschreibung die Universen nur

Trennung	Aspekte	Beispiele
kausal	**strikt**	Paralleluniversen, viele Quantenwelten in Superposition
	• ohne gemeinsamen Ursprung	verschiedene Universen oder Multiversen in Instanton-, Big-Bounce-, Soft-Bang-Szenarien; verschiedene »Bündel« mit Ewiger Inflation
	• genealogisch	Ewige Inflation, Kosmischer Darwinismus, kosmische natürliche oder artifizielle Selektion, viele Quantenwelten ohne Interaktion
	kontinuierlich	*durch einen wachsenden kosmischen Horizont*
	• immer	unendlicher Raum, Ewige Inflation, unendliche Branen
	• einst	*wegen der Kosmischen Inflation*
	• künftig	*wegen der beschleunigten Expansion durch die Dunkle Energie*
		Abspaltung (Chaotische Inflation, Kosmischer Darwinismus)
modal	potentiell (möglich)	*nur in Vorstellung oder konzeptueller Repräsentation getrennt*
	aktual (real)	modaler Realismus; physisch (nomologisch), metaphysisch oder logisch getrennt
nomologisch	**strukturell/Regularitäten**	*verschiedene Naturkonstanten oder -gesetze*
mathematisch	strukturell/Axiome	Platonismus, Mathematische Demokratie, Ultimatives Ensemble

Kosmische Klassifikation: »Multiversum« ist nicht gleich »Multiversum«, denn hierzu konkurrieren allerlei physikalische und philosophische Hypothesen. Sie lassen sich unterschiedlich ordnen – zum Beispiel hinsichtlich der Art und Weise, wie einzelne Universen voneinander getrennt sind. Die Tabelle gibt eine Übersicht über alle zurzeit diskutierten Grundideen. Welche davon stimmt, ist natürlich eine ganz andere Frage.

nungen des Anthropischen Prinzips (›ich hasse es‹) oder auf ideologische Beschwerden dagegen (›es bedeutet, die Forschung aufzugeben‹).«

Andere renommierte Stringtheoretiker geben sich einfach neutral und zurückhaltend. Michael R. Douglas von der Stony Brook University im US-Bundesstaat New York sagt diplomatisch: »Die gültige physikalische Theorie muss beschreiben, was wir beobachten. Ob sie erklären kann, warum wir es beobachten, ist eine andere Frage. Anthropische Argumente sind interessant, spielen aber keine zentrale Rolle für die fundamentale Physik.« Der Physiker versucht ebenfalls, aus der Not der vielen Welten eine Tugend der Wissenschaftlichkeit zu machen. Auch er geht von mindestens 10^{100} verschiedenen Stringvakua aus. (Die in den 1980ern genannten 10^{1500} hält er für »indiskutabel«, worauf sich Hermann Nicolai vom Max-Planck-Institut für Gravitationsphysik auf einer Konferenz in Potsdam einmal zu einem sarkastischen Vergleich mit der mittelalterlichen Theologen-Diskussion über die Zahl der Engel auf einer Nadelspitze hinreißen ließ.) Douglas forscht über physikalische Auswahlprinzipien, mit deren Hilfe die Stringtheoretiker die für unser Universum interessanten Lösungen aus der Fülle der Möglichkeiten herausfischen könnten. Er arbeitet sogar an statistischen Methoden, um die Stringschaft gleichsam nach markanten Geländeformationen zu durchforsten, die Wahrscheinlichkeit und somit Häufigkeit bestimmter Täler abzuschätzen und die Struktur der Stringtheorie selbst genauer zu erkunden.

Tatsächlich ist es ab 2004 schon einigen Physikern geglückt, sprichwörtliche Nadeln im Stroh zu finden, beispielsweise Shamit Kachru von der Stanford University und seinen Kollegen. Mit einigen Rechentricks gelang es ihnen, einige Stringvakua zu finden, die mit dem Vakuumzustand unseres Universums zumindest eine gewisse Ähnlichkeit haben. Fernando Quevedo von der University of Cambridge und seine Kollegen haben ebenfalls solche »De-Sitter-Räume« in der Stringlandschaft aufgespürt (benannt nach dem niederländischen Kosmologen Willem de Sitter, der sie schon 1917 im Rahmen der Allgemeinen Relativitätstheorie beschrieben hat); sie sind zwar noch keine realistischen Weltmodelle, besitzen aber immerhin eine positive Kosmologische Konstante, wie sie für die beobachtete beschleunigte Ausdehnung unseres Universums verantwortlich gemacht wird. Allerdings: Wenn es wirklich so viele verschiedene Vakua gibt, dann besteht die Gefahr, dass unser eigenes Vakuum nur vorübergehend existiert, langfristig aber instabil ist und in ein energetisch niedrigeres zerfällt – eine Metastabilität, die ja auch die gemessene Masse des Higgs-Teilchen befürchten lässt, wenn SUSY nicht ihre schützende Hand im Spiel hat. Ein solcher Phasenübergang wäre das Ende unseres Universums. Doch Quevedo beruhigt: »Solche Transitionen brauchen sehr lange – üblicherweise länger das bisherige Alter unseres Universums.«

Streit um Strings

Viele Forscher – auch Stringtheoretiker – sind allerdings überhaupt nicht begeistert von der Stringlandschaft. Wenn nämlich alle Möglichkeiten realisiert wären, würde die Stringtheorie womöglich alles und somit nichts voraussagen, so die Befürchtung oder gar der Vorwurf. Die Theorie wäre dann prinzipiell nicht mit Experimenten oder astronomischen Messungen überprüfbar. Aus diesem Grund haben die Physiker Peter Woit von der Columbia University und Lee Smolin vom Perimeter-Institut im kanadischen Waterloo die Stringtheorie und ihren wachsenden Einfluss in der Physik – auch an den Universitäten – heftig attackiert. In zwei geharnischten Büchern (*Not Even Wrong* und *The Trouble With Physics*) erhoben sie 2006 sogar den Vorwurf, die Theorie wäre überhaupt keine seriöse Wissenschaft.

Auch Carlo Rovelli, der an der Universität Marseille über Quantengravitation forscht, ist ein hartnäckiger Skeptiker. »Bislang scheiterte die Stringtheorie daran, unsere Welt so zu beschreiben, wie wir sie erfahren. Sie beschreibt dagegen viele andere Welten, alle möglichen Sorten höherer Dimensionen, in der Regel mit einer Kosmologischen Konstante, die das falsche Vorzeichen besitzt, mit mikroskopischen internen Räumen und so weiter«, schrieb er 2013 in der Schwerpunkt-Ausgabe *Fourty Years of String Theory* der renommierten Zeitschrift *Foundations of Physics*. »Die Theorie hat bislang wenig konkrete Physik geliefert.« Nicht einmal das Partikel-Spektrum des Standardmodells der Elementarteilchen lässt sich aus der Stringtheorie errechnen.

Die Kritik an der Stringtheorie ist nicht neu. Schon in den 1980er-Jahren, nach der ersten Superstring-Revolution, als die Landschaft noch außerhalb der Sichtweite lag, meldeten prominente Physiker ihre Zweifel an. Darunter die Nobelpreisträger Richard Feynman und Sheldon Glashow, die die Quantenfeldtheorien vorangetrieben haben wie wenige andere.

»Die Superstringtheoretiker haben bislang nicht gezeigt, dass ihre Theorie wirklich funktioniert. Sie können nicht erweisen, dass das Standardmodell ein logisches Ergebnis der Stringtheorie ist. Sie können noch nicht einmal sicher sein, dass ihr Formalismus die Beschreibung von Dingen wie Elektronen enthält. Und sie haben bislang nicht die geringste experimentelle Voraussage getroffen. Am schlimmsten aber ist, dass die Superstringtheorie nicht als logische Konsequenz aus einer attraktiven Menge von Hypothesen über die Natur folgt«, schrieb Glashow. Und daran hat sich bis heute wenig geändert. Das gestehen auch die Stringtheoretiker freimütig oder zähneknirschend ein. »Was momentan wirklich unbefriedigend ist an der Stringtheorie, das ist, dass sie noch keine Theorie ist«, schrieb Edward Witten bereits 1983 und sieht es heute nicht viel anders. Leonard Susskind formuliert es humorvoller: »Ich habe oft gewitzelt, dass die besten Theorien jene mit einem Minimum an definierenden Gleichungen und Prinzipien sind. Die Stringtheorie ist insofern mit Abstand die beste – niemand hat je eine einzige definierende Gleichung oder ein Prinzip gefunden! Niemand weiß, was die definierenden Regeln sind oder die grundlegenden ›Bausteine‹.«

Man kann Glashows Worte als vernichtendes Urteil lesen – oder als Arbeitsauftrag. Doch so kleinlaut, wie sie vielleicht hätten sein müssen, waren die Stringtheoretiker schon damals nicht – und wurden von durchaus nichttrivialen Erfolgen bei der mathematischen Entwicklung ihrer Theorie ja auch mächtig angetrieben. Was wiederum Feynman ärgerte: »Es gefällt mir nicht, dass sie nichts ausrechnen. Es gefällt mir nicht, dass sie nichts nachprüfen. Es gefällt mir nicht, dass sie für alles, was im Widerspruch mit dem Experiment steht, eine notdürftige Erklärung zusammenbrauen, nur um sagen zu können: Nun ja, es könnte schon stimmen.«

Diese Kritik wird bis heute zitiert. Zwar hat sich die Stringtheorie enorm ausdifferenziert und verbreitert sowie – durchaus auch mangels vergleichbarer Herausforderungen in der Theoretischen Physik – in einer nicht ganz kleinen ökologischen Nische der Forschungslandschaft festgebissen. Andererseits sollte man ihren Einfluss auch nicht überbewerten. Die Größe ihres Themas und das öffentliche Interesse daran – etwa im Vergleich zur Festkörperphysik – lassen sie zuweilen überproportional erscheinen, wo sie doch, wie die Arbeit an Quantengravitationstheorien generell, an Universitäten und Grundlagenforschungseinrichtungen einen ziemlich marginalen Anteil hat. Personell wie finanziell liegen ein paar Größenordnungen zwischen ihr und anderen Bereichen – wiederum etwa im Vergleich zur Festkörperphysik.

Aber das ist natürlich kein Argument gegen rigorose innerwissenschaftliche und wissenschaftstheoretische Kritik. »Vereinheitlichte höherdimensionale Theorien, die es nicht schaffen, neue und überprüfbare Ergebnisse zu liefern jenseits von dem, was schon bestehende Theorien aussagen, werden unter Physikern nicht als zufriedenstellend betrachtet«, sagt der Wissenschaftstheoretiker Koray Karaca von der Universität Wuppertal. »Die größere Erklärungskraft ist ein wichtiges Desiderat im Streben nach einer höherdimensionalen Vereinheitlichung der fundamentalen Wechselwirkungen.« Dieses Ziel ist keineswegs erreicht. Karaca gibt aber zu, wie eigentlich jeder Stringtheoretiker auch, dass dieser physikalische Ansatz noch weitgehend »work in progress« ist.

»Was gute Wissenschaft ist, wird letztlich von den Wissenschaftlern entschieden, die die Arbeit machen, und nicht von Philosophen oder Leuten, die abseits stehen, aber sich einmischen und reden«, grummelt Susskind. Aber Lee Smolin bleibt hartnäckig: »Wenn die Stringtheorie keine eindeutigen Voraussagen für Experimente macht, und wenn sie nichts von dem erklärt, was im Standardmodell der Teilchenphysik bislang mysteriös ist, scheint sie keine gute Theorie zu sein. Die Geschichte der Wissenschaft kennt zahlreiche anfangs vielversprechende Theorien, die versagt haben. Warum ist die Stringtheorie nicht auch ein solcher Fall?«

Letztlich muss die Stringtheorie ihre Leistungsfähigkeit selbst unter Beweis stellen. Sie hat viele Vorschusslorbeeren bekommen und mit Selbstdarstellungen nicht gegeizt. Und sie hat Probleme gelöst – beziehungsweise Lösungsvorschläge gemacht –, die man sich teilweise nicht einmal hätte erträumen können. Dass dies alles zufällige Glückstreffer sind, wollen Forscher wie Witten nicht glauben. »Ich halte es nicht für plausibel, dass eine völlig falsche Theorie so viele gute Ideen hervorbringen kann.« Aber, und da ist den Skeptikern Recht zu geben, ohne empirische Evidenzen wird die String/M-Theorie nie über einen Hypothesen-Status hinauskommen. Das geben auch ihre glühendsten Anhänger zu.

»Entweder besteht alle Materie aus Strings oder die Stringtheorie ist falsch«, spitzt es Leonard Susskind zu. »Das ist eine der aufregendsten

Merkmale der Theorie. Die Stringtheorie kann entweder eine Theorie von Allem sein, oder sie ist eine Theorie von nichts.« Mathematische Eleganz ist nicht genug – empirische Erfolge sind unverzichtbar. »Die letzte Bewertung der Stringtheorie wird auf der Fähigkeit beruhen, die Tatsachen der Natur zu erklären, nicht auf ihrer eigenen inneren Schönheit und Konsistenz. Die Stringtheorie keimte schon Ende der 1960er-Jahre auf, aber bislang hat sie weder ein detailliertes Modell der Elementarteilchen noch eine überzeugende Erklärung kosmologischer Beobachtungen vorgelegt«, räumt Susskind selbstkritisch ein.

Auch Edward Witten ist von den multiversalen Entwicklungen des 21. Jahrhunderts nicht erfreut – aber klug genug, sich nicht in ideologischen Vorurteilen zu verfangen. »Ich wäre froh, wenn es keine Stringlandschaft gäbe«, gibt er zu. »Ich bevorzuge Einsteins Vision, dass es möglich ist, alle dimensionslosen Quantitäten der Natur aus ersten Prinzipien zu berechnen. Allerdings ist das Universum nicht für unsere Annehmlichkeit entstanden.« Mit anderen Worten: Er will den Traum einer eindeutigen Weltformel noch nicht aufgeben, räumt aber ein, dass sie zu einer gigantischen Vielfalt explodieren könnte (ob das ein Albtraum wäre, sei dahin gestellt). »Ich weiß wirklich nicht, ob die Landschaft real ist. Es gibt ein paar Aspekte, die mich davon abhalten, diese Vorstellung zu verwerfen«, sagt Witten. »So existieren Hinweise unabhängig von der Stringtheorie, etwa die beschleunigte Ausdehnung des Weltraums, die Physiker wie Martin Rees, Steven Weinberg und Andrei Linde die Landschaft ernsthaft in Betracht ziehen lassen. Das andere ist, dass die Stringtheorie, obwohl sie mehr oder weniger einzigartig ist, extrem vielfältig wird, weil es diese Fülle der Möglichkeiten gibt, wie die Extradimensionen kompaktifiziert werden können. Ich habe viel Zeit darauf verwendet und dachte, das sind Übertreibungen im Formalismus. Aber wir sollten die Hypothese der Stringlandschaft nicht vorschnell ausschließen. Denn vielleicht ist das Universum tatsächlich so. Es wäre nicht das erste Mal, dass jemand etwas entdeckt hat, das er nicht mochte und verwarf, und dann stellt sich heraus, dass es doch wahr ist. Die Landschaft ist also nichts, worauf meine Kollegen oder ich gehofft haben, aber ich denke, wir sollten diese Hypothese nicht zu schnell von uns weisen.«

Das sieht auch Hermann Nicolai so, der am Max-Planck-Institut für Gravitationsphysik in Golm bei Potsdam über die Stringtheorie, aber auch in anderen Bereichen der Quantengravitation forscht. »In der Geschichte der Physik hat es noch nie eine so umfassende intellektuelle Anstrengung gegeben.« Verglichen damit sind – abgesehen von der hochkarätigen Mathematik – die Ergebnisse jedoch recht mager. »Die Situation zeigt eben, dass die Natur noch immer einen Tick raffinierter ist, als wir es sein können.«

Brian Greene von der Columbia University in New York, der die Stringtheorie mit Büchern und Fernsehsendungen mit viel Begeisterung popularisiert hatte, ist optimistisch: »Welche Idee am Gipfel herauskommt, wissen wir noch nicht. Wenn wir sie haben, wird sie wie ein Leuchtfeuer herabscheinen und das ganze Gebäude der Physik erhellen.«

Für andere Wissenschaftler ist das bislang reines Wunschdenken, zumal sich die Stringtheorie bei allem intellektuellen Aufwand noch nicht durch physikalische Anwendungen und überprüfbare Voraussagen Meriten erworben hat – sondern anscheinend sogar mit ganz unterschiedlichen Daten zurande kommen könnte.

»Was ist die Güte einer Theorie, die sich mit allem vereinbaren lässt – auch dem Gegenteil von allem?«, ätzt Carlo Rovelli. »Unsere Argumente müssen sich auf die Welt beziehen, die wir erfahren, und nicht auf eine Welt aus Papier.« Genau dieser Satz steht bereits in der Schrift *Vier Dialoge über zwei Hauptsysteme der Welt* (1632) von Galileo Galilei, den sich Rovelli als Vorbild nahm für einen ebenfalls fiktiven, aber umso gepfefferteren *Dialog über Quantengravitation* (2003). Darin führen eine aufgeweckte Studentin und ein Stringtheorie-Professor den galileischen Schlagabtausch in neuem

Gewand fort. Genüsslich seziert Rovelli die Schwachstellen und uneingelösten Versprechungen der Stringtheorie. »Die Geschichte der Wissenschaft ist reich an schönen Ideen, die sich später als falsch herausgestellt haben. Die Bewunderung für die Mathematik sollte uns nicht blenden. Trotz der enormen Geisteskräfte der Leute, die in der Stringtheorie arbeiten, trotz der String-Revolutionen, Erregungen und Hypes, vergehen die Jahre, und die Theorie liefert noch immer keine Physik. Alle Hauptprobleme sind offen, und die Verbindung zur Realität wird immer geringer.«

David Gross, der 2004 den Physik-Nobelpreis für seine Mitentdeckung der asymptotischen Freiheit in der Quantenchromodynamik erhielt und die Heterotische Stringtheorie mitgeschaffen hat, sieht die Situation entspannter. »Die Stringtheorie ist eigentlich noch gar keine Theorie«, sagt er. Und dies ist gar nicht so verblüffend, wie es sich anhört. »Das Standardmodell der Elementarteilchen ist eine Theorie. Man kann damit physikalische Vorgänge berechnen. Die Stringtheorie hat keine derartigen Gleichungen, sie ist ein großer Rahmen, der viele Theorien und Modelle umfasst«, erläutert Gross. Die Konsequenz: »Man kann nicht diesen Rahmen testen, sondern nur einzelne Theorien und Modelle. Aber es ist ein unglaublicher Rahmen, der Strings, Branen, alle konsistenten Quantenfeldtheorien und die Quantengravitation einschließt – und der großartige Anwendungen für die Quantenchromodynamik, Festkörperphysik und Mathematik bietet. Die Stringtheorie ist lebendig und gesund, und es gibt viele junge und brillante Stringtheoretiker. Das einzige, was mich wirklich rätseln lässt, sind kosmologische Fragen. Aber diese sind neue Entwicklungen in der fundamentalen Physik, und es ist nicht überraschend, dass man hier auf tiefe Probleme stößt.«

Doch was könnte den Rahmen der Stringtheorie zu einer überprüfbaren Theorie machen? »Ich wünschte, ich wüsste das!«, lacht Gross. Und wird gleich wieder ernst: »Etwas Entscheidendes fehlt in unserem Verständnis – ein theoretischer Durchbruch. Vielleicht existiert ein grundlegendes Symmetrieprinzip, das wir noch nicht kennen.«

Das ist auch Wittens Ansicht, der einst bei Gross promoviert hatte. »Die Fragen, die wir heute stellen, unterscheiden sich von früheren Fragen, etwa Ende der 1980er-Jahre. Aber eine wichtige Frage ist die nach dem Prinzip, das der Stringtheorie zugrunde liegt. Einstein hatte sein Äquivalenzprinzip für die Allgemeine Relativitätstheorie. Aber von der Stringtheorie kennen wir bislang nur Bruchstücke, ohne das Prinzip dahinter zu verstehen. Ich würde also gerne wissen, was die fundamentalen Gleichungen sind. Und was all die vielen möglichen Lösungen der Stringtheorie determiniert – oder ob sie alle ein Zufallsprodukt sind, wie es die Hypothese der Stringlandschaft besagt.«

»Vielleicht kommt die Lösung durch Experimente«, ergänzt Gross. »Mit dem LHC haben wir großartige Aussichten. Wenn da etwas ist, werden es die Physiker wohl finden. Für die Dunkle Materie beispielsweise gibt es viele empirische und theoretische Hinweise. Und falls es sich dabei um neue, vielleicht supersymmetrische Elementarteilchen in einem bestimmten Energiebereich handelt, dann können sie nachgewiesen werden. Das ist schwierig, aber die Situation sieht heute viel besser aus als zu Beginn des Jahrhunderts. Einfacher wäre es, wenn man direkte Hinweise finden könnte. Wenn zum Beispiel das Higgs-Boson nicht entdeckt worden wäre – oder wenn das nun gefundene Teilchen nicht das Higgs-Boson ist, sondern ein Partikel mit Spin 2, das das Higgs nur vortäuscht –, dann würde das dem Ansatz der Stringtheorie und der gesamten Forschung zur Vereinigung der Naturkräfte einen heftigen Schlag versetzen. Dann müssten wir in ganz andere Richtungen denken. Aber die neuen, sehr eindrucksvollen Entwicklungen am CERN passen genau zu den Erkenntnissen der experimentellen Teilchenphysik seit den 1980er-Jahren. Das alles hätte zigfach scheitern können, doch dies geschah nicht. Daher bin ich optimistisch.«

Missverständnisse und Missmut

Der Streit um Strings ist sicherlich nicht beigelegt, auch wenn die meisten Argumente inzwischen wohl ausgetauscht sind, die eine oder andere Position sich verhärtet hat und im übrigen das Forschungsgeschäft weitergeht. Daher eine kurze Zwischenbilanz:

Richtig ist, dass einige Physiker die Stringtheorie zu groß verkauft und mit vollmundigen Ankündigungen oder gar Versprechungen das Marketing überzogen haben – teils aus Kalkül, um Forschungsmittel und -stellen einzutreiben, teils vielleicht aus Arroganz oder Wichtigmacherei, teils aber auch einfach im Überschwang der Begeisterung nach der zweiten String-Revolution. Mitunter wurde sogar behauptet, eine »Theorie von Allem« sei nur noch wenige Monate entfernt. Und bereits in dem konstituierenden Artikel der Heterotischen Stringtheorie liest man am Ende, es gäbe »keine unüberwindlichen Hindernisse, um die ganze bekannte Physik vom heterotischen Superstring abzuleiten«.

Das alles ist wissenschaftssoziologisch durchaus interessant. Hier mögen auch Kritiker wie Lee Smolin und Peter Woit zurecht einen Finger in eine Wunde gelegt oder überhaupt auf diese verwiesen haben, zumal andere Ansätze für eine Theorie der Quantengravitation unter der Dominanz der Stringtheorie litten und immer noch leiden. Richtig ist aber auch, dass die Stringtheorie weder gescheitert noch im Ansatz unwissenschaftlich ist, weil nicht falsifizierbar, wie manche Kritiker meinen. Hier herrscht einige Verwirrung, die von Gegnern manchmal durchaus auch absichtlich gestiftet oder befördert wird. Denn auch in der Wissenschaft geht es nicht immer rational und gerecht zu. Das betrifft neuerdings vor allem drei Punkte.

› Die String/M-Theorie ist bislang der einzige gut ausgearbeitete Kandidat für eine Theorie, die alle bekannten Grundkräfte der Natur einheitlich beschreibt. Und sie ist »ultraviolett-komplett«, wie Physiker sagen, versagt also nicht bei wachsenden Energien. Im

Gegensatz zur Allgemeinen Relativitätstheorie, die hier in Singularitäten stürzt, das heißt unphysikalische Unendlichkeiten. Diese Eigenschaften lassen die String/M-Theorie so attraktiv erscheinen. Aber ihre genuinen Effekte sind deshalb auch, und das ist die Kehrseite dieses Erfolgs, auf Energieskalen angesiedelt, die fern von der Alltagswelt sind. Das macht ihre Überprüfung so schwer. »Der LHC wird die Stringtheorie nicht widerlegen und dem nicht einmal nahe kommen können. Die Maschine ist sehr leistungsstark, aber nicht entfernt leistungsstark genug, um dazu in der Lage zu sein. Es wäre, als würde man von einer Amöbe verlangen, den Mount Everest zu besteigen«, bringt es Matt Strassler von der Harvard University auf den Punkt. Wenn es also keine Niederenergie-Effekte gäbe – doch das ist eine offene Frage und ein aktives Forschungsfeld –, dann wäre die Stringtheorie auf lange Sicht experimentell nicht testbar. Das heißt aber nicht, dass sie prinzipiell nicht falsifizierbar sei und deshalb auch keine anständige Physik. Widerlegbarkeit ist, wissenschaftstheoretisch betrachtet, zwar ein Gütesiegel – aber nicht alles. Und die Stringtheorie ist ja durchaus falsifizierbar – nur wären dazu beispielsweise Teilchenbeschleuniger nötig, die 15 Größenordnungen über dem LHC liegen. Insofern könnte die String/M-Theorie die korrekte Beschreibung der Welt des Allerkleinsten und auch Allergrößten sein; gleichwohl wäre sie vollkommen nutzlos für die experimentelle Teilchenphysik. Unwissenschaftlich ist sie deshalb aber nicht.

› Auch die Stringlandschaft macht die String/M-Theorie nicht unwissenschaftlich oder prinzipiell unwiderlegbar. Die eine große Schwierigkeit besteht darin, und das räumen Stringtheoretiker ja ohne Wenn und Aber ein, dass die Theorie noch viel zu unspezifiziert ist und eher einem Rahmen gleicht als einer Theorie mit klar definierten Prinzipien und Grundgleichungen. Und die andere große Schwierigkeit resultiert aus den enorm vielen Lösungen der Theorie, soweit sie schon vorhanden ist, bedingt durch die gigantische Zahl der Kompaktifizierungsmöglichkeiten. Das sind so weitreichende Probleme, dass sich die Folgen bislang schwer überschauen lassen. Aber dies ist kein Sonderfall in der Geschichte der Physik. Auch die Quantenfeldtheorie ist in einer ähnlichen Situation, beziehungsweise war es in ihren Anfängen: Es gibt Myriaden von Quantenfeldtheorien, aber welche sich als empirisch adäquat erweisen, steht nicht von vornherein fest. Hier hatte und hat das Experiment ein wichtiges Mitspracherecht. Das Standardmodell der Elementarteilchen mit seinen Symmetrien $U(1) \times SU(2) \times SU(3)$ war ja keine selbstverständliche Lösung, und über die richtige Wahl der SUSY-GUT-Quantenfeldtheorie zerbrechen sich Physiker seit Jahrzehnten den Kopf. Insofern macht das keinen prinzipiellen Unterschied zur Stringlandschaft – nur, dass diese experimentell viel schwieriger zu bewandern ist. Doch daraus lässt sich kein Strick drehen. In der String/M-Theorie muss, wie eben auch in der Quantenfeldtheorie, ein Vakuum spezifiziert werden, um konkrete Anwendungen und mithin ein Modell der Natur zu ermöglichen. Das entspricht, auch aus wissenschaftshistorischer Perspektive, einer Zurechtrückung der Fragen. Man darf Theorien nicht überstrapazieren – aber ebenfalls nicht, was man sich von ihnen erhofft. So kann man in der Theorie des Elektromagnetismus alle Phänomene in ihrem Gegenstandsbereich im Prinzip erklären oder verstehen – außer der Stärke der Elektromagnetischen Kraft sowie der Massen des Elektrons und anderer geladener Teilchen. Diese sind als Input nötig, als Randbedingung, und können von der Theorie nicht selbst geliefert werden. Ähnlich ist es mit der String/M-Theorie: Hier wäre die Spezifikation eines Vakuums die Randbedingung. Dann, und nur dann, sind prinzipiell überprüfbare Voraussagen möglich. Das macht die Lage nicht einfach(er) – aber eben auch nicht unwissenschaftlich. Eine historische Analogie kann dies verdeutlichen: Die Theorien (oder Modelle) der Planetenentstehung haben eine große Erklärungskraft, aber bestimmte Fragen lassen sich damit ebenso wenig beantworten wie im Rahmen des Elektromagnetismus der Wert der Elektronenmasse oder der elektrischen Elementarladung. So ist eine Ableitung der Distanzen zwischen Planeten und ihrem Stern aus ersten Prinzipien eine falsche Forderung (oder Hoffnung). Sie folgt nicht aus der Theorie, sondern ist eine Konsequenz der »zufälligen« Randbedingungen. (Entsprechend waren die vielen Anstrengungen, die sogenannte Titius-Bode-Reihe zu erklären – eine im 18. Jahrhundert von Johann Daniel Titius gefundene und von Johann Elert Bode bekanntgemachte numerische Beziehung, nach der sich die Abstände der meisten Planeten von der Sonne mit einer einfachen mathematischen Formel näherungsweise allein aus der Nummer ihrer Reihenfolge herleiten lassen –, vergebliche Liebesmühe.) Wenn die Stringlandschaft existiert, liegt unser Universum eben auch »zufällig« in einem der vielen Täler (ob das typisch, unwahrscheinlich oder »anthropisch selektiert« ist, kann man dann immer noch diskutieren).

› Zuweilen ist auch zu hören, die Stringtheorie sagt die Supersymmetrie voraus, die Supersymmetrie sei am LHC nicht gefunden worden, daher sei die Stringtheorie widerlegt. (Eine kuriose Argumentation, wo doch der Stringtheorie oft vorgeworfen wird, sie sei nicht falsifizierbar.) Allerdings hat der LHC SUSY nicht ausgeschlossen, noch nicht einmal die einfachsten Modelle, obschon es immer enger wird für sie. Es stimmt, dass eine (fermionische) Stringtheorie supersymmetrisch ist und wohl auch sein muss. Wenn der LHC jedoch SUSY nicht findet, folgt daraus gar nichts für die Stringtheorie. Die Supersymmetrie kann sich schlicht im Teraelektronenvolt-Bereich verbergen und erst bei höheren Energien zeigen. Damit hat die Stringtheorie kein Problem. Die einzige Schwierigkeit besteht darin, dass SUSY das Hierarchie-Problem und somit die Stabilität des Higgs-Potenzials nicht erklären kann, wenn sie sich nicht bei LHC-Energien manifestiert. Dann bedarf es hier einer alternativen Erklärung, und dafür gibt es ja auch Vorschläge (darunter die von der Stringtheorie motivierten Modelle der »großen« Extradimensionen.) Falls SUSY aber entdeckt würde, heißt dies im Umkehrschluss nicht, dass die String/M-Theorie damit bestätigt wäre. Das wäre ein Kurzschluss, denn sie enthält und benötigt SUSY zwar, wird jedoch nicht von ihr impliziert.

Ob die Gesamtsituation eher missmutig stimmt oder als Herausforderung wahrgenommen wird, die String/M-Theorie – und die Suche nach einer »Theorie von Allem« ganz generell – voranzutreiben oder auch mit besseren Argumenten zu torpedieren, das ist wohl hauptsächlich eine Frage der Persönlichkeit, des individuellen Interesses und anderer außerwissenschaftlichen Motive. Fest steht, dass es weiterhin viel zu tun gibt. Und auch da eröffnet die Stringtheorie extradimensionale neue Wege.

Überprüfungen sind möglich – vielleicht

»Zusammen mit einer erfolgreichen Beschreibung von Symmetriebrüchen sollte die Superstringtheorie in der Lage sein, Vorhersagen bis herab zur Energieskala unserer Alltagswelt zu machen«, sagt der Stringtheoretiker Michio Kaku – und gibt zu: »Ohne eine realistische vierdimensionale Reduktion fehlt der Theorie allerdings der reale Kontakt mit physikalisch messbaren Quantitäten.« Das ist aber leichter gesagt und gewünscht als getan. Und genau in diese offene Flanke stoßen viele Stringtheorie-Kritiker ohne Unterlass. Aber vielleicht auch etwas zu heftig, denn die Hauptarbeitsgebiete der Forscher liegen – auch notgedrungen – woanders.

»Die Stringtheorie wird im Augenblick hauptsächlich aus sich selbst heraus weiterentwickelt«, gibt David Gross zu. »Das führt zu einem größeren Verständnis der Theorie und hoffentlich auch zu testbaren Vorhersagen. Von der experimentellen Seite her richtet sich die große Hoffnung auf die Supersymmetrie. Sie ist ein zentraler Bestandteil der Stringtheorie und anderer Erklärungen von Phänomenen, die es in der Natur zu geben scheint, etwa der Dunklen Materie. Die Supersymmetrie könnte sich schon im Tera-elektronenvolt-Regime bemerkbar machen, also im LHC. Sie wurde noch nicht entdeckt, doch wir stehen erst am Anfang der Forschungen mit dem LHC.«

Wenn die Theorie der Supersymmetrie stimmt und mit den Messungen am Large Hadron Collider erhärtet würde, wenn also insbesondere das leichteste SUSY-Teilchen erzeugt und indirekt nachgewiesen würde, wäre das sicherlich ein riesiger Schub für die Stringtheorie. Denn sie enthält SUSY – oder vorsichtiger formuliert: Die plausibelsten Stringtheorien sind supersymmetrisch. Allerdings folgt die Stringtheorie nicht aus SUSY, sie ist keine zwingend logische Konsequenz; daher würde allein der experimentelle Nachweis der Supersymmetrie die Richtigkeit der Stringtheorie noch nicht erweisen. Und umgekehrt: Wenn am LHC oder an künftigen, noch leistungsfähigeren Beschleunigern keine Anzeichen für SUSY gefunden werden, heißt das nicht, dass die Stringtheorie widerlegt ist. (Noch nicht einmal die Supersymmetrie wäre falsifiziert, denn sie könnte in der Natur bei so hohen Energien realisiert sein, dass irdische Experimente für ihren Nachweis vielleicht schlicht nicht ausreichen – und Teilchenbeschleuniger vom Umfang der Erdbahn oder gar der Milchstraße lassen sich schwerlich bauen ...)

Edward Witten parierte mit seinem unnachahmlich trockenen Humor diese kritische Situation vor einigen Jahren, indem er die Not quasi zur Tugend und Lust erklärte: »Wir haben kein völlig überzeugendes Bild der Supersymmetriebrechung. Das ist allerdings einer der Gründe, die die Supersymmetrie zu einem so aufregenden Ziel für Experimente machen. Wenn wir ein überzeugendes Bild hätten, wären wir zwar zuversichtlicher, dass es diese Superwelt gibt, doch wir würden weniger dabei lernen, sie zu finden. Und wenn die Supersymmetrie entdeckt wird, würde jede der diffizilen Fragen darüber, wie sie in der Welt funktioniert, zu einer Gelegenheit werden, etwas Grundlegendes über die Natur zu lernen.«

Ist also der Weg das Ziel, egal wo man schließlich ankommt? Ein bisschen läuft Grundlagenforschung sicherlich so!

»Es ist vielleicht etwas furchterregend, dass die Physik sich so weit von Beobachtungen entfernt hat. Aber das spricht nicht gegen die Qualität der Gedanken«, betont Leonard Susskind. »Es ist einfach so, dass die Experimente immer schwieriger werden, wenn man voranschreitet.«

Das schließt nicht aus, dass es vielleicht anderweitige Stringeffekte gibt oder indirekte Hinweise und Tests. »Gegenwärtig sind wir nicht in der Lage, zuverlässig überprüfbare Voraussagen aus der Stringtheorie abzuleiten«, räumt auch Gabriele Veneziano ein. »Aber das liegt nur an unserem derzeit unvollständigen Verständnis dieser komplizierten Theorie.« Der Großvater der Stringtheorie, mit dessen Arbeit 1968 alles begonnen hatte, warnt vor einer Hybris, wie sie mancher Kollege mitunter an den Tag lege. Doch die harschen Vorwürfe der Kritiker weist er ebenfalls zurück. »Es wird oft gesagt, dass man für Tests so hohe Energien benötigen würde, wie sie kein von Menschen gebauter Teilchenbeschleuniger jemals erreichen kann. Aber das Universum selbst besaß kurz nach dem Urknall so hohe Energien und könnte einen Abdruck der Stringtheorie-Effekte bis heute bewahrt haben«, hofft Veneziano. Einige Kosmologen haben bereits damit begonnen, die Kosmische Hintergrundstrahlung nach solchen Effekten zu durchmustern. »Außerdem ist es nicht wahr, dass die Stringtheorie bloß eine Hochenergie-Domäne ist.« Veneziano weist auf neue Felder hin, die es der Stringtheorie zufolge geben muss, und die einen tiefgreifenden Einfluss auf Niederenergie-Phänomene hätten. »Dies würde sich bemerkbar machen beispielsweise durch Abweichungen von Newtons Gravitationsgesetz, durch eine Verletzung von Einsteins Äquivalenzprinzip oder durch räumliche oder zeitliche Variationen von Naturkonstanten.«

Überdimensionale Strings

Eine andere Möglichkeit für eine Bestätigung der Stringtheorie wäre, dass manche der räumlichen Extradimensionen nicht winzig klein sind. Ausmaße bis zu einer Größenordnung von Mikrometern lassen sich experimentell bislang nicht ausschließen – und sind mit Teilchenbeschleunigern wie dem LHC bei Genf vielleicht nachweisbar: Weil die Gravitation auf kleinen Skalen dann stärker wirken würde, könnten beispielsweise winzige Schwarze Löcher erzeugt werden. Sie müssten sich durch Quanteneffekte zwar sofort wieder in Strahlung auflösen, würden dadurch aber eine klar identifizierbare Signatur hinterlassen. Große Zusatzdimensionen wären, genau wie eine Entdeckung der Supersymmetrie, zwar noch kein zwangsläufiger Beweis für die Stringtheorie, da sie auch separat existieren können. Doch sie wären sehr wohl ein Plausibilitätsargument.

Sogar astronomische Beobachtungen könnten zu Hilfe kommen: So hat Edward Witten berechnet, dass vielleicht Kosmische Superstrings durchs Weltall schwirren. Diese riesigen massereichen Gebilde aus der Zeit kurz nach dem Urknall würden sich auf verschiedene Weise bemerkbar machen. Sie könnten einen »Abdruck« in der Kosmischen Hintergrundstrahlung erzeugen oder durch ihre Schwerkraft das Licht ferner Galaxien »verbiegen« (Gravitationslinseneffekt).

Kosmische Strings sind auch ein Beispiel für die rigorose und durchaus selbstkritische Arbeit der Theoretiker: Witten hatte nämlich ursprünglich argumentiert, dass die winzigen Strings niemals eine astronomische Dimension erreichen – und musste durch genauere Berechnungen erkennen, dass dies nicht stimmt.

»Die Stringtheorie kann sehr wohl falsifiziert werden«, resümiert Juan Maldacena vom Institute for Advanced Study in Princeton. Damit widerspricht er den Pauschaleinwänden der Kritiker: »Schon eine Widerlegung der üblichen Quantenphysik würde genügen.« Denn diese ist eine Voraussetzung der Stringtheorie und gehört somit untrennbar zu ihr. »Die Multiversum-Hypothese kann durchaus falsifiziert werden – etwa wenn jemand mit einem soliden mathematischen Argument kommt für den Wert der Dunklen Energie, das nicht auf der Existenz eines Multiversums beruht«, sekundiert Leonard Susskind.

Auch der hypothetische Charakter der Stringtheorie und -landschaft ist kein schlagender Einwand. »Spekulationen sind eine notwendige Voraussetzung für den wissenschaftlichen Fortschritt. Aber sie sind keine fantastischen Höhenflüge, sondern stets eingeschränkt von der Zwangsjacke der mathematischen Konsistenz und der Vereinbarkeit mit etablierten Naturgesetzen«, betont Michael Duff, der wichtige Beiträge zur M-Theorie geleistet hat. »Das ist nicht vergleichbar mit Glaubensbekundungen zu Homöopathie, UFOs oder Religion. Was theoretische Spekulationen vom Glauben unterscheidet, ist, dass wir sie im Licht neuer Indizien und Entdeckungen modifizieren oder verwerfen können.«

Stringlandschaft und Ewige Inflation

Soweit die Physiker überhaupt schon im Dunkel der extradimensionalen Abgründe herumgestochert haben, fanden sie bislang kein Modell, das unser Universum auch nur halbwegs treffend beschreibt. Entweder stimmt das Spektrum der Elementarteilchen nicht, das aus den Melodien des Mikrokosmos entspringen muss, oder das Vakuum hat eine negative Energiedichte und kollabiert, oder es gibt keine vier verschiedenen Grundkräfte ... und so weiter. Das ist eine unerquickliche Situation, die sich die Stringtheoretiker nicht gewünscht hatten, mit der sie nun aber zu leben versuchen. Wenn die Theorie also überhaupt den Weg zu einem tieferen Verständnis der Natur weist, was gegenwärtig niemand sagen kann, dann zeigt sie simultan in Abermilliarden Richtun-

Exkurs

Stringkosmologie

Die Stringtheorie eignet sich nicht nur zur Beschreibung des Mikrokosmos, sondern findet seit den 1990er-Jahren auch eine Anwendung zur Erklärung des gesamten Universums – und anderer.

› Eine große Herausforderung ist die Erklärung des Urknalls, und besonders die Überwindung der ominösen Singularität in den Gleichungen der Relativitätstheorie. Das Pre-Big-Bang-Modell von Gabriele Veneziano und Maurizio Gasperini gilt als Pionierleistung, ebenso die Stringgas-Kosmologie von Robert Brandenberger und seinen Kollegen. In diesen und anderen Szenarien ist der Urknall nicht der Anfang der Zeit, sondern ein Übergang von einem Zustand des Alls in einen anderen.

› Außerdem soll die Stringtheorie die Kosmische Inflation erklären – jene exponenzielle Ausdehnung des Weltraums, die unser Universum erst groß gemacht hat. Denn was die Inflation antrieb, ist unklar. Die Stringtheorie bietet hier einige Hypothesen an, da sie diverse Felder (wie das Dilaton) postuliert, die unter Umständen »antigravitativ« wirken können. Ebenfalls lebhaft diskutiert wird die Wechselwirkung zwischen Branen (»Brane Inflation«).

› Es gibt jedoch auch Versuche, ganz ohne eine Kosmische Inflation auszukommen. So erklären die alternativen Modelle – Ekpyrotisches und Zyklisches Universum genannt – den Urknall durch die Kollision unseres Universums mit einem anderen, das zuvor und danach durch eine zusätzliche Dimension des Raums getrennt ist.

---

gen. Jedem dieser vielleicht 10^{500} verschiedenen Stringvakuumzustände entspräche eine Sorte von Universum mit eigenen Naturkonstanten und -gesetzen.

In diesem multidimensionalen Gelände können viele Blumen blühen. Und daher sehen manche Forscher trotz der zahlreichen theoretischen Gewitterwolken auch Sonnenstrahlen – soll heißen:

eine Verbindung zum Szenario der Kosmischen Inflation. Denn dessen »schlechtes Wetter« besteht ja darin, dass bislang eine gute Erklärung für die Natur des Inflatonfelds fehlt – oder was immer den Treibsatz der Raumexplosion geliefert hat.

Manche Forscher hoffen nun, dass sich die Probleme gegenseitig kurieren können. Denn in den Zusatzdimensionen könnte so viel Energie stecken, dass sie einst die Inflation angetrieben hat, lauten einige neue Spekulationen. »Inflation und Stringtheorie sind wie füreinander gemacht«, meint Cliff Burgess vom Perimeter-Institut im kanadischen Waterloo. »Inflation ist ein Phänomen auf der Suche nach einer Theorie – und die Stringtheorie eine Theorie auf der Suche nach einem Phänomen.« Denn für die Inflation existiert noch keine fundamentale physikalische Erklärung, sondern nur eine Vielfalt phänomenologischer Modelle, und für die fundamentale Stringtheorie kennt man bislang keine Phänomene, die sie eindeutig erklärt, und kaum überprüfbaren Voraussagen.

Aus dieser Not haben Burgess und andere Kosmologen inzwischen eine Tugend gemacht – in Form von Stringtheorie-Modellen der Kosmischen Inflation. Die Konsequenz ist quasi eine Quadratur des Multiversums: Wenn irgendwo in der Stringlandschaft die Inflation starten konnte, ist sie nicht mehr zu stoppen und marschiert gleichsam überall herum.

»In gewisser Weise ist die Inflation nicht ein Teil des Urknall-Modells, wie früher gedacht, sondern der Urknall ist ein Teil des Szenarios der Kosmischen Inflation«, sagt Andrei Linde von der Stanford University, der den Urknall mit der Erzeugung der Materie gleichsetzt. Doch die Konsequenzen gehen noch sehr viel weiter: Wenn die Inflation nicht überall im Kosmos gleichzeitig aufgehört hat, sondern an unterschiedlichen Stellen zu unterschiedlichen Zeiten, gab es nicht nur einen – unseren – Urknall, sondern ungeheuer viele. Und mit jedem entstand eine neue Raumblase, die nicht weiter inflationierte und die als separates Universum bezeichnet werden kann.

Argumente für die Multiversum-Hypothese	Mögliche Erklärung
Empirische Evidenz?	*immer auch abhängig von theoretischer Basis*
Wurmlöcher als Tore zu anderen Universen?	eventuell über Gravitationslinseneffekte beobachtbar
Kollision eines anderen Blasenuniversums mit unserem?	sie könnten Spuren in der Kosmischen Hintergrundstrahlung hinterlassen haben
Kalter Fleck in der Kosmischen Hintergrundstrahlung	Leerraum zwischen den Galaxienhaufen als Quanteneinfluss eines Nachbaruniversums? Oder Textur als »Verbindungstor« dorthin?
Dunkler Fluss: Galaxienhaufen bewegen sich in Richtung Sternbild Centaurus/Vela	Schwerkrafteffekt von anderen Universen?
Hinweise für Kosmische Inflation	führt in vielen Modellen zu einem Multiversum
Gravitative »Abdrücke«? Dunkle Materie?	Gravitonen könnten durch Extradimensionen gelangen, die uns von Paralleluniversen trennen
Relikte eines Vorläuferuniversums?	werden von quantenkosmologischen Modellen vorhergesagt
Lebensfreundliche »Feinabstimmungen« mancher Naturkonstanten	Beobachter-Selektionseffekt im Multiversum
Werte bestimmter Naturkonstanten	Zufall im Multiversum oder Entwicklung über viele Urknall-Endknall-Stadien eines oszillierenden Universums hinweg
Informationen aus künftigen Quantencomputern	sie könnten »querweltein« durchs Quantenmultiversum rechnen

Argumente für die Multiversum-Hypothese	Mögliche Erklärung
Theoretische Implikation?	*wobei die Theorie anderweitig gestützt sein muss*
Quantentheorie	»Viele Welten«- und »Viele Geschichten«-Interpretation
Kosmische Inflation	Blasenuniversen
Stringtheorie	Stringlandschaft aus vielen Stringvakua
Erklärungsmodelle des Urknalls	Vorläufer- (Big Bounce) und Fluktuationsmodelle
Erklärungsversuche der Zeitrichtung (Entropiezunahme)	Vorläufer- (Big Bounce) und Fluktuationsmodelle
Philosophische Argumente?	*auch auf wissenschaftlicher Basis?*
Konsequente Extrapolation	es gibt Galaxien jenseits der Teleskop-Beobachtbarkeit, jenseits des kosmischen Horizonts…
Erklärungskraft und -tiefe	Erklärung des Urknalls, der Naturkonstanten, der Zeitrichtung
Kopernikanisches Prinzip, Prinzip der Mittelmäßigkeit	historische Erfahrung konsequent weitergedacht
Prinzip der Fülle	alles, was möglich ist, existiert auch

Andere Universen im Fokus: Die Multiversum-Hypothese ist nicht bloß eine fantasievolle Science-Fiction-Idee. Es gibt wissenschaftliche Gründe und vielleicht sogar konkrete Hinweise für sie. Einzelheiten sind unklar und umstritten. Aber es stimmt nicht, dass die Hypothese nicht falsifizierbar ist und eher Pseudowissenschaft oder Metaphysik sei als seriöse Kosmologie. Wichtig auch: Weder folgt die Multiversum-Hypothese zwingend aus der Stringtheorie, noch ist sie auf diese angewiesen. Aber beide bestärken sich wechselseitig.

Dieser Vorgang ist mit Gasbläschen vergleichbar, die sich im kochenden Wasser bilden. Alle diese kosmischen Blasen, so die Idee, sind durch unermesslich viel größere Raumbereiche getrennt, die immer noch eine Inflation durchlaufen. Wenn das stimmt, hört die Inflation als Ganzes wohl nie auf, sondern setzt sich ewig fort. Zwar entstehen früher oder später an jeder Stelle der inflationierenden Raumzeit neue Blasenuniversen, die nicht mehr exponenziell wachsen. Aber ihr Volumen ist verschwindend gering im Vergleich zur Umgebung, die aus sich heraus gleichsam ständig neuen Nachschub an Kosmischer Inflation erzeugt.

Und hier könnte auch die Verbindung zur Stringtheorie sein: Mit jedem neuen Blasenuniversum würde ein anderer Teil der Landschaft erreicht werden, so dass alle Stringvakuumzustände »bevölkert« werden, wie die Kosmologen sagen. Kurzum: Alle Pi mal Daumen 10^{500} verschiedene Universen müsste es tatsächlich geben – und zwar unendlich oft.

Zwar räumt selbst Andrei Linde, einer der Vorreiter und streitlustigsten Vertreter dieses Ansatzes, ein, dass die mathematischen Gleichungen zur String-Inflation »bislang noch extrem hässliche Modelle« sind. Aber er sieht die Entwicklung auch positiv: »Ewige Inflation und Stringtheorie fanden in der Stringlandschaft zusammen. Das Weltbild, das sich daraus ergibt, hat unsere Sicht auf unseren Platz im All verändert. Das ist eine der aufregendsten und geheimnisvollsten Aspekte der modernen Wissenschaft.«

Tohuwabohu in höheren Dimensionen

Stringtheoretiker haben ein mathematisches Monstrum geschaffen, auf oder in dem unser Universum »leben« könnte wie ein Bakterium in einem Dinosaurier. Dieses Monstrum ist ein neundimensionaler Calabi-Yau-Raum, der ein wenig an einen Tintenfisch mit riesigen Armen erinnert – was sich aber selbst Stringtheoretiker nicht anschaulich vorzustellen vermögen, obwohl sie in ihren Vorträgen gern kuriose Skizzen davon zeigen. An den Spitzen dieser vieldimensionalen Ausläufer können Branen mit drei großen räumlichen Dimensionen kleben – und eine davon ist vielleicht unser gesamtes Universum. Oder es ist, wer's noch exotischer möchte, ein Bestandteil einer siebendimensionalen Bran, die sich um einen »Henkel« des Calabi-Yau-Raums wickelt.

Das alles erscheint weit hergeholt – und ist es ja auch, extradimensional weit sogar. Dennoch sind diese Modelle kein Glasperlenspiel übersteigerter Einbildungskräfte, sondern seriöse Näherungslösungen der Stringtheorie. Ob sie mit der physikalischen Wirklichkeit etwas zu tun haben, ist natürlich eine ganz andere Frage. Falls aber ja, dann eröffnen diese bizarren Gefilde Erklärungsansätze für offene Fragen der Kosmologie, etwa die nach der Triebkraft hinter der Kosmischen Inflation. Die könnte schlicht von der Dynamik der Branen im Calabi-Yau-Raum oder dessen Verformungen ausgelöst worden sein.

Das klingt exotisch – und zwar zu Recht. Und trotzdem: Obwohl die Stringtheorie mit ihren diversen Branen und Feldern ein riesiges Sammelsurium an Seltsamkeiten bereitstellt, war und bleibt es außerordentlich schwierig, daraus tragfähige Modelle abzuleiten. Immerhin bieten sich die Moduli als Kandidaten für ein Inflaton-Feld an. Denn Moduli sind spezielle Skalarfelder, die die Größe und Form der unsichtbaren Raumdimensionen beschreiben sowie die extradimensionale Distanz von Branen. Auch wenn dreidimensionale Physiker nicht in die Zusatzdimensionen spähen können, würden sich diese unter Umständen in Form der Moduli und ihrer Veränderungen bemerkbar machen. Das kann man mit einem Blindflug über ein Gebirge vergleichen: Zwar sieht man aus der geschlossenen Flugzeugkabine nichts, doch die variierenden Höhenunterschiede können sich gleichwohl bemerkbar machen, als Druckabfall in den

Ohren (die Luftdruckschwankungen sind effektiv ja tatsächlich als Skalarfeld beschreibbar). Auf kosmische Skalen übertragen heißt das: Wenn sich ein anderes Branen-Universum dem unseren nähert oder die Abstände der Branen nicht überall exakt parallel sind oder in der extradimensionalen Nachbarschaft Branen umeinander tanzen oder sich sogar treffen und dabei zerschellen, dann würde sich das in unserem Universum als Veränderung in einem Skalarfeld oder mehreren bemerkbar machen. Und das wiederum könnte eine Phase der Inflation auslösen.

Solche Ideen haben Georgi Dvali und Henry Tye bereits 1998 vorgeschlagen, aber es dauerte einige Jahre, bis sich quantitativ plausible Modelle formulieren ließen. Für einigen Wirbel sorgten 2003 die KKLT- und KKLMMT-Formalismen (benannt nach den Forschern Shamit Kachru, Renata Kallosh, Andrei Linde, Sandip Trivedi, Juan Maldacena und Liam McAllister) – ein recht künstlich wirkendes Jonglieren mit den Potenzialänderungen der Skalarfelder, das als »proof of principle« aber deutlich machte, dass so tatsächlich eine »realistische« Inflation unser Universum groß gemacht haben könnte.

Dies löste eine kleine Lawine an theoretischen Studien aus, die weitere Modelle der String-Inflation entwickelten, oft Moduli- und Bran-Inflation genannt. So zeigten Fernando Quevedo von der Cambridge University, Cliff Burgess und andere, dass Verformungen des Calabi-Yau-Raums Energie in eine Bran pumpen und diese aufblähen können. Oder Branen ziehen sich an, was zur Expansion einzelner Dimensionen führt (andere bleiben kompakt). Oder die Kollision zwischen Branen bewirkt, dass benachbarte Branen wachsen. Bei den Zusammenstößen können sich die Branen zerstören, wobei so viel Energie freigesetzt wird, dass daraus in einer Nachbar-Bran Materie entsteht – wie es am Ende der Inflation ja geschehen sein soll. Vielleicht bleiben sogar Relikte von Bran-Kollisionen übrig, die unser Universum als Kosmische Strings (D1-Branen) durchziehen.

Exkurs

Warum ist unser Universum dreidimensonal?

Die Dynamik der Branen könnte erklären, warum unser Universum nur drei große Raumdimensionen besitzt, obwohl die String/M-Theorie neun oder zehn bereitstellt. Wenn sich eine Bran und eine Antibran treffen, vernichten sie sich zu reiner Strahlungsenergie ähnlich wie Materie und Antimaterie. Allerdings geht das nicht auf einen Schlag. Zunächst entstehen aus der Kollision Bran-Scherben, die zwei Raumdimensionen weniger haben. Stößt beispielsweise eine D7-Bran mit ihrem Antibran-Pendant zusammen, zersplittern sie in eine Vielzahl von D5-Branen und -Antibranen. Daraus können dann D3- und schließlich D1-Anti-/Branen werden. Diesen Vernichtungskaskaden fallen größere Branen öfter zum Opfer als kleinere. Somit sollten D3- und D1-Branen im neundimensionalen Raum viel seltener auf Antibranen treffen. Vielleicht sind deshalb dreidimensionale Universen wie unseres recht häufig und langlebig im Kosmos, haben Andreas Karch von der University of Washington in Seattle und Lisa Randall von der Harvard University 2005 in der Zeitschrift *Physical Review Letters* spekuliert: »Die Idee ist, dass es eine natürliche Selektion zwischen den möglichen Vakua in der kosmischen Entwicklung gibt.«

Diese Modelle sind noch ziemlich unausgegoren, zeigen aber immerhin, dass Inflation und Stringtheorie sich wechselseitig ergänzen und stützen können. Und die Modelle sind falsifizierbar. Mehr noch: Manche davon wurden durch die neuen Messungen der Temperaturschwankungen in der Kosmischen Hintergrundstrahlung bereits widerlegt; andere dagegen haben überlebt. Das ist auch wissenschaftstheoretisch interessant – zeigt es doch, dass die Stringkosmologie, so spekulativ und vorläufig sie auch sein mag, testbare Vorhersagen machen kann. Der Vorwurf, das alles gründe sich auf unüberprüfbare Gedankengebilde und sei womöglich gar keine seriöse Wissenschaft, ist also unberechtigt! In der Kosmologie wird man sicherlich nicht ohne eine gewisse Kühnheit des Denkens vorankommen können, doch reine Willkür und Fantasterei herrscht in diesen Forschungen nicht.

Große Extradimensionen mit Vorteilen

Seit den 1990er-Jahren haben Physiker gedanklich Räume beschritten, die in unmittelbarer Nachbarschaft liegen könnten – und doch unerreichbar wären. Aber es gibt einen abstrakten Türöffner: das physikalische Handwerkszeug, die Mathematik.

Die von der Stringtheorie inspirierte, allerdings nicht notwendigerweise auf diese angewiesene Grundidee lautet: Es könnten zusätzliche Dimensionen existieren, die nicht so winzig sind, wie immer gedacht. Sie wären dann nicht bis zur Planck-Skala bei 10^{-35} Metern kompaktifiziert, sondern vielleicht um viele Größenordnungen ausgedehnter. Warum ist diese Vorstellung für Physiker attraktiv und hat deshalb eine Fülle von Studien ausgelöst? Weil sie einige der notorischen Probleme der Elementarteilchenphysik lösen könnte.

Bereits 1990 hat Ignatios Antoniadis an der École Polytechnique im französischen Palaiseau über große Extradimensionen nachgedacht. Und Petr Hořava überlegte mit Edward Witten 1996, ob mit einer solchen größeren Extradimension die supersymmetrische Vereinigung der Naturkräfte auch die Gravitation mit einschließen könnte, vielleicht bei derselben Energieskala wie die Grand Unification der GUTs. Das wäre mit einer Extradimension vom Tausendfachen einer Planck-Länge vorstellbar, bei etwa 10^{-32} Meter, so die Spekulation. Keith Dienes von der University of Arizona sowie Emilian Dudas und Tony Gherghetta vom CERN meinten 1998 sogar, eine solche Vereinheitlichung könnte bei noch viel niedrigeren Energien stattfinden, wenn eine Extradimension in der Größenordnung von bis zu 10^{-19} Metern liegt (größere hätten bereits entdeckt werden müssen).

Solche Extradimensionen eröffnen – und das ist ganz konkret zu verstehen – auch eine verblüffende Möglichkeit, das notorische Hierarchie-Problem zu lösen. Also die Frage zu beantworten, warum die Schwerkraft so viel schwächer ist als die anderen Naturkräfte oder, anders ausgedrückt, warum die Planck-Skala 10^{16} Größenordnungen über der Elektroschwachen Skala liegt. Wenn nämlich die Gravitonen – im Gegensatz zu allen anderen Vektorbosonen und Fermionen – nicht auf der vierdimensionalen Bran verhaftet wären, sondern als geschlossene Strings in die Extradimensionen entweichen könnten, würde sich die Schwerkraft deswegen schlicht »verdünnen«. Sie könnte natürlicherweise eine ähnliche Stärke wie die anderen Kräfte haben, würde sich aber stark abschwächen, weil sie permanent auswandert.

Das lässt sich leicht quantifizieren. Das 1686 von Isaac Newton formulierte Gravitationsgesetz $F_G = Gm_1m_2/r^2$ besagt, dass der Betrag der Schwerkraft F_G zwischen zwei Massepunkten mit den Massen m_1 und m_2 umgekehrt proportional zum Quadrat ihres Abstands r ist (G bezeichnet die Gravitationskonstante). Für die Beschreibung der Bewegung von Planeten und Kometen um die Sonne oder des Monds um die Erde ist dieses Gesetz hervorragend geeignet. Doch gilt es auch auf kleinen Skalen? Das ist keineswegs evident – und nur schwer zu messen. Denn die Bestimmung der Anziehungskraft winziger Massen wird sehr leicht überlagert durch störende elektromagnetische Einflüsse, die sich kaum abschirmen lassen.

1998 sorgten Nima Arkani-Hamed, Savas Dimopoulos und Gia Dvali für große Aufmerksamkeit unter ihren Kollegen, als sie argumentierten, dass selbst bis zu einem Millimeter große Extradimensionen empirisch nicht ausgeschlossen seien. Mehr noch: Würden sie existieren und der Schwerkraft Einlass gewähren, hätte dies Effekte zur Folge, die bei Teilchenkollisionen wie am LHC deutliche Spuren hinterlassen müssten. Zwar sind die Zusatzdimensionen der Stringtheorie sehr viel kleiner. Doch es ist nicht von vornherein ausgeschlossen, dass wenigstens ein paar von ihnen nicht bis zur Planck-Skala kompaktifiziert sind, sondern im Gegenteil bis in den Submillimeter-Bereich reichen könnten. Dies würde das Gravitationsgesetz auf diesen Skalen abändern. Die Schwerkraft würde im Mikrokosmos nicht mit $1/r^2$ abnehmen, wie Newton es für die Makrowelt erkannt hat, sondern mit $1/r^{2+n}$, wobei n die Zahl der »großen« Extradimensionen ist.

Der Zusammenhang zwischen dem $1/r^2$-Gesetz und dem dreidimensionalen Raum ist leicht zu verstehen. Stellt man sich die Schwerkraft als Feldlinien vor, die von einer Masse wie der Sonne gleichmäßig ausgehen, dann verteilen sie sich weiter entfernt über eine größere Kugelfläche. Deren Oberfläche nimmt mit dem Abstandsquadrat zu; und entsprechend nimmt die Kraft ab. Wäre der Raum hingegen vierdimensional, würden sich die Feldlinien über eine vierdimensionale Kugelschale ausbreiten. Ihre Oberfläche nimmt mit der dritten Potenz des Radius zu und die Gravitation würde sich mit $1/r^3$ abschwächen. Dieses invers kubische Gesetz passt nicht zur beobachtbaren Welt. Doch gäbe es eine aufgerollte Dimension mit dem Radius d, dann würden sich die Feldlinien einer winzig kleinen Masse, etwa eines Elementarteilchens, gleichförmig in alle vier Dimensionen ausbreiten, so lange die Abstände viel kleiner als d sind – also umgekehrt proportional zur dritten Potenz der Entfernung. Für Abstände größer als d, wenn die Schwerkraft gewissermaßen die gesamte Extradimension abgeschritten ist, erfolgt die Verdünnung mit den gewöhnlichen $1/r^2$. Entsprechendes gilt für mehr als eine Extradimension. Und so lange Newtons Gesetz nur bis auf einen Millimeter genau gemessen ist, wären kleinere Zusatzdimensionen bislang verborgen geblieben, obwohl sie überall sein könnten, auch genau hier vor der Buchseite.

Mehr noch: Die Schwerkraft würde ihre Herrschaft nicht erst auf der Planck-Skala bei 10^{-35} Meter gewinnen, sondern bereits auf einer viel größeren Skala – und entsprechend würde das Ausmaß des Hierarchie-Problems schrumpfen. Es würde sogar völlig verschwinden, wenn die Extradimensionen gerade so ausgedehnt wären, dass die Planck-Skala die Elektroschwache Skala erreicht.

»Bei nur einer zusätzlichen Dimension muss ihr Radius etwa so groß sein wie die Entfernung zwischen Erde und Sonne. Deshalb ist dieser Fall schon durch die Beobachtung ausgeschlossen. Doch bereits zwei Extradimensionen können das Hierarchieproblem lösen, wenn sie rund einen Millimeter groß sind«, schreiben Arkani-Hamed, Dimopoulos und Dvali. »Die Dimensionen sind noch kleiner, wenn wir mehr davon nehmen: Sieben zusätzliche Dimensionen müssen nur 10^{-14} Meter groß sein – vom Ausmaß eines Uran-Kerns. Das ist für Alltagsbegriffe winzig, aber im Maßstab der Teilchenphysik immer noch riesig.« Und diese Dimensionen wären nicht direkt beobachtbar – etwa unter einem Mikroskop, weil Licht und Materie nach dieser Hypothese eben der Bran anhaften und nicht in den Miniaturabgrund gelangen können. Ähnlich wie man vom Eiffelturm in Paris ja auch nicht nach unten stürzt, weil der Boden unter den Füßen das unmöglich macht, oder wie Elektronen nicht aus einem Kupferdraht entweichen können oder Wasserwellen sich nur an der Oberfläche eines Sees fortpflanzen, nicht in die Tiefe hinab.

Eine weitere faszinierende Möglichkeit eröffnen große Extradimensionen für die Kosmologie. So könnte es neben der Bran, die unser Universum bildet, weitere Branen geben – buchstäbliche Paralleluniversen, vielleicht nur durch ein paar Mikrometer von unserem getrennt. Gravitonen und vielleicht andere exotische Teilchen könnten sich dann zwischen den Universen bewegen. Auch unser Universum steht womöglich unter einem solchen Einfluss, spekulieren Physiker: Neutrinos gewinnen eventuell ihre winzige, noch rätselhafte Masse durch eine Wechselwirkung mit einem extradimensionalen Feld. Oder die Masse der Dunklen Materie steckt gar nicht in unserem Universum, sondern nebenan – und unser Universum »spürt« nur den geisterhaften Abdruck ihrer Gravitation.

Arkani-Hamed, Dimopoulos und Dvali haben eine noch wildere Spekulation anzubieten: »Angenommen, unsere Heimat-Membran ist in den Extradimensionen mehrfach gefaltet. Objekte auf einer gegenüber liegenden Falte scheinen dann sehr weit entfernt zu liegen, obwohl sie in den Extradimensionen weniger als ein Millimeter von uns trennt: Das von ihnen emittierte Licht muss bis zu uns den gesamten Umweg durch die Falte nehmen. Wenn die Falte einige zehn Milliarden Lichtjahre groß ist, hat uns seit Beginn des Universums kein Lichtstrahl von der anderen Seite erreicht«, schreiben sie. Und weiter: »Die rätselhafte Dunkle Materie könnte aus ganz normaler Materie bestehen, vielleicht sogar aus gewöhnlichen Sternen und Galaxien, die auf ihrer Seite der Falte hell strahlen. Solche Sterne würden interessante beobachtbare Effekte erzeugen – etwa Gravitationswellen, die von Supernovae und anderen heftigen astrophysikalischen Prozessen stammen. Gravitationswellen-Detektoren könnten Anzeichen für Falten finden: große Quellen von Gravitationsstrahlung, denen sich in unserem Universum keine sichtbare Materie zuordnen lässt.«

Mit zwei anderen Kollegen, Gregory Gabadadze und Massimo Porrati, schlug Gia Dvali im Jahr 2000 auch eine extradimensionale Erklärung der beschleunigten Expansion des Weltalls vor: Über lange Distanzen hinweg soll die Schwerkraft geringer werden, und das würde die gemessene Beschleunigung bewirken – die geheimnisvolle Dunkle Energie als Ursache wäre dafür nicht länger nötig. Kosmologische Messungen von Supernovae und der Hintergrundstrahlung passen aber schlecht zu diesem Modell.

Eine andere Idee haben Lisa Randall von der Princeton University und Raman Sundrum von der Stanford University 1999 vorgeschlagen: die Schwerkraft könnte auf einer anderen Bran konzentriert sein, die von unserem Universum durch eine fünfte Dimension getrennt ist. Diese Gravitation- oder Planck-Bran hätte eine positive Bran-Energie oder -Spannung im Gegensatz zur negativen unserer Bran, so dass sich eine gewaltige Krümmung der Extradimension zwischen den Branen ergibt. Daher sei die Zusatzdimension auch nicht einsehbar. Objekte, die von gegenüber herankämen, würde leichter und langsamer werden; Entfernungen und Zeit dehnen sich bei unserer Bran aus, Masse und Energie schrumpfen – und das Hierarchie-Problem wäre gelöst. Außerdem gäbe es hier bis zu 10^{-19} Meter große Strings, und die Teraelektronenvolt-Energieskala wäre in Reichweite des LHC. In einem zweiten Modell verzichteten die beiden Physiker sogar auf die zweite Bran und nahmen eine unendliche fünfte Dimension mit starker Krümmung an.

Theoretische Erklärungen für theoretische Probleme haben zwar eine Attraktivität, zumindest für Theoretiker – aber sind sie auch wahr? Das lässt sich nicht allein theoretisch erweisen, sonst wäre Physik reine Mathematik. Irgendwie müssten sich große Extradimensionen, falls es sie gibt, also im Experiment bemerkbar machen.

Eine Möglichkeit: Strings könnten in großen Zusatzdimensionen bis zu 10^{-19} Meter lang sein, wären also viel ausgedehnter als in der ursprünglichen Vorstellung. Auch würden sich bei den Teilchenkollisionen im LHC vielleicht winzige Schwarze Löcher bilden, mit einem Radius von bis zu 10^{-19} Metern (in jedem Fall aber kleiner als der Durchmesser der großen Extradimensionen), weil die Schwerkraft im mikroskopischen Bereich mit großen zusätzlichen Dimensionen stärker wirkt als sonst. Schwarze Minilöcher wären deshalb ein eindeutiges Indiz für solche Zusatzdimensionen – andernfalls könnten sie unter LHC-Bedingungen nicht entstehen. Sie wären keine Gefahr für den Beschleuniger oder gar die Erde, weil sie durch quantenmechanische Effekte sofort »verdampfen« würden – innerhalb von 10^{-27} Sekunden. Diese Zerstrahlung könnte man messen, sie hat ein unverwechselbares Teilchen- und Energiespektrum. Die Temperatur betrüge im LHC-Bereich ungefähr 100 Gigaelektronenvolt (viel weniger als bei einem vierdimensionalen Schwarzen Miniloch), und unter den emittierten Teilchen könnten, was besonders spektakulär wäre, auch supersymmetrische sein.

Eine andere extradimensionale Signatur sind sogenannte Kaluza-Klein-Teilchen (KK), wie sie den Dimensions-Pionieren Theodor Kaluza und Oskar Klein zu Ehren genannt werden. Diese massereichen Teilchen wären die »Partner« bekannter Partikel wie Elektronen – ja sogar nichts anderes als sie –, die einen »Umweg« durch die Extradimension gemacht haben. Wenn sie diese »durchkreisen«, ergibt sich ein charakteristisches Massespektrum der KK-Teilchen abhängig von dem Radius der Zusatzdimension – je größer der wäre, desto leichter müssten die KK-Partner sein und desto einfacher ließen sie sich auch nachweisen.

Als Verständnishilfe ist die Analogie eines Schifffahrtskanals nützlich: Seine Länge steht für eine der drei normalen, riesigen Raumdimensionen, seine Breite für den Radius einer Extradimension. Die bekannten Teilchen des Standardmodells gleichen nun schweren großen Kähnen, die den Kanal entlang fahren und ihn fast völlig ausfüllen. Sie merken nichts von der Extradimension, denn sie können sich nicht seitwärts bewegen. Gibt es jedoch kleine Fährboote, dann können diese den Kanal kreuzen. Sie symbolisieren die KK-Partikel und haben eine hohe Masse, weil ihre extradimensionale Bewegungsenergie hinzu kommt (Masse und Energie sind äquivalent). Die kann aber von außerhalb nicht als solche wahrgenommen werden, sondern tritt anders in Erscheinung beziehungsweise wird so interpretiert: eben als Masse. Die möglichen Massen der KK-Partikel – Keith Dienes nennt sie »Echo der fünften Dimension« – können keine beliebigen Werte annehmen, weil sie quantisiert sind. Im Kanal fahren gleichsam nur bestimmte Fähren mit einer bestimmten Masse und Geschwindigkeit, nichts dazwischen. (Da ist die Analogie aber nicht so überzeugend.) Der

Grund des diskreten Massenspektrums liegt daran, dass Teilchen keine kleine Kügelchen sind, sondern Wellenzüge in Quantenfeldern. Bewegen sie sich in einer Extradimension, quasi entlang des Umfangs ihres Querschnitts, dann sind nur solche Wellenzüge möglich, die sich sozusagen in den Schwanz beißen – alle anderen löschen sich durch Interferenz aus. Das ist derselbe Effekt wie bei den »stehenden Wellen« der Elektronen um einen Atomkern: Auch hier sind nur bestimmte Wellenzüge möglich, was zur klassischen Vorstellung der diskreten, also getrennten »Elektronenbahnen« (oder Orbitale) führt und das diskrete Linienspektrum erklärt, das energetisch angeregte Atome abstrahlen.

Man könnte vermuten, dass die Extradimensionen auch eine interessante Erklärung für die zweite und dritte Fermionen-Generation bieten – es ist ja unklar, warum die Natur sich die Mühe macht, mehr als eine Teilchengeneration zu erschaffen. Vielleicht sind die Partikel dieser Generationen schlicht die KK-Partner der ersten Generation? Dann wären also das Myon und Tauon der KK-Partner des Elektrons, das charm- und top-Quark der KK-Partner des up-Quarks und so weiter. Das ist allerdings nicht der Fall, denn die vielen Daten der Teilchenkollisionsexperimente passen mit dieser Vorstellung nicht zusammen. Außerdem hätte dann ein KK-Partner des Photons, der leicht wäre, schon vor Jahrzehnten gemessen werden müssen – was nicht geschehen ist. Überdies verdanken die schweren Partikel der zweiten und dritten Generation ihre Masse dem Higgs-Mechanismus, so dass keine extradimensionalen Effekte dafür nötig oder möglich wären.

So reizvoll die Ideen der großen Extradimensionen aber auch sein mögen – sie sind inzwischen bereits in Bedrängnis. Zum einen durch astronomische Messungen von Neutronensternen und Supernovae: Bei zu großen Zusatzdimensionen würden anstelle der in dichten Medien aufheizend wirkenden Neutrinos viele Gravitonen erzeugt, so dass der in sich zusammenstürzende Stern abkühlt, noch bevor er richtig explodiert. Doch das ist nicht so. Zum anderen gibt es ein Problem durch Präzisionsmessungen der Gravitationskonstante mit raffinierten Experimenten: Sie haben in den letzten Jahren die mögliche Größe der Zusatzdimensionen bereits um einen Faktor 100 bis 1000 eingeschränkt: die aufgerollten Dimensionen können höchstens einige Mikrometer groß sein, nicht einen Millimeter. Und schließlich haben die Messungen am LHC noch keine Indizien für extradimensionale Prozesse aufgespürt. Trotz sorgfältiger Analysen der ATLAS- und CMS-Teams sind bislang weder Signaturen von Kaluza-Klein-Teilchen aufgetaucht, noch zerstrahlten Schwarze Minilöcher in den Detektoren. Mit diesen Negativresultaten lässt sich im Umkehrschluss auch der Radius der Extradimensionen eingrenzen.

»Das Gute an den mikroskopischen Schwarzen Löchern und Extradimensionen ist, dass es viele Möglichkeiten gibt, nach ihnen zu suchen«, sagt John Paul Chou von der Rutgers University, der beim CMS-Team für die exotischen Phänomene zuständig ist. »Diese Theorien lassen sich nicht als Ganzes ausschließen, aber doch einschränken.« Natürlich könnten sich die Dimensionen auf einer immer noch stattlichen Größe (im Vergleich zur Planck-Skala) unterhalb jeder Nachweisbarkeit befinden. Aber dann wäre es schwierig, damit das Hierarchie-Problem zu erklären beziehungsweise aufzulösen – und das war ja anfangs die Hauptmotivation und ein Trumpf dieses Ansatzes.

Wenn es große Extradimensionen gäbe, dann wäre die Planck-Skala nicht außerhalb jeder experimentellen Reichweite, sondern vielleicht schon bald im Einzugsbereich der Teilchenbeschleuniger. Quantengravitation oder Stringtheorie könnten so überprüft werden, und der von ihren Kritikern empfundene Makel des Spekulativ-Entlegenen wäre passé. Vor allem aber wäre eine Antwort greifbar auf die Jahrhunderte alte Frage, warum die Schwerkraft so schwach ist.

Die Welt als Hologramm

1884 veröffentlichte der britische Schriftsteller Edwin A. Abott seinen Roman *Flächenland* (*Flatland*). Darin beschreibt er eine zweidimensionale Welt, in der Quadrate, Dreiecke und Fünfecke leben, die eines Tages Besuch von einem höherdimensionalen Wesen bekommen, das sich als Kreis mit veränderlicher Größe zeigt. Es ist eine Kugel, die die Ebene schneidet, wie der Leser, selbst dreidimensional, unschwer errät, doch die Flachländer rätseln. Aber vielleicht sind Menschen ja, in einem gewissen Sinn, auch kosmologische Flachländer? Vielleicht ist die dreidimensionale Welt eine Art Hologramm ihres zweidimensionalen »Randes«? Vielleicht ist die Schwerkraft eine blanke Illusion?

Diese seltsamen Überlegungen, mindestens so exotisch wie ein Roman wie *Flächenland*, mögen Schriftsteller inspirieren – aber sie entstammen doch einem Modell der Stringkosmologie, das alles umkrempeln würde, wenn es wahr wäre.

1997 machte der argentinische Physiker Juan Maldacena eine überraschende Entdeckung (sein 1998 erschienener Artikel ist inzwischen weit über 3000-mal zitiert worden). Maldacena, der heute am Institute for Advanced Study in Princeton forscht, fand heraus, dass es in der Stringtheorie eine Dualität – eine spezielle Äquivalenz – gibt von einerseits fünfdimensionalen Supergravitationstheorien innerhalb eines bestimmten kosmologischen Modells (Anti-de-Sitter-Raum, AdS) mit andererseits einer bestimmten Klasse von vierdimensionalen konformen Quantenfeldtheorien (CFT): Sie entsprechen sich mathematisch betrachtet, daher die Bezeichnung AdS/CFT-Korrespondenz. Das war ein enormer theoretischer Durchbruch, weil damit zwei Klassen scheinbar völlig verschiedener Theorien in Verbindung gebracht wurden. Edward Witten und andere verallgemeinerten das Ergebnis kurz darauf. Inzwischen ist generell von Gravity/Gauge Duality die Rede, denn das ist der Kern der Entdeckung: Eine bestimmte Gravitationstheorie scheint einer Quantenfeldtheorie der Materie ohne Gravitation und mit einer Raumdimension weniger zu entsprechen. Ein verwirrendes Resultat!

Die konformen Feldtheorien sind supersymmetrische Eichtheorien, die alle Kräfte beschreiben, außer der Gravitation. »Konform« bedeutet symmetrisch nicht nur in Bezug auf Drehungen und Verschiebungen, sondern auch hinsichtlich der Skalierung: Die Theorie verhält sich auf allen Längenskalen vollständig gleich und ist winkeltreu. Solche CFTs sind nicht unbedingt realistisch, aber als gut verstandene Grenzfälle wichtige Zwischenschritte für den Wunschtraum der Teilchenphysiker: eine vereinheitlichte Beschreibung aller Partikel und Kräfte. Sehr erstaunlich ist, dass diese vierdimensionalen konformen Feldtheorien mathematisch in bestimmte zehndimensionale Superstringtheorien in einem Anti-de-Sitter-Raum (AdS) überführt werden können. Er besitzt neben der Dimension der Zeit und vier Raumdimensionen fünf kompaktifizierte Extradimensionen. Genauer: Es ist ein Produktraum von $AdS_5 \times S_5$, was gewissermaßen der Kombination eines fünfdimensionalen Kegels mit einer fünfdimensionalen Kugel entspricht, wobei die fünf räumlichen S_5-Dimensionen nur winzig klein sind. Der unendlich große AdS-Raum ist durch eine negative Kosmologische Konstante gekennzeichnet, die ihn innerlich negativ krümmt. (Der niederländische Kosmologe Willem de Sitter hatte 1917 eine kosmologische Lösung von Einsteins Feldgleichungen mit positiver Kosmologischer Konstante gefunden, ein symmetrischer, materiefreier, positiv gekrümmter, ewiger und künftig unendlich expandierender Raum – AdS ist gleichsam ein Antipode zu diesem de-Sitter-Raum.) Dadurch hat er seltsame Eigenschaften: »Jedes Objekt, das man fortschleudert, kehrt wie ein Bumerang zurück. Noch überraschender ist, dass die Zeit bis zur Rückkehr nicht von der Wucht des Wurfs abhängt. Das Objekt entfernt sich auf seiner Rundreise zwar desto weiter, je mehr Schwung man ihm gibt, aber die Rückkehrzeit bleibt stets dieselbe«, sagt Maldacena. »Der Grund für dieses seltsame Phänomen ist eine Art Zeitkontraktion, die mit der Entfernung vom Beobachter zunimmt.«

Das Bemerkenswerte an der AdS/CFT-Korrespondenz ist, dass sich – wenn auch vielleicht nur in einem artifiziellen Kontext – ein Zusammenhang zwischen einer Quantentheorie und der Allgemeinen Relativitätstheorie und somit der Welt des ganz Kleinen und des ganz Großen herstellen ließ. Identische physikalische Beobachtungsgrößen können hier auf zwei unterschiedliche Weisen berechnet werden, weil beide Theorien dasselbe Phänomen beschreiben. Es ist, als würde Maldacena mit einem Zaubertrick ein Kaninchen in eine Taube verwandeln – und wieder zurück. Und er kann mit der Taube Dinge tun, die ein Kaninchen nie schaffen würde: Fliegen zum Beispiel.

Physikalisch heißt dies, dass man mit Quantenfeldtheorien eine weithin unbekannte Quantengravitationstheorie ausloten könnte, weil diese im Inneren des AdS-Raums äquivalent zu einer Feldtheorie auf dem AdS-Rand ist. Die Vorhersagen entsprechen sich völlig, etwa eine bestimmte Kollisionswahrscheinlichkeit zweier Teilchen. Somit wären vertrackte Rechnungen, die im einen stark gekoppelten – System unlösbar sind, im anderen – mit schwachen Wechselwirkungen – leicht mit den bewährten Näherungsverfahren lösbar. Das hat zumindest praktische Bedeutung, und zwar schon jetzt. So zeigte sich, dass sich Teilchen auf dem AdS-Rand ähnlich wie Quarks und Gluonen verhalten, und dass es Ketten von Gluonen geben kann, die ähnlich sind wie Strings. »Die holographische Äquivalenz ist nicht bloß eine wilde Spekulation. Vielmehr verknüpft sie auf fundamentale Weise die Stringtheorie mit Theorien für Quarks und Gluonen«, schreibt Maldacena.

Noch kurioser: Schwarze Löcher im AdS-Raum entsprechen einem Schwarm stark wechselwirkender Teilchen bei hohen Tem-

Exkurs

Schwarze Löcher und ein Tor zur fünften Dimension?

Vor der offiziellen Einweihung des Large Hadron Collider am 21. Oktober 2008 grassierten in den Massenmedien irritierende Nachrichten von Schwarzen Löchern, die in dem Teilchenbeschleuniger geschaffen würden und womöglich die ganze Erde verschlängen. Solche entgegen besserem Wissen verbreiteten Weltuntergangsszenarien haben viele verschreckt. Dabei wäre eine Herstellung Schwarzer Minilöcher eine außerordentlich wichtige Erkenntnis – und völlig ungefährlich. Solche Minilöcher sind allerdings extrem unwahrscheinlich, denn dazu müsste es eine große gekrümmte Extradimension geben oder aber zwei oder mehr Zusatzdimensionen von mindestens einem Mikrometer Ausmaß.

Doch vielleicht eröffnet das Quark-Gluon-Plasma (QGP) im LHC tatsächlich ein Tor zu anderen Dimensionen. Das folgt nämlich vielleicht aus einer seltsamen Beziehung zwischen Quantenfeldtheorien und bestimmten Gravitations- und Raumzeit-Theorien. Dass diese AdS/CFT-Korrespondenz oder -Dualität bei der Beschreibung des QGPs von Nutzen ist, befremdet und fasziniert gleichermaßen. Edward Shuryak, einer der renommiertesten QGP-Experten, auf den auch der Begriff »Quark-Gluon-Plasma« zurückgeht, folgert aus dieser Theorie sogar, dass mit jedem QGP-Feuerball, den seine Kollegen am Relativistic Heavy Ion Collider (RHIC) in den USA oder im LHC bei Genf durch die Kollision von Gold- oder Blei-Atomkernen erzeugen, ein Schwarzes Loch entsteht. »Das geschieht bei jeder Gold-Gold-Kollision im RHIC, aber in der fünften Dimension«, sagt er. »Wir sehen das vierdimensionale Hologramm davon.« Er vergleicht das mit einem Schwimmbad: Die Konforme Feldtheorie beschreibt gewissermaßen die Wasseroberfläche, an der QGP zum Vorschein kommt. Aber unten, in der Tiefe des Beckens, ist es unendlich heiß. Und bei jeder QGP-Erzeugung entsteht ein Schwarzes Loch, dessen effektive Schwerkraft in diese imaginäre fünfte Dimension reicht. So gesehen verspricht der LHC eine Horizonterweiterung, die den engstirnigen Horizont der Boulevard-Panikmacher unermesslich übersteigt.

peraturen auf der Grenzfläche, wie Dam Son von der University of Washington herausfand. Das ist auch deshalb interessant, weil Quarks und Gluonen bei hohen Temperaturen, wie im Prinzip auch Schwarze Löcher, eine extrem geringe »Scherungsviskosität« besitzen. Das heißt, das Quark-Gluon-Plasma ähnelt einer idealen Flüssigkeit – was experimentell tatsächlich gemessen wurde.

Was die Gauge/Gravity-Korrespondenz wirklich bedeutet, und inwiefern sie streng gilt, ist trotz mehrerer tausend Studien noch unklar. Aber als eine Art Rechentrick hat sie sich bereits hervorragend bewährt, um etwa Eigenschaften von Supraleitern oder des Quark-Gluon-Plasmas zu berechnen, was auf herkömmliche Weise nicht zu bewältigen wäre. Auch notorische Probleme der Schwarzen Löcher, etwa das von Stephen Hawking formulierte Informationsparadoxon, werden mit ihr angegangen: So hat Maldacena zu zeigen versucht, und Stephen Hawking tat es 2004 auf ähnliche Weise, dass Informationen, die im Schwarzen Loch verschwinden, nicht endgültig verloren sind, was physikalische Erhaltungssätze gefährden würde. Und ein »holographischer Umweg« könnte sogar zu einer einfacheren Beschreibung des Urknalls führen, wenn dieser beispielsweise eine Art Übergang aus einem kollabierenden Universum oder Schwarzen Loch war. Neil Turok vom Perimeter-Institut im kanadischen Waterloo hat mit einigen Kollegen hierzu schon erfolgversprechende Ideen entwickelt.

Der AdS/CFT-Korrespondenz zufolge liegt unser vierdimensionales Universum auf einem Rand des fünfdimensionalen AdS-Raums – ähnlich wie beim Globus eine zweidimensionale Karte der Erde auf einer dreidimensionalen Kugel. Die Alltagswelt wäre dann gleichsam eine Art Hologramm, erzeugt von einer höheren Dimension. Und als ob das nicht verwirrend genug wäre, hinterfragt Juan Maldacena auch noch die kategoriale Verschiedenheit der Dimensionalität. Denn wenn zwei Räume mit verschiedenen Dimensionen doch identisch sind, was bedeutet dann der dimensionale Unterschied?

Vielleicht ist das physikalische Begriffsraster einfach nicht präzise genug. Maldacena vergleicht die Situation mit der – offenkundig zweidimensionalen – Oberfläche eines glatten Sees: Schaut man genauer hin, diffundieren Wasser-Moleküle auf und ab, es gibt also keine klare Grenze. Und vielleicht wird das die Revolution der Physik des 21. Jahrhunderts sein (worauf nicht nur das Holographische Prinzip der Stringtheorie, sondern etwa auch die Theorie der Schleifen-Quantengravitation und verwandte Ansätze hinweisen): Die Dimensionen Raum und Zeit sind womöglich gar nicht fundamental und eindeutig, sondern in gewisser Hinsicht eine Illusion, wie schon Albert Einstein argwöhnte, und aus etwas Grundlegenderem aufgebaut. Mit den Worten des Philosophen Friedrich Nietzsche (aus einem Nachlass-Fragment in einem anderen Zusammenhang) könnte das so ausgedrückt werden: »Wenn der Widerspruch das wahrhafte Sein [...] ist, wenn das Werden zum Schein gehört – so heißt die Welt in ihrer Tiefe verstehen, den Widerspruch verstehen.«

Die Suche nach der Weltformel

Der Traum vieler Elementarteilchenphysiker und Kosmologen, eine grundlegende und einheitliche Erklärungsebene zu finden, eine »Theory of Everything«, die alle Elementarteilchen, fundamentalen Wechselwirkungen sowie Raum und Zeit einheitlich beschreiben soll, ist noch nicht erreicht, aber auch noch lange nicht ausgeträumt. Idealerweise wären aus einer fundamentalen Theorie sogar die Werte der Naturkonstanten und damit die vielen unerklärlichen Parameter des Standardmodells deduzierbar. Schon Albert Einstein äußerte diese Hoffnung: »Ich kann mir keine einheitliche und vernünftige Theorie vorstellen, die eine Zahl enthält, die die Schöpferlaune auch anders gewählt haben könnte und aus der sich eine qualitativ andere Gesetzmäßigkeit der Welt ergeben haben könnte«, schrieb er in einem Brief. »Eine Theorie, die in ihren Grundgleichungen ausdrücklich eine Konstante enthält, müsste irgendwie ein logisch unzusammenhängendes Stückwerk sein; ich bin jedoch zuversichtlich, dass diese Welt keine so hässliche Konstruktion braucht, um theoretisch fassbar zu sein.«

Künftige physikalische Theorien sollten also Beziehungen der Naturkonstanten untereinander aufweisen. Das könnte ähnlich sein, wie es James Clerk Maxwell bei der Vereinigung der elektrischen mit der magnetischen Kraft gezeigt hat. Drei bis dahin als unabhängig verstandene Naturkonstanten – die Lichtgeschwindigkeit c, die elektrische und die magnetische Feldkonstante ε_0 und μ_0 – hängen miteinander zusammen: $c = (\mu_0 \cdot \varepsilon_0)^{-0{,}5}$. Tatsächlich lassen Kandidaten für eine Große Vereinheitlichte Theorie der Starken, Schwachen und Elektromagnetischen Wechselwirkung bereits vermuten, dass hier alle Parameter des Standardmodells fixiert sind mit Ausnahme von dreien: einer unabhängigen Kopplungskonstante (die elektromagnetische Feinstrukturkonstante) und zwei Teilchenmassen (die der down- und up-Quarks). Das Versprechen der Stringtheorie als einer der am besten ausgearbeiteten »Weltformel«-Kandidaten lautete sogar einmal, eine Theorie ohne freie Parameter zu liefern – dann ließen sich alle Konstanten aus ersten Prinzipien berechnen (allenfalls eine Zahl wie die Stringlänge oder -spannung wäre für die Konvertierung in metrische Messgrößen nötig).

Doch diese Hoffnung könnte durch die Stringlandschaft zunichte gemacht worden sein. Und selbst wenn nicht, wäre durch die Stringtheorie keinesfalls »alles« oder jedenfalls alles Fundamentale erklärt. Denn es bleibt immer noch die Frage nach den Rand- beziehungsweise Anfangsbedingungen des Universums. Vielleicht lassen auch diese sich von einer fundamentalen Theorie ableiten? Oder sie sind, wie die Kompaktifizierungen der Extradimensionen, blanker Zufall und damit nicht weiter erklärungsbedürftig? Oder sie sind unwesentlich beziehungsweise prinzipiell unerkennbar, weil sie vielleicht von der Kosmischen Inflation »ausgewaschen« wurden oder das Universum ewig ist, also gar keine Anfangsbedingungen besitzt?

Aber auch eine fundamentale Theorie wäre keineswegs aus sich heraus evident. Und Selbstkonsistenz sowie andere formale Aspekte wären zwar wichtig, aber nicht hinreichend. Es muss auch eine Verbindung zur Erfahrung geben. Vielleicht kann nur *eine* Theorie (beziehungsweise eine Äquivalenzklasse solcher Theorien) formuliert werden, die diese Bedingungen erfüllt. Wenn sie eine logische Notwendigkeit besäße, wäre Naturwissenschaft kein empirisches Unterfangen mehr, sondern ein Zweig der deduktiven Logik. Alles müsste sich aus Axiomen ableiten lassen, und diese Axiome sollten ihrerseits eineindeutig und letztbegründbar sein. Im günstigsten Fall hätte man einen Satz oder eine Klasse von Sätzen entdeckt, die *notwendig* wahr sind. Dies würde dann einen »zureichenden Grund« liefern für das, was ist, und letztlich die berüchtigte Frage beantworten, warum überhaupt etwas ist und nicht vielmehr nichts.

Doch es gibt starke Argumente dafür, dass sich nicht *alles* erklären lässt, und zwar nicht einmal im Prinzip, weil es gar nicht ersichtlich ist, dass für alles ein zureichender Grund bestehen muss. Und selbst wenn dies für alle Vorkommnisse *in der Welt* (egal ob Universum oder Multiversum) so wäre, wenn es also keine unhintergehbaren Zufälle gäbe, folgt daraus nicht, dass es *für die Welt als Ganzes* der Fall ist – dass es also einen Grund gibt, warum sie existiert, und nicht etwa nicht oder auf andere Weise existiert. (Schließlich folgt aus der Tatsache, dass alle Mitglieder eines Vereins eine Mutter haben, auch nicht, dass der Verein selbst eine Mutter besitzt.)

Aus prinzipiellen erkenntnis- und wissenschaftstheoretischen Erwägungen heraus kann es letzte und vollständige Erklärungen grundsätzlich nicht geben (weshalb die Wissenschaft ein unabschließbares Unternehmen ist). Denn keine Erklärung ist voraussetzungslos. Und jede Erklärung oder Begründung basiert entweder auf einer nicht weiter hinterfragten – aber ja doch hinterfragbaren – Annahme, oder sie würde auf eine unendliche Begründungskette referieren müssen (einen unendlichen Regress) oder auf eine, die das zu Begründende schon voraussetzt (also ein Zirkelschluss wäre). Das ist wie bei Kindern, die scheinbar endlos »warum, warum, warum?« fragen: Entweder gibt man immer eine Antwort, wenn man eine hat, und wird nie fertig; oder man bricht das Gespräch ab (»weil es eben so ist, basta!«); oder man wiederholt sich. All das ist letztlich unbefriedigend – und das wissen kluge Kinder auch ... wie Wissenschaftler und Philosophen.

Doch selbst ohne eine Letzterklärung könnten viele bislang kontingente Fakten von einer fundamentalen Theorie abgeleitet werden. Dann würde sich das Erstaunen etwa über kosmische Koinzidenzen, die für die Existenz von Leben nötig sind und das Anthropische Prinzip heraufbeschwören, vielleicht in eine Einsicht verwandeln – vergleichbar damit, wenn die Verwunderung eines Schülers darüber, dass die drei fundamentalen Zahlen e, i und π in der Mathematik auf einfache Weise $e^{i\pi} = -1$ zusammenhängen, dem Verständnis weicht, wenn er den Beweis nachvollzieht. Vielleicht lässt sich beispielsweise die Tatsache, dass das Proton die 1836-fache Masse des Elektrons besitzt, ähnlich erklären. Dieser Zahlenwert wäre dann Teil einer starren Struktur eines Naturgesetzes, die nicht modifiziert werden könnte, ohne dass die Theorie zusammenbräche. Ein Beispiel für eine solche Zahl in der Mathematik ist das Verhältnis des Umfangs eines Kreises zu seinem Durchmesser. Es ist für alle Kreise (in der Euklidischen Geometrie) dasselbe: die Kreiszahl π. Die Suche nach solchen fundamentalen Zusammenhängen im Rahmen einer Theorie of Everything mag scheitern, aber das ist nicht evident und kein Anlass zur vorauseilenden Resignation.

Eine bescheidenere Hoffnung wäre, dass eine fundamentale Theorie zumindest »logisch isoliert« ist, das heißt »so streng ist, dass man sie nicht einmal geringfügig modifizieren kann, ohne zu logischen Absurditäten zu gelangen«, wie Steven Weinberg hofft. Er schreibt: »In einer *logisch isolierten Theorie* könnte jede Naturkonstante aus ersten Prinzipien errechnet werden; eine Änderung im Wert einer Konstante würde die Konsistenz der Theorie zerstören. Die endgültige Theorie wäre wie ein Stück feines Porzellan, das man nicht verformen kann, ohne es zu zerbrechen.«

Zuweilen wurde spekuliert, ob die String/M-Theorie, würde man sie nur richtig kennen, von dieser Art sei. Aber selbst wenn, wäre es zunächst nötig, dies auch zu zeigen. Und das ist sowohl theoretisch wie experimentell nicht ansatzweise gelungen. Das schmälert ihre Leistungen nicht, zeigt aber, wie viel Arbeit noch zu tun bleibt. Bereits in den 1970er-Jahren sagte der italienische Physiker Daniele Amati, dass die Stringtheorie ein Teil der Physik des 21. Jahrhundert sei, die zufällig ins 20. Jahrhundert gefallen ist. »Ich denke, das war eine sehr weise Bemerkung«, kommentierte Edward Witten im Jahr 2002. Noch ist das 21. Jahrhundert jung genug, um die Konturen der String/M-Theorie genauer zu kartieren und dann vielleicht in ihr Zentrum vorzustoßen.

Doch kann es eine Art von »Weltformel« überhaupt geben? Und sind wenigstens einige Menschen intelligent genug, sie zu finden und zu verstehen und irgendwie zu belegen?

»Es ist vorstellbar, dass, egal wie clever und kreativ der menschliche Verstand ist, wir gegen eine Wand rennen, weil es empirische Dinge geben mag, die wir einfach nicht herausfinden können«, sagt Leonard Susskind. »Doch ich glaube sehr an unsere Fähigkeit, Ideen zu entwickeln, die die großen Fragen lösen. Ich habe aber weniger Vertrauen darin, dass wir fähig sind, einen Konsens zu finden, welche richtig sind, wenn es *keine* Experimente gibt.«

Das ist allerdings lediglich ein Teil des Problems. Ob und warum die physikalischen Gleichungen zur Welt passen, ist ebenfalls unklar. »Wie ist es möglich, dass Mathematik, ein Produkt mensch-

Tanz der Welten: Ein Universum voller Planeten, Sterne und Galaxien könnte etwas Besonderes sein – selbst in einem Multiversum aus Myriaden anderen Raumzeiten. Denn die meisten Kombinationen von Naturgesetzen und -konstanten, die sich Kosmologen vorstellen, würden erdähnliches Leben oder überhaupt komplexe Strukturen nicht ermöglichen. Aus dieser Tatsache lassen sich ganz unterschiedliche Schlussfolgerungen ziehen – Physik und Philosophie sind hier gleichermaßen (heraus)gefordert. Das Foto des Hubble-Weltraumteleskops zeigt die von dem Astronomen Edouard M. Stephan 1877 am Observatorium von Marseille entdeckten, gravitativ miteinander wechselwirkenden Galaxien NGC 7318A/B, NGC 7319 und NGC 7320 im Sternbild Pegasus, rund 270 Millionen Lichtjahre von der Erde entfernt.

lichen Denkens, welches unabhängig von Erfahrung ist, so exzellent den Objekten physikalischer Realität entspricht?«, fragte sich Albert Einstein immer wieder. Und der Teilchenphysiker Eugene Wigner hat sich in einem ganzen Aufsatz 1960 staunend mit dieser Schwierigkeit auseinander gesetzt. »Die enorme Nützlichkeit der Mathematik in den Naturwissenschaften ist etwas, das ans Mysteriöse grenzt, und es gibt keine rationale Erklärung dafür«, glaubte er. »Es ist überhaupt nicht natürlich, dass es ›Naturgesetze‹ gibt, und viel weniger ist es natürlich, dass der Mensch fähig ist, sie zu entdecken. Das Wunder der mathematischen Sprache für die Formulierung der physikalischen Gesetze ist ein phantastisches Geschenk, das wir weder verstehen noch verdienen.«

Doch vielleicht war hier – Anthropisches Prinzip und Multiversum lassen grüßen – schlicht wieder eine Art Selektion am Werk: Chaotische Universen, die mit relativ einfachen Gesetzen und also mathematischen Formeln nicht beschrieben werden könnten, oder aber sehr einfache Universen wären nicht komplex und regelmäßig genug, um intelligentes Leben hervorzubringen, das sich wiederum evolutionär an eine solche Natur angepasst haben könnte – auch in seiner rudimentären Erkenntnisfähigkeit.

Aber selbst eine irgendwie erhärtete Weltformel wäre nicht die Welt selber, sondern bloß eine eingeschränkte, abstrahierte Beschreibung der Welt. Was würde sie wirklich erklären können – und was nicht?

»Auch wenn nur *eine* einheitliche Theorie möglich ist, so wäre sie doch nur ein System von Regeln und Gleichungen. Wer bläst den Gleichungen den Odem ein und erschafft ihnen ein Universum, das sie beschreiben können?«, fragte Stephen Hawking am Ende seines epochalen Buchs *Eine kurze Geschichte der Zeit*. »Warum muss sich das Universum all dem Ungemach der Existenz unterziehen? Ist die einheitliche Theorie so zwingend, dass sie diese Existenz herbeizitiert?«

Angesichts all dieser großen Fragen und Schwierigkeiten mag man vielleicht resignieren und kapitulieren. Die Welt ist in ihrer Tiefe vermutlich absurd und letztlich unverständlich. Aber das heißt nicht, dass sie alle Geheimnisse für immer verschlossen hält. Die Geschichte der Naturwissenschaften zeigt ja deutlich, wie weit die Forscher schon in den »Ozean der Wahrheit« (Isaac Newton) vorgestoßen sind und wie viele Dinge sie dabei entdeckt haben, gerade auch entgegen der Vorurteile des »gesunden Menschenverstands«, und schließlich sogar nutzbar zu machen vermochten – Dinge, die sich zwei oder drei Generationen zuvor noch niemand hätte vorstellen können. Vielleicht ist der Ozean zu groß, das Instrumentarium zu unzuverlässig, die Kraft nicht ausreichend. Aber das bedeutet nicht, die waghalsigen und weiträumigen Erkundungen einzustellen und die Physik beispielsweise auf Materialforschung oder technische Beihilfen zu beschränken. Erkenntnismaschinen wie der Large Hadron Collider, aber auch das kühne, freie, nicht den Diktaten der Betriebswirtschaftler und Bürokraten unterworfene Spiel der Hypothesen und spekulativen Theorien wird, sollte und muss es weiter geben, so lange der Mensch neugierig bleibt, sich nicht auf das »Seinesgleichen geschieht« (Robert Musil) reduzieren zu lassen bereit ist und seine Augen noch über den Erdenstaub erhebt.

In seiner Dirac-Vorlesung 1986 an der University Cambridge hat Steven Weinberg einmal gesagt: »Ich bin nicht sicher, ob es etwas wie eine Menge von einfachen, endgültigen Gesetzen der Physik gibt. Doch ich bin ziemlich sicher, dass es gut ist für uns, danach zu suchen – ähnlich wie die spanischen Explorer, die erstmals vom Zentrum Mexikos nach Norden vorgestoßen sind, und nach den sieben goldenen Städten von Cibola gesucht haben. Sie fanden sie nicht, aber sie entdeckten andere nützliche Dinge, zum Beispiel Texas.« Und in seinem Buch *Die ersten drei Minuten* von 1977 hat der Physiker an der University of Austin in Texas im Hinblick auf einige damals noch spekulative, inzwischen aber grandios bestätigte

Theorien geschrieben: »Unser Fehler ist nicht, dass wir unsere Theorien zu ernst nehmen, sondern dass wir sie nicht ernst genug nehmen. Man kann sich stets nur schwerlich vorstellen, dass die Zahlen und Gleichungen, mit denen wir an unseren Schreibtischen spielen, etwas mit der wirklichen Welt zu tun haben.« Daher sollten auch die gegenwärtigen Spekulationen – oder Voraussagen? – über Supersymmetrie, Extradimensionen und fremde Universen nicht als versponnenes Wunschdenken abgetan werden (was nicht heißt, ihren Hypothesen-Charakter zu leugnen). Vielleicht wird man in 100 oder 1000 Jahren nicht nur über unsere Irrtümer schmunzeln, sondern auch über unseren Mangel an Mut und Phantasie, weil wir unsere Theorien nicht ernst (genug) genommen haben.

»Wir dürfen das Weltall nicht einengen, um es den Grenzen unseres Vorstellungsvermögens anzupassen, wie der Mensch es bisher zu tun pflegte. Wir müssen vielmehr unser Wissen ausdehnen, so dass es das Bild des Weltalls zu fassen vermag.«
Francis Bacon (1561 – 1626), englischer Philosoph

»Das ganze Areal des Nichtwissens ist noch nicht vermessen und kartographiert. Im Moment erforschen wir erst seine Randbezirke.«
John Desmond Bernal (1901 – 1971), britischer Physiker

»Alles Wissen und alles Vermehren unseres Wissens endet nicht mit einem Schlusspunkt, sondern mit einem Fragezeichen.«
Hermann Hesse (1877 – 1962), kosmopolitischer Schriftsteller

Fazit

Weltformel – Übersicht und Ausblick

› Es ist beinahe wie im Märchenland: Man findet den Zipfel einer Zauberdecke, zieht daran – und entdeckt eine völlig neue Welt. Doch hier geht es um seriöse Wissenschaft und multidimensionale Mathematik: Mit der Superstring- oder M-Theorie haben Physiker den ersten Kandidaten für eine »Weltformel« gefunden, die alle Arten der Materie und Kräfte beschreiben soll und sogar den Urknall und die Schwarzen Löcher zu erklären verspricht. Der Preis ist freilich hoch: Neben der vertrauten vierdimensionalen Raumzeit müssten noch sechs oder sieben weitere Dimensionen existieren – und unzählige andere Universen.

› Die Stringtheorie ist eine vereinheitlichte Theorie der vier bekannten Naturkräfte und eine Theorie der Quantengravitation, die die Allgemeine Relativitätstheorie mit der Quantenphysik verbindet.

› Der Stringtheorie zufolge setzen sich die Objekte im Universum nicht aus quasi punktförmigen Elementarteilchen zusammen, sondern aus winzigen Saiten (Strings), als deren Anregungsformen das gesamte Spektrum der Partikel entsteht.

› Allerdings gibt es mindestens fünf verschiedene zehndimensionale supersymmetrische Stringtheorien. Sie sind aber Teile der umfassenderen und bislang nur rudimentär ausgearbeiteten M-Theorie. Sie ist elfdimensional und beschreibt neben den eindimensionalen Strings auch mehrdimensionale Branen.

› Die String/M-Theorie bietet nicht nur eine Erklärung des Allerkleinsten an, sondern hat sich als mathematisches »Werkzeug« bereits sehr nützlich erwiesen. Vielleicht ist sie auch der Schlüssel zum Verständnis des Weltalls insgesamt – und weit darüber hinaus.

› Die winzig kleinen Extradimensionen können auf unzählige Weisen kompaktifiziert (»aufgerollt«) sein. Diese Vieldeutigkeit legt die Existenz von Myriaden fremder Universen nahe – mit jeweils anderen Naturgesetzen. Das jedoch stellt den Status der Stringtheorie als überprüfbare Wissenschaft infrage und hat zu lebhaften Kontroversen geführt.

› Sind die vielen Welten der Weltformel ein notwendiges Übel, eine kolossale Katastrophe oder eine geniale Erkenntnis?

Paralleluniversen-Publikationen

Die beiden tragenden Säulen der modernen Physik und grundlegend für jedes naturwissenschaftlich informierte Weltbild überhaupt sind das Standardmodell der Elementarteilchenphysik und die Allgemeine Relativitätstheorie. Letztere beschreibt die Schwerkraft und die Dynamik der Raumzeit – sowohl lokal (auch die der Erde, wie jeder Navigationssystem-Benutzer weiß oder das zumindest anwendet) als auch global (Entstehung, Entwicklung und Ende des Universums). Im Extremen des Allerkleinsten, -dichtesten, -heißesten und -schwersten – etwa beim Urknall und in den Schwarzen Löchern – treffen sich die beiden Theorien ... und verstehen sich doch nicht.

Dieses Buch handelte hauptsächlich von der Elementarteilchenphysik und ist daher komplementär zu anderen Büchern des Autors, die von Albert Einsteins Geniestreich und der aktuellen Kosmologie berichten. Aber es gibt Bezüge und Berührungspunkte. So geht es in *Hawkings neues Universum* (8. aktualisierte Auflage 2012) und *Hawkings Kosmos einfach erklärt* (2011) viel ausführlicher um die Kosmische Inflation, die das Universum erst groß gemacht hat, um die Rätsel der Zeit und eine Erklärung des Urknalls. Und *Tunnel durch Raum und Zeit* (6. erweiterte Auflage 2013) widmet sich unter anderem den hier nur gestreiften Schwarzen Löchern sowie um die weitgehend ausgeblendeten Neutrinos (einschließlich der vermeintlich überlichtschnellen vom CERN); dort gibt es außerdem eine intensive Diskussion, inwiefern exotische oder spekulative Physik bis hin zur Annahme von anderen Universen überhaupt seriöse Wissenschaft sein können (sie sind es!). In diese brisante Frage mündete die aktuelle Entwicklung der Stringtheorie. Und was ist eigentlich Wissenschaft überhaupt? Philosophische Aspekte der modernen Physik und Kosmologie hat der Autor in anderen Büchern inspiriert, die im Literaturverzeichnis genannt sind. Das Universum der Schriften ist grenzenlos. »Ich habe mir das Paradies immer als eine Art Bibliothek vorgestellt« (Jorge Luis Borges).

Teilchendank

Viele Forscher waren über die Jahre hinweg äußerst hilfreich sowie großzügig mit ihrer Zeit. Dank für Auskünfte und Diskussionen an John Ellis, Eckhard Elsen, Henning Genz, Eva Grebel, Anne Green, Kim Griest, David Gross, Rolf-Dieter Heuer, Gordon Kane, Tom Kibble, Lawrence Krauss, Sandra Kortner, Andrei Linde, Angela Lahee, Dieter Lüst, Juan Maldacena, Stephen Martin, Thomas Mohaupt, Andreas Müller, Thomas Müller, Ulrich Nierste, Volker Springel, Alessandro Strumia, Hakan Turan, Alex Vilenkin, Jenny Wagner, Frank Wilczek, Ed Witten, Thomas Zoglauer und Thomas Zoufal. – Indirekte Unterstützung erfuhr das Buch als Sekundärteilchen durch die Redaktion der Zeitschrift *bild der wissenschaft*; sie ist so alt wie der Higgs-Mechanismus, und doch jeden Monat neu und energiegeladen. – Sven Melchert, Martina Heitzmann-Schulz und Gunther Schulz haben die besten physikalischen Randbedingungen realisiert, denn ohne ihre exzellente Arbeit (Lektorat, Gestaltung, Kooperation und Motivation), das große Engagement sowie die noch größere Geduld wären die Atome dieses Buchs (so) nicht arrangiert worden.

Lesepartikel

Aus Platzgründen beschränkt sich diese Liste hauptsächlich auf Einführungs-und Übersichtswerke (darin viele Angaben der Originalarbeiten und der Fachliteratur). Allgemeinverständliche Bücher und Artikel sind mit einem Stern* gekennzeichnet.

Bücher und Artikel

Arkani-Hamed, N., Dimopoulos, S., Dvali, G.: Die unsichtbaren Dimensionen des Universums. Spektrum der Wissenschaft Nr. 10, S. 44-51 (2000).*

Baggott, J.: Higgs. Oxford University Press: Oxford 2012.*

Barrow, J.: Theorien für Alles. Spektrum: Heidelberg 1992 [1991].*

Becker, K., Becker, M., Schwarz, J.: String Theory and M-Theory. Cambridge University Press: Cambridge 2007.

Bertone, G.: Particle Dark Matter. Cambridge University Press: Cambridge 2010.

Bethge, K., Schröder, U. E.: Elementarteilchen und ihre Wechselwirkungen. Wiley-VCH: Weinheim 2006.

Bettini, A.: Introduction to Elementary Particle Physics. Cambridge University Press: Cambridge 2008.

Binétruy, P.: Supersymmetry. Oxford University Press: Oxford 2006.

Blumenhagen, R., Lüst, D., Theisen, S.: Basic Concepts of String Theory. Springer: Heidelberg 2013.

Bührke, T.: Geheimnisvolle Schattenwelt. Kosmos: Stuttgart 1997.*

Bührke, T.: Der zerbrochene Spiegel. bild der wissenschaft Nr. 8, S. 44-49 (2013).*

Carroll, S.: The Particle at the End of the Universe. Dutton: New York 2012.*

Close, F.: Particle Physics. Oxford University Press: Oxford 2004.

Close, F.: Antimaterie. Spektrum: Heidelberg 2010 [2009].*

Close, F.: The Infinity Puzzle. Oxford University Press: Oxford 2012, 2. Aufl.

Cottingham, W. N., Greenwood, D. A.: An Introduction to the Standard Model of Particle Physics. Cambridge University Press: Cambridge 2007, 2. Aufl.

Coughlan, G. D., Dodd, J. E., Gripaios, B. M.: The Ideas of Particle Physics. Cambridge University Press: Cambridge 2006, 3. Aufl.

Davies, P., Brown, J.: Superstrings. dtv: München 1992 [1988].*

Dosch, H. G. (Hrsg.): Teilchen, Felder und Symmetrien. Spektrum der Wissenschaft: Heidelberg 1986, 3. Aufl.

Duff, M.: Neue Welttheorien: von Strings zu Membranen. Spektrum der Wissenschaft Nr. 4, S. 62-69 (1998).*

Ellwanger, U.: Vom Universum zu den Elementarteilchen. Springer: Heidelberg 2011.

Esfeld, M. (Hrsg.): Philosophie der Physik. Suhrkamp: Berlin 2012.

Falkenburg, B.: Particle Metaphysics. Springer: Heidelberg 2007.

Ferrara, S. (Hrsg.): Supersymmetry. World Scientific: Singapore 1987.

Feynman, R. P., Weinberg, S.: Elementary Particles and the Laws of Physics. Cambridge University Press: Cambridge 1987.

Feynman, R. P.: QED – Die seltsame Theorie des Lichts und der Materie. Piper: München, Zürich 1992 [1985].*

Fraser, G.: Antimatter. Cambridge University Press: Cambridge 2002, 2. Aufl.

Freund, P. G. O.: Introduction to Supersymmetry. Cambridge University Press: Cambridge, New York 1986.

Fritzsch, H.: Elementarteilchen – Bausteine der Materie. Beck: München 2006.*

Fritzsch, H.: Mikrokosmos. Piper: München, Zürich 2012.*

Fritzsch, H.: The history of QCD. CERN Courier Bd. 52, Nr. 8, S. 21-24 (2012).

Gasperini, M., Maharana, J. (Hrsg.): String Theory and Fundamental Interactions. Springer: Berlin 2008

Gell-Mann, M.: Das Quark und der Jaguar. Piper: München 1994.*

Genz, H.: Elementarteilchen. Fischer: Frankfurt am Main 2003.*

Ginter, P., Franzobel, Heuer, R.-D.: LHC – Large Hadron Collider. Edition Lammerhuber: Baden 2011.*

Gregory, J. C.: A Short History of Atomism. Black: London 1981.

Greene, B.: Das elegante Universum. Goldmann: München 2005 [1999].

Greene, B.: Der Stoff, aus dem der Kosmos ist. Goldmann: München 2008 [2005].*

Gubser, S. S.: Das kleine Buch der Stringtheorie. Spektrum: Heidelberg 2011 [2010].

Glashow, S. L.: From Alchemy to Quarks. Brooks/Cole: Pacific Grove 1994.

Hashimoto, K.: D-Brane. Springer: Berlin, Heidelberg 2012.

Hermann, D. B.: Antimaterie. Beck: München 2009, 4. Aufl.*

Hermann, D. B.: Der Urknall im Labor. Springer: Berlin 2010.*

Hilscher, H.: Elementare Teilchenphysik. Vieweg: Braunschweig, Wiesbaden 1996.

Hooper, D.: Dunkle Materie. Springer: Heidelberg 2012 [2006].*

Hooper, D.: Nature's Blueprint. HarperCollins: New York 2008.*

Ibáñez, L. E., Uranga, A. M.: String Theory and Particle Physics. Cambridge University Press. Cambridge 2012.

Jakobs, K., Müller, T.: Die Entdeckung des Higgs-Bosons. Physik in unserer Zeit Bd. 44, Nr. 6, S. 274-279 (2013).

Kane, G.: Modern Elementary Particle Physics. Perseus/Addison Wesley: Reading 1993.

Kane, G.: Supersymmetry. Perseus: Cambridge 2000.*

Körkel, T. (Hrsg.): Vom Higgs zur Quantengravitation. Spektrum der Wissenschaft Spezial Nr. 1 (2013).

Krause, M.: Wo Menschen und Teilchen aufeinanderstoßen. Wiley-VCH: Weinheim 2013.

Krauss, L. M.: Hiding in the Mirror. Viking: New York 2005.*

Labelle, P.: Supersymmetry Demystified. McGraw-Hill: New York 2010.

Landua, R.: Am Rand der Dimensionen. Suhrkamp: Frankfurt am Main 2008.*

Ledermann, L. M., Schramm, D. N.: Vom Quark zum Kosmos. Spektrum: Heidelberg 1990.*

Lincoln, D.: Die Weltmaschine. Spektrum: Heidelberg 2011 [2009].*

Lincoln, D.: Das Innenleben der Quarks. Spektrum der Wissenschaft Nr. 12, S. 46-53 (2013).*

Lüst, D.: Quantenfische. Beck: München 2011.*

Maldacena, J.: Schwerkraft – eine Illusion? Spektrum der Wissenschaft Nr. 2, S. 36-43 (2006).*

McMahon, D.: String Theory Demystified. McGraw-Hill: New York 2009.

Ne'eman, Y., Kirsh, Y.: Die Teilchenjäger. Springer: Berlin, Heidelberg 1995.

Oerter, R.: The Theory of Almost Everything. Pi Press: New York 2006.

Okun, L. B.: Physik der Elementarteilchen. Akademie: Berlin 1991.

Pagels, H. R.: Die Zeit vor dem Urknall. Ullstein: Berlin, Frankfurt am Main, Wien 1987 [1985].*

Panek, R.: Das 4%-Universum. Hanser: München 2011.*

Perkins, D. H.: Introduction to High Energy Physics. Cambridge University Press: Cambridge 2000, 4. Aufl.

Pickering, A.: Constructing Quarks. Edinburgh University Press: Edinburgh 1984.

Pietschmann, H.: Geschichten zur Teilchenphysik. Ibera/European University Press: Wien 2007.*

Povh, B. u. a.: Teilchen und Kerne. Springer: Berlin 2006.

Quinn, H., Nir, Y.: The Mystery of the Missing Antimatter. Princeton University Press: Princeton, Woodstock 2008.

Raith, W. (Hrsg.): Bestandteile der Materie (Bergmann/Schäfer: Lehrbuch der Experimentalphysik). de Gruyter: Berlin, New York 2003, 2. Aufl.

Ramond, P.: Strings – Urbausteine der Natur? Spektrum der Wissenschaft Nr. 2, S. 24-29 (2003).*

Randall, L.: Verborgene Universen. Fischer: Frankfurt am Main 2006 [2005].*

Sample, I.: Massive. Virgin: London 2013.*

Samulat, G.: Teilchenschleudern der Zukunft. Spektrum der Wissenschaft Nr. 11, S. 54-63 (2013).*

Schopper, H.: Materie und Antimaterie. Piper: München 1989.*

Schottenloher, M.: Geometrie und Symmetrie in der Physik. Vieweg: Braunschweig, Wiesbaden 1995.

Seiden, A.: Particle Physics. Addison Wesley: San Francisco 2005.

Susskind, L.: The Cosmic Landscape. Little, Brown & Co.: New York 2006.*

't Hooft, G.: In Search of the Ultimate Building Blocks. Cambridge University Press: Cambridge 2000.*

Townsend, P.: Unity from Duality. Physics World Bd. 8, Nr. 9, S. 1-6 (1995).

Vaas, R.: Reduktionismus und Emergenz. In: Die mechanische und die organische Natur. Konzeptheft Nr. 45 des SFB 230: Stuttgart, Tübingen 1995, S. 102-161.

Vaas, R.: SUSY, Higgs und Technicolor. bild der wissenschaft Nr. 5, S. 92-96 (2004).*

Vaas, R.: Ein Universum nach Maß? Kritische Überlegungen zum Anthropischen Prinzip in der Kosmologie, Naturphilosophie und Theologie. In: Hübner, J., Stamatescu, I.-O., Weber, D. (Hrsg.): Theologie und Kosmologie. Mohr Siebeck: Tübingen 2004, S. 375-498.

Vaas, R.: Das Münchhausen-Trilemma in der Erkenntnistheorie, Kosmologie und Metaphysik. In: Hilgendorf, E. (Hrsg.): Wissenschaft, Religion und Recht. Logos: Berlin 2006, S. 441-474.

Vaas, R.: Urknall auf Erden. bild der wissenschaft Nr. 9, S. 42-47 (2007).*

Vaas, R.: Die Erkenntnismaschine. bild der wissenschaft Nr. 9, S. 48-49 (2007).*

Vaas, R.: Als der Weltraum flüssig war. bild der wissenschaft Nr. 2, S. 48-53 (2009).*

Vaas, R.: Multiverse Scenarios in Cosmology: Classification, Cause, Challenge, Controversy, and Criticism. Journal of Cosmology Nr. 4, S. 666-676 (2010); arXiv:1001.0726

Vaas, R.: Hawkings neues Universum. Kosmos: Stuttgart 2010, 5. Aufl.*

Vaas, R.: Zwerge im Vorgarten. bild der wissenschaft Nr. 8, S. 42-49 (2011).*

Vaas, R.: Das Weltreich der Finsternis. bild der wissenschaft Nr. 12, S. 40-47 (2011).*

Vaas, R.: Physiker fangen Geisterteilchen. bild der wissenschaft Nr. 12, S. 48-55 (2011).*

Vaas, R.: Hawkings Kosmos einfach erklärt. Kosmos: Stuttgart 2011.*

Vaas, R.: »Ewig rollt das Rad des Seins«: Der ‚Ewige-Wiederkunfts-Gedanke‘ und seine Aktualität in der modernen physikalischen Kosmologie. In: Heit, H., Abel, G., Brusotti, M. (Hrsg.): Nietzsches Wissenschaftsphilosophie. de Gruyter: Berlin, New York 2012, S. 371-390.

Vaas, R.: Die Weltmaschine kommt auf Touren. bild der wissenschaft Nr. 1, S. 54-60 (2012).*

Vaas, R.: Higgs Higgs Hurra! bild der wissenschaft Nr. 11, S. 46-53 (2012).*

Vaas, R.: SUSY, Strings und Saurier. bild der wissenschaft Nr. 11, S. 54-59 (2012).*

Vaas, R.: Antimaterie: Vorstoß in die Gegenwelt. bild der wissenschaft Nr. 6, S. 46-63 (2012).*

Vaas, R.: Großfahndung nach Antisternen. bild der wissenschaft Nr. 8, S. 42-47 (2012).*

Vaas, R.: Die Stringtheorie. bild der wissenschaft Nr. 5, S. 40-60 (2013).*

Vaas, R.: Higgs und das Ende der Welt. bild der wissenschaft Nr. 6, S. 46-53 (2013).*

Vaas, R.: Antimaterie aus dem All. bild der wissenschaft Nr. 8, S. 38-43 (2013).*

Vaas, R.: Das Echo des Urknalls. bild der wissenschaft Nr. 9, S. 42-51 (2013).*

Vaas, R.: Elementarteilchen – Begriffswandel und fundamentale Fragen. Naturwissenschaftliche Rundschau Bd. 66, S. 455-461 (2013).*

Vaas, R.: Nichts, Urknall oder Gott? In: Rothgangel, M., Beuttler, U. (Hrsg.): Glaube und Denken. Lang: Frankfurt am Main 2013, S. 65-95.

Vaas, R.: Tunnel durch Raum und Zeit. Kosmos: Stuttgart 2013, 6. Aufl.*

Veltman, M.: Facts and Mysteries in Elementary Particle Physics. World Scientific: Singapore 2003.

Weinberg, S.: Der Traum von der Einheit des Universums. Bertelsmann: München 1993 [1992].*

Weinberg, S.: The Quantum Theory of Fields. Cambridge University Press: Cambridge 1995-2000, Vol. 1-3.

Wess, J., Bagger, J.: Supersymmetry and Supergravity. Princeton University Press: Princeton 1983.

Witten, E.: Reflections on the Fate of Spacetime. Physics Today Bd. 49, Nr. 4, S. 24-30 (1996).

Witten, E.: Duality, Spacetime and Quantum Mechanics. Physics Today Bd. 50, Nr. 5, S. 28- 33 (1997).

Wuensch, D.: Dimensionen des Universums. Termessos: Göttingen 2010.*

Wilczek, F.: The Lightness of Being. Perseus: New York 2008.*

Zimmermann Jones, A., Robbins, D.: String Theory for Dummies. Wiley: Hoboken 2010.*

Zwiebach, B.: A First Course in String Theory. Cambridge University Press: Cambridge 2009, 2. Aufl.

Internet

Aktuelle Wissenschaftsmeldungen:
> www.wissenschaft.de
> www.spektrum.de
> www.pro-physik.de/view/index.html

Einführung in die Teilchenphysik:
> www.teilchenphysik.de
> www.weltmaschine.de
> www.particleadventure.org/german/index.html
> public.web.cern.ch/public

CERN:
> www.cern.ch
> twiki.cern.ch/twiki/bin/view/Main/PublicWebs

Aktuelle Informationen zum LHC:
> lpc.web.cern.ch/lpc

Aktuelle Informationen von ALICE, ATLAS, CMS, LHCb:
> twiki.cern.ch/twiki/bin/view/ALICEpublic/ALICEPublicResults
> twiki.cern.ch/twiki/bin/view/AtlasPublic
> twiki.cern.ch/twiki/bin/view/CMSPublic/PhysicsResults
> https://twiki.cern.ch/twiki/bin/view/LHCb/WebHome

DESY:
> www.desy.de

Fermilab:
> www.fnal.gov

Antimaterie:
> livefromcern.web.cern.ch/livefromcern/antimatter
> alpha-new.web.cern.ch
> aegis.web.cern.ch/aegis/home.html

Alpha Magnetic Spectrometer:
> www.ams02.org

Dunkle Materie:
> chandra.harvard.edu/xray_astro/dark_matter/index.html
> lpsc.in2p3.fr/mayet/dm.php
> www.dmoz.org/Science/Astronomy/Cosmology/Dark_Matter

Stringtheorie:
> superstringtheory.com
> member.ipmu.jp/yuji.tachikawa/stringsmirrors

Blog-Netzwerk von Teilchenphysikern:
> www.quantumdiaries.org

Teilchenphysik-Blog von Matt Strassler:
> profmattstrassler.com

Teilchenphysik- und Kosmologie-Blog von Sean Carrol:
> www.preposterousuniverse.com/blog

Quantengravitation-Blog von Sabine Hossenfelder:
> backreaction.blogspot.de

Homepage von Juan Maldacena:
> www.sns.ias.edu/~malda/

Homepage von Frank Wilczek:
> www.frankwilczek.com

Homepage von Edward Witten:
> www.sns.ias.edu/~witten

Physik-Daten von der Particle Data Group:
> pdg.lbl.gov

Zugang zu fast allen neuen Forschungsartikeln:
> arXiv.org
> inspirehep.net

Bildnachweis

55 Fotos und 46 Illustrationen, davon 39 Illustrationen von Gunther Schulz (GS) nach Vorlagen von Rüdiger Vaas (RV) und den hier angegebenen Quellen. Photonen-Emitter der Fotos und Illustrationen: Seite 6: M. Brice (2008), CMS, CERN. – 10: M. Brice (2007), CMS, CERN. – 21: C. Marcelloni (2012), ATLAS, CERN. – 26: GS/RV. – 38: GS/RV; PDG. – 42: GS/M. Gell-Mann; W. Raith et al. (2003). – 46: GS/RV. – 48: S. G. Abrams et al., Phys. Rev. Lett. 34 (1975). – 49: GS/H. Hilscher (1996), 49. – 51: GS/T. Müller, RV. – 55: GS/verändert nach H. Fritzsch (2012), 95. – 57: GS/RV. – 60: RV/verändert nach T. D. Gutierrez; M. Veltman (1994): Diagrammatica. – 68: verändert nach CERN (RV dankt S. Melchert). – 73: M. Brice, C. Marcelloni, LHC, CERN. – 79 oben: M. Brice (2005), ATLAS, CERN. – 79 unten: M. Brice (2005), ATLAS, CERN. – 80: M. Brice, M. Hoch, J. Gobin (2008), CMS, CERN. – 83: M. Brice, LHC, CERN. – 87: M. Brice, A. Pantelia, CERN. – 89: H. Weber, CERN. – 98: A. Pantelia (2013), ALICE, CERN. – 99: ALICE, CERN. – 102: ATLAS (2012), CERN. – 105: CERN (2012). – 109: M. Brice, A. Pantelia (2013), CERN (2013). – 111: GS/RV. – 116: G. Boixader, CERN. – 129: GS/LHC Higgs XS WG, CERN; RV. – 135: GS/CMS, CERN. – 139: T. McCauley, L. Taylor, CMS (2012), CERN. – 140 oben: ATLAS (2012), CERN. – 140 unten: ATLAS (2012), CERN. – 142: M. Brice, L. Egli (2012), CERN. – 143: CERN (2012). – 148: R. Hahn (2011), Fermilab. – 149 links: R. Hahn, Fermilab. – 149 rechts: R. Hahn, Fermilab. – 156: GS/ATLAS, CMS, CDF, DZero, J. Ellis, T. You; RV (2013). – 161: GS/J. Ellis, T. You (2013). – 166: M. Brice, S. Morier-Genoud (2013), AEGIS, CERN. – 171: GS/RV. – 183: C. D. Anderson, Phys. Rev. 43 (1933). – 188: GS/RV. – 189: STAR (2011), RHIC, BNL. – 191: LEAR (1991), CERN. – 193 links: CERN. – 1993 rechts: CERN. – 194: L. Guiraud (1998), AD, CERN. – 195: P. Loiez, L. Guiraud (2000), ATHENA, CERN. – 197: M. Brice, C. Lee (2006), ACE, CERN. – 199: J. H. Fichet (2012), ALPHA, CERN. – 205: GS/AEGIS; RV. – 211: GS/RV. – 212: M. Brice (2010), ALPHA, ASACUSA, ATRAP, CERN. – 219: GS/R. Vaas (2005/2013): Tunnel durch Raum und Zeit. – 223: AMS, ISS, NASA (2011). – 226: AMS, NASA (2010). – 236: GS/verändert nach S. Ting et al., Phys. Rev. Lett. 110 (2013), AMS. – 238: GS/A. Stonebraker, APS; RV. – 240: Rosat, MPE/X Ray Group. – 248: GS/RV. – 257: ESO. – 260: GS/RV. – 266: M. Markevitch et al./CXC, D.Clowe et al./Univ. Arizona/Magellan, STScI, ESO WFI, NASA (2006). – 270 oben/unten: V. Springel et al., VIRGO, MPI für Astrophysik. – 272: LFI, HFI, Planck (2013), ESA. – 275: E. Jullo/JPL, P. Natarajan/Yale Univ., J.-P. Kneib/Laboratoire d'Astrophysique de Marseille/CNRS (2010); ESA, NASA. – 276: R. Massey/CalTech, ESA, NASA. – 282: F. Winkler/Middlebury College, MCELS-Team, NOAO, AURA, NSF. – 292: V. Springel, AQUARIUS. – 295: M. Emmerich, S. Melchert. – 307: GS/DAMA; RV. – 310: XENON. – 311: GS/RV, verändert nach G. Angloher et al., Eur. Phys. J. C72 (2012); E. Aprile et al. Phys. Rev. Lett. 109 (2012); O. Buchmueller et al. (2011); M. Strassler; CDMS, CoGeNT, CRESST, DAMA, EDELWEISS, LUX, SIMPLE, XENON100. – 313: CRESST, MPI für Physik. – 316: CDMS, Fermilab. – 318: Super-Kamiokande, Kamioka Observatory, ICRR (Institute for Cosmic Ray Research), Univ. of Tokyo. – 325: GS/H. R. Pagels; RV. – 342: GS/G. Degrassi et al. JHEP 08 (2012). – 347: GS/RV (Dank an S. Martin). – 353: GS/verändert nach H. Genz (2003), 53; RV. – 362: GS/H. Genz; RV. – 366: C. Marcelloni (2006), LHCb, CERN. – 367: GS/verändert nach LHCb, Phys. Rev. Lett. 110 (2013). – 384: K. Riebe; D. Lüst (2011): Quantenfische; MPI für Physik. – 390: GS/R. Vaas (2011): Hawkings Kosmos einfach erklärt. – 393: GS/RV (Dank an K. Marx). – 401: GS/RV. – 405: GS/DESY. – 406: GS/RV. – 408: GS/M. Green. – 417 links: Floriang/Wikipedia. – 417 rechts: Jbourjai/Wikipedia. – 425: GS/S. Jensen; RV. – 430: GS/RV. – 435: MPI für Physik. – 447: K. Riebe; D. Lüst (2011): Quantenfische; MPI für Physik. – 497: J. English/Univ. Manitoba, S. Hunsberger/PSU, Z. Levay/STScI, S. Gallacher, J. Charlton/PSU, NASA.